Thomas Flik · Hans Liebig

Mikroprozessor-
technik

Systemaufbau, Funktionsabläufe,
Programmierung

3., völlig neubearbeitete und erweiterte Auflage

Mit 263 Abbildungen und 33 Tabellen

Springer-Verlag Berlin Heidelberg New York
London Paris Tokyo Hong Kong 1990

Dr.-Ing. Thomas Flik
Professor Dr.-Ing. Hans Liebig
Institut für Technische Informatik
Technische Universität Berlin
Franklinstraße 28/29
1000 Berlin 10

Die 1. und 2. Auflage erschienen mit dem Titel
»FLIK/LIEBIG, 16-Bit-Mikroprozessorsysteme«

ISBN 3-540-52394-4 Springer-Verlag Berlin Heidelberg New York
ISBN 0-487-52394-4 Springer-Verlag New York Berlin Heidelberg

CIP-Titelaufnahme der Deutschen Bibliothek
Flik, Thomas:
Mikroprozessortechnik : Systemaufbau, Arbeitsweise, Programmierung
Thomas Flik ; Hans Liebig. – 3., völlig neubearb. u. erw. Aufl. –
Berlin ; Heidelberg ; New York ; London ; Paris ; Tokyo ; Hong Kong : Springer, 1990
  Bis 2. Aufl. u. d. T.: Flik, Thomas: Sechzehn-Bit-Mikroprozessorsysteme
  ISBN 3-540-52394-4 (Berlin ...)
  ISBN 0-387-52394-4 (New York ...)
NE: Liebig, Hans:

Druck: Mercedes-Druck, Berlin; Bindearbeiten: Lüderitz & Bauer, Berlin
2068/3020 54321 – Gedruckt auf säurefreiem Papier

Vorwort

Das vorliegende Buch baut auf dem in zwei Auflagen erschienenen Lehrbuch "16-Bit-Mikroprozessorsysteme" auf, ist jedoch unter Betonung der inzwischen auf dem Markt neu erschienenen, erheblich komplizierteren 32-Bit-Mikroprozessoren völlig neu konzipiert. Dementsprechend befaßt sich das Buch sowohl mit 16- als auch mit 32-Bit-Mikroprozessorsystemen und beschreibt deren Aufbau, Arbeitsweise und Programmierung. Die Prinzipien der Rechnerorganisation werden dabei mit der für die Mikroprozessortechnik charakteristischen detaillierten Betrachtung der Funktionsabläufe auf der Baustein- und Baugruppenebene behandelt. Darüber hinaus werden die für diese Technik typischen Wechselwirkungen zwischen der Hardware und der Software aufgezeigt. Einen besonderen Schwerpunkt der Betrachtungen bilden relevante Bereiche des Systemaufbaus, wie Speicher-, Interrupt-, Arbitrations- und Interface-Techniken.

Die als Lehrbuch aufbereitete Darstellung soll es Informatik- und Elektrotechnikstudenten sowie Entwicklungsingenieuren und Anwendern in den verschiedensten technischen Disziplinen ermöglichen, sich in die 16- und 32-Bit-Mikroprozessortechnik selbständig einzuarbeiten. Die Stoffauswahl orientiert sich an den auf dem Markt befindlichen 16-, 16/32- und 32-Bit-Mikroprozessoren; die Darstellung ist jedoch nicht an einen dieser Mikroprozessoren gebunden.

Kapitel 1 gibt eine Einführung in die Arbeitsweise, den prinzipiellen Aufbau und die Assemblerprogrammierung eines einfachen 16-Bit-Mikroprozessorsystems. Dieses Kapitel kann von Lesern übersprungen werden, denen die Grundlagen der Rechnerorganisation und der Assemblerprogrammierung bekannt sind. *Kapitel 2* behandelt die von der Hardware vorgegebenen Eigenschaften eines 32-Bit-Mikroprozessors, soweit sie für die Programmierung von Bedeutung sind. Es bildet die Grundlage für *Kapitel 3*, in dem verschiedene wichtige Programmierungstechniken beschrieben werden. *Kapitel 4* befaßt sich mit Fragen des Systemaufbaus, insbesondere mit dem Signalfluß zwischen dem Mikroprozessor und den einzelnen Systembausteinen und Baugruppen. Die Prinzipien der Speicherverwaltung - Caches, virtueller Speicher, Speicherschutz - sind in *Kapitel 5* beschrieben.

Kapitel 6 behandelt die gebräuchlichsten Interface-Techniken. Neben den Prinzipien der prozessorgesteuerten Ein-/Ausgabeorganisation werden die wichtigsten Schnittstellenvereinbarungen sowie verschiedene Interface-Bausteine und deren Einbeziehung in Mikroprozessorsysteme detailliert beschrieben. Hinzu kommen Erörterungen zur Datenfernübertragung und zu Rechnernetzen. *Kapitel 7* ergänzt die Ausführungen zur Ein-/Ausgabeorganisation durch Einbeziehung von Ein-/Ausgabe-Controllern, -prozessoren und -rechnern. Es beschreibt außerdem die wichtigsten Hintergrundspeicher und Ein-/Ausgabegeräte. *Kapitel 8* stellt die charakteristischen Eigenschaften der drei wichtigsten auf dem Markt befindlichen 32-Bit-Mikroprozessoren MC68040 (Motorola), i486 (Intel) und NS32532 (National Semiconductor) vor und gibt einen Überblick über deren 16-, 16/32- und 32-Bit-Vorgänger. *Kapitel 9* schließlich enthält die Lösungen der in den Kapiteln 1 bis 7 gestellten Aufgaben. - Ein ausführliches Sachverzeichnis erlaubt die Verwendung des Buches auch als Nachschlagewerk.

Für die Mitwirkung am Zustandekommen dieses Buches möchten wir uns bei Frau Renate Kirchmann, Frau Ingrid Kunkel und Herrn Rolf Malinowski herzlich bedanken. Unser Dank gilt insbesondere auch dem Springer-Verlag für die Unterstützung bei der Herausgabe dieses Buches.

Berlin, im Frühjahr 1990   Th. Flik
                                                                           H. Liebig

Inhaltsverzeichnis

1 Einführung in den Aufbau und die Programmierung eines Mikroprozessorsystems

Mikroprozessorsysteme sind universell programmierbare Digitalrechner. Ihre Vorteile liegen in der Miniaturisierung der Komponenten, in den geringen Hardwarekosten und in der Möglichkeit, die Hardware modular an die Problemstellung anzupassen. Diese Vorteile haben den Mikroprozessorsystemen Anwendungsgebiete geschaffen, die den herkömmlichen Digitalrechnern bisher verschlossen waren oder von Spezialsystemen mit hohen Entwicklungs- und Herstellungskosten abgedeckt werden mußten.

Die Mikroprozessortechnik ist wesentlich geprägt von der Entwicklung der Halbleitertechnologie, die 1948 mit der Erfindung des Transistors ihren Anfang nahm. Sie ermöglicht es, komplexe logische Schaltkreise auf Halbleiterplättchen von wenigen mm^2 Fläche (chips) zu integrieren (integrated circuits, ICs). So gelang es der Firma Fairchild 1959 erstmals, mehrere Transistoren auf einem Chip unterzubringen. Mit fortschreitender Technologie konnten die Integrationsdichte erhöht und die Schaltzeiten verkürzt werden, wodurch sich die Leistungsfähigkeit der Bausteine vergrößerte.

Ende der sechziger Jahre wurden die Logikbausteine in ihrer Funktion immer komplexer, aber gleichzeitig auch immer spezieller, was sie in ihrer Anwendungsbreite mehr und mehr einschränkte. Die amerikanische Firma Datapoint, die sog. intelligente Terminals herstellte, entwickelte 1969 einen einfachen programmierbaren Prozessor zur Terminalsteuerung und beauftragte die beiden Halbleiterfirmen Intel und Texas Instruments, ihn auf einem einzigen Halbleiterchip unterzubringen. Intel gelang zwar die Herstellung des Bausteins; er konnte jedoch wegen zu geringer Verarbeitungsgeschwindigkeit nicht für die ursprünglich geplante Anwendung eingesetzt werden. Intel beschloß daraufhin, diesen Prozessor als programmierbaren Logikbaustein in zwei Versionen mit Datenformaten von 4 und 8 Bits unter den Bezeichnungen Intel 4004 bzw. Intel 8008 auf den Markt zu bringen. Damit wurde die Ära der Mikroprozessoren eingeleitet.

In der Folgezeit fanden 1-Bit-, 4-Bit- und vor allem 8-Bit-Mikroprozessoren in allen Bereichen der Steuerungs-, der Regelungs- und der Rechentechnik eine weite Verbreitung. Unterstützt wurde diese Entwicklung durch das Erscheinen ganzer Familien von Mikroprozessoren mit einer Vielzahl an Zusatzbausteinen, die den Entwurf von Mikroprozessorsystemen wesentlich erleichterten. Als Schwäche dieser Prozessoren galt jedoch ihre geringe Leistungsfähigkeit bei der Bearbeitung numerischer Probleme. Diesem Nachteil trugen die Weiterentwicklungen der 8-Bit-Mikroprozessoren durch Multiplikations- und Divisionsbefehle sowie durch Operationen mit 16- und 32-Bit-Operanden Rechnung.

Der erste 16-Bit-Mikroprozessor, Texas Instruments TMS 9900, kam 1977 auf den Markt und fand mit den 16-Bit-Mikroprozessoren Intel 8086, Zilog Z8000, Motorola MC68000 und National Semiconductor NS16016 in den Jahren 1978 bis 1980 leistungsfähige Konkurrenten. Sie wiesen gegenüber den 8-Bit-Prozessoren eine wesentlich höhere Leistungsfähigkeit, aber auch sehr viel komplexere Strukturen auf. Dadurch wurde einerseits der Einsatz von Mikroprozessoren in Bereichen der Minicomputer-Anwendungen (Personal Computer) möglich, andererseits wurde jedoch der Systementwurf komplizierter und führte zu umfangreicheren und teureren Systemen. - Eine weitere Steigerung der Leistungsfähigkeit wurde bei den Nachfolgemodellen MC68010, Z8001/Z8002, Intel 80186/80286 sowie NS16032 erreicht. Einige der 16-Bit-Prozessoren sahen intern bereits eine 32-Bit-Struktur (MC68000 /MC68010, NS16032) und eine Erweiterung des Adreßraums von üblicherweise 64 Kbyte auf 16 Mbyte vor (MC68000/MC68010, NS16032, 80286); andere unterstützten Funktionen, wie virtuelle Speicherverwaltung (80286, MC68010), Direktspeicherzugriff (80186) und den Anschluß von Coprozessoren (NS16032, 8086 /80286). - Prozessoren mit interner 32-Bit-Struktur und externem 16-Bit-Datenbus bezeichnen wir als 16/32-Bit-Prozessoren.

Heute sind neben 8-, 16- und 16/32-Bit-Mikroprozessoren vor allem 32-Bit-Mikroprozessoren auf dem Markt, d.h. Prozessoren mit interner 32-Bit-Struktur und externem 32-Bit-Datenbus. Mit ihnen können Rechner mittlerer und höherer Leistungsfähigkeit aufgebaut werden (Workstations), die Rechner herkömmlicher Bauart (sog. Mainframes) ablösen. Die derzeit wichtigsten Vertreter sind die Prozessoren Motorola MC68020/MC68030/MC68040, National Semiconductor NS32032/NS32332 /NS32532 und Intel i386/i486. Sie sind Weiterentwicklungen ihrer 16-Bit-Vorgänger und mit diesen weitgehend kompatibel, so daß Programme von der jeweiligen 16-Bit-Version auf die 32-Bit-Version übertragbar sind. Erreicht wird diese Kompatibilität durch Beibehaltung der wesentlichen Komponenten der Prozessorarchitektur. - Die Erhöhung der Leistungsfähigkeit ergibt sich durch die 32-Bit-Systembusschnittstelle, durch die Erhöhung der Verarbeitungsgeschwindigkeit und durch Architekturmerkmale, wie sie von den Mainframes bekannt sind, d.h. durch interne Parallelarbeit, durch interne Pufferung von Befehlen und Operanden (cache memory), durch die Erweiterung des Befehlssatzes und der Adressierungsarten, durch Unterstützung der virtuellen Speicherverwaltung (memory management unit) und durch die Möglichkeit, Coprozessoren anzuschließen.

Wir werden uns in diesem Buch mit der Wirkungsweise von 16-, 16/32- und 32-Bit-Mikroprozessoren sowie dem Aufbau von Systemen mit diesen Prozessoren befassen. In diesem Kapitel werden einige einführende Erläuterungen gegeben: in Abschnitt 1.1 zur Informationsdarstellung, in Abschnitt 1.2 zum Aufbau und zur Arbeitsweise von Mikroprozessorsystemen und in Abschnitt 1.3 zur Programmierung auf der Maschinen- und der Assemblerebene.

1.1 Informationsdarstellung

Die Informationsverarbeitung in Mikroprozessorsystemen geschieht im Prinzip durch das Ausführen von Befehlen auf Operanden (Rechengrößen). Da Befehle selbst wie-

der Operanden sein können, z.B. bei der Übersetzung eines Programms (Assemblierung, Compilierung), bezeichnet man Befehle und Operanden allgemein als Daten.
Ihre Darstellung erfolgt in binärer Form, d.h., die kleinste Informationseinheit ist das
Bit (binary digit, Binärziffer). Ein Bit kann zwei Werte (Zustände) annehmen, die mit
0 und 1 bezeichnet werden. Technisch werden diese Werte in unterschiedlicher Weise
dargestellt: durch zwei verschiedene Spannungspegel auf einer Signalleitung, durch
den leitenden oder gesperrten Zustand eines Transistors, durch den geladenen oder
ungeladenen Zustand eines Kondensators oder durch zwei verschiedene Magnetisierungsrichtungen auf einem magnetisierbaren Informationsträger.

Die Codierung von Daten erfolgt in Informationseinheiten, die aus mehreren Bits be-
stehen. Die Darstellung von Operanden als Zeichen (Textzeichen), als Binärvektoren
(Bitmuster) und als Zahlen unterliegt dabei weitgehend allgemeinen Festlegungen. Die
Darstellung von Befehlen ist hingegen prozessorspezifisch.

1.1.1 Informationseinheiten

Die Bitanzahl einer Informationseinheit kennzeichnet ihr Datenformat. Standardformate sind das Byte (8 Bits), das Wort (16 Bits), das Doppelwort (double word,
long word, 32 Bits) und, unter Einbeziehung von Arithmetik-Coprozessoren, das
Vierfachwort (quad word, 64 Bits). Spezielle Datenformate sind das einzelne Bit, das
Halbbyte (Nibble, Tetrade, 4 Bits) und das Bitfeld (Bitanzahl variabel). - Der Begriff
"Wort" wird neben unserer Festlegung für das 16-Bit-Format auch für die Verarbei-
tungs- und Speicherbreite (Speicherwort) eines Rechners verwendet (wie früher
üblich). Bei einem 32-Bit-Mikroprozessor wäre dann die 32-Bit-Einheit das Wort und
die 16-Bit-Einheit das Halbwort (half word).

Bei der Darstellung von Informationseinheiten werden die Bits mit Null beginnend
von rechts nach links numeriert und ihnen im Hinblick auf die Darstellung von Dualzahlen aufsteigende Wertigkeiten zugewiesen (Bild 1-1). Bit 0 wird dementsprechend
als niedrigstwertiges Bit (least significant bit, LSB), das Bit mit dem höchsten Index
als höchstwertiges Bit (most significant bit, MSB) bezeichnet.

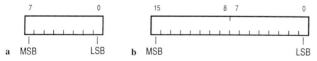

Bild 1-1. Informationseinheiten. **a** Byte, **b** Wort.

Als Dimensionsangaben für die Anzahl von Bits und Bytes verwendet man die
Bezeichnungen Kilo (K), Mega (M) und Giga (G), bezogen auf das Dualzahlen-
system: $1K = 2^{10} = 1024$, $1M = 2^{20}$ und $1G = 2^{30}$. (Bei allen anderen Dimensions-

angaben beziehen sich die Bezeichnungen Kilo, Mega und Giga auf das Dezimal-zahlensystem. Für Kilo wird dabei die Kurzbezeichnung k verwendet.)

1.1.2 Zeichen (characters)

Die rechnerinterne Darstellung der Schriftzeichen, d.h. der Buchstaben, Ziffern und Sonderzeichen, erfolgt durch sog. Zeichencodes. In der Mikroprozessortechnik gebräuchlich ist der ASCII-Code (American Standard Code for Information Interchange). Als 7-Bit-Code erlaubt er die Codierung von 128 Zeichen (Tabelle 1-1) und umfaßt neben den Schriftzeichen auch Steuerzeichen, z.B. zur Steuerung von Geräten und von Datenübertragungen (siehe Tabelle 1-2). Er ist durch die ISO (International Organization for Standardization) international standardisiert, sieht aber für einige Codewörter eine landesspezifische Nutzung vor. In der deutschen Version (DIN 66003) betrifft das die Umlaute, das Zeichen ß und das Paragraphzeichen (vgl. Tabelle 1-1). Die US-Variante wird zur Unterscheidung von diesen Abweichungen auch als USASCII-Code bezeichnet. - In der Verwendung des 7-Bit-Codes wird wegen des Standarddatenformats Byte ein achtes Bit (als MSB) hinzugefügt, entweder mit festem Wert, als Paritätsbit (siehe 6.6.4) oder als Codeerweiterung.

Ein weiterer wichtiger Zeichencode in der Rechentechnik ist der EBCDI-Code (Extended Binary Coded Dezimal Interchange Code). Er findet als 8-Bit-Code vorwiegend bei IBM und IBM-kompatiblen Geräten Verwendung; in die Mikroprozessortechnik hat er bislang keinen Eingang gefunden.

Tabelle 1-1. ASCII-Code in US-Version (USASCII); danebenstehend die davon abweichenden Zeichen des deutschen Zeichensatzes (aus [5]).

niedrigerwertige Bits		höherwertige Bits							
binär		0 0 0	0 0 1	0 1 0	0 1 1	1 0 0	1 0 1	1 1 0	1 1 1
	hex	0	1	2	3	4	5	6	7
0000	0	NUL	TC$_7$ (DLE)	SP	0	@/§	P		p
0001	1	TC$_1$ (SOH)	DC$_1$	!	1	A	Q	a	q
0010	2	TC$_2$ (STX)	DC$_2$	"	2	B	R	b	r
0011	3	TC$_3$ (ETX)	DC$_3$	#	3	C	S	c	s
0100	4	TC$_4$ (EOT)	DC$_4$	$	4	D	T	d	t
0101	5	TC$_5$ (ENQ)	TC$_8$ (NAK)	%	5	E	U	e	u
0110	6	TC$_6$ (ACK)	TC$_9$ (SYN)	&	6	F	V	f	v
0111	7	BEL	TC$_{10}$ (ETB)	'	7	G	W	g	w
1000	8	FE$_0$ (BS)	CAN	(	8	H	X	h	x
1001	9	FE$_1$ (HT)	EM	)	9	I	Y	i	y
1010	A	FE$_2$ (LF)	SUB	*	:	J	Z	j	z
1011	B	FE$_3$ (VT)	ESC	+	;	K	[/Ä	k	{/ä
1100	C	FE$_4$ (FF)	IS$_4$ (FS)	,	<	L	\/Ö	l	|/ö
1101	D	FE$_5$ (CR)	IS$_3$ (GS)	–	=	M	]/Ü	m	}/ü
1110	E	SO	IS$_2$ (RS)	.	>	N	^	n	~/ß
1111	F	SI	IS$_1$ (US)	/	?	O	_	o	DEL

Tabelle 1-2. Bedeutung der Sonderzeichen im ASCII-Code (nach DIN 66003, in Anlehnung an [11]).

Hex.-Code	ASCII-Zeichen	Bedeutung (englisch)	(deutsch)
00	NUL	Null	Füllzeichen
01	SOH	Start of Heading	Anfang des Kopfes
02	STX	Start of Text	Anfang des Textes
03	ETX	End of Text	Ende des Textes
04	EOT	End of Transmission	Ende der Übertragung
05	ENQ	Enquiry	Stationsaufforderung
06	ACK	Acknowledge	Positive Rückmeldung
07	BEL	Bell	Klingel
08	BS	Backspace	Rückwärtsschritt
09	HT	Horizontal Tabulation	Horizontal-Tabulator
0A	LF	Line Feed	Zeilenvorschub
0B	VT	Vertical Tabulation	Vertikal-Tabulator
0C	FF	Form Feed	Formularvorschub
0D	CR	Carriage Return	Wagenrücklauf
0E	SO	Shift Out	Dauerumschaltung
0F	SI	Shift In	Rückschaltung
10	DLE	Data Link Escape	Datenübertr. Umschaltung
11	DC1	Device Control 1	Gerätesteuerung 1
12	DC2	Device Control 2	Gerätesteuerung 2
13	DC3	Device Control 3	Gerätesteuerung 3
14	DC4	Device Control 4	Gerätesteuerung 4
15	NAK	Negative Acknowledge	Negative Rückmeldung
16	SYN	Synchronous Idle	Synchronisierung
17	ETB	End of Transmission Block	Ende des Übertragungsblocks
18	CAN	Cancel	Ungültig
19	EM	End of Medium	Ende der Aufzeichnung
1A	SUB	Substitute	Substitution
1B	ESC	Escape	Umschaltung
1C	FS	File Separator	Hauptgruppen-Trennung
1D	GS	Group Separator	Gruppen-Trennung
1E	RS	Record Separator	Untergruppen-Trennung
1F	US	Unit Separator	Teilgruppen-Trennung
20	SP	Space	Zwischenraum
7F	DEL	Delete	Löschen

1.1.3 Hexadezimal- und Oktalcode

Die Betrachtung binärer Information ist, wenn sie nicht als Zeichencode interpretiert dargestellt wird, für den Menschen ungewohnt und aufgrund der meist großen Binärstellenzahl unübersichtlich. Deshalb wird Binärinformation mikroprozessorextern, z.B. bei der Ausgabe auf einem Drucker, oft in komprimierter Form dargestellt. Am häufigsten wird hier die hexadezimale Schreibweise verwendet, bei der jede Bitkombination als Zahl im Zahlensystem mit der Basis 16 angegeben wird. Für die 16

Hexadezimalziffern werden dabei die Dezimalziffern 0 bis 9 und die Buchstaben A bis F (Werte 10 bis 15) verwendet. Zur Umformung einer Bitkombination in die Hexadezimalschreibweise unterteilt man diese von rechts nach links in eine Folge von 4-Bit-Einheiten und ordnet jeder Einheit die der 4-Bit-Dualzahl entsprechende Hexadezimalziffer zu, z.B.

$$1100\ 1010\ 1111\ 0101 = CAF5_{16}\ .$$

Eine weitere Möglichkeit der komprimierten Darstellung ist die oktale Schreibweise. Bei ihr wird jede Bitkombination als Zahl im Zahlensystem mit der Basis 8 angegeben. Zur Darstellung der acht Ziffern werden die Dezimalziffern 0 bis 7 verwendet; es werden jeweils 3-Bit-Einheiten zusammengefaßt, z.B.

$$1\ 100\ 101\ 011\ 110\ 101 = 145365_8\ .$$

Tabelle 1-3 zeigt die Zuordnung der Hexadezimal- und der Okatalziffern zu den 4-Bitbzw. 3-Bit-Binäreinheiten. Anstatt des Begriffs hexadezimal wird auch der Begriff sedezimal verwendet.

Tabelle 1-3. Hexadezimalcode (Sedezimalcode) und Oktalcode.

Binär	Hexadezimal	Oktal
0000	0	0
0001	1	1
0010	2	2
0011	3	3
0100	4	4
0101	5	5
0110	6	6
0111	7	7
1000	8	
1001	9	
1010	A	
1011	B	
1100	C	
1101	D	
1110	E	
1111	F	

1.1.4 Festkommazahlen (fixed-point numbers)

Im dezimalen Zahlensystem werden zur Darstellung von Zahlen die zehn Ziffern 0 bis 9 verwendet, die entsprechend ihren Positionen mit Zehnerpotenzen gewichtet sind. Der Wert einer n-stelligen Zahl Z ergibt sich somit aus der Summe der gewichteten

Ziffern a_i zu

$$Z = \sum_{i=0}^{n-1} a_i 10^i, \quad \text{z.B.} \quad 205 = 2 \cdot 10^2 + 0 \cdot 10^1 + 5 \cdot 10^0 \, .$$

Dualzahlen (unsigned binary numbers). Im dualen Zahlensystem stehen zur Darstellung von Zahlen lediglich die beiden Dualziffern 0 und 1 zur Verfügung, die entsprechend ihren Positionen mit Potenzen von 2 gewichtet sind. Wie bei den Dezimalzahlen ergibt sich der Wert einer n-stelligen Zahl Z aus der Summe der gewichteten Ziffern a_i zu

$$Z = \sum_{i=0}^{n-1} a_i 2^i, \quad \text{z.B.}$$

$$11001101_2 = 1 \cdot 2^7 + 1 \cdot 2^6 + 0 \cdot 2^5 + 0 \cdot 2^4 + 1 \cdot 2^3 + 1 \cdot 2^2 + 0 \cdot 2^1 + 1 \cdot 2^0 .$$

Zur Unterscheidung der Zahlensysteme ist die Zahlenbasis als Index angegeben.

Die Summation der gewichteten Ziffern stellt zugleich die Umrechnungsvorschrift von Dualzahlen in Dezimalzahlen dar. Für das obige Zahlenbeispiel ergibt sich auf diese Weise der Dezimalwert 205. Bei der Umwandlung einer Dezimalzahl in eine Dualzahl muß diese in ihre Zweierpotenzen zerlegt werden. Ein gebräuchliches Verfahren ist, die Dezimalzahl durch 2 zu dividieren und den Rest zu notieren, um dann mit dem Quotienten in gleicher Weise zu verfahren, bis als Resultat Null erreicht ist. Der Rest, der die Werte 0 und 1 annehmen kann, bildet die Dualzahl, beginnend mit dem niedrigstwertigen Bit (siehe auch [6]). Für das obige Beispiel ergibt sich folgende Zerlegung

$$
\begin{aligned}
205/2 &= 102, & \text{Rest } 1 \\
102/2 &= 51, & \text{Rest } 0 \\
51/2 &= 25, & \text{Rest } 1 \\
25/2 &= 12, & \text{Rest } 1 \\
12/2 &= 6, & \text{Rest } 0 \\
6/2 &= 3, & \text{Rest } 0 \\
3/2 &= 1, & \text{Rest } 1 \\
1/2 &= 0, & \text{Rest } 1 \quad \rightarrow \quad 11001101.
\end{aligned}
$$

32-Bit-Mikroprozessoren sehen Operationen mit Dualzahlen üblicherweise im Byte-, Wort- und Doppelwortformat vor, wobei Dualzahlen mit geringerer Stellenanzahl durch sog. führende Nullen an die Formate angepaßt werden (zero extension). Durch die in der Darstellung begrenzte Bitanzahl n einer Informationseinheit erstreckt sich der Zahlenbereich bei Dualzahlen von 0 bis $2^n - 1$ (Tabelle 1-4). Wird bei einer arithmetischen Operation der Zahlenbereich überschritten, so entsteht zwar wiederum eine Zahl innerhalb der Bereichsgrenzen, ihr Wert ist jedoch nicht korrekt, was vom Mikroprozessor als Bereichsüberschreitung durch Setzen des Übertragsbits (carry bit C) in seinem Statusregister angezeigt wird. Bild 1-2a zeigt das Entstehen von Bereichsüberschreitungen am Beispiel von 8-Bit-Dualzahlen im Zahlenring.

Tabelle 1-4. Wertebereiche für Dualzahlen und
2-Komplement-Zahlen.

Bitanzahl	Dualzahl	2-Komplement-Zahl
8	0 bis 255	-128 bis $+127$
16	0 bis 65535	-32768 bis $+32767$
n	0 bis $2^n - 1$	-2^{n-1} bis $+2^{n-1} - 1$

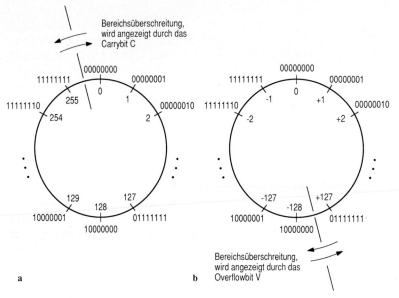

Bild 1-2. Zahlenring für **a** Dualzahlen und **b** 2-Komplement-Zahlen, jeweils
in 8-Bit-Zahlendarstellung.

2-Komplement-Zahlen (signed binary numbers, integers). Zur Unterscheidung
positiver und negativer Zahlen wird das höchstwertige Bit zur Vorzeichendarstellung
herangezogen; bei positiven Zahlen ist es 0, bei negativen Zahlen 1. Die durch die
verbleibenden n − 1 Bits gebildeten Beträge werden bei den positiven Zahlen im Dualcode angegeben, während man bei den negativen Zahlen verschiedene Darstellungen
kennt: die Vorzeichenzahlen, die 1-Komplement-Zahlen und die 2-Komplement-
Zahlen. Da Mikroprozessoren für 2-Komplement-Zahlen ausgelegt sind, werden hier
nur 2-Komplement-Zahlen betrachtet.

Bei n-stelligen 2-Komplement-Zahlen ergänzen sich postive und negative Zahlen zu
2^n. Die Umrechnung einer positiven in die entsprechende negative Zahl oder umgekehrt (Komplementierung) kann dementsprechend durch Umkehrung aller n Bits
und anschließende Addition von Eins erfolgen, z.B.

$+67_{10} = 01000011_2$ Umkehrung: 10111100
Addition: $\underline{+00000001}$
Komplement: $10111101_2 = -67_{10}$.

Der Wert einer n-stelligen 2-Komplement-Zahl Z ergibt sich ebenfalls aus der Summe der gewichteten Ziffern a_i, wobei das Vorzeichenbit a_{n-1} mit negativem Gewicht einbezogen wird

$$Z = -a_{n-1}2^{n-1} + \sum_{i=0}^{n-2} a_i 2^i, \text{ z.B.}$$

$$10111101_2 = -1 \cdot 2^7 + 0 \cdot 2^6 + 1 \cdot 2^5 + 1 \cdot 2^4 + 1 \cdot 2^3 + 1 \cdot 2^2 + 0 \cdot 2^1 + 1 \cdot 2^0.$$

32-Bit-Mikroprozessoren sehen Operationen mit 2-Komplement-Zahlen wiederum im Byte-, Wort- und Doppelwortformat vor. Zahlen geringerer Stellenzahl werden durch führende Bits gleich dem Vorzeichenbit an diese Formate angepaßt (sign extension). Der Wertebereich erstreckt sich von -2^{n-1} bis $+2^{n-1}-1$, wobei die Null als positive Zahl definiert ist (Tabelle 1-4). Eine Bereichsüberschreitung, z.B. als Resultat einer arithmetischen Operation, führt auf eine (nicht korrekte) Zahl innerhalb der Bereichsgrenzen (Bild 1-2b). Sie wird vom Mikroprozessor durch das Überlaufbit (overflow bit V) in seinem Statusregister angezeigt (sog. arithmetic overflow).

1.1.5 Gleitkommazahlen (floating-point numbers)

Hier werden zur Erreichung eines größeren Wertebereichs - bei jedoch geringerer Darstellungsgenauigkeit - die Zahlen halblogarithmisch durch Mantisse und Exponent dargestellt. Diese Darstellung ist durch das IEEE (Institute of Electrical and Electronics Engineers) standardisiert [2]. Sie hat die Form

$$Z_{FP} = (-1)^s (1.f) 2^{e\text{-bias}}$$

und wird in zwei Basis-Datenformaten codiert: für einfache Genauigkeit (single precision) durch 32 Bits und für doppelte Genauigkeit (double precision) durch 64 Bits (Bild 1-3). Darüber hinaus gibt es zwei erweiterte Formate, die von Gleitkomma-Arithmetikeinheiten zur Erhöhung der Rechengenauigkeit benutzt werden.

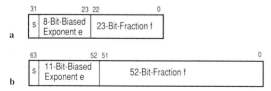

Bild 1-3. Gleitkomma-Datenformate. **a** Einfache Genauigkeit, **b** doppelte Genauigkeit.

s ist das Vorzeichenbit der Gleitkommazahl (s = 0 positiv, s = 1 negativ). Die Mantisse (1.f) wird als dualcodierte gemischte Zahl in normalisierter Form angegeben.

Dazu wird sie bei gleichzeitigem Vermindern des Exponenten soweit nach links geschoben, bis sie eine führende Eins aufweist. Das Komma (der Dezimalpunkt) wird rechts von dieser Eins festgelegt. Im Datenformat gespeichert wird aber lediglich der gebrochene Anteil f (fractional part). Die Mantisse wird auch als Significand S bezeichnet; er hat gemäß $0 \leq f < 1$ den Wertebereich $1,0 \leq S < 2,0$. - Der zunächst vorzeichenbehaftete Exponent E wird als sog. Biased-Exponent e dargestellt, d.h. zu ihm wird, ausgehend von seiner 2-Komplement-Darstellung, ein Basiswert (bias = 127 bzw. = 1023) addiert, so daß sich eine vorzeichenlose Zahl e ergibt (e = E+bias bzw. E = e −bias). Diese Darstellung erlaubt den Vergleich von Gleitkommazahlen mit den Vergleichsbefehlen für Festkommazahlen. Tabelle 1-5 zeigt für beide Basisformate die Zahlenbereiche und die Genauigkeiten bei normalisierter Darstellung.

Tabelle 1-5. Zahlenbereiche und Darstellungsgenauigkeiten für Gleitkommazahlen der Form $(-1)^s(1.f)2^E$ mit 1.f = Significand und E = e −bias.

	Einfache Genauigkeit	Doppelte Genauigkeit
Significand	24 Bits	53 Bits
größter relativer Fehler	2^{-24}	2^{-53}
Genauigkeit	≈ 7 Dez.-Stellen	≈ 16 Dez.-Stellen
Biased Exponent e	8 Bits	11 Bits
Bias	127	1023
Bereich für E	−126 bis 127	−1022 bis 1023
kleinste positive Zahl	$2^{-126} \approx 1{,}2 \cdot 10^{-38}$	$2^{-1022} \approx 2{,}2 \cdot 10^{-308}$
größte positive Zahl	$(2-2^{-23})2^{127}$	$(2-2^{-52})2^{1023}$
	$\approx 3{,}4 \cdot 10^{38}$	$\approx 1{,}8 \cdot 10^{308}$

Der größte und der kleinste Exponentwert sind zur Darstellung von Null und Unendlich, von denormalisierten Zahlen und sog. Not-a-Numbers (NaNs) reserviert (Bild 1-4). Denormalisierte Zahlen haben mit der Mantisse 0.f eine geringere Genauigkeit als normalisierte Zahlen (Bereichsunterschreitung). Sie werden mit e = 1 interpretiert (Tabelle 1-6). NaNs erlauben keine mathematische Interpretation; sie kennzeichnen z.B. Variablen als nichtinitialisiert.

a	$(-1)^s \cdot 0$	e = 0, f = 0
b	$(-1)^s(0.f)2^{-126/-1022}$	e = 0, f ≠ 0
c	$(-1)^s(1.f)2^{e-127/-1023}$	0 < e < 255/2047
d	$(-1)^s \cdot \infty$	e = 255/2047, f = 0
e	Not-a-Number	e = 255/2047, f ≠ 0

Bild 1-4. Darstellung von Gleitkommazahlen. **a** Null, **b** denormalisiert, **c** normalisiert, **d** Unendlich, **e** Not-a-Number.

Tabelle 1-6. Codierung von einfachgenauen Gleitkommazahlen in aufsteigender Wertefolge. **a** Null, **b** denormalisiert,
c normalisiert, **d** Unendlich, **e** Not-a-Number.

	s	e	f		Wert
a	0/1	00000000	00...00	=	± 0
b	0/1	00000000	00...01	=	$\pm 0,00...01 \cdot 2^{-126}$
	0/1	00000000	11...11	=	$\pm 0,11...11 \cdot 2^{-126}$
c	0/1	00000001	00...00	=	$\pm 1,00...00 \cdot 2^{-126}$
	0/1	11111110	11...11	=	$\pm 1,11...11 \cdot 2^{+127}$
d	0/1	11111111	00...00	=	$\pm \infty$
e	0/1	11111111	00...01	=	NaN
	0/1	11111111	11...11	=	NaN

Bei der Addition oder der Subtraktion zweier Operanden mit ungleichen Exponenten
muß die eine Zahl an den Exponenten der anderen angeglichen werden. Hierbei wird
der Significand des Operanden mit kleinerem Exponenten bei gleichzeitigem Erhöhen
des Exponenten so weit nach rechts geschoben, bis die Exponenten gleich sind
(unnormalisierte Zahl). - *Beispiel:* Subtraktion 4,0 minus 1,5 mit vorherigem Anglei-
chen der Exponenten und Normalisieren des Resultats; Darstellung der Mantisse als
Significand:

s	e	Significand			
0	10000001	1.0000....0	=	4,0	normalisierter Minuend
0	01111111	1.1000....0	=	1,5	normalisierter Subtrahend
0	10000001	0.0110....0	=	1,5	unnormalisierter Subtrahend
0	10000001	0.1010....0	=	2,5	Resultat
0	10000000	1.0100....0	=	2,5	normalisiertes Resultat

Im IEEE-Standard werden die arithmetischen Operationen Addition, Subtraktion,
Multiplikation, Division, Restbildung, Vergleich und Wurzelziehen vorgeschlagen.
Hinzu kommen Konvertierungsoperationen zwischen verschiedenen Zahlendarstel-
lungen.

Die rechenwerksinterne Verarbeitung in den erweiterten Formaten erfordert, sofern
die zusätzlichen Fraction-Stellen signifikante Werte aufweisen, ein Runden der Werte
beim Anpassen an die Basisformate. Dabei sollen exakte Ergebnisse erhalten bleiben
(z.B. bei der Multiplikation mit 1). Die bestmögliche Ausmittlung von Rundungsfeh-
lern erlaubt das sog. korrekte Runden. Bei ihm wird der Wert gleich dem im Ziel-
format nächstliegenden Wert, im Grenzfall gleich dem geradzahligen Wert, gesetzt.
Hingegen wird beim Aufrunden der Wert in Richtung positiv unendlich, beim Ab-
runden in Richtung negativ unendlich gerundet. Unter Einsatz beider Verfahren lassen
sich Resultate durch Schranken darstellen, innerhalb derer sich der korrekte Wert
befindet (Intervallarithmetik). Bei einem weiteren Verfahren, dem Runden gegen
Null, werden die über das Basisformat hinausgehenden Bitpositionen abgeschnitten.

1.1.6 Binärcodierte Dezimalziffern (BCD-Code)

Eine weitere Möglichkeit binärer Zahlendarstellung bietet die ziffernweise Codierung von Dezimalzahlen (binary coded decimals, BCD). Am gebräuchlichsten, und in der Mikroprozessortechnik ausschließlich verwendet, ist der Dualcode (8-4-2-1-Code). Ein Codewort umfaßt 4-Bits (Tetrade) mit den Gewichten 8, 4, 2 und 1 (Tabelle 1-7). Zur Darstellung von ganzen Zahlen werden die Codewörter entsprechend der Ziffernfolge aneinandergereiht, z.B.

$$205_{10} = 0010\ 0000\ 0101_{BCD}.$$

Man bezeichnet diese Darstellung in 4-Bit-Einheiten auch als gepackte Darstellung (packed BCD). Im Gegensatz dazu spricht man bei einer Dezimalzifferncodierung in einem der Zeichencodes von ungepackter Darstellung (unpacked BCD). Sie besteht beim ASCII-Code aus den drei zusätzlichen höherwertigen Bits 011. (Beim EBCDI-Code sind es die vier höherwertigen Bits 1111.)

Für eine vertiefende Betrachtung von Informationsdarstellungen s. z.B. [1, 4, 6, 8].

Tabelle 1-7. BCD-Code.

Dezimal	BCD
0	0000
1	0001
2	0010
3	0011
4	0100
5	0101
6	0110
7	0111
8	1000
9	1001

1.2 Einführung in die Hardwarestruktur

Ein Mikroprozessorsystem besteht grundsätzlich aus drei Hardwarekomponenten: dem eigentlichen Mikroprozessor zum Verarbeiten von Rechengrößen (Operanden, Resultate) durch ein Programm, dem Hauptspeicher (Arbeitsspeicher) zum Speichern der Rechengrößen und von Programmen sowie einer Ein-/Ausgabeeinheit, über die Daten von den Peripheriegeräten (peripheral devices) - Hintergrundspeicher und Ein-/Ausgabegeräte - eingelesen und an sie ausgegeben werden. Hinzu kommen Verbindungswege zwischen diesen Komponenten für den Datentransport und den Austausch von Steuersignalen (Bild 1-5).

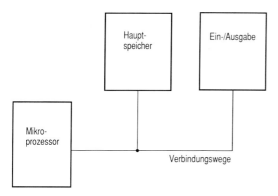

Bild 1-5. Komponenten eines Mikroprozessorsystems.

1.2.1 Übersicht über die Hardwarekomponenten

Der Mikroprozessor selbst besteht aus einem steuernden Werk (Steuerwerk) und einem ausführenden Werk (Operationswerk). Das Steuerwerk übernimmt die Ablaufsteuerung innerhalb des Prozessors sowie die Ansteuerung des Hauptspeichers und der Ein-/Ausgabeeinheit. Es veranlaßt das Lesen der Befehle aus dem Hauptspeicher, interpretiert sie und steuert ihre Ausführung. Die zu verarbeitenden Operanden werden aus dem Hauptspeicher gelesen oder über die Ein-/Ausgabeeinheit in das Operationswerk eingegeben und die Resultate in den Hauptspeicher geschrieben oder über die Ein-/Ausgabeeinheit ausgegeben. Das Operationswerk übernimmt dabei die Zwischenspeicherung der Operanden und der Resultate und führt die logischen und arithmetischen Operationen mit diesen Operanden aus.

Der Hauptspeicher umfaßt eine Vielzahl einzelner Speicherplätze (Speicherzellen) im Byte-, Wort- oder Doppelwortformat, die man sich aufeinanderfolgend angeordnet denkt. Um einzelne Zellen anwählen zu können, sind die Speicherplätze numeriert, d.h. jeder Speicherplatz ist durch die Angabe einer Zahl eindeutig identifizierbar (adressierbar). Man bezeichnet diese Nummer als Adresse. Adressen werden ebenfalls als 0/1-Kombinationen dargestellt; mit 16 Bits können z.B. bis zu $2^{16} = 65536 = 64$ K, mit 24 Bits bis zu $2^{24} = 16$ M und mit 32 Bits bis zu $2^{32} = 4$ G Adressen dargestellt werden. Durch die Adreßlänge ist also die Begrenzung des Adreßraums des Hauptspeichers und damit dessen größtmögliche Kapazität an Speicherzellen vorgegeben.

Bild 1-6 zeigt die symbolische Darstellung eines Speichers. Das Rechteckfeld kennzeichnet die beschreibbaren und lesbaren Speicherzellen und das Trapezfeld den Adreßdecodierer, der beim Anlegen einer Adresse genau eine Speicherzelle anwählt. Man bezeichnet solche Speicher, bei denen jede Zelle gleich schnell angewählt werden kann, als Speicher mit wahlfreiem Zugriff (random access memory, RAM).

Der Mikroprozessor selbst besitzt im Vergleich zum Hauptspeicher nur sehr wenige Speicherplätze. Einige von ihnen sind für spezielle Abläufe innerhalb des Prozessors vorgesehen und für die Maschinen- bzw. Assemblerprogrammierung nicht unmittel-

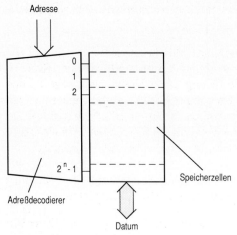

Adresse

0
1
2

2^{n}-1

Adreßdecodierer

Speicherzellen

Datum

Bild 1-6. Speicher mit wahlfreiem Zugriff (RAM).

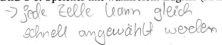

→ jede Zelle kann gleich
schnell angewählt werden

bar verfügbar. Andere können wie Hauptspeicherzellen explizit angewählt werden und sind somit für den Programmierer "sichtbar". Auch in anderen Systembausteinen kommen solche einzelnen Speicherplätze vor, die als Register bezeichnet werden. Sind mehrere Register zu einem kleinen Speicher zusammengefaßt, so spricht man von einem Registerspeicher. Obwohl sich Register und Speicherzellen in ihrer Funktion gleichen, soll die begriffliche Trennung beibehalten werden; damit lassen sich einzelne Speicherzellen von vielen, zu größeren Speichern zusammengefaßten Speicherzellen unterscheiden.

Die Ein-/Ausgabeeinheit bildet die Schnittstelle zwischen dem Mikroprozessorsystem und der Peripherie. Sie dient hauptsächlich zur Anpassung der Datenformate und der Arbeitsgeschwindigkeiten beider Übertragungspartner. Bei einfacher Ausführung besteht sie aus einem passiven Schnittstellenbaustein (Interface-Baustein) und die eigentliche Übertragungssteuerung unterliegt dem Prozessor; bei komplexerer Ausführung ist sie zur Steuerung der Übertragung mit einer zusätzlichen Steuereinheit (Controller) oder einem Ein-/Ausgabeprozessor ausgestattet.

1.2.2 Busorientierte Systemstruktur

In Bild 1-5 sind zwischen den einzelnen Komponenten des Mikroprozessorsystems Verbindungswege eingezeichnet, die den Transport von Information symbolisieren, ohne daß damit ihr physikalischer Aufbau festgelegt sein soll. Man unterscheidet dabei drei Arten von Information, für die üblicherweise auch getrennte Verbindungswege aufgebaut werden:

1. Daten; dazu zählen die Befehle, die Operanden und die Resultate,

2. Adressen zur Anwahl von Speicherzellen und Registern und

3. Signale zur Steuerung des Informationsaustausches zwischen den einzelnen Komponenten.

Um den Aufbau der Verbindungswege möglichst flexibel zu halten, sieht man die Daten-, Adreß- und Steuersignalwege nur je einmal vor und stellt sie allen Komponenten zur Informationsübertragung zur Verfügung. Diese Verbindungswege werden als Busse bezeichnet, im einzelnen als Datenbus, Adreßbus und Steuerbus, zusammengefaßt als Systembus. Ein Bus ist somit zunächst ein Bündel funktional zusammengehörender Signalleitungen, das mindestens zwei Komponenten eines digitalen Systems für den Informationsaustausch miteinander verbindet. Diese Komponenten können einzelne Register sein, aber auch vollständige Funktionseinheiten, wie Mikroprozessoren, Speicher und Ein-/Ausgabeeinheiten. Die Spezifikation für einen Bus umfaßt darüber hinaus dessen funktionelle und elektrische Eigenschaften.

Ein busorientiertes Mikroprozessorsystem zeigt Bild 1-7. Darin ist der Datenbus durch eine Doppellinie mit Punktraster und der Adreßbus durch eine Doppellinie ohne Raster dargestellt. Der Steuerbus ist durch zwei einzelne, etwas dickere Linien angegeben, wobei jede der Linien mehrere Steuerleitungen repräsentiert. Im folgenden behalten wir dieses Schema bei und verzichten auf eine weitere Kennzeichnung der Busse in den Bildern.

Gegenüber Bild 1-5 sind in Bild 1-7 mehrere Speichereinheiten und mehrere passive Ein-/Ausgabeeinheiten dargestellt, um die modulare Ausbaufähigkeit eines busorientierten Mikroprozessorsystems anzudeuten. In dieser relativ einfachen, aber grundlegenden Systemkonfiguration ist der Mikroprozessor die einzige aktive Komponente (Master), d.h. nur er kann das Bussystem steuern. Die Speicher- und die Ein-/Ausgabeeinheiten verhalten sich demgegenüber passiv (Slaves). Um Konflikte beim

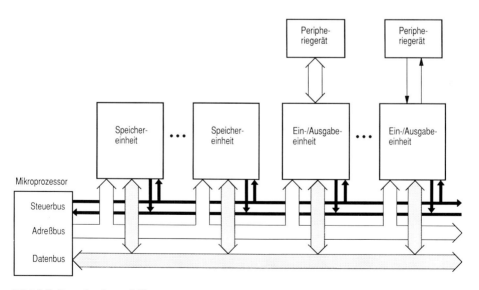

Bild 1-7. Busorientiertes Mikroprozessorsystem.

Datentransport zu vermeiden, werden immer nur zwei der Systemkomponenten (ein Sender und ein Empfänger) gleichzeitig auf den gemeinsamen Datenbus geschaltet. Eine der Komponenten wirkt als Master, die andere als Slave. - Sind an den System-bus auch Ein-/Ausgabeeinheiten mit eigener Übertragungssteuerung angeschlossen, so können auch sie als Master wirken, d.h. die Bussteuerung übernehmen.

Wie in Bild 1-7 zu erkennen ist, erlauben die Datenbusanschlüsse der Systemkompo-nenten den Datentransport in beiden Richtungen. Solche Signalleitungen bezeichnet man als bidirektional. Hingegen werden die Adreßbusanschlüsse nur in einer Rich-tung betrieben; man bezeichnet sie als unidirektional. Die meisten Signalleitungen des Steuerbusses sind unidirektional, einige sind bidirektional. Die unidirektionalen Steuerleitungen erlauben in Abhängigkeit von ihrer Funktion den Signalfluß entweder zum Mikroprozessor hinführend oder vom Mikroprozessor herkommend.

Die Vorteile eines busorientierten Mikroprozessorsystems liegen in dessen leichter Erweiterbarkeit bei geringem Aufwand für die gemeinsamen Übertragungswege. Die einzelnen Komponenten des Mikroprozessorsystems werden im folgenden kurz be-schrieben.

1.2.3 Mikroprozessor

Die Festlegung der Funktionsweise eines Mikroprozessorsystems liegt in der Vorgabe einer Befehlsfolge, die als Programm im Hauptspeicher steht und vom Mikropro-zessor abgearbeitet wird. Die Art der möglichen Operationen eines Prozessors ist durch seinen Befehlssatz festgelegt. Die wichtigsten Befehle sind Befehle für den Transport von Daten, Befehle für arithmetische und logische Verknüpfungen von Operanden und Befehle zur Änderung der Abarbeitungsreihenfolge.

Befehlsformate. Für eine zweistellige Operation, d.h. eine Operation, bei der zwei Operanden miteinander verknüpft werden und ein Resultat erzeugt wird, sind insge-samt vier Angaben erforderlich:

1. Art der Operation (Operationscode),

2. Adresse des ersten Operanden (erste Quelladresse),

3. Adresse des zweiten Operanden (zweite Quelladresse),

4. Adresse des Resultats (Zieladresse).

Werden diese vier Angaben in einem Befehl zusammengefaßt, so entsteht ein Dreiadreßbefehl entsprechend Bild 1-8.

Op.-Code	1. Quelladresse	2. Quelladresse	Zieladresse

Bild 1-8. Format eines Dreiadreßbefehls.

Bei z.B. 8 Bits für den Operationscode und 16 Bits für jede Adresse ergeben sich 56 Bits als Länge eines Befehls. Bezogen auf eine Speicherwortlänge von z.B. 16 Bits würde ein solcher Befehl beim Laden des Programms vier Speicherzellen belegen, wobei in einer Zelle 8 Bits unbenutzt blieben.

Um die Länge eines Befehls zu reduzieren, kann zum einen die Anzahl der Adressen im Befehl verringert werden. Hierzu gibt es zwei Möglichkeiten, die implizite Adressierung und die überdeckende Adressierung, die oft kombiniert angewendet werden. Sie führen zu Einadreß- und Zweiadreßbefehlen. Zum andern kann die Anzahl an Adreßbits reduziert werden, indem der Prozessor mit einem Registerspeicher ausgestattet wird, der als Zwischenspeicher nur eine geringe Speicherkapazität und damit kurze Adressen hat.

Einadreßbefehle. 8-Bit-Mikroprozessoren besitzen ein spezielles Register, den Akkumulator, das bei jeder zweistelligen Operation als Quelle einer der beiden Operanden angesprochen wird. Gleichzeitig wird dieses Register als Ziel für das Resultat benutzt, so daß der ursprünglich im Akkumulator gespeicherte Operand überschrieben wird. Die Adresse des Akkumulators wird dabei im Befehl nicht explizit angegeben, sondern ist implizit im Operationscode enthalten (implizite Adressierung); außerdem fallen durch die Doppelfunktion des Akkumulators zwei Adressen zusammen (überdeckende Adressierung). Im Befehl wird neben dem Operationscode lediglich die Quelladresse des zweiten Operanden als Speicheradresse angegeben. Spezielle Lade- und Speicherbefehle ermöglichen den Operandentransport zwischen dem Akkumulator und anderen Registern oder den Speicherzellen. Bild 1-9a zeigt ein solches Einadreßbefehlsformat für einen 8-Bit-Mikroprozessor. Bei einem für 8-Bit-Mikroprozessoren üblichen Hauptspeicher mit ausschließlich byteweisem Zugriff belegt ein solcher Befehl drei aufeinanderfolgende Speicherzellen (Bild 1-9b).

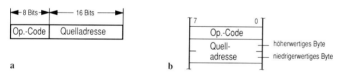

Bild 1-9. Einadreßbefehl eines 8-Bit-Mikroprozessors. **a** Allgemeines Format, **b** byteorientierte Darstellung im Speicher.

Einadreßbefehlsformate haben den Nachteil, daß zur Durchführung einer zweistelligen Operation oft drei Befehle erforderlich sind:

1. lade den Akkumulator mit dem Inhalt einer Speicherzelle (erster Operand),

2. verknüpfe den Inhalt des Akkumulators mit dem Inhalt einer Speicherzelle (zweiter Operand),

3. speichere den Inhalt des Akkumulators (Resultat) in eine Speicherzelle.

Zweiadreßbefehle. 16- und 32-Bit-Mikroprozessoren haben anstelle des bei 8-Bit-Prozessoren üblichen Akkumulators einen Satz von acht oder 16 allgemein benutzbaren Prozessorregistern, von denen jedes einzelne die Funktion des Akkumulators, aber darüber hinaus auch andere Funktionen übernehmen kann. Zur Anwahl eines

Registers wird dabei im Befehl eine Registeradresse benötigt, die jedoch viel weniger Bits als eine Speicheradresse erfordert, bei acht Registern z.B. nur drei Bits. Da die Register auf diese Weise allgemein zugänglich sind, bezeichnet man sie auch als allgemeine Register und den Registerspeicher als allgemeinen Registersatz.

Zweistellige Operationen sehen jetzt die explizite Adressierung beider Operanden vor, behalten jedoch die Überdeckung einer Quelladresse mit der Zieladresse bei. Somit ergibt sich ein Befehlsformat mit zwei expliziten Adreßangaben, die sich wahlweise auf den allgemeinen Registersatz (prozessorinterne Adressen) oder den Hauptspeicher bzw. andere periphere Einheiten (prozessorexterne Adressen) in beliebiger Kombination beziehen. Die implizite Adressierung wird bei 16- und 32-Bit-Prozessoren nur für Sonderfälle benutzt, und zwar zur Adressierung einzelner Register, die nicht einem Registerspeicher zugeordnet sind.

Bild 1-10 zeigt ein Zweiadreßbefehlsformat. Es umfaßt die beiden expliziten Adreß-angaben, wobei (in der hier gewählten vereinfachten Form ohne weitere Adreßmodifikation) jeweils ein Bit $(R/\overline{S})$ entscheidet, ob es sich um prozessorinterne Adressen $(R/\overline{S} = 1)$ oder um prozessorexterne Adressen handelt $(R/\overline{S} = 0)$. Die prozessorinternen 3-Bit-Registeradressen sind zusammen mit den beiden $R/\overline{S}$-Bits unmittelbar im ersten Befehlswort angegeben. Die prozessorexternen Adressen (hier 16-Bit-Adressen) stehen in den auf das erste Befehlswort folgenden Speicherwörtern. Daraus ergeben sich für dieses Befehlsformat Befehlsdarstellungen als Ein-, Zwei- und Dreiwortbefehle, mit denen sich - bezogen auf die Quell- und Zielangaben - folgende Befehlstypen bilden lassen:

1. Register-Register-Befehle,

2. Register-Speicher-Befehle,

3. Speicher-Register-Befehle,

4. Speicher-Speicher-Befehle.

Anmmerkung. Sieht ein Prozessor für die Quell- und die Zieladreßangaben jede Kombination von prozessorinternen und -externen Adressen vor, so spricht man auch von einer symmetrischen Befehlsstruktur. Symmetrische Befehle vereinfachen die Programmierung bei nichtkommutativen Operationen, wie z.B. der Subtraktion.

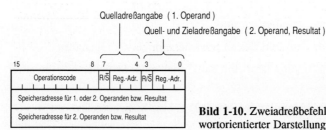

Bild 1-10. Zweiadreßbefehlsformat mit wortorientierter Darstellung im Speicher.

Prozessorstruktur. Um die internen Abläufe eines Mikroprozessors gut aufzeigen zu können, wählen wir die Struktur eines 16-Bit-Prozessors (Bild 1-11) mit der auch

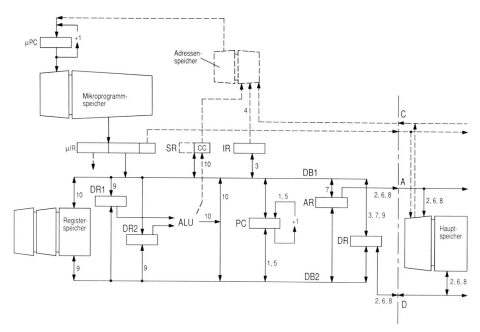

Bild 1-11. Struktur eines 16-Bit-Mikroprozessors (Ziffernangaben beziehen sich auf Bild 1-14).

bei 32-Bit-Prozessoren gebräuchlichen wortorganisierten Befehlsstruktur entsprechend Bild 1-10. Zur Vereinfachung beschränken wir uns auf das 16-Bit-Datenformat zur Darstellung von Operanden und Adressen. Der Übergang auf eine 32-Bit-Struktur, auf mehrere Datenformate und auf die Möglichkeit der Adreßmodifikation erfolgt in Kapitel 2.

Der Mikroprozessor läßt sich, wie oben erwähnt, in zwei Funktionseinheiten unterteilen, das Operationswerk und das Steuerwerk. Das Operationswerk, auch Datenwerk genannt (Bild 1-11 unten), umfaßt den Registerspeicher, die arithmetisch-logische Einheit ALU (arithmetic and logical unit) mit den beiden Operandenregistern DR1 und DR2 (data registers) und den Befehlszähler PC (program counter) mit einer Inkrementiervorrichtung. Die Datenkommunikation zwischen diesen Komponenten erfolgt über zwei voneinander unabhängige 16-Bit-Datenbusse DB1 und DB2, die über das Adreßpufferregister AR und das Datenpufferregister DR mit dem 16-Bit-Adreßbus A und dem 16-Bit-Datenbus D des prozessorexternen Systembusses verbunden sind.

Die ALU verknüpft Operanden, die zu Beginn der Ausführung eines Befehls in die Operandenregister DR1 und DR2 geladen werden, und erzeugt das Resultat sowie Statusinformation (CC) im Prozessorstatusregister SR (siehe später). Quelle und Ziel der Datentransporte sind der (externe) Hauptspeicher und der (interne) Registerspeicher. Der Registerspeicher als Zwischenspeicher für Operanden und Resultate erlaubt dem Prozessor aus technischen Gründen einen schnelleren Datenzugriff, als er auf den Hauptspeicher möglich ist. In seiner hier gewählten Eigenschaft als Zwei-Tor-Speicher (dual-port memory) können aus ihm außerdem zwei Operanden gleichzeitig auf die beiden Internbusse gelesen werden.

Der Befehlszähler PC enthält die aktuelle Befehlsadresse. Sie wird bei aufeinanderfolgenden Befehlen mit jedem Befehlswortzugriff um Eins hochgezählt (hier wortweise Zählung) bzw. bei Programmverzweigungen mit der im Sprungbefehl stehenden Sprungzieladresse geladen.

Das Steuerwerk, auch Mikroprogrammwerk genannt (Bild 1-11 oben), umfaßt das Befehlsregister IR (instruction register) zur Speicherung des ersten Befehlswortes des aktuellen Befehls, einen Adressenspeicher für die Mikroprogrammstartadressen, einen Mikroprogrammspeicher µCS (micro control store) mit dem Mikrobefehlszähler µPC (micro program counter) zur Anwahl der Ablaufschritte, ein Mikrobefehlsregister µIR (micro instruction register) zur Speicherung des aktuellen Mikrobefehls und das Prozessorstatusregister SR mit den Bedingungsbits CC (condition code, z.B. Carrybit und Overflowbit) zur Steuerung von Programmverzweigungen.

Der Befehlszugriff (instruction fetch) und die Befehlsausführung (instruction execution) werden durch das im Mikroprogrammspeicher stehende Mikroprogramm als Ablaufschritte vorgegeben. Dazu werden sog. Mikrobefehlssequenzen durchlaufen, deren Startadressen durch den Adressenspeicher erzeugt werden und deren einzelne Mikrobefehle durch den Mikrobefehlszähler adressiert und in das Mikrobefehlsregister zur Ausführung geladen werden. Bedingungen zur Bildung der Startadressen sind je nach Situation neben dem aktuellen Befehlscode aus dem Befehlsregister IR die Bedingungsbits CC des Prozessorstatusregisters und Signale, die über die Steuerleitungen C (control lines) des Systembusses vorgegeben werden. Der aktuelle Mikrobefehl wirkt mit den in ihm codierten Mikrooperationen auf das Operationswerk (Durchschaltung der Datenwege, Vorgabe von ALU-Operationen) und über die Steuerleitungen C auf die prozessorexternen Komponenten.

Befehlszyklus. Der im Mikroprogramm verankerte Ablauf für den Befehlszugriff und die Befehlsausführung wird als Befehlszyklus bezeichnet. Der Zeittakt für die Mikrobefehlsschritte wird von einem Taktgenerator festgelegt und Maschinentakt oder Prozessortakt genannt; seine Schrittdauer bezeichnet man als Taktzeit. Typische Taktzeiten heutiger Mikroprozessoren liegen zwischen 100 ns (10 MHz-Takt) und 30 ns (33,3 MHz-Takt). Zur begrifflichen Unterscheidung zwischen den für den Programmierer eines Mikroprozessors üblicherweise unzugänglichen Mikrooperationen einerseits und den für den Programmierer zugänglichen Maschinenbefehlen des Mikroprozessors andererseits bezeichnet man den Befehlszyklus auch als Maschinenbefehlszyklus.

Bild 1-12 zeigt den Befehlszyklus für eine zweistellige Operation in einer Grobdarstellung. Eine Verfeinerung des Befehlszyklus wollen wir am Beispiel eines Speicher-Register-Befehls, des Subtraktionsbefehls SUB SPADR,R5, vornehmen. In der symbolischen Befehlsschreibweise verwenden wir als suggestive Abkürzungen (mnemonics) SUB zur Bezeichnung des Operationscodes und die beiden Adreßsymbole SPADR und R5 zur Bezeichnung einer Hauptspeicherzelle und eines Prozessor-

registers mit der Adresse 5. Der Befehl hat folgende Wirkung: Der Inhalt der Speicherzelle SPADR (Quelle) wird vom Inhalt des allgemeinen Registers 5 subtrahiert
und das Resultat in das Register 5 (Quelle und Ziel) geschrieben; dabei bleibt der
Inhalt der Zelle SPADR unverändert, und der ursprüngliche Inhalt des Registers 5
wird durch das Resultat der Operation ersetzt.

1   Transport des Befehls vom Hauptspeicher in das Befehls-
    register. Erhöhen des Befehlszählers.

2   Transport des ersten Operanden vom Hauptspeicher oder
    dem Registerspeicher in das Operationswerk.

3   Transport des zweiten Operanden vom Hauptspeicher oder
    dem Registerspeicher in das Operationswerk.

4   Ausführen der Operation durch Verknüpfen der Operanden.

5   Transport des Resultats vom Operationswerk in den Haupt-
    speicher oder den Registerspeicher.
    Weiter bei Schritt 1.

Bild 1-12. Grobdarstellung eines Befehlszyklus.

In Bild 1-13 ist der Subtraktionsbefehl in symbolischer sowie in binärer und hexa-
dezimaler Schreibweise gemäß dem Befehlsformat in Bild 1-10 wiedergegeben. Als
Binärcode für SUB wurde das Bitmuster 00000010 und für die symbolische Adresse
SPADR der Dezimalwert 16 gewählt. Die symbolische Schreibweise ist für den
Menschen gut verständlich, während die binäre Schreibweise der Darstellung im
Speicher entspricht und vom Mikroprozessor unmittelbar interpretiert werden kann.
Die hexadezimale Schreibweise ist gegenüber der binären Schreibweise übersicht-
licher und erspart Schreibarbeit bei der Darstellung von Befehlen und Operanden als
Speicherinhalte.

Symbolisch	Binär	Hex.
SUB SPADR,R5	0000001000001101	020D
	0000000000010000	0010

Bild 1-13. Schreibweisen eines Subtraktionsbefehls.

Bild 1-14 zeigt den Befehlszyklus des Subtraktionsbefehls, aufgeschlüsselt nach den
einzelnen Taktschritten und deren Mikrooperationen. Transportoperationen sind durch
das Symbol $\rightarrow$ gekennzeichnet; als Quell- und Zielangaben dienen die Kurzbezeichnungen aus Bild 1-11, in das zur Verdeutlichung des Verarbeitungsablaufs die korrespondierenden Nummern der Taktschritte eingetragen sind.

In Bild 1-14 gehen wir davon aus, daß der Zugriff auf eine externe Speicherzelle mit
Vor- und Nachbereitung im Prozessor drei Taktschritte erfordert; hingegen benötigt

ein Zugriff auf den Registerspeicher nur einen Taktschritt. Eine einfache, einschrittige ALU-Operation, wie die Subtraktion, benötigt ebenfalls einen Taktschritt. Damit ergibt sich für den Subtraktionsbefehl als Speicher-Register-Befehl eine Gesamtausführungszeit von 10 Takten, während er als Register-Register-Befehl 6 und als Speicher-Speicher-Befehl 15 Takte benötigt. - Die Ausführungszeit eines Befehls hängt nicht nur von der Operandenadressierung ab, sondern auch von der Art der Operation. Sie erhöht sich bei Befehlen mit mehreren Verarbeitungsschritten in der ALU, z.B. beim Multiplikationsbefehl.

1	PC → DB1 → AR PC+1 → PC	Lesen des ersten Befehlswortes aus dem Hauptspeicher
2	AR → A → Speicher → 1. Befehlswort → D → DR	
3	DR → DB1 → IR	
4	Befehlsinterpretation	Auswerten des Operationscodes und der Adressierungsarten
5	PC → DB1 → AR PC+1 → PC	Lesen der Adresse des ersten Operanden aus dem Hauptspeicher
6	AR → A → Speicher → 2. Befehlswort → D → DR	
7	DR → DB1 → AR	
8	AR → A → Speicher → Operand → D → DR	Lesen der Operanden aus dem Hauptspeicher und dem Registerspeicher
9	DR → DB1 → DR1 Registeroperand → DB2 → DR2	
10	DR2 − DR1 → ALU-Ausgang → DB1 → Registerspeicher Statusinformation → SR weiter bei Schritt 1	Ausführen der Subtraktion, Schreiben des Resultats in den Registerspeicher und Speichern der Statusinformation in SR (CC-Bits)

Bild 1-14. Befehlszyklus des Subtraktionsbefehls als Speicher-Register-Befehl (Abkürzungen siehe Bild 1-11). Wortzählung bei der Speicheradressierung durch den Befehlszähler.

1.2.4 Speicher

Als Daten- und Programmspeicher (Hauptspeicher) werden in Mikroprozessorsystemen hauptsächlich Halbleiterspeicher mit wahlfreiem Zugriff eingesetzt. Darüber hinaus werden sog. Massenspeicher als Hintergrundspeicher verwendet, bei denen der Zugriff sequentiell auf jeweils einen gesamten Datenblock erfolgt. Solche Speicher sind z.B. Magnetbandspeicher (Langband- und Streamer-Tape-Speicher), Magnetfolienspeicher (Floppy-Disk-Speicher) und Magnetplattenspeicher (Festplatten- und Wechselplattenspeicher). - Wir wollen uns im folgenden mit verschiedenen Arten von Halbleiterspeichern befassen, die sich grob in die Schreib-/Lesespeicher und in die Festwertspeicher einteilen lassen.

Schreib-/Lesespeicher. Schreib-/Lesespeicher (random access memories, RAMs) können, wie ihr Name sagt, vom Mikroprozessor sowohl beschrieben als auch gelesen werden. Die Speicherung der Information erfolgt hierbei abhängig von der Ausführung der Bausteine in 1-Bit-, 4-Bit- oder 8-Bit-Speicherzellen, die über eine Decodiereinrichtung adressierbar sind (Bild 1-15a). Eine Steuerlogik ermöglicht über eine Bausteinanwahlleitung die Bausteinaktivierung und über eine Lese-/Schreibleitung die Vorgabe der Datentransportrichtung. Die Anpassung der Datensignale an die Bausteinumgebung erfolgt über einen bidirektionalen Datenbustreiber (bus driver, buffer), der über die Steuerlogik in Lese- bzw. Schreibrichtung durchgeschaltet wird. - Zur Erreichung einer Speicherwortbreite von z.B. 16 oder 32 Bits werden mehrere solcher Bausteine nebeneinander angeordnet.

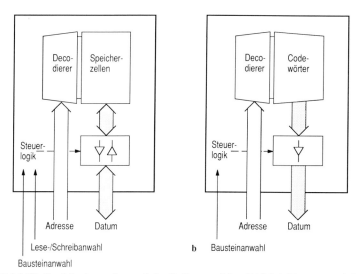

Bild 1-15. Speicherbausteine. **a** Schreib-/Lesespeicher RAM, **b** Festwertspeicher ROM.

Bei Schreib-/Lesespeichern lassen sich zwei Prinzipien der Informationsspeicherung unterscheiden. Bei den statischen RAMs werden die einzelnen Bits in Rückkopplungsspeichern (Flipflops) gespeichert. Der Speichereffekt liegt dabei in den Schaltzuständen zweier Transistoren, von denen jeweils einer leitend und der andere gesperrt ist. Bei den dynamischen RAMs hingegen wird jedes Bit als elektrische Ladung in einem Kondensator gespeichert (Energiespeicher). Da innerhalb der Speicherelemente Ladungsausgleiche stattfinden, müssen die Ladungen ständig aufgefrischt werden, wozu eine zusätzliche Speicheransteuerung erforderlich wird

(Refresh-Einrichtung). Ein einzelner Refresh-Vorgang wirkt jeweils auf einen größeren Speicherbereich.

Die vom Anlegen der Adresse bis zur Datenübernahme (Schreiben) bzw. Daten-bereitstellung (Lesen) erforderliche Zeit ist die Zugriffszeit eines Speichers, die kürzest mögliche Zeit zweier aufeinanderfolgender Schreib- oder Lesezugriffe dessen Zykluszeit. Bei statischen RAMs sind beide Zeiten gleich; bei dynamischen RAMs ist die Zykluszeit größer als die Zugriffszeit, da Schreib- und Lesezugriffe speicherintern immer als Lesezugriff mit Rückschreiben ausgeführt werden. Dieser Zyklus schließt einen automatischen Refresh-Vorgang ein. (Zu Struktur und Ansteuerung von RAM-Bausteinen siehe auch 4.3.3.) - Gegenüber den statischen haben die dynamischen RAMs den Vorteil größerer Speicherkapazität pro Speicherbaustein. Die Speicher-kapazitäten liegen gegenwärtig bei 1 Mbit und 4 Mbit bei dynamischen RAMs und 256 Kbit und 1 Mbit bei statischen RAMs.

Festwertspeicher. Die in Festwertspeichern (read only memories, ROMs) abge-legte Information kann vom Mikroprozessor zwar gelesen, aber nicht verändert werden. Dementsprechend sind die Speicherzellen, wie Bild 1-15b zeigt, als Code-wörter und der Datenbustreiber als unidirektionaler Verstärker ausgebildet. Außerdem entfällt die Lese-/Schreibleitung. Die Speicheradressierung erfolgt wie beim Schreib-/Lesespeicher wahlfrei über einen Decodierer.

Das Laden eines Festwertspeichers erfolgt vor der Inbetriebnahme des Systems und wird als Programmieren des ROMs bezeichnet. Dabei werden verschiedene Prinzipien angewendet. Bei den einfachen ROMs wird die zu speichernde Information bei der Bausteinherstellung eingebracht. Dazu wird eine Maske verwendet, die die Struktur der Binärinformation enthält. Die einmal eingebrachte Information kann nachträglich nicht mehr verändert werden.

Bei den programmierbaren ROMs (programmable ROMs, PROMs) kann die Infor-mation vom Anwender über spezielle Programmiergeräte eingeschrieben werden. Dazu sind die Speicherelemente für die Codewörter programmierbar ausgelegt und können durch Anlegen einer Adresse angewählt werden. Durch einen Spannungsstoß werden in Abhängigkeit von den Bits des anliegenden Datenworts Verbindungen in den Speicherelementen des Codeworts entweder zerstört (z.B. durchgebrannt) oder bleiben erhalten. Eine andere Programmiermöglichkeit bieten die löschbaren PROMs (erasable programmable ROMs, EPROMs), die ebenfalls vom Anwender program-miert werden können. Bei ihnen wird die Information in der Form elektrischer Ladungen gespeichert, die sich durch Bestrahlung mit ultraviolettem Licht oder durch Anlegen einer Löschspannung (electrically alterable ROMs, EAROMs; electrically erasable ROMs, EEPROMs) wieder löschen lassen. Der Speicher befindet sich da-nach wieder im programmierbaren Zustand. - Die Speicherkapazität von ROM-Bau-steinen liegt derzeit bei 1 Mbit.

ROMs werden aufgrund ihrer Nur-Lese-Eigenschaft zur Speicherung unveränder-licher Information (Programme, Konstanten) verwendet. RAMs sind dagegen universell verwendbar und werden insbesondere zur Speicherung von veränderbaren

Daten (Variablen) benötigt. Beim Ausfall der Versorgungsspannung bleiben die ROM-Inhalte erhalten, während die RAM-Inhalte verlorengehen. Sollen auch die RAM-Inhalte erhalten bleiben, so muß der Ausfall durch eine zusätzliche Spannungsversorgung, z.B. durch Batterien, abgefangen werden.

1.2.5 Ein-/Ausgabeeinheit

Ein-/Ausgabeeinheiten bilden die Schnittstellen zwischen dem Mikroprozessorsystem, d.h. dem Systembus, und den Hintergrundspeichern und den Ein-/Ausgabegeräten. Elementarer Bestandteil solcher Einheiten sind Interface-Bausteine (kurz Interfaces), die im einfachsten Fall aus einem anwählbaren Datenregister zur Zwischenspeicherung der zu übertragenden Daten bestehen. Im allgemeinen übernehmen sie darüber hinaus Steuerfunktionen zur Synchronisation der Datenübertragung. Außer zur Datenübertragung werden sie auch für den Austausch reiner Steuer- und Statusinformation zwischen dem Mikroprozessor und z.B. einem zu steuernden technischen Prozeß eingesetzt.

Für einen Interface-Baustein ergeben sich unterschiedliche Betriebsarten, die durch Laden von einem oder mehreren Steuerregistern vorgegeben werden. Die Betriebszustände eines solchen Bausteins werden in einem oder mehreren Statusregistern angezeigt. Sämtliche Register, also Datenregister, Steuerregister und Statusregister, können wie Speicherzellen adressiert, beschrieben und gelesen werden. Das geschieht entweder durch die normalen Speicherbefehle oder durch spezielle Ein-/Ausgabebefehle.

Die Datenübertragung zwischen Mikroprozessor und Interface-Bausteinen erfolgt parallel, vorwiegend im Byteformat, d.h. für jedes Datenbit steht eine eigene Datenleitung des Systembusses zur Verfügung. Die Datenübertragung zwischen Interface-Baustein und Peripherie wird, angepaßt an die Peripherie, entweder bitparallel oder bitseriell durchgeführt. Den dabei notwendigen verschiedenen Synchronisations- und Übertragungsarten wird durch eine Vielzahl unterschiedlicher Interface-Bausteine und Betriebsarten Rechnung getragen.

Bei passiven Ein-/Ausgabeeinheiten steuert der Mikroprozessor den Ablauf einer Datenübertragung, indem er z.B. das Starten und Stoppen eines Geräts übernimmt und die zu übertragenden Daten nacheinander in das Interface-Datenregister schreibt (Ausgabe) oder von dort liest (Eingabe). Dabei synchronisiert er sich mit der Peripherie über die Statusinformation des Bausteins. Ein-/Ausgabeeinheiten mit eigener Steuereinheit (controller) sind als aktive Einheiten in der Lage, die Übertragung von Datenblöcken nach vorheriger Vorgabe der Steuerinformation durch den Mikroprozessor (Initialisierung) selbständig durchzuführen. Man spricht dann von Direktspeicherzugriff (direct memory access, DMA) und bezeichnet die Steuereinheiten als DMA-Controller (DMAC). Darüber hinaus werden als Steuereinheiten Ein-/Ausgabeprozessoren eingesetzt, die sowohl Programme ausführen als auch den Direktspeicherzugriff durchführen können. Sie übernehmen die Steuerung des gesamten Ein-/Ausgabevorgangs einschließlich des Startens und des Stoppens von

Geräten. Schließlich werden universell programmierbare Ein-/Ausgabecomputer eingesetzt, die ihrerseits mit Interface-Bausteinen und DMA-Controllern ausgestattet sind.

Für eine vertiefende Betrachtung des elektrotechnischen und logischen Aufbaus von Prozessoren, Halbleiterspeichern und Interface-Bausteinen siehe z.B. [1, 9, 10, 12].

1.3 Einführung in die Assemblerprogrammierung

Bei der Programmierung von Mikroprozessorsystemen wird zur leichteren Handhabung eine symbolische Schreibweise für die Befehlsdarstellung gewählt. In der hardware-nächsten Ebene, der Assemblerebene, entspricht dabei ein symbolischer Befehl gerade einem Maschinenbefehl. Die symbolische Schreibweise wird Assemblersprache genannt. Sie ist durch den Befehlssatz des Mikroprozessors geprägt, jedoch in Symbolik und Befehlsdarstellung (Notation, Syntax) von der Hardware unabhängig. Die Umsetzung eines Assemblerprogramms (Assemblercode) in ein Maschinenprogramm (Maschinencode) übernimmt ein Übersetzungsprogramm, der Assembler. Um die symbolische Programmbeschreibung für den Assembler lesbar zu machen, werden die Zeichen des Programmtextes vom Eingabegerät, z.B. einer Tastatur, im ASCII-Code übertragen. Auf gleiche Weise wird eine vom Assembler erzeugt Programmliste im ASCII-Code an einen Drucker oder an den Bildschirm eines Terminals ausgegeben.

1.3.1 Programmdarstellung

Im folgenden wird die Darstellung von Programmen in der für den Menschen verständlichen Assemblerschreibweise und in der für den Mikroprozessor verarbeitbaren Maschinencodierung betrachtet. Wir gehen dazu von einer einfachen Aufgabenstellung aus und legen einen für die Lösung der Aufgabe ausreichenden Satz von Maschinenbefehlen fest.

Programmieraufgabe. Mit einem Mikroprozessorsystem soll ein Impulsgeber aufgebaut werden, der in konstanten Zeitabständen Impulse an eine periphere Einheit abgibt. Dazu wird eine Ein-/Ausgabeeinheit mit einem 16-Bit-Datenregister versehen, in dem zu Beginn der Programmausführung von der peripheren Einheit eine Zahl bereitgestellt wird, die die Periodendauer t der Impulsfolge vorgibt (Bild 1-16). Der Mikroprozessor soll, nachdem er diese Zahl übernommen hat, in dasselbe Register zunächst eine Null und dann im Abstand der Impulse für die Dauer eines Befehls eine Eins ausgeben. Der Inhalt von Bit 0 des Registers bildet das Impulssignal für die Peripherie. Das Datenregister bezeichnen wir mit der symbolischen Adresse EAREG und weisen ihm die absolute Adresse 32768 (2^{15}) zu.

Den Programmablauf zur Lösung dieser Aufgabe zeigt Bild 1-17 in der Form eines Flußdiagramms. Zunächst wird die Zeitkonstante t aus dem Datenregister EAREG in

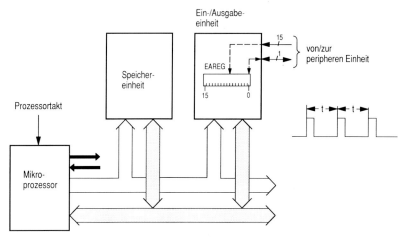

Bild 1-16. Aufbau eines Impulsgebers mit einem Mikroprozessor.

eine Hauptspeicherzelle ZEITK übernommen, danach wird das Datenregister mit dem Wert 0 für die anschließende Impulsausgabe initialisiert (Bit 0 = 0). Die Erzeugung eines Impulses erfolgt durch die wiederholte Übertragung der Werte 1 und 0 an das Datenregister, das den jeweils zuletzt übertragenen Wert so lange speichert, bis er

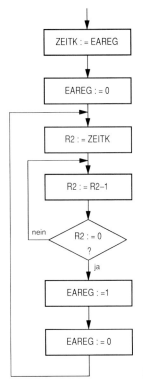

Bild 1-17. Flußdiagramm für die Impulsausgabe.

durch die nächste Übertragung überschrieben wird. Beide Werte stehen in den Speicherzellen NULL und EINS als konstante Operanden zur Verfügung. Zur wiederholten Ausgabe der Werte wird der entsprechende Programmteil wiederholt durchlaufen, man sagt, er bildet eine Programmschleife. Diese Schleife enthält eine weitere, innere Programmschleife, die so oft durchlaufen wird, wie es der Wert der Zeitkonstanten ZEITK vorgibt; d.h., der Zeitabstand t zwischen zwei Impulsen wird bestimmt durch die Verarbeitungszeiten der einzelnen Befehle und die Anzahl der Schleifendurchläufe der inneren Schleife. Die Verarbeitungszeiten der Befehle sind durch die Anzahl der Taktschritte pro Befehl und die Taktzeit des Mikroprozessors festgelegt.

Symbolische Programmdarstellung. Die folgende Liste zeigt einen Ausschnitt des Mikroprozessor-Befehlssatzes mit den Befehlen, die zur Lösung unserer Aufgabe benötigt werden. Die Befehle sind in symbolischer Schreibweise, wie sie bereits für den Subtraktionsbefehl verwendet wurde, und mit einer Kurzbeschreibung ihrer Funktionen angegeben.

MOVE	QADR,ZADR	Transportbefehl (move): transportiert den Inhalt von QADR (Quelladresse) nach ZADR (Zieladresse).
SUB	QADR,ZADR	Subtraktionsbefehl (subtract): subtrahiert den Inhalt von QADR vom Inhalt von ZADR und schreibt das Resultat nach ZADR.
CMP	ADR1,ADR2	Vergleichsbefehl (compare): vergleicht die mit ADR1 und ADR2 adressierten Operanden und speichert die Aussage, ob der zweite Operand größer, größer/gleich, gleich, ungleich, kleiner/gleich oder kleiner dem ersten Operanden ist in den CC-Bits des Prozessorstatusregisters. Die Aussage erfolgt sowohl für Dualzahlen als auch für 2-Komplement-Zahlen.
BNE	SPRADR	Bedingter Sprungbefehl (branch if not equal): lädt den Befehlszähler mit der Sprungadresse SPRADR, sofern das Prozessorstatusregister den Zustand "ungleich" anzeigt, sonst wird der nächste Befehl im Programm ausgeführt.
JMP	SPRADR	Unbedingter Sprungbefehl (jump): lädt den Befehlszähler mit der Sprungadresse SPRADR.

Bild 1-18 zeigt das symbolische Programm in maschinenexterner Darstellung entsprechend dem Flußdiagramm Bild 1-17. Die innere Programmschleife ist mit dem bedingten Sprungbefehl BNE und die äußere Programmschleife mit dem unbedingten Sprungbefehl JMP abgeschlossen. Die äußere Schleife kann wegen der Verwendung des JMP-Befehls nicht verlassen werden und bildet damit eine Endlosschleife. Für die Abfrage auf Null in der inneren Schleife wird, in Erweiterung der Ablaufbeschreibung durch das Flußdiagramm, das Register R0 verwendet, das zuvor mit Null initialisiert wird. Die in den Sprungbefehlen verwendeten symbolischen Adressen markieren in der linken Spalte diejenigen Befehle im Programm, die die Sprungziele darstellen. Auf gleiche Weise markieren die Symbole NULL, EINS und ZEITK die am Ende des Programms definierten konstanten Operanden 0 und 1 und den Speicherplatz für die Zeitkonstante. Mit diesen Marken (Labels, Namen) können die zur

Überführung des Programms in den Maschinencode notwendigen Adreßzuordnungen hergestellt werden. Beim späteren Laden des Programms in den Hauptspeicher schließt sich der Datenbereich unmittelbar an den Programmbereich an (wie in der symbolischen Darstellung).

Symbolisches Programm			Takte/Befehl
	MOVE	EAREG,ZEITK	13
	MOVE	NULL,EAREG	13
	MOVE	NULL,R0	9
MARKE1	MOVE	ZEITK,R2	9
MARKE2	SUB	EINS,R2	10
	CMP	R0,R2	6
	BNE	MARKE2	7
	MOVE	EINS,EAREG	13
	MOVE	NULL,EAREG	13
	JMP	MARKE1	7
ZEITK			
NULL	0		
EINS	1		

Bild 1-18. Impulsgeberprogramm in symbolischer Darstellung.

Als Beispiel für die Ermittlung einer Zeitkonstanten ZEITK, die die Anzahl der inneren Schleifendurchläufe festlegt, geben wir den Impulsabstand mit $t = 0,1$ s und die Taktzeit mit $0,1$ µs vor. Für die innere Programmschleife ergibt sich mit den Angaben aus Bild 1-18 eine Durchlaufzeit von 23 Taktschritten, d.h. von 2,3 µs. Diese Schleife wird so oft durchlaufen, wie der Wert von ZEITK angibt, d.h. 2,3·ZEITK µs. In der äußeren Schleife kommen weitere 42 Maschinentakte, d.h. 4,2 µs dazu. Der Impulsabstand t errechnet sich damit zu $t = (2,3\cdot\text{ZEITK}+4,2)$ µs. Daraus ergibt sich der Wert von ZEITK und damit die Anzahl der inneren Schleifendurchläufe zu $\text{ZEITK} = (t-4,2)/2,3 \approx 43476.$

Maschinencode-Darstellung. Unter Zugrundelegung unserer Befehlsformate wollen wir das symbolische Programm in seine maschineninterne Form, den Maschinencode, übersetzen. Der Maschinencode ist die Darstellung, in der ein Programm und seine Daten im Hauptspeicher vorliegen und die vom Mikroprozessor unmittelbar interpretiert werden kann. Dazu müssen die symbolischen Angaben durch ihre äquivalenten binären Darstellungen ersetzt werden.

Die Zuordnung der symbolischen Operationscodes zu den maschineninternen Operationscodes (Binärcodes) liegt fest und bildet die für unseren Mikroprozessor in Tabelle 1-8 dargestellte Zuordnungstabelle. Die Ersetzung der symbolischen Speicheradressen durch numerische Adressen ergibt sich aus der Lage des Programms und seiner Daten im Hauptspeicher. Die numerischen Adressen der allgemeinen Register und des Datenregisters der Ein-/Ausgabeeinheit liegen hingegen fest. Aus diesem Grund hatten wir bereits früher das Symbol Rn dem allgemeinen Register n zugeordnet (n = 0, 1, ..., 7); desgleichen hatten wir dem Symbol EAREG die Adresse 32768 fest zugewiesen, die durch die Adreßdecodierung der Ein-/Ausgabeeinheit vorgegeben ist. Für unser Beispiel wollen wir voraussetzen, daß das Programm den Hauptspeicher ab der Zelle 0 belegt, und erhalten damit die in Tabelle 1-9 angegebene Adreßzuordnung als Symboltabelle. Bei der Festlegung der Werte der symbolischen Adressen wurden die unterschiedlichen Befehlslängen (Ein-, Zwei- und Dreiwortbefehle) berücksichtigt.

Tabelle 1-8. Zuordnungstabelle der Operationscodes.

Symbolischer Operationscode	Binärcode
MOVE	00000001
SUB	00000010
CMP	00100001
BNE	00001100
JMP	00000101

Tabelle 1-9. Symboltabelle für das Impulsgeberprogramm.

Symbol	Numerische Adresse		
	Dual	Dezimal	Hex.
MARKE1	0000000000001000	8	0008
MARKE2	0000000000001010	10	000A
ZEITK	0000000000010111	23	0017
NULL	0000000000011000	24	0018
EINS	0000000000011001	25	0019
EAREG	1000000000000000	32768	8000

Als letztes bestimmen wir für jeden Befehl die beiden $R/\overline{S}$-Bits aus der Angabe, ob es sich bei den rechts vom Operationscode stehenden Adreßangaben um Registeradressen ($R/\overline{S}$ = 1) oder um Speicheradressen ($R/\overline{S}$ = 0) handelt. Hierbei werden alle Adreßsymbole, die nicht den Registerspeicher betreffen, als Speichersymbole (genauer: als Symbole für prozessorexternen Datenzugriff) aufgefaßt.

Tabelle 1-10 zeigt den endgültigen Maschinencode zusammen mit den Speicheradressen der einzelnen Maschinencodewörter, wobei die Dualzahldarstellung der Speicheradressen aus Gründen der Übersichtlichkeit von 16 auf 8 Stellen reduziert wurde. Der Programmcode belegt die Zellen 0 bis 22 und der Datenbereich die Zellen 23 bis 25. Die beiden Operanden NULL und EINS sind als Dualzahlen codiert; der Inhalt des Speicherwortes ZEITK ist vor Ausführung des Programms noch unbestimmt, was durch Kreuze angedeutet ist. Als Orientierungshilfe ist zu jedem Befehlswort der symbolische Operationscode bzw. das prozessorexterne Adreßsymbol angegeben.

Tabelle 1-10. Impulsgeberprogramm in Maschinencode-Darstellung.

Adresse		Maschinencode		Symbol
Dez.	Dual	Dual	Hex.	
0	00000000	0000000100000000	0100	MOVE
1	00000001	1000000000000000	8000	EAREG
2	00000010	0000000000010111	0017	ZEITK
3	00000011	0000000100000000	0100	MOVE
4	00000100	0000000000011000	0018	NULL
5	00000101	1000000000000000	8000	EAREG
6	00000110	0000000100001000	0108	MOVE
7	00000111	0000000000011000	0018	NULL
8	00001000	0000000100001010	010A	MOVE
9	00001001	0000000000010111	0017	ZEITK
10	00001010	0000001000001010	020A	SUB
11	00001011	0000000000011001	0019	EINS
12	00001100	0010000110001010	218A	CMP
13	00001101	0000110000000000	0C00	BNE
14	00001110	0000000000001010	000A	MARKE2
15	00001111	0000000100000000	0100	MOVE
16	00010000	0000000000011001	0019	EINS
17	00010001	1000000000000000	8000	EAREG
18	00010010	0000000100000000	0100	MOVE
19	00010011	0000000000011000	0018	NULL
20	00010100	1000000000000000	8000	EAREG
21	00010101	0000010100000000	0500	JMP
22	00010110	0000000000001000	0008	MARKE1
23	00010111	xxxxxxxxxxxxxxxx		
24	00011000	0000000000000000	0000	
25	00011001	0000000000000001	0001	

1.3.2 Programmübersetzung (Assemblierung)

Ein Vergleich der beiden Programmdarstellungen in Bild 1-18 und Tabelle 1-10 zeigt, daß die symbolische Darstellung für den Menschen sehr viel besser lesbar ist als die Maschinencode-Darstellung, die der Mikroprozessor zur Interpretation benötigt. Man wird deshalb ein Programm zunächst in symbolischer Form schreiben; anschließend wird es in den Maschinencode übersetzt und in den Hauptspeicher geladen. Das Übersetzen kann, wie oben gezeigt wurde, von Hand geschehen. Man benötigt dazu die Zuordnungstabelle und die Adresse des ersten Maschinencodewortes im Speicher, um die Symboltabelle mit den Adreßzuordnungen aufstellen zu können. Das manuelle Übersetzen ist jedoch sehr zeitaufwendig und vor allem fehleranfällig. Außerdem können kleine Änderungen im symbolischen Programm große Änderungen im Maschinencode nach sich ziehen. So ändern sich z.B. beim Entfernen oder Einschieben eines Befehls sämtliche Adreßbezüge auf die nachfolgenden Speicherzellen.

Da der Übersetzungsvorgang nach festen Regeln abläuft, kann seine Ausführung auch dem Mikroprozessor selbst übertragen werden. Dazu muß die symbolische Schreibweise eindeutig festgelegt sein, und wir benötigen ein Programm, welches das zu übersetzende symbolische Programm (als Eingabedaten) in den Maschinencode (als Ausgabedaten) umformt. Man nennt ein solches Übersetzungsprogramm Assembler (to assemble: montieren). Die Regeln zur symbolischen Programmierung ergeben sich aus der Definition einer Assemblersprache. Man nennt Programme, die in Assemblersprache geschrieben sind, Assemblerprogramme.

Assemblersprache. Die Assemblersprache legt die äußere Form einer Programmzeile fest. Eine solche Zeile ist in Zeichenfelder mit bestimmten Funktionen unterteilt. Die Feldgrenzen sind je nach Assemblersprache innerhalb einer Zeile entweder fließend oder in Art einer Tabelle (durch Spalten) festgelegt. Bild 1-19 zeigt ein festes Format, bei dem jedes Feld an einer vorgegebenen Position beginnt. Bei flexiblen Formaten muß die Feldabgrenzung durch ein besonderes Zeichen erfolgen, z.B. durch das Leerzeichen SP (space).

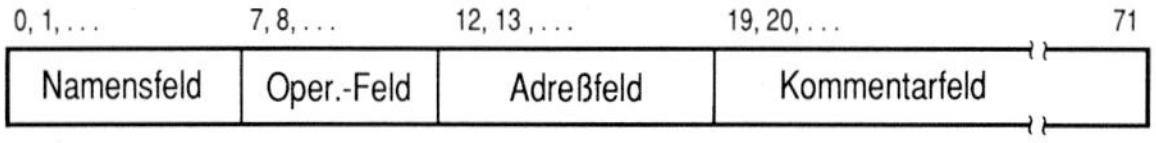

0, 1, . . .	7, 8, . . .	12, 13 , . . .	19, 20, . . .	71
Namensfeld	Oper.-Feld	Adreßfeld	Kommentarfeld	

Bild 1-19. Format einer Programmzeile.

Das Namensfeld dient zur symbolischen Adressierung einer Programmzeile und kann dazu ein Symbol enthalten. Das Operationsfeld nimmt den symbolischen Operationscode auf, und im Adreßfeld stehen die symbolischen Adreßangaben, die z.B. durch Kommas getrennt sind. Das Kommentarfeld dient zur Kommentierung der entsprechenden Programmzeile. Programmzeilen können auch ausschließlich aus Kommentar bestehen. Sie werden dann in der ersten Zeichenspalte durch ein Sonderzeichen, z.B. *, gekennzeichnet. Kommentare bleiben genau so wie Leerzeilen während der Programmübersetzung unberücksichtigt und haben damit keinen Einfluß auf die Erzeugung des Maschinencodes.

Durch die Assemblersprache ist auch der Zeichenvorrat vorgegeben, mit dem eine Programmzeile formuliert werden kann (z.B. Großbuchstaben, Kleinbuchstaben, Ziffern, Sonderzeichen). Sie schreibt außerdem vor, welche Zeichenketten zur Bildung von Adreßsymbolen erlaubt sind. So muß z.B. das erste Zeichen eines Adreßsymbols ein Buchstabe sein, es darf z.B. maximal 6 Zeichen umfassen und keine Sonderzeichen enthalten. Darüber hinaus legt die Assemblersprache die symbolischen Operationscodes und spezielle Adreßsymbole, wie R0 bis R7 für den Registerspeicher, fest.

Im Unterschied zu höheren Programmiersprachen entspricht bei Assemblersprachen ein symbolischer Befehl genau einem Befehl im Maschinencode (1-zu-1-Übersetzung). Ein Assemblerprogramm ist somit gegenüber einem FORTRAN-, PASCAL- oder C-Programm an die Prozessorhardware angepaßt.

Assembleranweisungen. In unserem Programmbeispiel kommen neben den Befehlen auch Operanden vor, deren Werte vor der Programmausführung entweder bekannt sind oder für die lediglich eine Speicherzelle reserviert wird. Für diese und ähnliche Vorgaben sieht die Assemblersprache Assembleranweisungen (Assemblerdirektiven, Pseudobefehle) vor, die als Programmzeilen in das symbolische Programm eingefügt werden. Im Gegensatz zu den Maschinenbefehlen führen Assembleranweisungen bei der Übersetzung (Assemblierung) des Programms nicht immer auf Binärcode; sie dienen zur Steuerung des Übersetzungsvorgangs und zur Erzeugung von Konstanten, die wie die übersetzten Maschinenbefehle nach der Assemblierung im Speicher abgelegt werden.

Die wichtigsten Assembleranweisungen sind im folgenden zusammengefaßt. Wie die Maschinenbefehle unterliegen sie dem Format einer Programmzeile und bestehen dementsprechend aus einem symbolischen Code und einem Adreßteil. Die Verwendung von Namensangaben ist entweder wahlweise, was in der folgenden Auflistung durch eine eckige Klammer gekennzeichnet ist, oder bindend, wie z.B. bei der EQU-Anweisung.

[Symbol]	ORG	c	Origin of program or data: gibt mit der Zahl c die Anfangsadresse des nachfolgenden Programmteils oder Datenbereichs an; ein Name im Namensfeld gilt als symbolische Anfangsadresse.
	END		End of program: zeigt dem Assembler das Ende des zu assemblierenden Programms an.
[Symbol]	DS	c	Define storage: reserviert im Speicher so viele Speicherzellen, wie die Zahl c angibt; ein Name im Namensfeld gilt als symbolische Adresse der ersten reservierten Speicherzelle.
[Symbol]	DC	c	Define constant: reserviert eine Speicherzelle und belegt sie mit dem Wert der Zahl c; ein Name im Namensfeld gilt als symbolische Adresse der Speicherzelle.
Symbol	EQU	c	Equate: weist einem Namen im Namensfeld den Wert der Zahl c zu.

Mit diesen Assembleranweisungen läßt sich unser Programmbeispiel vollständig in Assemblersprache formulieren (Bild 1-20). Mit der ORG-Anweisung geben wir eine Speicherbelegung ab Zelle 0 vor; die END-Anweisung gibt dem Assembler die letzte zu verarbeitende Programmzeile an. Die Adreßzuweisung an das Datenregister EAREG, die in der bisherigen Schreibweise nicht möglich war, kann jetzt mit der EQU-Anweisung vorgenommen werden. Die beiden DC-Anweisungen erzeugen die Dualzahlen für die Operanden NULL und EINS; mit der DS-Anweisung wird eine Speicherzelle für den zu Beginn der Ausführung des Programms noch unbekannten Wert von ZEITK reserviert. Die Übersetzung des Programms durch den Assembler führt auf den Maschinencode in Tabelle 1-10.

Assemblierung. Die Übersetzung (Assemblierung) eines Assemblerprogramms durch den Assembler erfolgt üblicherweise in zwei Phasen, d.h. in zwei Durchgängen durch das zu assemblierende Programm. Im ersten Durchgang werden die

```
Name      Opcode    Adreßangaben      Kommentar

*
* Impulsgeberprogramm

          ORG       0                 Speicherbelegung ab Adresse 0
EAREG     EQU       32768             Ein-/Ausgabeadresse festlegen
          MOVE      EAREG,ZEITK       Zeitkonstante einlesen
          MOVE      NULL,EAREG
          MOVE      NULL,R0
MARKE1    MOVE      ZEITK,R2          Zeitschleife initialisieren
MARKE2    SUB       EINS,R2
          CMP       R0,R2             Zeitbedingung abfragen
          BNE       MARKE2
          MOVE      EINS,EAREG        positive Flanke
          MOVE      NULL,EAREG        negative Flanke
          JMP       MARKE1
*                                     Beginn des Datenbereichs
ZEITK     DS        1
NULL      DC        0
EINS      DC        1
          END
```

Bild 1-20. Impulsgeberprogramm in Assemblerschreibweise.

Adreßzuordnungen hergestellt und eine Fehlerliste angefertigt. Im zweiten Durchgang wird der Maschinencode erzeugt und eine Auflistung des Programms in symbolischer und binärer oder hexadezimaler Darstellung vorgenommen. In beiden Durchgängen wird das Assemblerprogramm zeilenweise gelesen und verarbeitet. Man nennt Assembler, die nach diesem Prinzip arbeiten, auch Zwei-Phasen-Assembler (zur Funktionsweise von Assemblern siehe z.B. [3, 7]).

Die Adreßzuordnungen werden, wie bereits beschrieben, durch den Aufbau einer Symboltabelle ermittelt. Die Adreßzählung beginnt mit der in der ORG-Anweisung angegebenen Anfangsadresse und wird durch einen sog. Zuordnungszähler vom Assembler vorgenommen. Der Zuordnungszähler wird dazu mit der Anfangsadresse initialisiert und nach der Bearbeitung einer jeden Programmzeile um die Anzahl der von dieser Zeile im Maschinencode belegten Speicherzellen weitergezählt. Ein Symbol im Namensfeld der Programmzeile wird in die Symboltabelle mit dem augenblicklichen Wert des Zuordnungszählers und dem Attribut "definiert" eingetragen. Ein prozessorexternes Symbol im Adreßfeld wird ebenfalls in die Symboltabelle übernommen, jedoch mit dem Attribut "verwendet" versehen. Eine Ausnahme bilden Symbole im Namensfeld von EQU-Anweisungen, deren Adreßwerte sich aus den Zahlenangaben im Adreßfeld selbst ergeben.

Enthält ein Programm mehrere ORG-Anweisungen, so wird der Zuordnungszähler bei jeder ORG-Anweisung mit dem im Adreßfeld angegebenen Wert neu geladen. Damit können beispielsweise der Programm- und der Datenbereich im Speicher getrennt voneinander angelegt werden. Bei Erreichen der END-Anweisung müssen sämtliche Symbole definiert sein. Offene Adreßbezüge und Schreibweisen innerhalb der Programmzeilen, die die Assemblersprache nicht erlaubt, werden in der Fehlerliste vermerkt.

Tabelle 1-11 zeigt einen Schnappschuß beim Aufbau der Symboltabelle für unser Programmbeispiel nach Bearbeitung der BNE-Programmzeile. Zu diesem Zeitpunkt sind die Symbole ZEITK, NULL und EINS zwar verwendet worden, es konnte ihnen aber noch kein Adreßwert zugewiesen werden, da die Programmzeilen, in deren Namensfeldern sie definiert sind, noch nicht bearbeitet wurden. Solche Vorwärtsadreßbezüge sind der Grund dafür, daß nicht bereits beim ersten Durchgang für jede Programmzeile unmittelbar der Maschinencode erzeugt werden kann.

Tabelle 1-11. Zustand der Symboltabelle nach Bearbeitung der BNE-Zeile.

Symbol	Adreßwert	verwendet	definiert
EAREG	32768	x	x
ZEITK	-	x	-
NULL	-	x	-
MARKE1	8	-	x
MARKE2	10	x	x
EINS	-	x	-

Im zweiten Durchgang werden die Programmzeilen nacheinander in den Maschinencode übersetzt, wobei die Zuordnungs- und die Symboltabelle ausgewertet werden. Aus den fest vereinbarten Registersymbolen R0 bis R7 werden die numerischen Adressen des Registerspeichers ermittelt. Sie ermöglichen die Unterscheidung von prozessorinternen und prozessorexternen Adressen und dürfen nicht zur symbolischen Kennzeichnung von Speicheradressen herangezogen werden. Daraus ergibt sich für unser Beispiel die Codierung der $R/\bar{S}$-Bits und damit die Anzahl der Maschinencodewörter pro Befehl. Mit der Codeerzeugung wird gleichzeitig eine Programmliste erstellt, die neben dem symbolischen Programm (Quellprogramm) den Maschinencode (üblicherweise in Hexadezimaldarstellung), die Speicheradressen des Maschinencodes, eine Zeilennumerierung und Fehlerhinweise enthält (Bild 1-21).

Je nach Aufbau des Assemblers wird der erzeugte Maschinencode direkt in den durch die ORG-Anweisungen vorgegebenen Bereichen im Speicher erzeugt, oder er wird vom Assembler zunächst auf ein externes Speichermedium ausgegeben, von wo er dann gegebenenfalls zu einem späteren Zeitpunkt von einem Ladeprogramm (Lader) in den Hauptspeicher geladen wird. Der Lader lädt das Programm entweder an die durch die ORG-Anweisungen des Programms vorgegebenen Speicheradressen (Absolutlader), oder er nimmt eine Verschiebung des Programms um eine vorgebbare Ladedistanz vor (verschiebender Lader, relocating loader). Hierzu müssen während des Ladevorgangs die Adreßangaben in den Adreßteilen von Befehlen, die über den Zuordnungszähler ermittelt wurden, um die Ladedistanz erhöht werden. Diese Adressen werden als relative oder verschiebbare Adressen bezeichnet. Adressen, die über die EQU-Anweisung als Absolutwerte vorgegeben sind, bleiben unverändert; man bezeichnet sie auch als absolute oder feste Adressen. Um dem verschiebenden Lader diese Unterscheidung zu ermöglichen, muß der Assembler Zusatzinformation zum Maschinencode liefern.

Nr.	Adresse	Inhalt	Name	Opcode	Adreßangaben	Kommentar
1			*			
2			*	Impulsgeberprogramm		
3						
4				ORG	0	speichern ab Adresse 0
5			EAREG	EQU	32768	E/A-Adresse festlegen
6	0000	0100		MOVE	EAREG,ZEITK	Zeitkonstante einlesen
		8000				
		0017				
7	0003	0100		MOVE	NULL,EAREG	
		0018				
		8000				
8	0006	0108		MOVE	NULL,R0	
		0018				
9	0008	010A	MARKE1	MOVE	ZEITK,R2	Zeitschleife init.
		0017				
10	000A	020A	MARKE2	SUB	EINS,R2	
		0019				
11	000C	218A		CMP	R0,R2	Zeitbedingung abfragen
12	000D	0C00		BNE	MARKE2	
		000A				
13	000F	0100		MOVE	EINS,EAREG	positive Flanke
		0019				
		8000				
14	0012	0100		MOVE	NULL,EAREG	negative Flanke
		0018				
		8000				
15	0015	0500		JMP	MARKE1	
		0008				
16			*			Datenbereichsanfang
17	0017		ZEITK	DS	1	
18	0018	0000	NULL	DC	0	
19	0019	0001	EINS	DC	1	
20				END		

Bild 1-21. Programmliste des Impulsgeberprogramms.

Ein Programm kann - wie in Kapitel 3 beschrieben ist - auch aus mehreren Teilen bestehen, die unabhängig voneinander assembliert werden. Um die zwischen den Programmteilen auftretenden Adreßquerbezüge auflösen zu können, müssen die Programmteile vor oder während des Ladens zusammengefügt (gebunden) werden. Diese Aufgabe übernimmt ein Bindeprogramm (Binder, linkage editor) bzw. ein bindender Lader (linking loader). Die zur Herstellung der Adreßquerbezüge notwendige Information liefert ebenfalls der Assembler.

Häufig wird die Entwicklung von Programmen nicht auf dem zu programmierenden Mikroprozessorsystem selbst, sondern auf sog. Entwicklungssystemen oder universellen Rechenanlagen durchgeführt. Entwicklungssysteme sind Mikroprozessorsysteme, die mit Übersetzungs- und Testprogrammen für einen bestimmten Mikroprozessortyp ausgestattet sind. Im allgemeinen arbeiten sie mit demselben Prozessortyp, so daß der erzeugte Maschinencode sowohl auf dem Entwicklungssystem als auch auf dem zu programmierenden System ausführbar ist. Arbeiten sie mit einem anderen Prozessortyp, so werden Übersetzungsprogramme benötigt, die Maschinencode für den zu programmierenden Mikroprozessor erzeugen. Das gilt auch für die Programmentwicklung auf universellen Rechenanlagen. Man bezeichnet Übersetzer, die nicht für den Prozessor, auf dem sie laufen, sondern für andere Prozessoren Maschinencode erzeugen, als Cross-Assembler und Cross-Compiler oder allgemein als Cross-Software.

1.3.3 Programmeingabe und Textausgabe

Das symbolische Programm muß bei der Eingabe in eine Folge von ASCII-Zeichen (byte string) umgesetzt werden, um vom Mikroprozessor verarbeitet werden zu können. Das geschieht durch das Eingabegerät, z.B. die Tastatur eines Bildschirmterminals. Beim Betätigen einer Taste wird das entsprechende ASCII-Zeichen erzeugt und an das Mikroprozessorsystem übertragen. Bild 1-22 zeigt diesen Vorgang an unserem Programmbeispiel. Leerzeichen sind mit SP (space) bezeichnet. Das Ende einer Zeile ist mit dem Steuerzeichen für den Wagenrücklauf CR (carriage return), der Übergang auf die nächste Zeile mit dem Steuerzeichen für den Zeilenvorschub LF (line feed) angegeben. Jeweils zwei ASCII-Zeichen (zwei Bytes) können in einer 16-Bit-Speicherzelle oder einem 16-Bit-Register untergebracht werden. Ein symbolisches Programm, das vom Assembler als ASCII-Zeichenfolge in den Speicher geladen wird, belegt somit wesentlich mehr Speicherzellen als das daraus erzeugte Maschinenprogramm.

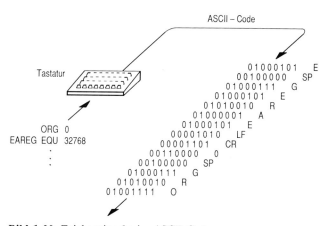

Bild 1-22. Zeicheneingabe im ASCII-Code.

Bei der Ausgabe von Text, z.B. bei der Ausgabe der Programmliste an einen Drucker oder ein Datensichtgerät, überträgt der Prozessor eine Folge von ASCII-Zeichen (ASCII-String) an das Peripheriegerät. Diese Zeichenfolge enthält neben dem eigentlichen Text ebenfalls Steuerzeichen, wie Wagenrücklauf, Zeilenvorschub und Seitenvorschub.

1.4 Übungsaufgaben

Aufgabe 1.1. Codierung. Die folgende ASCII-Zeichenkette (deutscher Zeichensatz), in der jedes Zeichen durch zwei Hexadezimalziffern codiert ist, soll entschlüsselt, d.h. im Klartext dargestellt werden.

```
0D 0A 56 69 65 6C 0D 0A 20 53 70 61 7E 0D 0A 20 20 62 65 69 6D 0D
0A 20 20 20 4C 7C 73 65 6E 0D 0A 20 20 20 20 64 65 72 0D 0A 20 20
20 20 20 41 75 66 67 61 62 65 6E 21
```

Aufgabe 1.2. Codierung. Geben Sie die als ASCII-Zeichenkette dargestellte Zahl 34 38 31 32 in dezimaler, dualer, hexadezimaler, oktaler und in gepackter BCD-Schreibweise an. Geben Sie außerdem die negative Dezimalzahl -113 in 2-Komplement-Darstellung im Datenformat Byte an.

Aufgabe 1.3. Festkommaoperationen. Geben Sie das jeweilige Resultat und den Zustand der Bedingungsbits C (Übertrag) und V (Überlauf) für die folgenden 16-Bit-Festkommaoperationen eines 32-Bit-Mikroprozessors an:

(a) Addition $\quad 4000_{16}+4000_{16}$,

(b) Subtraktion $7FFF_{16} - 8000_{16}$.

Aufgabe 1.4. Gleitkommazahlen. Geben Sie die folgenden dualcodierten gemischten Zahlen in normalisierter IEEE-Gleitkommadarstellung mit einfacher Genauigkeit entsprechend Tabelle 1-6 an:

(a) 100000

(b) 01001011,110

(c) 0,01100101

Aufgabe 1.5. Befehlszyklus. Bild 1-14 zeigt den Befehlszyklus des Subtraktionsbefehls in der Wirkung als Speicher-Register-Befehl. Geben Sie in Anlehnung an diese Darstellung und unter Zugrundelegung von Bild 1-11 die Befehlszyklen für die Subtraktion (a) als Register-Register- und (b) als Speicher-Speicher-Befehl an.

Aufgabe 1.6. Impulsgeberprogramm. Das in Bild 1-18 bzw. 1-20 dargestellte Impulsgeberprogramm ist mit geringstmöglicher Änderung seiner Struktur derart neu zu formulieren, daß innerhalb der Schleifen nur der Registerspeicher zur Datenhaltung benutzt wird. - Wie groß muß für dieses Programm die Zeitkonstante gewählt werden, wenn der Impulsabstand t = 0,1 s beibehalten wird? Geben Sie die Dualcodierung der Zahl an, die in diesem Fall in das Register EAREG einzugeben ist.

Aufgabe 1.7. Disassemblierung. Das folgende, ab der Speicherzelle 0 gespeicherte Maschinenprogramm in hexadezimaler Darstellung (4 Hexazeichen stehen für 1 Maschinenbefehlswort) soll - so weit wie möglich - in ein Assemblerprogramm zurücktransformiert werden (1 Maschinenbefehl entspricht 1 Zeile Assemblercode - vgl. Bild 1-21); dabei sind vor die symbolischen Befehle die ihnen entsprechenden dezimalen Speicheradressen zu schreiben. Die Wirkung des Programms ist zu beschreiben.

```
0108 0014 0109 0015 010B 0013 0180 8000 01BA 029A 218A
0C00 0009 0190 8000 0180 8000 0500 0008 CD96 0000 0001
```

Die Rücktransformation eines binär oder hexadezimal codierten in ein symbolisches Programm wird Disassemblierung genannt und kann auch von einem Programm, dem Disassembler, durchgeführt werden.

2 Der 32-Bit-Mikroprozessor

In Kapitel 1 wurde die Struktur eines 16-Bit-Mikroprozessors etwas vereinfacht vorgestellt. Demgegenüber weisen reale 16/32- und 32-Bit-Prozessoren folgende grundsätzliche Funktions- und Strukturmerkmale auf:

- interne 32-Bit-Struktur für den Registersatz, die internen Datenwege und die arithmetisch-logische Verarbeitung,

- 16-Bit- bzw. 32-Bit-Schnittstelle zum Systemdatenbus,

- Adreßformat von 24 oder 32 Bits,

- mehrere Datenformate (z.B. Bit, Bitfeld, Byte, Wort, Doppelwort),

- Wort- und Doppelwortzugriffe im Speicher ggf. nicht an Wort- und Doppelwortadressen gebunden, sondern mit beliebiger Byteadresse möglich (data misalignment),

- viele Möglichkeiten der Adreßmodifizierung durch den Prozessor,

- umfangreicher Befehlssatz (z.B. für Gleitkommaoperationen und zur Unterstützung höherer Programmiersprachen und des Zugriffs auf einen virtuellen Speicher),

- Fließbandverarbeitung von Befehlen (instruction pipe),

- byte- oder wortorganisierte Befehlsdarstellung,

- mehrere Betriebsarten mit unterschiedlichen Privilegien,

- universelles Trap- und Interruptsystem (Ausnahmeverarbeitung).

Hinzu kommen spezielle Merkmale, wie

- interne Pufferung von Befehlen (instruction cache, instruction queue),

- interne Pufferung von Operanden (data cache),

- Adreßverwaltung bei virtuellem Speicher durch interne Speicherverwaltungseinheit (memory management unit, MMU),

- Unterstützung von Coprozessoren (z.B. für Gleitkommaarithmetik).

In diesem Kapitel werden die grundlegenden Funktions- und Strukturmerkmale von 16-, 16/32- und 32-Bit-Mikroprozessoren wirklichkeitsnah beschrieben. Um uns jedoch nicht zu sehr an einen im Handel erhältlichen Mikroprozessoren binden zu müssen, gehen wir modellhaft vor, werden uns aber an die in Tabelle 2-1 aufgeführten Prozessoren anlehnen (siehe dazu auch Kapitel 8). Im einzelnen werden wir in Abschnitt 2.1 auf den Registersatz, die Datentypen, die Datenformate, den Datenzugriff, die Adressierungsarten und die Befehlsformate eingehen. In Abschnitt 2.2 werden wir dann die für einen Befehlssatz typischen Befehlsgruppen, aber auch einige spezielle Befehle betrachten. Schließlich werden wir in Abschnitt 2.3 die für den Aufbau von Betriebssystemen wichtigen Aspekte der unterschiedlichen Betriebsarten und der Ausnahmeverarbeitung bei Programmunterbrechungen durch Traps und Interrupts beschreiben.

Tabelle 2-1. Verarbeitungs- und Busbreiten einiger 16-, 16/32- und 32-Bit-Mikroprozessoren; Angaben in Bits.

Prozessor	Motorola		Intel		National Semiconductor	
	MC68000 MC68010	MC68020 MC68030 MC68040	80286	i386 i486	NS32016	NS32032 NS32332 NS32532
Typ	16/32	32	16	32	16/32	32
interne Verarbeitung	32	32	16	32	32	32
externer Datenbus	16	32	16	32	16	32
externer Adreßbus	24	32	24	32	24	32
Befehlsformat	wortorganisiert		byteorganisiert		byteorganisiert	

Übergeordnete Aspekte, wie das Puffern von Befehlen und Operanden und die Adreßverwaltung bei virtuellem Speicher, die, wenn sie nicht in den Prozessor integriert sind, prozessorextern durch Zusatzbausteine realisiert werden, betrachten wir in Kapitel 5. Ein weiterer Aspekt, die Unterstützung von Coprozessoren, wird in Abschnitt 4.6 beschrieben. - Wir werden im folgenden gängige englische Begriffe, für die es keine gebräuchlichen deutschen Entsprechungen gibt, beibehalten und auch die englischen Kurzbezeichnungen für Signale und Signalleitungen verwenden.

2.1 Mikroprozessorstruktur

Für die Ausführungen in Abschnitt 2.1 sind Vorgriffe auf nachfolgende Abschnitte unvermeidbar. So werden wir z.B. die Beschreibung einiger Befehle zur Darstellung allgemeiner Prozessormerkmale vorziehen. Als Beispiel für die verwendete Befehlsdarstellung sei der Datentransportefehl MOVE angegeben.

MOVE s,d

Die Quellangabe s (source) und die Zielangabe d (destination) werden durch die Adressierungsarten näher bestimmt.

Bei Mikroprozessoren ist, abweichend von der vereinfachten Struktur in Kapitel 1, die kleinste unmittelbar adressierbare Einheit das Byte, d.h., eine vom Prozessor auf den Adreßbus gegebene Speicheradresse ist immer eine Byteadresse. Der Speicher selbst ist üblicherweise an die Datenbusschnittstelle angepaßt und hat dementsprechend die Zugriffsbreite eines Worts oder Doppelworts, d.h. eine Speicherzelle umfaßt 16 oder 32 Bits. Der Zugriff auf den Speicher ist jedoch generell byte-, wort- oder doppelwortweise möglich. Das Zugriffsformat wird dazu mit jedem Zugriff vom Prozessor über den Steuerbus an die Speichereinheit übermittelt. Doppelwortzugriffe werden bei einem 16-Bit-Datenbus vom Prozessor in zwei aufeinanderfolgende Wortzugriffe aufgelöst. - Die Festlegung des Datenformats einer Operation geschieht beim Programmieren durch Suffixe, wie .B (byte), .W (word) und .L (long word), z.B. wird durch MOVE.B s,d ein Byte von s nach d transportiert.

2.1.1 Registersatz

Als Registersatz bezeichnen wir die vom Programm direkt ansprechbaren Prozessorregister. Sie dienen zur Speicherung von Operanden, d.h. von Rechengrößen, und von Adressen und Indizes, d.h. von Information für die Operandenadressierung. Beide Funktionen können in einem allgemeinen Registerspeicher vereint (Universalregister), oder auf zwei Registerspeicher aufgeteilt sein (Universal- und Spezialregister). Eine dritte Funktion, die Speicherung des Prozessorstatus, wird immer durch ein Spezialregister, das Prozessorstatusregister, verwirklicht. Bild 2-1 zeigt einen elementaren Registersatz mit einem allgemeinen Registerspeicher, mehreren Adreßregistern mit speziellen Funktionen und dem Statusregister.

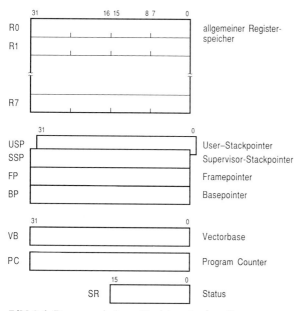

Bild 2-1. Programmierbarer Registersatz eines Prozessors.

Registerspeicher. Der Registerspeicher in Bild 2-1 umfaßt acht allgemeine 32-Bit-Register mit den Bezeichnungen R0 bis R7. Sie werden unmittelbar im Adreßteil der Befehle adressiert und können alle in gleicher Weise als Arbeitsregister zur Speicherung von Operanden eingesetzt werden. Die Register dienen außerdem zur Speicherung von Adressen und von Indizes als Distanzangaben (siehe 2.1.3). - Operandenzugriffe im Byte- und Wortformat wirken auf die Bitpositionen 0 bis 7 bzw. 0 bis 15; Doppelwortzugriffe beziehen sich auf den gesamten Registerinhalt; sofern Vierfachwortzugriffe erlaubt sind, betreffen sie die Inhalte zweier aufeinanderfolgender Register.

Stackpointerregister. Das sind in Bild 2-1 USP und SSP. Jedes der Register adressiert mit seinem Inhalt, einem Stackpointer, einen Speicherbereich, der als Stack (Kellerspeicher, Stapelspeicher) organisiert ist. Ein solcher Speicher kann in seiner Zugriffsorganisation mit einem Stapel verglichen werden. Stapelelemente können nur oben aufgelegt bzw. oben entnommen werden. In einem Stack werden also die nacheinander eintreffenden Daten in aufeinanderfolgenden Speicherplätzen gespeichert und in umgekehrter Reihenfolge wieder gelesen. Üblicherweise wird der Stack mit absteigender Adreßzählung gefüllt und mit aufsteigender Adreßzählung geleert. Der Stackpointer zeigt dabei auf den zuletzt belegten Speicherplatz, d.h. auf den obersten (jüngsten) Stackeintrag.

Bei einer Schreiboperation wird zunächst der Stackpointer dekrementiert, so daß er auf die erste freie Speicherzelle des Stacks zeigt; danach wird das Datum unter dieser Adresse gespeichert. Bei einer Leseoperation wird zunächst die durch den Stackpointer adressierte Zelle gelesen und danach der Stackpointer inkrementiert, so daß er auf den davorliegenden Eintrag zeigt (LIFO-Prinzip: last-in first-out). Das Dekrement und das Inkrement haben abhängig vom Datenformat die Werte 1 (Byte), 2 (Wort) oder 4 (Doppelwort). - Die Arbeitsweise des Stacks soll anhand der beiden Stack-Befehle PUSH.W s und POP.W d gezeigt werden. PUSH.W schreibt den Quelloperanden s als Wort auf den Stack, POP.W liest den obersten Worteintrag vom Stack und schreibt ihn an den Zielort d. Das Stackpointerregister wird zur Bildung von Wortadressen jeweils um den Wert 2 verändert (Bild 2-2).

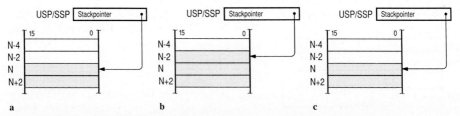

Bild 2-2. Schreiben und Lesen des Stacks mit den Befehlen PUSH.W und POP.W, **a** vor PUSH.W, **b** nach PUSH.W, **c** nach POP.W.

Beide Stackpointerregister haben aus Sicht des Programmierers dieselbe Registeradresse, werden jedoch durch die im Statusregister vorgegebene Betriebsart (User-/Supervisor-Modus, USP/SSP) unterschieden. Dementsprechend bezeichnet man die beiden Stackpointer als User-Stackpointer und als Supervisor-Stackpointer und die zugehörigen Stacks als User-Stack und Supervisor-Stack. Beide Stacks werden außer von den PUSH- und POP-Befehlen zur Datenspeicherung auch von den Befehlen JSR (jump to subroutine), BSR (branch to subroutine) und RTS (return from subroutine) zur Verwaltung von Programmadressen für den Unterprogrammanschluß benutzt. Der Supervisor-Stack wird darüber hinaus zur Statusspeicherung bei der Trap- und Interruptverarbeitung verwendet. Mit dem Befehl RTE (return from exception) wird der Status wieder gelesen.

Framepointer-Register. Stacks werden u.a. zur Speicherung der Parameter und lokalen Daten von Unterprogrammen (Prozeduren) eingesetzt, wobei man den zu einem Unterprogramm gehörenden Stackbereich als Rahmen (frame) bezeichnet. Zugriffe innerhalb eines solchen Rahmens erfolgen, da sich der Stackpointer verändern kann, meist relativ zu einer für diesen Rahmen festen Basisadresse, dem Framepointer. Der jeweils aktuelle Framepointer wird dazu in einem Framepointer-Register FP verwaltet. Die Lage des Rahmens und damit der Framepointer können sich für ein und dasselbe Unterprogramm bei unterschiedlichen Unterprogrammaufrufen verändern (dynamische Speicherverwaltung).

Basepointer-Register. Das Basepointer-Register BP enthält wie das Framepointer-Register eine Basisadresse, den Basepointer. Er zeigt jedoch auf einen statisch verwalteten Datenbereich eines Programms, d.h., der Basepointer bleibt (auf eine bestimmte Anwendung bezogen) während der Programmausführung unverändert.

Vectorbase-Register. Das Vectorbase-Register VB enthält die Basisadresse der sog. Vektortabelle. In dieser Tabelle sind die Startadressen für die Unterbrechungsroutinen aller möglichen Trap- und Interruptanforderungen und ggf. weitere Statusinformationen gespeichert (Trap- und Interruptvektoren). Durch bloßes Ändern der Basisadresse ist es möglich, schnell zwischen mehreren Vektortabellen umzuschalten, z.B. beim Task-Wechsel.

Befehlszähler. Der Befehlszähler (program counter, PC) enthält die Adresse des jeweils nächsten Befehls (Byteadressierung bei byteorientiertem Befehlsformat oder Wortadressierung bei wortorganisiertem Befehlsformat). Er wird mit jedem Befehlszugriff um die Anzahl der gelesenen Bytes bzw. Wörter erhöht. Der Befehlszählerinhalt kann ferner durch die in einem Sprungbefehl angegebene Sprungzieladresse überschrieben werden.

Statusregister. Das 16-Bit-Statusregister SR gibt den aktuellen Mikroprozessorzustand nach jeder abgeschlossenen Befehlsausführung und die momentane Betriebsart des Prozessors an. Dazu ist es funktionsmäßig in zwei Bytes, das Userbyte und das Supervisorbyte unterteilt (Bild 2-3).

Das Userbyte enthält die Zustandsinformation des Prozessors in Form der Bedingungsbits N, Z, V und C (condition code, CC), die von der ALU bei der Ausführung fast aller Befehle beeinflußt werden und damit Aussagen über das Ergebnis arithmetischer und logischer, aber auch anderer Operationen machen. Die Bedingungsbits

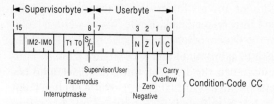

Bild 2-3. Statusregister.

werden von den bedingten Sprungbefehlen zur Überprüfung ihrer Bedingungen ausgewertet. Im einzelnen haben sie folgende Funktion:

- Das Carrybit C (Übertragsbit) zeigt mit C = 1 den Übertrag bei arithmetischen Operationen an. Bei Dualzahlen bedeutet dies ein Überlauf, d.h. das Überschreiten des Zahlenbereichs (siehe auch 1.1.4).

- Das Overflowbit V (Überlaufbit) zeigt mit V = 1 den Überlauf beim Überschreiten des Zahlenbereichs der 2-Komplement-Zahlen an (siehe auch 1.1.4).

- Das Zerobit Z (Nullbit) zeigt mit Z = 1 an, daß das Resultat einer Operation gleich Null ist.

- Das Negativebit N (Negativbit) zeigt mit N = 1 an, daß das Resultat einer Operation, wenn es als 2-Komplement-Zahl betrachtet wird, negativ ist. Das N-Bit wird dementsprechend gleich dem höchstwertigen Bit des Resultats gesetzt.

Das Supervisorbyte des Statusregisters beschreibt die Betriebsart des Prozessors in Form von Modusbits (mode bits), die im allgemeinen während der Ausführung eines Programms unverändert bleiben. Sie können nur im Supervisor-Modus durch bestimmte privilegierte Befehle verändert werden und werden darüber hinaus bei der Trap- und Interruptbehandlung implizit beeinflußt. Die Modusbits haben folgende Funktion:

- Das Supervisor-/Userbit S/$\overline{U}$ gibt mit S/$\overline{U}$ = 1 die privilegierte Betriebsart Supervisor-Modus und mit S/$\overline{U}$ = 0 die untergeordnete Betriebsart User-Modus vor. Der Supervisor-Modus sieht gegenüber dem User-Modus erweiterte Verarbeitungsmöglichkeiten vor, z.B. das Ausführen privilegierter Befehle. - *Anmerkung:* Bei Prozessoren mit vier Betriebsarten unterschiedlicher Privilegien sind entsprechend zwei Modusbits vorhanden (siehe auch 2.3.2).

- Die Tracebits T0 und T1 erlauben zwei Trace-Modi. Diese führen entweder nach jeder Befehlsausführung oder nur nach jeder programmverzweigenden Befehlsausführung zu einer Programmunterbrechung (Trace-Trap) und zur Ausführung eines Trace-Programms. Das Trace-Programm kann z.B. dazu benutzt werden, den Prozessorstatus anzuzeigen und anschließend das unterbrochene Programm fortzusetzen, das dann nach der nächsten Befehlsausführung bzw. der nächsten Programmverzweigung wieder unterbrochen wird (Programmtest).

- Die Interruptmaske IM0 bis IM2 gibt die Prioritätenebene des Prozessors und damit die Priorität des laufenden Programms in Bezug auf die Behandlung von

Programmunterbrechungen an (in Anlehnung an den MC68000 [2] und dessen Nachfolger). Die Prioritäten nehmen mit kleiner werdendem Wert ab, d.h., Ebene 7 hat die höchste und Ebene 0 die niedrigste Priorität. Externe Unterbrechungsanforderungen an speziellen Interruptcode-Eingängen des Mikroprozessors können das laufende Programm nur unterbrechen, wenn der Interruptcode (Interruptebene) der Anforderung eine höhere Priorität hat als die Ebene, in der der Prozessor gerade arbeitet. Eine Ausnahme bildet eine Anforderung in der Ebene 7, der immer stattgegeben wird (maskierbare und nichtmaskierbare Interrupts, siehe 4.5). - *Anmerkung:* Bei Prozessoren ohne diese Mehrebenenstruktur ist den maskierbaren Interruptanforderungen meist nur ein Interrupteingang zugewiesen, und dementsprechend auch nur ein Interruptmaskenbit vorhanden. Ein weiterer Interrupteingang dient den nichtmaskierbaren Interruptanforderungen.

Prozessorstatus. Der Status des Prozessors wird durch den Befehlszähler und das Statusregister beschrieben. Diese beiden Register enthalten die Mindestinformation, die notwendig ist, um ein Programm, das zwischen zwei Befehlsausführungen unterbrochen wurde, fortsetzen zu können. Diese Information wird bei Programmunterbrechungen durch Traps oder Interrupts automatisch auf den Supervisor-Stack gespeichert. Die weiteren Spezialregister werden entweder ebenfalls automatisch oder, wie die allgemeinen Prozessorregister, nach Bedarf vom Unterbrechungsprogramm auf den Stack gerettet. Unterstützt wird dies durch spezielle Transportbefehle, mit denen die in einer Registerliste angegebenen Register innerhalb einer Befehlsausführung transportiert werden (siehe 2.2.1).

2.1.2 Datentypen, Datenformate und Datenzugriff

Datentypen und Datenformate. Als Datentypen bezeichnet man (aus Hardwaresicht) die unterschiedlichen Informationsarten, die vom Mikroprozessorbefehlssatz direkt benutzt werden. Sie sind charakterisiert durch eine bestimmte Anzahl von Bits (das Datenformat) und deren inhaltliche Bedeutung (die Interpretation). Die Interpretation wird durch die einzelnen logischen und arithmetischen Befehle des Prozessors vorgegeben, wobei die zu einem bestimmten Datentyp gehörenden Befehle die Operanden in gleicher Weise interpretieren, so z.B. die Gleitkommabefehle ihre Operanden als Gleitkommazahlen. Die gebräuchlichsten Datentypen eines 32-Bit-Mikroprozessors, basierend auf den Standardformaten Byte, Wort und Doppelwort und den speziellen Datenformaten Bit und Halbbyte, sind

- Zustandsgröße (1 Bit in einem der Standardformate) mit den Werten 0 und 1 ,

- Bitvektor (Standardformate) als Zusammenfassung von Zustandsgrößen,

- BCD-Ziffern in gepackter Form (2, 4 oder 8 Halbbytes in den Standardformaten zusammengefaßt),

- Dualzahl (Standardformate),

- 2-Komplement-Zahl (Standardformate),

- Gleitkommazahl (Doppel- und Vierfachwort).

Daneben werden Bitvektoren, Dualzahlen und 2-Komplement-Zahlen auch im Datenformat Bitfeld dargestellt und verarbeitet. Dieses Format hat eine variable Bitanzahl von bis zu 32 Bits und wird im Speicher durch eine Byteadresse, einen darauf bezugnehmenden Bitfeld-Offset und die Angabe der Bitfeldbreite angesprochen. Zur Verarbeitung wird ein Bitfeld z.B. rechtsbündig in den Registerspeicher des Prozessors geladen und um die zum gewählten Standardformat fehlenden höherwertigen Bits ergänzt. Abhängig vom Transportbefehl sind dies 0-Bits (zero extension) oder Kopien des höchstwertigen Operandenbits (sign extension). Weiterhin werden aufeinanderfolgend gespeicherte Bytes, Wörter oder Doppelwörter im Datenformat String verarbeitet. Typische Anwendungen sind Byte-Strings, bestehend aus ASCCI-Zeichen, und Byte-, Wort- oder Doppelwortstrings mit Operanden in Dualzahl- oder 2-Komplement-Darstellung. - Bild 2-4 zeigt die genannten Datentypen und Datenformate.

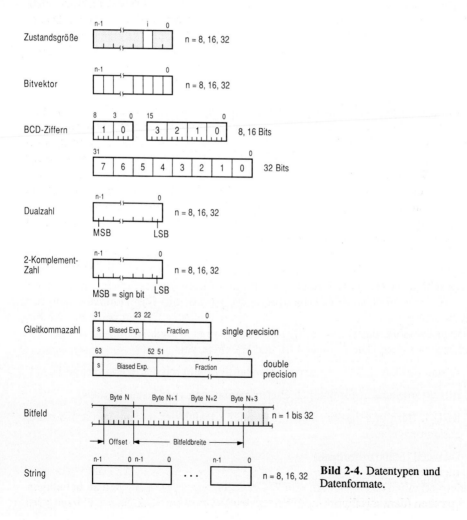

Bild 2-4. Datentypen und Datenformate.

Datenzugriff. Direkt zugreifbar im Speicher sind das Byte, das Wort und das Doppelwort, wobei sich deren Adressen, unabhängig von den Datenformaten, üblicherweise auf Bytegrenzen beziehen. Man spricht deshalb auch von Byteadressen und nennt einen solchen Speicher byteadressierbar. Die Speicherzugriffsbreite hingegen ist bei optimaler Auslegung gleich der Datenbusbreite, d.h. bei 32-Bit-Mikroprozessoren gleich 32 Bits. Man sagt, der Speicher ist doppelwortorganisiert. Die Zugriffsbreite kann jedoch bei einem 32-Bit-Prozessor, der eine dynamische Festlegung der Datenbusbreite vorsieht (dynamic bus sizing), auf 16 Bits (wortorganisiert) oder 8 Bits (byteorganisiert) reduziert sein. Der Prozessor sorgt dann dafür, daß trotz der gegenüber dem Datenbus reduzierten Zugriffsbreite die Adressierung des Speichers mit aufeinanderfolgenden Adressen möglich ist (siehe auch 4.2.3).

Bei einem Prozessor ohne Dynamic-Bus-Sizing und einem Speicher (oder einer Interface-Einheit) mit geringerer Breite, als sie der Datenbus hat, ist die Adressierung aufeinanderfolgender Speicherzellen nur mit Sprüngen in der Adreßzählung möglich. Die jeweils dazwischenliegenden Adressen würden Datentransfers auf jenen Datenbusleitungen zur Folge haben, an die der Speicher nicht angeschlossen ist. So kann z.B. eine 8-Bit-Einheit bei einem 16-Bit-Datenbus, abhängig davon, ob sie die obere oder untere Datenbushälfte benutzt, nur mit den geraden oder den ungeraden Byteadressen angesprochen werden.

Sind bei einem 32-Bit-Prozessor und einem Speicher mit einer Zugriffsbreite von 32 Bits Wort- und Doppelwortoperanden innerhalb der natürlichen Doppelwortgrenzen, d.h. innerhalb der Adreßvielfachen von vier gespeichert, so läßt sich jeder Operandenzugriff mit einem einzigen Speicherzugriff durchführen (Bild 2-5a). Man bezeichnet diese Speicherung auch als "Ausrichten" der Daten (data alignment). Bei einem 16/32-Bit-Prozessor und einem Speicher mit einer Zugriffsbreite von 16 Bits gilt als Data-Alignment das Ausrichten der Daten innerhalb der Wortgrenzen (Bild 2-5b). Dabei können Doppelwortoperanden gerade oder ungerade Wortadressen haben; sie erfordern immer zwei Speicherzugriffe (z.B. MC68000 [2]).

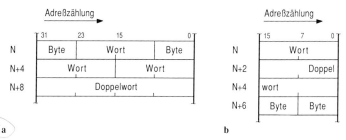

Bild 2-5. Data-Alignment im Speicher, **a** bei einem 32-Bit-Prozessor, **b** bei einem 16/32-Bit-Prozessor.

Die meisten 32-Bit-Mikroprozessoren schreiben das Ausrichten der Daten nicht vor, sondern erlauben das Speichern von Wort- und Doppelwortoperanden an beliebigen Bytegrenzen (data misalignment). Das hat den Vorteil einer lückenlosen Nutzung des

Speichers bei beliebiger Mischung der Datenformate. Gegenüber dem Data-Alignment hat es jedoch den Nachteil, daß bei Wort- und Doppelwortoperanden, die nicht innerhalb der Zugriffsgrenzen des Speichers liegen, zusätzliche Speicherzugriffe erforderlich sind (Bild 2-6a). Die Anzahl der Zugriffe kann sich unter Ausnutzung des Dynamic-Bus-Sizing, d.h. beim Einzatz von Speichern mit geringerer Zugriffsbreite, noch erhöhen (Bild 2-6b). - Zu Data-Alignment, Data-Misalignment und Dynamic-Bus-Sizing siehe auch Abschnitt 4.2.3.

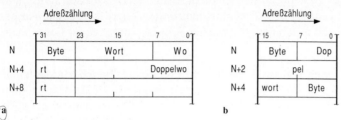

Bild 2-6. Data-Misalignment bei einem 32-Bit-Prozessor mit Dynamic-Bus-Sizing, **a** in einem doppelwortorganisierten Speicher, **b** in einem wortorganisierten Speicher.

Anmerkung. In den Bildern 2-5 und 2-6 wurde davon ausgegangen, daß der Prozessor Wort- und Doppelwortoperanden jeweils an ihrem höchstwertigen Byte adressiert und die weiteren Bytes aufsteigende Adressen haben (big-endian byte ordering, Adreßzählung in den Bildern von links nach rechts, z.B. Motorola). Andere Prozessoren hingegen adressieren jeweils das niedrigstwertige Byte mit ebenfalls aufsteigenden Adressen für die weiteren Bytes (little-endian byte ordering, Adreßzählung in den Bildern von rechts nach links, z.B. Intel und National Semiconductor). Unabhängig davon werden Operanden im Registerspeicher des Prozessors so gespeichert, daß das niedrigstwertige Byte die Bitpositionen 0 bis 7 belegt und sich höherwertige Bytes in den aufsteigenden Bitpositionen anschließen. (Wir werden im folgenden, wenn nicht anders erwähnt, von einer Adressierung entsprechend den Bilder 2-5 und 2-6 ausgehen.)

2.1.3 Adressierungsarten

In der vereinfachten Mikroprozessorstruktur in Kapitel 1 wurde die Speicheradresse eines Operanden direkt im Befehlswort angegeben. Reale Mikroprozessoren sehen darüber hinaus verschiedene Möglichkeiten der Adreßmodifikation vor, wobei die tatsächliche Adresse (effektive Adresse) erst während der Befehlsausführung aus mehreren Teilen, die im Befehl oder in Registern stehen, berechnet wird (Adreßrechnung zur Laufzeit, dynamische Adreßrechnung). Hierfür sind hauptsächlich folgende Gründe maßgebend:

- Die Adresse der Elemente einer Datenstruktur setzt sich z.B. additiv aus der Anfangsadresse der Datenstruktur und der Distanz innerhalb der Datenstruktur zusammen. Da die Distanz oft erst zur Laufzeit bekannt ist, kann die effektive Adresse erst dann berechnet werden.

- Der Operandenzugriff eines Befehls kann sich bei wiederholter Befehlsausführung, z.B. in einer Programmschleife, auf aufeinanderfolgende Adressen beziehen, die erst zur Laufzeit zu bilden sind.

- Die Adresse eines Operanden ergibt sich häufig erst zur Laufzeit aus Adreß-
  berechnungen durch das Programm. Sie sind somit zur Zeit der Programmher-
  stellung noch nicht bekannt.

- Das Zerlegen von Adressen in eine Basisadresse, die in einem Register steht, und
  in Distanzen erleichtert die Erzeugung von verschiebbaren Variablenbereichen und
  verschiebbarem Programmcode. Darüber hinaus haben die Distanzen häufig eine
  geringere Bitanzahl als die Adressen, wodurch die Befehle kürzer werden.

Im folgenden wird ein Überblick über die gebräuchlichsten Adressierungsarten von
32-Bit-Mikroprozessoren gegeben, wobei wir von den, zwischen verschiedenen
Prozessoren vorhandenen Varianten abstrahieren. Die effektive Adresse wird als
32-Bit-Adresse ermittelt. Adreßdistanzen, d.h. Displacements (Konstanten im Befehl)
und Indizes (Variablen im Registerspeicher), werden bei der Adreßrechnung als
2-Komplement-Zahlen interpretiert, so daß Bezüge zu höheren und niedrigeren
Adressen angebbar sind. Displacements, Indizes und kurze Adressen (short addres-
ses), die weniger als 32 Bits, d.h. 8 oder 16 Bits umfassen, werden vom Prozessor
zur Adreßrechnung auf das 32-Bit-Format erweitert. Dies geschieht durch Sign-
Extension, d.h. durch Kopieren des höchstwertigen Bits in die fehlenden, höherwertigen Bitpositionen.

In den zur Illustration der Adressierungsarten verwendeten Abbildungen bezeichnen
einfache Pfeile die Aktion "Transport" und die mit einem Punkt versehene Pfeile die
Aktion "Adressierung". Die Assemblerschreibweisen (Syntax) zur Kennzeichnung
der Adressierungsarten sind in Anlehnung an auf dem Markt befindliche Assembler
gewählt. Daneben verwenden wir verkürzte Schreibweisen, wie "Rn" für die allgemeinen Prozessorregister, "Xn" für die Benutzung dieser Register als Indexregister
und "eA" für effektive Adresse. (Zur Darstellung von Adressen, Operanden etc.
durch Ausdrücke und deren Auflösung durch die statische Adreßrechnung des
Assemblers siehe 3.1.)

Direktoperand-Adressierung (immediate). Der Operand steht als Konstante im
Befehl (Direktoperand); eine eigentliche Adressierung entfällt damit (Bild 2-7a).
Direktoperanden können, da sie Konstanten sind, nur als Quellgrößen angegeben
werden. Als Assemblerschreibweise dient z.B. ein dem Operanden vorangestelltes
#-Zeichen. - *Beispiele:* MOVE.B #325,R3 transportiert den Wert 325 im Byteformat
nach R3; MOVE.L #BASE,POINTER transportiert den dem Symbol BASE zugeordneten Wert (Adresse) im Doppelwortformat in eine Speicherzelle mit der symbolischen Adresse POINTER.

Assemblerschreibweise: #Operand

Direkte Adressierung (direct, absolute). Die effektive Adresse steht als absolute
Adresse im Befehl; der Operand steht im Speicher (Bild 2-7b). Die Adresse hat
üblicherweise 32 Bits, kann aber auch als 16-Bit-Kurzadresse deklariert sein.

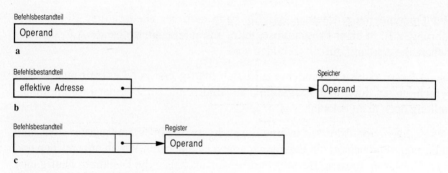

Bild 2-7. Adressierungsarten. **a** Direktoperand-Adressierung, **b** direkte Adressierung, **c** Register-Adressierung.

Kurzadressen liegen aufgrund der Sign-Extension in den ersten und den letzten 32 Kbyte des Adreßraums. Die Adressierungsart wird ohne besondere Kennzeichnung durch eine symolische oder numerische Adreßangabe beschrieben. - *Beispiele:* MOVE.L LOC1,LOC2 enthält zwei symbolische, und ADD.B #325,$FFC0 eine numerische Adreßangabe.

Assemblerschreibweise: symbolische oder numerische Adreßangabe

Register-Adressierung (register). Die Adresse steht als kurze Registeradresse im Befehl (z.B. 3-Bit-Adresse); der Operand steht im Register (Bild 2-7c). Die Adressierungsart ist durch das Registersymbol gekennzeichnet. Als Register stehen die allgemeinen Register Rn, und, wenn vorhanden, auch spezielle Register, wie SP, FP, BP, zur Verfügung. (In der formalen Darstellung beschränken wir uns im folgenden auf Rn.) - *Beispiel:* MOVE.L R0,SP transportiert den Doppelwortinhalt von R0 in das Stackpointerregister SP.

Assemblerschreibweise: Rn

Registerindirekte Adressierung (register indirect). Die effektive Adresse steht im Register; der Operand steht im Speicher. Die Adressierung erfolgt indirekt über den Registerinhalt (Bild 2-8a). Die Adressierungsart wird durch runde Klammern mit der Bedeutung "Inhalt von Register" ausgedrückt. - *Beispiel:* MOVE.W (R0),R1 transportiert einen Speicheroperanden, dessen Adresse in R0 steht, nach R1.

Assemblerschreibweise: (Rn)
Adreßrechnung: eA = (Rn)

Die registerindirekte Adressierung erlaubt die Datenadressierung über sog. Zeiger (pointer), die meist erst zur Programmlaufzeit ermittelt werden. Solche Zeiger werden z.B. auch als Parameter bei Unterprogrammaufrufen übergeben (siehe 3.3.2).

Erweiterungen der registerindirekten Adressierung sind die **registerindirekte Adressierung mit Prädekrement** (Bild 2-8b) und **mit Postinkrement** (Bild 2-8c). Bei ihnen wird die im Register stehende Adresse *vor* ihrer Benutzung automa-

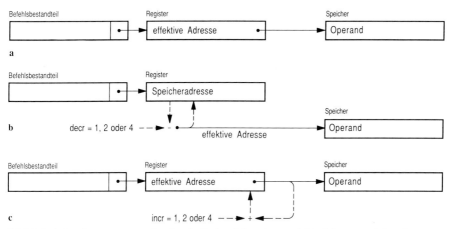

Bild 2-8. Adressierungsarten. **a** Registerindirekte Adressierung, **b** Prädekrement-Adressierung, **c** Postinkrement-Adressierung.

tisch dekrementiert (autodecrement) bzw. _nach_ ihrer Benutzung automatisch inkrementiert (autoincrement), und zwar abhängig von dem im Befehl angegebenen Datenformat um 1 (Byte), 2 (Wort) oder 4 (Doppelwort). Das Prädekrementieren wird für den Assembler durch ein vor der Klammer stehendes Minus-Zeichen, das Postinkrementieren durch ein nach der Klammer stehendes Plus-Zeichen gekennzeichnet.

Assemblerschreibweise (Prädekrement): $-(Rn)$
Adreßrechnung: $(Rn)-decr \rightarrow Rn$, $eA = (Rn)$; decr = 1, 2 oder 4

Assemblerschreibweise (Postinkrement): $(Rn)+$
Adreßrechnung: $eA = (Rn)$, $(Rn)+incr \rightarrow Rn$; incr = 1, 2 oder 4

Beide Adressierungsarten werden bei Prozessoren, die keine Push- und Pop-Befehle haben, zur Adressierung von Stacks eingesetzt (siehe 2.2.1). Sind Push- und Pop-Befehle vorhanden, so sind diese Adressierungsarten üblicherweise nicht explizit verfügbar. Weiterhin eignen sie sich für aufeinanderfolgende Zugriffe auf Datenfelder, z.B. in einer Programmschleife, mit wahlweise abwärts- oder aufwärtszählender Adressierung.

Beispiel 2.1. Auffüllen eines Feldes von 1000 Bytes mit dem Wert Null. Für den Ausdruck FELD+1000 wird vom Assembler der um 1000 erhöhte Wert der Adresse FELD als Direktoperand eingesetzt.

```
FELD    DS.B    1000
        :
        MOVE.L  #FELD,R1
LOOP    MOVE.B  #0,(R1)+
        CMP.L   #(FELD+1000),(R1)
        BNE     LOOP
        :                                    ◆
```

Registerindirekte Adressierung mit Displacement (register indirect with displacement). Hierbei wird zu der in einem Register stehenden Speicheradresse eine konstante Abstandsgröße, ein Displacement, als 2-Komplement-Zahl addiert (Bild 2-9a). Da die im Register stehende Adresse als Basisadresse wirkt, spricht man auch von basisrelativer Adressierung. In der Assemblerschreibweise steht das Displacement als symbolische oder numerische Angabe vor der Klammer.

> Assemblerschreibweise: disp(Rn)
> Adreßrechnung: eA = (Rn)+disp

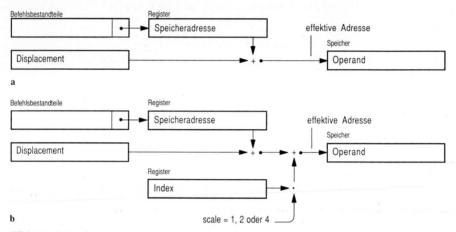

a

b   scale = 1, 2 oder 4

Bild 2-9. Adressierungsarten. **a** Registerindirekte Adressierung mit Displacement, **b** indizierte Adressierung.

Die Anwendungen liegen bei Zugriffen auf Datenbereiche mit zur Übersetzungszeit des Programms bekannter Struktur, d.h. mit bekannten Displacements für die Datenelemente. Durch Ändern der Basisadresse sind solche Bereiche dynamisch verschiebbar (siehe auch 3.1.4).

Beispiel 2.2. Lesen des Statusregisters eines Ein-/Ausgabebausteins, dessen Registersatz die Basisadresse IOBASE hat und dessen Register Byteformat haben. Für die Displacements wird Wortformat angenommen, das der Prozessor bei der Adreßrechnung durch Sign-Extension erweitert.

```
IOBASE  EQU.L     $FFFF0000
DATA    EQU.W     0
CNTRL   EQU.W     1
STATUS  EQU.W     2
           :
        MOVE.L    #IOBASE,R0
           :
        MOVE.B    STATUS(R0),R2
           :
```
                                                                 ♦

Indizierte Adressierung (indexed). Hierbei wird zu einer Speicheradresse (Feldanfangsadresse) eine variable Abstandsgröße, ein Index, als 2-Komplement-

Zahl addiert. Der Index steht in einem der allgemeinen Prozessorregister, das damit die Funktion eines Indexregisters übernimmt. Ein Skalierungsfaktor erlaubt es, den Index mit einem Wert, 1, 2 oder 4, zu multiplizieren. Dies erleichtert Zugriffe auf Byte-, Wort- und Doppelwortstrukturen. In der einfachsten Form steht die Speicheradresse entweder als absolute Adresse im Befehl oder als variable Adresse in einem Register (registerindirekte Adressierung).

Wir wählen zur Demonstration dieser Art der Adreßrechnung als erweiterte Form die registerindirekte Adressierung mit zusätzlichem Displacement, wobei entweder der Registerinhalt oder das Displacement die Funktion einer Feldanfangsadresse haben kann (Bild 2-9b). Diese Adressierungsart eignet sich u.a. für Zugriffe auf zweidimensionale Datenfelder, indem z.B. mit der im Register stehenden Speicheradresse das Datenfeld, mit dem Displacement ein Unterfeld und mit dem Index ein Datenelement des Unterfeldes adressiert wird. (Weitere, komplexere Adressierungsarten mit Indizierung werden im Zusammenhang mit der speicherindirekten Adressierung behandelt.) In der Assemblerschreibweise sehen wir für die Indizierung wieder die runde Klammer vor, bezeichnen aber das Indexregister allgemein mit Xn.

Assemblerschreibweise: disp(Rn)(Xn·scale)
Adreßrechnung: $eA = (Rn)+disp+(Xn)\cdot scale$; scale = 1, 2 oder 4

Speicherindirekte Adressierung (memory indirect). Hier steht die eigentliche Adresse im Speicher und zeigt auf einen Operanden der ebenfalls im Speicher steht. Für die Adressierung dieser Adresse ist z.B. die registerindirekte Adressierung mit Displacement gebräuchlich. Ergänzt wird diese Adressierungsart z.B. durch ein weiteres Displacement, das nach dem Adreßzugriff in die Adreßrechnung mit einbezogen wird (Bild 2-10a). Um die speicherindirekte Adressierung von der registerindirekten zu unterscheiden, verwenden wir in der Assemblerschreibweise eckige Klammern für die Funktion "Inhalt von Speicher".

Assemblerschreibweise: [disp1(Rn)]disp2
Adreßrechnung: $eA = [(Rn)+disp1]+disp2$

Die speicherindirekte Adressierung findet vorwiegend bei der Parameterübergabe bei Unterprogrammen (siehe 3.3.2), aber auch bei Zugriffen auf Elemente höherer Datenstrukturen, wie verkettete Listen, Verwendung. Unterstützt wird sie durch zusätzliche Indizierung, die als **Nachindizierung** *nach* dem Adreßzugriff im Speicher, oder als **Vorindizierung** *vor* diesem Zugriff wirksam wird (Bilder 2-10b und c).

Assemblerschreibweise (Nachindizierung): [disp1(Rn)](Xn·scale)disp2
Adreßrechnung: $eA = [(Rn)+disp1]+(Xn)\cdot scale+disp2$

Assemblerschreibweise (Vorindizierung): [disp1(Rn)(Xn·scale)]disp2
Adreßrechnung: $eA = [(Rn)+disp1+(Xn)\cdot scale]+disp2$

Befehlszählerrelative Adressierung (PC-relative). Sie umfaßt verschiedene Varianten der Adreßrechnung, die sich alle auf die Adressierung des Programmcodes und der mit ihm gespeicherten Konstanten beziehen. Die effektive Adresse wird hierbei jeweils relativ zum aktuellen Befehlszählerstand gebildet. Die befehlszählerrelative Adressierung bietet damit die Möglichkeit, Programme im Speicher zu verschieben,

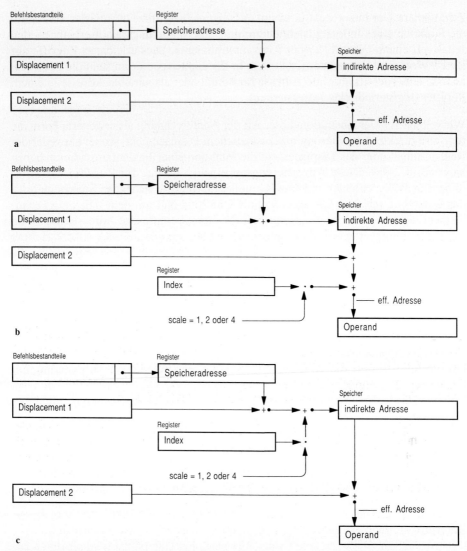

Bild 2-10. Adressierungsarten. **a** Speicherindirekte Adressierung, **b** Nachindizierung, **c** Vorindizierung.

ohne die Adreßbezüge ändern zu müssen (dynamisch verschiebbarer Programmcode). Die Adreßrechnungen entsprechen denen der registerindirekten Adressierung mit ihren Erweiterungen durch Displacement-, Index- und speicherindirekte Adressierung (siehe oben). Das dort verwendete allgemeine Register Rn wird jetzt durch den Befehlszähler PC ersetzt.

Die **befehlszählerrelative Adressierung mit Displacement** (eA = (PC)+disp) wird hauptsächlich bei Sprungbefehlen zur Adressierung von Sprungzielen einge-

setzt. Die Auswertung des Displacements als 2-Komplement-Zahl erlaubt Vorwärts-
und Rückwärtsadreßbezüge, bezogen auf den Sprungbefehl. Abhängig vom Format
des Displacements (8, 16 oder 32 Bits) kann der Sprungbereich eingeschränkt sein.
Die Displacement-Adressierung erlaubt außerdem den Zugriff auf skalare Konstanten,
die mit dem Programmcode abgespeichert sind.

Beispiel 2.3. (a) Bedingter Sprungbefehl BEQ mit der symbolischen Zieladresse LOOP. Das Displacement wird vom Assembler als Differenz der absoluten Programmadresse nach Lesen des BEQ-
Befehls und der absoluten Adresse der mit LOOP bezeichneten Einsprungstelle ermittelt. (b) Derselbe
Sprungbefehl mit numerischer Vorgabe der Sprungdistanz in zwei gebräuchlichen Syntaxschreib-
weisen.

```
         :                                      :
LOOP  CMP.B  #$80,EASTATUS              CMP.B  #$80,EASTATUS
      BEQ    LOOP                       BEQ    -10(PC)
a        :                                      :
                                        CMP.B  #$80,EASTATUS
                                        BEQ    *-10
              b                                :                        ◆
```

Die **befehlszählerrelative Adressierung mit Indizierung** (eA = (PC)+disp+
(Xn)·scale) sieht zusätzlich zur Displacement-Adressierung die Indizierung vor. Sie
erlaubt es z.B., indirekte Sprünge mit Anwahl eines beliebigen Sprungbefehls in einer
Sprungbefehlstabelle auszuführen. Das Displacement in der Zieladresse des auslösenden Sprungbefehls zeigt dabei auf den Tabellenanfang, der variable Index auf
den auszuführenden Sprungbefehl in der Tabelle (Bild 2-11a). Die Skalierung des
Index trägt den möglichen Sprungbefehlsformaten Rechnung. Die Indizierung wird
auch für Zugriffe auf Felder von Konstanten eingesetzt (Bild 2-11b).

Gebräuchlich sind auch die **speicherindirekte befehlszählerrelative Adressierung mit Vorindizierung** (eA = [(PC)+disp1+(Xn)·scale]+disp2) und **mit
Nachindizierung** (eA = [(PC)+disp1]+(Xn)·scale+disp2). Die Vorindizierung erlaubt beispielsweise indirekte Sprünge mit Sprungtabellen, die anstelle von Sprungbefehlen die Zieladressen enthalten. Die Nachindizierung wird u.a. in Unterprogram-

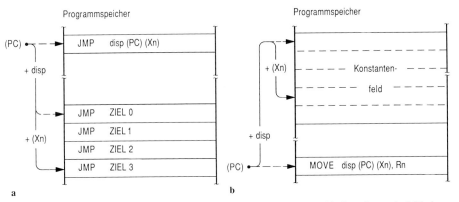

Bild 2-11. Befehlszählerrelative Adressierung mit Indizierung. **a** Anwahl eines Sprungbefehls in
einer Sprungbefehlstabelle, **b** Zugriff auf ein Konstantenfeld (mit negativem Displacement).

men für den Datenzugriff auf Felder eingesetzt, deren Anfangsadressen unmittelbar
auf den Unterprogrammaufruf folgend gespeichert sind.

2.1.4 Befehlsformate

32-Bit-Prozessoren haben, wie auch ihre 16-Bit-Vorgänger, Befehlsformate unterschiedlicher Längen, die sich je nach Prozessor entweder in Vielfachen von 16-Bit-
Wörtern oder in Vielfachen von Bytes zusammensetzen. Die Länge eines Befehls
hängt dabei im wesentlichen von der Anzahl der Adressen (ein-, zweistellige Operation) und von den Adressierungsarten ab.

Bild 2-12 zeigt das erste Befehlswort (operation word) eines wortorientierten
Befehlsformats für eine zweistellige Operation. Es umfaßt ein opcode-Feld für den
Operationscode, ein opmode-Feld für das Datenformat und die Transportrichtung, ein
Rn-Feld für die Registeradresse des einen Operanden und ein mode/Rn-Feld zur
Adressierung des anderen Operanden. mode bezeichnet dabei die Adressierungsart,
Rn das zur Adreßrechnung benötigte allgemeine Register. Sieht die Adressierungsart
kein Register vor, so steht das gesamte Feld zu ihrer Codierung zur Verfügung.
Weitere Adreßbestandteile, wie Displacement und Indexregisteradresse oder auch ein
Direktoperand stehen in nachfolgenden Erweiterungswörtern des Befehls (extension
words).

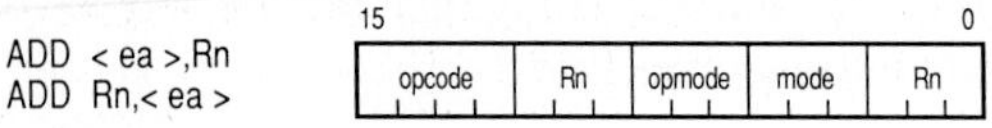

ADD < ea >,Rn
ADD Rn,< ea >

Bild 2-12. Erstes Befehlswort eines wortorientierten Befehlsformats (in Anlehnung an die
MC68000-Prozessorfamilie [2]). <ea> steht für eine von mehreren erlaubten Adressierungsarten.

Bild 2-13a zeigt die gleiche zweistellige Operation in einem byteorientierten Befehlsformat. Das opcode-Feld wird hier ergänzt durch ein i-Feld für das Datenformat
(integer); die Vorgabe der Transportrichtung entfällt, da beide Operanden über die
Felder src (source) und dst (destination) in gleicher Weise adressiert werden können.
src und dst enthalten, wie oben beschrieben, sowohl die Codierung für die Adressierungsart, als auch die Adresse des ggf. benötigten allgemeinen Registers. Weitere
Adreßbestandteile und ein Direktoperand verlängern den Befehl um ein oder mehrere
Bytes. - Bild 2-13b zeigt das Befehlsformat einer zweistelligen Operation mit einer
1-Byte-Erweiterung für den Operationscode.

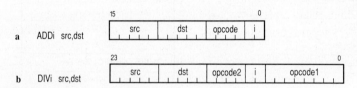

a ADDi src,dst

b DIVi src,dst

Bild 2-13. Elementare Bytes zweier byteorientierter Befehlsformate (in Anlehnung an
die NS32000-Prozessorfamilie [6]). **a** Additionsbefehl, **b** Divisionsbefehl.

2.2 Befehlssatz

Befehlssätze von Prozessoren basieren auf einer von zwei grundsätzlichen Vorgehensweisen zur Befehlsauswahl. Bei sog. RISC-Architekturen (reduced instruction set computer) umfassen sie relativ wenige, elementare Befehle, die alle innerhalb eines Maschinenzyklus ausführbar sind. Dies gewährleistet einen hohen Befehlsdurchsatz. Sog. CISC-Architekturen (complex instruction set computer) sehen demgegenüber umfangreichere Befehlssätze vor. Bei ihnen gibt es neben elementaren Befehlen auch komplexe Befehle zur Unterstützung spezieller Anwendungen, deren Ausführungszeiten jedoch (meist) mehr als einen Maschinentakt erfordern. - Die diesem Buch von den Firmen Motorola, Intel und National Semiconductor zugrundeliegenden Prozessoren haben CISC-Architekturen.

Ein weiteres Merkmal für die Festlegung eines Befehlssatzes, ausgehend von den bei 16- und 32-Bit-Prozessoren üblichen Zweiadreßformaten, ist eine größtmögliche Orthogonalität. So sollten z.B. alle Adressierungsarten, soweit sinnvoll, sowohl für die Quell- als auch für die Zieladressierung zugelassen sein. Desweiteren sollten alle Operationen auf einen bestimmten Datentyp auch für alle hierfür definierten Datenformate ausgelegt sein. Diese Forderungen stehen teilweise im Widerspruch zu einer optimale Befehlscodierung. Insofern stellen Befehlssätze immer einen Kompromiß zwischen den Anforderungen der Anwendungen und den technisch vertretbaren Möglichkeiten dar.

Befehlssätze werden in Gruppen unterteilt, in denen Befehle mit ähnlichen Funktionen zusammengefaßt sind. Typische Befehlsgruppen sind

- Transportbefehle,

- Arithmetikbefehle,

- logische Befehle,

- Schiebe- und Rotationsbefehle,

- bit- und bitfeldverarbeitende Befehle,

- String- und Array-Befehle,

- Sprungbefehle,

- Systembefehle,

- Synchronisationsbefehle.

Im folgenden beschreiben wir exemplarisch die gebräuchlichen Befehle dieser Befehlsgruppen, ohne uns dabei nur an einen bestimmten Mikroprozessor zu halten. Die jeweils wichtigsten Befehle einer Gruppe sind in Tabellendarstellung angegeben; zum Teil werden die Befehlsbeschreibungen durch Beispiele ergänzt. Bezüglich der Anwendungen, die sich aus dem Zusammenwirken mehrerer Befehle ergeben, sei auf die Beispiele zu den Programmierungstechniken in Kapitel 3 verwiesen.

In der Tabellendarstellung wird von größtmöglicher Orthogonalität ausgegangen und auf die sonst üblichen prozessorspezifischen Angaben der erlaubten Adressierungsarten und Datenformate verzichtet. Wir werden darauf nur Bezug nehmen, wenn grundsätzliche Einschränkungen existieren. Eine dieser Einschränkung sei vorweg-genommen: Direktoperanden können als im Befehl stehende Konstanten nur Quelle (und nicht Ziel) eines Operandenzugriffs sein.

In der formalen Beschreibung der Befehle verwenden wir den Zuweisungsopera-tor →, die Operatorzeichen der vier Grundrechenarten +, − , · , /, die logischen Ope-ratoren AND, OR, XOR (exclusive or) und NOT sowie das Operatorzeichen ⇒, das die Beeinflussung von Bedingungsbits bei Vergleichs- und Testoperationen anzeigt. Spitze Klammern bezeichnen bestimmte Bitpositionen eines Datenformats, so be-zeichnet z.B. SR<7-0> die Bits 0 bis 7 des Statusregisters. - Die Spalte "CC-Bits" gibt die Wirkung der Befehle auf die vier Bedingungsbits an. Dabei bedeutet:

-   v   das Bit wird abhängig vom Resultat der Operation beeinflußt,

-   0   das Bit wird auf Null gesetzt,

-   1   das Bit wird auf Eins gesetzt,

-   -   das Bit wird vom Resultat nicht beeinflußt,

-   u   das Bit ist nach der Operation undefiniert.

2.2.1 Transportbefehle

MOVE (Tabelle 2-2) führt den allgemeinen Datentransport zwischen einer Quelle s und einem Ziel d durch, wobei die Quelle und das Ziel sowohl im Registerspeicher als auch im Hauptspeicher liegen können. MOVMR (move multiple registers) erweitert diese Funktion auf mehrere aufeinanderfolgende Datentransporte zwischen den in einer Registerliste angegebenen allgemeinen Prozessorregistern und dem Speicher. Die Registerliste enthält Registerfolgen oder einzelne Register, z.B. R1-R3/R5/R7.

Tabelle 2-2. Transportbefehle.

Befehl		Funktion	Kommentar	N Z V C
MOVE	s,d	**move** s → d		v v 0 0
MOVSX	s,d	**move with sign extension** s(sign extended) → d	Quell-/Zielformate: .B.W .B.L	v v 0 0
MOVZX	s,d	**move with zero extension** s(zero extended) → d	.W.L	v v 0 0
LEA	s,d	**load effective address** eff. Adresse von s → d	s ≠ Direktoperand- und Register-Adressierung, eff. Adresse hat 32 Bits	- - - -

Die Transporte beginnen - mit Ausnahme der Prädekrement-Adressierung - mit dem Register niedrigster Adresse, wobei der Speicher aufwärtszählend adressiert wird. Bei der Prädekrement-Adressierung beginnen sie, um ein einheitliches Registerabbild im Speicher zu erhalten, mit dem Register höchster Adresse, wobei der Speicher abwärtszählend adressiert wird. - MOVMR wird z.B. zum Retten und Wiederherstellen des Registerstatus bei Unterprogrammanschlüssen benutzt (siehe 3.3.1).

Spezielle Transportbefehle, wie MOVSX und MOVZX (Tabelle 2-2) erweitern einen Byte- oder Wort-Quelloperanden durch Kopieren des Vorzeichenbits (Sign-Extension) bzw. durch Hinzufügen von Null-Bits (Zero-Extension) zu einem Wort- oder Doppelwort-Zieloperanden. (Die Befehlssymbolik weist entsprechend zwei Datenformatangaben auf.) MOVEQ (move quick) erzeugt als schneller, kurzer Befehl aus einem kurzen Direktoperanden (z.B. 4 Bits) einen Doppelwort-Zieloperanden durch Sign-Extension; CLR (clear) wird als schneller, kurzer Befehl für das Transportieren von Konstanten mit dem Wert Null eingesetzt. XCHG (exchange) vertauscht zwei Operanden miteinander, SWAP vertauscht zwei Registerhälften miteinander. - Bild 2-14 zeigt einige Beispiele zu den Move-Befehlen, wobei das mit MEM adressierte Speicherbyte den Wert $80 enthält.

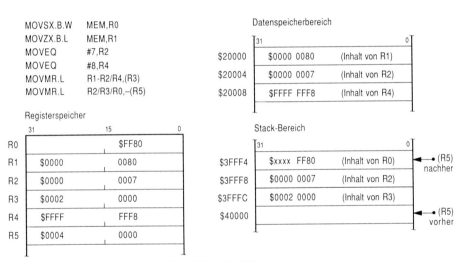

Bild 2-14. Wirkungsweise verschiedener Move-Befehle.

LEA (Tabelle 2-2) errechnet die durch die Quellangabe s spezifizierte effektive Adresse und schreibt sie an den Zielort d. Die so ermittelte Adresse kann z.B. zur registerindirekten Adressierung von Operanden (Register als Zielort) oder zur Parameterübergabe bei Unterprogrammanschlüssen (Parameterfeld als Zielort) verwendet werden. - Bild 2-15 zeigt ein Beispiel zu LEA, bei dem die effektive Adresse durch indizierte Adressierung vorgegeben wird.

PUSH (Tabelle 2-3) führt einen Schreibzugriff und POP einen Lesezugriff auf den User- oder den Supervisor-Stack aus. Als Stackpointerregister SP wird im User-

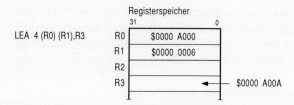

Bild 2-15. Wirkungsweise des Befehls LEA.

Tabelle 2-3. Transportbefehle für den Stackzugriff.

Befehl		Funktion	Kommentar	N Z V C
PUSH	s	**push on the stack** SP − n → SP, s → (SP)	SP = USP/SSP	- - - -
			.W: n = 2	
POP	d	**pop from the stack** (SP) → d, SP + n → SP	.L: n = 4	v v 0 0

Modus USP und im Supervisor-Modus SSP benutzt. Beide Stacks werden zu niedrigeren Adressen hin gefüllt. Der Stackpointer SP zeigt dabei jeweils auf den letzten Eintrag (siehe Bild 2-2). Weitere Stack-Befehle sind PUSMR (push multiple registers) und POPMR (pop multiple registers), mit denen die Inhalte der in einer Registerliste angegebenen allgemeinen Prozessorregister auf den Stack geschrieben bzw. von dort gelesen werden. Hinzu kommt der Befehl PEA (push effective address), der die effektive Adresse seines Adreßteils ermittelt (siehe LEA) und auf den Stack schreibt.

Bei Prozessoren mit Postinkrement- und Prädekrement-Adressierung werden anstelle der Befehle PUSH, POP, PUSMR und POPMR die Befehle MOVE und MOVMR verwendet. Dies hat den Vorteil, ein beliebiges Register (Rn, FP oder SP) als Stackpointerregisters angeben zu können. Je nach Adressierung werden die Stacks zu niedrigeren oder höheren Adressen hin gefüllt (Bild 2-16). Im ersten Fall zeigt der

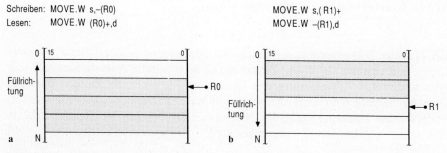

Bild 2-16. Aufbau von Stacks mit unterschiedlichen Füllrichtungen. **a** Absteigende Adressierung, **b** aufsteigende Adressierung.

Stackpointer auf den letzten Eintrag (dies entspricht der Wirkung von PUSH und POP), im zweiten Fall zeigt er auf die erste freie Zelle. - *Anmerkung:* Wir verwenden in unseren Programmbeispielen beide Befehlsarten, um deren Anwendung zu demonstrieren.

2.2.2 Arithmetikbefehle

Festkommazahlen. Die Befehle ADD und SUB (Tabelle 2-4) führen die Addition bzw. Subtraktion sowohl für Dualzahlen als auch für 2-Komplement-Zahlen aus, wobei Bereichsüberschreitungen im ersten Fall durch das Carrybit C und im zweiten Fall durch das Overflowbit V angezeigt werden. Das Carrybit dient darüber hinaus in beiden Fällen als Übertragsstelle. Bei den erweiterten Befehlen ADDC und SUBC wird es in die Operation mit einbezogen, womit sich auf einfache Weise Operationen mit Operanden mehrfacher Verarbeitungslänge programmieren lassen. Für das Addieren und Subtrahieren einer Konstanten mit dem Wert Eins gibt es als kurze, schnelle Befehle INC (increment) und DEC (decrement). Ein weiterer Befehl, NEG (negate), bildet das 2-Komplement einer Zahl (Vorzeichenumkehr).

Tabelle 2-4. Arithmetikbefehle für Festkommazahlen.

Befehl		Funktion	Kommentar	N Z V C
ADD(C)	s,d	**add (with carry)** $d + s (+ C) \rightarrow d$	C: Carrybit	v v v v
SUB(C)	s,d	**subtract (with carry)** $d - s (-C) \rightarrow d$		v v v v
MULU MULS	s,d	**multiply unsigned** **multiply signed** $.W: d_W \cdot s_W \rightarrow d_L$ $.L: d_L \cdot s_L \rightarrow d_{LL}$		v v v 0
DIVU DIVS	s,d	**divide unsigned** **divide signed** $.W: d_L / s_W \rightarrow d_L{<}r_W{,}q_W{>}$ $.L: d_{LL} / s_L \rightarrow d_{LL}{<}r_L{,}q_L{>}$	r: Rest q: Quotient	v v v 0

MULU und DIVU führen die Multiplikation bzw. Division für Dualzahlen (unsigned numbers) aus, während MULS und DIVS 2-Komplement-Zahlen (signed numbers) verarbeiten (Tabelle 2-4). Die Multiplikation führt bei einfacher Operandenbreite von Multiplikand und Multiplikator (wahlweise Wort oder Doppelwort) üblicherweise auf ein Produkt doppelter Breite (Doppelwort bzw. Vierfachwort). Bei der Division hat der Dividend üblicherweise doppelte Breite (wahlweise Doppelwort oder Vierfachwort), Divisor, Quotient und Rest haben einfache Breite (Wort bzw. Doppelwort). Ein Divisor mit dem Wert Null führt unmittelbar zum Befehlsabbruch (siehe 2.3.1, Zero-Divide-Trap). Als Zielort der Operationen ist meist der Registerspeicher vorgegeben. - Bild 2-17 zeigt ein Beispiel zu DIVU, bei dem der Dividend als Vierfachwort im Registerspeicher steht.

DIVU.L MEM,R2

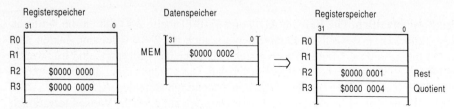

Bild 2-17. Wirkungsweise des Befehls DIVU.

CMP und TEST (Tabelle 2-5) sind Vergleichsbefehle, deren Resultate sich in den Bedingungsbits niederschlagen, die wiederum durch einen nachfolgenden bedingten Sprungbefehl für Programmverzweigungen ausgewertet werden. CMP vergleicht zwei Operanden d und s mit den möglichen Relationen $d > s$, $d \geq s$, $d \leq s$, $d < s$, $d = s$ und $d \neq s$ (siehe Beispiel dazu in 2.2.7). TEST vergleicht einen Operanden s mit Null mit der Aussage $s = 0$, $s \neq 0$, $s > 0$ oder $s < 0$.

Tabelle 2-5. Vergleichsbefehle CMP und TEST.

Befehl		Funktion	Kommentar	N Z V C
CMP	s,d	**compare** $d - s \Rightarrow$ CC		v v v v
TEST	s	**test** $s \Rightarrow$ CC		v v 0 0

Gleitkommazahlen. Die Gleitkommaarithmetik wird entweder von On-chip-Gleitkommaeinheiten oder Arithmetik-Coprozessoren ausgeführt, deren Befehlssätze neben den vier Grundrechenarten Addition, Subtraktion, Multiplikation und Division Befehle für den Vergleich, für die Berechnung von Quadratwurzeln und zur Ermittlung trigonometrischer Funktionswerte umfassen. Die Operandendarstellung erfolgt wahlweise mit einfacher oder doppelter Genauigkeit (siehe 1.1.5). Hinzu kommen Befehle für das Runden von Gleitkommazahlen sowie für das Konvertieren zwischen den verschiedenen Zahlendarstellungen (Festkommazahlen, BCD-Zahlen) unter Berücksichtigung der dabei wählbaren Datenformate. - Ist keine Hardwareunterstützung vorhanden, so werden diese Befehle durch Software nachgebildet (siehe auch 2.3.1, OPC-Emulation-Traps).

BCD-Zahlen. ADDP (add packed with carry) und SUBP (subtract packed with carry) erlauben die Addition bzw. Subtraktion von binärcodierten Dezimalzahlen in gepackter Darstellung. Die Operanden umfassen abhängig vom Datenformat 2, 4 oder 8 BCD-Ziffern. Das Einbeziehen des Carrybits in die Addition bzw. Subtraktion erleichtert das Programmieren von Operationen bei mehr als acht Dezimalstellen. PACK wandelt einen Operanden von der ungepackten in die gepackte Zifferndarstellung, UNPACK kehrt diesen Vorgang unter Vorgabe des Zonenteils um (siehe 1.1.6).

2.2.3 Logische Befehle

AND, OR und XOR (Tabelle 2-6) bilden mit den korrespondierenden Bits ihrer Operanden die logischen Verknüpfungen AND, OR und XOR. NOT invertiert die Bits eines Operanden (logische Operation NOT, bilden des 1-Komplements). - Bild 2-18 zeigt dazu zwei Beispiele mit den Befehlen AND.B und OR.W.

Tabelle 2-6. Logische Befehle.

Befehl		Funktion	Kommentar	N Z V C
AND	s,d	**and** s AND d → d		v v 0 0
OR	s,d	**or** s OR d → d		v v 0 0
XOR	s,d	**exclusive or** s XOR d → d		v v 0 0
NOT	d	**not** NOT d → d		v v 0 0

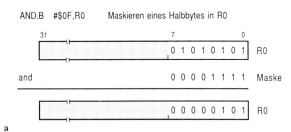

AND.B   #$0F,R0   Maskieren eines Halbbytes in R0

a

OR.W   #$004A,R1   Verschmelzen von zwei Bytes zu einem Wort

b

Bild 2-18. Wirkungsweise,
a des Befehls AND,
b des Befehls OR.

2.2.4 Schiebe- und Rotationsbefehle

Die Schiebebefehle (Tabelle 2-7) erlauben das Verschieben der Bits eines Operanden d um die durch s spezifizierte Anzahl n an Bitpositionen. Man unterscheidet hinsichtlich des Nachziehens und des Hinausschiebens von Bits an den Datenformatgrenzen drei Arten von Schiebebefehlen: die arithmetischen und die logischen Schiebebefehle sowie die Rotationsbefehle. Bei den arithmetischen Schiebebefehlen ASL und ASR entspricht das Linksschieben um n Stellen einer Multiplikation mit 2^n (Nachziehen von Nullen) und das Rechtsschieben einer Division durch 2^n (Nachziehen des Vorzeichenbits). Bei den logischen Schiebebefehlen LSL und LSR werden jeweils Nullen nachgezogen. (Die Befehle ASL und LSL unterscheiden sich in der Beeinflussung der Bedingungsbits.) Bei den Rotationsbefehlen ROL und ROR werden diejenigen Bits nachgezogen, die am anderen Ende hinausgeschoben werden, so daß kein Bit verlorengeht. Bei allen Schiebe- und Rotationsbefehlen wird das zuletzt hinausgeschobene Bit als C-Bit gespeichert. - Bild 2-19a zeigt dazu ein Beispiel mit dem Befehl ASL.B.

Tabelle 2-7. Schiebe- und Rotationsbefehle.

Befehl		Funktion	Kommentar	N Z V C
ASL	s,d	**arithmetic shift left** ◄[C]◄─[d]◄ 0	s spezifiziert die Anzahl der Schiebeschritte n	v v v v
ASR	s,d	**arithmetic shift right** [d]►[C]►	.B: n = 1 bis 7 .W: n = 1 bis 15 .L: n = 1 bis 31	v v v v
LSL	s,d	**logical shift left** ◄[C]◄─[d]◄ 0		v v 0 v
LSR	s,d	**logical shift right** 0 ►[d]►[C]►		v v 0 v
ROL	s,d	**rotate left** ◄[C]◄─[d]◄		v v 0 v
ROR	s,d	**rotate right** [d]►[C]►		v v 0 v

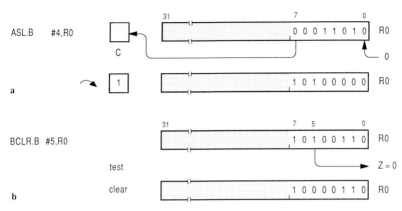

Bild 2-19. Wirkungsweise, **a** des Befehls ASL, **b** des Befehls BCLR.

2.2.5 Bit- und bitfeldverarbeitende Befehle

Bei den bitverarbeitenden Befehlen (Tabelle 2-8) wird in dem durch d adressierten Operanden das durch s spezifizierte Bit angewählt. BTST vergleicht dieses Bit mit Null und beeinflußt entsprechend dem Vergleichsergebnis das Bedingungsbit Z. Darüber hinaus setzen BSET und BCLR das Bit auf 1 bzw. 0; BINV invertiert es. - Bild 2-19b zeigt die Wirkung von BCLR.B an einem Beispiel.

Tabelle 2-8. Bitverarbeitende Befehle.

Befehl		Funktion	Kommentar	N Z V C
BTST	s,d	**test bit** NOT d<s> $\Rightarrow$ Z	s gibt Bitposition als Offset an	- v - -
BSET	s,d	**test and set bit** NOT d<s> $\Rightarrow$ Z 1 $\rightarrow$ d<s>	.B: Offset = 0 bis 7 .W: Offset = 0 bis 15 .L: Offset = 0 bis 31	- v - -
BCLR	s,d	**test and clear bit** NOT d<s> $\Rightarrow$ Z 0 $\rightarrow$ d <s>		- v - -
BINV	s,d	**test and invert bit** NOT d<s> $\Rightarrow$ Z NOT d<s> $\rightarrow$ d<s>		- v - -

BFEXTU und BFEXTS extrahieren als bitfeldverarbeitende Befehle ein Bitfeld im Speicher mit einer Länge von bis zu 32 Bits (siehe Bild 2-4) und transportieren es rechtsbündig in ein Register Rn des Registersatzes. Ist die Feldlänge kleiner als 32

Bits, so werden die fehlenden höherwertigen Bitpositionen in Rn im ersten Fall durch 0-Bits (zero extension) und im zweiten Fall durch Kopien des höchstwertigen Feldbits (sign extension) aufgefüllt. Die eigentliche Verarbeitung erfolgt dann in den Standardformaten mit den bisher beschriebenen Befehlen. BFINS lädt entsprechend ein Bitfeld, bestehend aus bis zu 32 Bits, aus Rn in den Speicher.

Darüber hinaus gibt es spezielle bitfeldverarbeitende Befehle (ohne Angabe von Rn), wie z.B. BFTST (test), BFSET (test and set), BFCLR (test and clear) und BFINV (test and invert) ähnlich den bitverarbeitenden Befehlen, oder Befehle, wie BFFFO (find first one) und BFFFZ (find first zero), die die Distanz (offset) des ersten auf Eins bzw. Null gesetzten Bits ermitteln.

2.2.6 String- und Array-Befehle

String-Befehle verarbeiten im Speicher stehende Byte-, Wort- und Doppelwortfolgen. Die Adressierung und Zählung der einzelnen String-Elemente erfolgt durch feste Zuordnung von Registern des allgemeinen Registerspeichers. Deren Inhalte werden mit jeder Elementaroperation verändert: die Adressen werden wahlweise inkrementiert oder dekrementiert, die Elementanzahl dekrementiert. Typische Operationen sind MOVS (move string) für das Kopieren eines Strings 1 in einen Stringbereich 2, CMPS (compare string) für den Vergleich zweier Strings bis zur Ungleichheit eines Elementpaares und SKIPS (skip string) für das Durchsuchen eines Strings nach einem Element, das wahlweise gleich oder ungleich einem Vergleichselement ist.

In Erweiterung dieser Operationen führen die Befehle MOVST, CMPST und SKIPST vor dem Kopieren, Vergleichen bzw. Durchsuchen die Operation "translate" aus. Dabei wird das jeweilige Quellelement als Index einer im Speicher stehenden Umsetzungstabelle ausgewertet und der zugehörige Tabelleneintrag als Zielgröße verwendet. Die Basisadresse der Tabelle wird in einem weiteren Register vorgegeben. Die Umsetzung ist auf Byte-Strings beschränkt und dient z.B. zur Codeumsetzung. Bild 2-20 zeigt als Beispiel die Wirkungsweise von MOVST. - String-Operationen

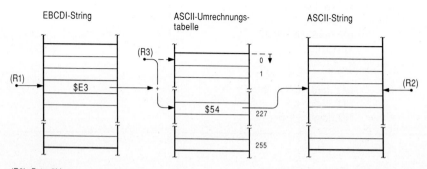

Bild 2-20. Umsetzung eines EBCDI-Strings in einen ASCII-String mittels des Move-string-and-translate-Befehls MOVST. Gezeigt ist der Zugriff auf das Zeichen T.

können üblicherweise nach jeder Elementaroperation vom Interruptsystem in ihrer Ausführung unterbrochen und später wiederaufgenommen werden.

Ein- und mehrdimensionale Felder (arrays) werden als höhere Datenstrukturen lediglich in den Zugriffsoperationen unterstützt. Im Gegensatz zur String-Verarbeitung mit Adressierung der Elemente durch eine variable Adresse (Zeiger, pointer) werden hier die Elemente mittels indizierter Adressierung, d.h. durch eine Basisadresse und einen variablen Index angesprochen. Array-Befehle dienen zur Bereichsüberprüfung von Indizes (CHECK) und zur iterativen Ermittlung des tatsächlichen Speicherindexes bei mehrdimensionaler Indizierung (INDEX, siehe z.B. NS32000-Prozessorfamilie [6]).

2.2.7 Sprungbefehle

Die unbedingten Sprungbefehle JMP (Tabelle 2-9) und BRA (branch always) laden den Befehlszähler mit der im Befehl durch d spezifizierten effektiven Adresse, d.h., das Programm wird mit dem unter dieser Adresse gespeicherten Befehl fortgesetzt (unbedingter Sprung). Bei den bedingten Sprungbefehlen Bcond wird ein Sprung zu

Tabelle 2-9. Sprungbefehle JMP und Bcond.

Befehl		Funktion		Kommentar	N Z V C
JMP	d	**jump** effektive Adresse von d → PC		d ≠ Register- Adressierung	- - - -
Bcond	d	**branch conditionally** if test = true then eff. Adresse von d → PC else nächster Befehl			- - - -
		cond		test	
BGT	GT	greater than (signed) >		Z = 0 and N = V	
BGE	GE	greater or equal (signed) ≥		N = V	
BLE	LE	less or equal (signed) ≤		Z = 1 or N ≠ V	
BLT	LT	less than (signed) <		N ≠ V	
BPL	PL	plus		N = 0	
BMI	MI	minus		N = 1	
BHI	HI	higher (unsigned) >		Z = 0 and C = 0	
BHS	HS	higher or same (unsigned) ≥		C = 0	
BLS	LS	lower or same (unsigned) ≤		Z = 1 or C = 1	
BLO	LO	lower (unsigned) <		C = 1	
BEQ	EQ	equal =		Z = 1	
BNE	NE	not equal ≠		Z = 0	
BVS	VS	overflow set		V = 1	
BVC	VC	overflow clear		V = 0	
BCS	CS	carry set		C = 1	
BCC	CC	carry clear		C = 0	

der im Befehl angegebenen Adresse nur dann ausgeführt, wenn die im Befehl angegebene Sprungbedingung cond erfüllt ist (bedingter Sprung); ist sie nicht erfüllt, so
wird das Programm mit dem auf Bcond folgenden Befehl fortgesetzt (Verzweigung).
Die Sprungbedingungen beziehen sich auf den Zustand der Bedingungsbits im Statusregister (Tabelle 2-9). Programmverzweigungen werden dadurch programmiert, daß
ein dem bedingten Sprungbefehl vorangestellter Befehl, im allgemeinen der Vergleichsbefehl CMP, die Bedingungsbits für die Abfrage beeinflußt. In Verbindung
mit dem Vergleichsbefehl erklärt sich auch die Symbolik für die Sprungbedingungen.

Die Befehle BGT, BGE, BLE und BLT sind für Vergleiche mit 2-Komplement-
Zahlen vorgesehen, BHI, BHS, BLS und BLO für Vergleiche mit Dualzahlen. BPL
und BMI beziehen sich auf das höchstwertige Resultatbit (Vorzeichenbit bei
2-Komplement-Darstellung), BEQ und BNE auf den Resultatwert Null bzw. ungleich
Null. BVC, BVS, BCC und BCS dienen zur Abfrage des Overflow- bzw. des Carrybits.

Das folgende Beispiel zeigt zwei Operanden d und s, die von zwei verschiedenen
Programmverzweigungen zueinander in Relation gesetzt werden: im Fall a werden sie
als 2-Komplement-Zahlen interpretiert, im Fall b als Dualzahlen.

  d: 00000011, s: 10000101

```
      CMP.B   s,d
 a    BGT     ZIEL_1      Sprungbedingung d > s (signed) erfüllt

      CMP.B   s,d
 b    BHI     ZIEL_2      Sprungbedingung d > s (unsigned) nicht erfüllt
```

Für die Angabe der Zieladresse wird bei Sprungbefehlen bevorzugt die befehlszählerrelative Adressierung mit Displacement verwendet (siehe 2.1.3). Bei ausschließlicher
Verwendung dieser Adressierungsart kann ein Programm im Speicher verschoben
werden, ohne daß die Sprungadressen im Adreßteil der Sprungbefehle neu ermittelt
werden müssen (dynamisch verschiebbarer Programmcode, siehe auch 3.1.3 und
3.1.4). Das Displacement (Sprungdistanz) wird vom Assembler als 2-Komplement-
Zahl entweder mit 8 Bits (Sprungbereich: -128 bis $+127$ Bytes), mit 16 Bits
(Sprungbereich: -32768 bis $+32767$ Bytes) oder mit 32 Bits (Sprungbereich: -2^{31}
bis $+2^{31}-1$) codiert. Dementsprechend ergeben sich Befehle unterschiedlicher
Längen. Bezugspunkt für das Displacement ist z.B. bei wortorientierter Befehlsdarstellung die um 2 erhöhte Adresse des ersten Befehlswortes (Bild 2-21). - Implizit

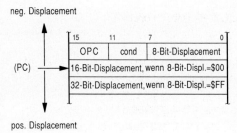

Bild 2-21. Bedingter Sprungbefehl in wortorientierter Darstellung (in Anlehnung an den
Prozessor MC68040 [4]).

verwendet wird die befehlszählerrelative Adressierung bei den Branch-Befehle, die ausschließlich diese Adressierungsart vorsehen. Die Jump-Befehle erlauben darüber hinaus auch alle anderen Arten der Speicheradressierung.

JSR (Tabelle 2-10) und BSR (branch to subroutine) dienen als Unterprogrammsprünge. Wie bei JMP und BRA erfolgt der Sprung unbedingt, jedoch wird zuvor der aktuelle Befehlszählerstand (Adresse des nächsten Befehls) als Rücksprungadresse in den User- oder Supervisor-Stack geladen (abhängig von der Betriebsart). Der Rücksprung vom Unterprogramm zu dem auf JSR bzw. BSR folgenden Befehl erfolgt mit RTS, der dazu den letzten Stackeintrag in den Befehlszähler lädt. RTS dient dementsprechend als Abschluß eines Unterprogramms (siehe 3.3.1). - Bild 2-22 zeigt den

Tabelle 2-10. Sprungbefehle JSR, RTS und RTE.

Befehl		Funktion	Kommentar	N Z V C
JSR	d	**jump to subroutine** $SP - 4 \rightarrow SP$, $PC \rightarrow (SP)$ eff. Adresse von d $\rightarrow$ PC	$d \neq$ Register- Adressierung	- - - -
RTS		**return from subroutine** $(SP) \rightarrow PC$, $SP + 4 \rightarrow SP$		- - - -
RTE		**return from exception** $(SSP) \rightarrow SR$, $SSP + 2 \rightarrow SSP$ $(SSP) \rightarrow PC$, $SSP + 4 \rightarrow SSP$	privilegierter Befehl	v v v v

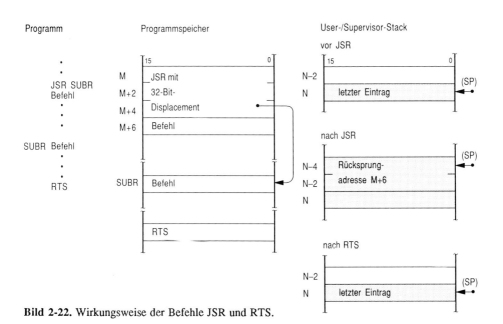

Bild 2-22. Wirkungsweise der Befehle JSR und RTS.

Aufruf eines Unterprogramms, dessen erster Befehl die symbolische Adresse SUBR hat. Die Speicherbelegung ist zur besseren Übersicht wortorientiert dargestellt.

Trap- und Interruptprogramme werden mit dem Rücksprungbefehl RTE abgeschlossen. RTE lädt die letzten beiden Stackeintragungen des Supervisor-Stacks in das Statusregister und den Befehlszähler und stellt somit den Prozessorstatus, wie er vor der Programmunterbrechung war, wieder her. RTE ist ein privilegierter Befehl und deshalb nur im Supervisor-Modus ausführbar. - RTS und RTE führen den Rücksprung nur dann korrekt aus, wenn der verwendete Stackpointer (USP oder SSP) bei der Befehlsausführung den gleichen Stand wie direkt nach Eintritt in das Unterprogramm bzw. das Trap- oder Interruptprogramm aufweist.

2.2.8 Systembefehle

Die Systembefehle sind Befehle zur Steuerung des Systemzustands (processor control). Hinsichtlich ihrer Wirkungsweise werden sie unterteilt in privilegierte Befehle, die nur im Supervisor-Modus ausführbar sind, und nichtprivilegierte Befehle, die in beiden Betriebsarten ausführbar sind.

MOVSR (Tabelle 2-11) ermöglicht den privilegierten Lese- und Schreibzugriff auf das Statusregister, womit der Prozessorstatus verändert werden kann. MOVCC hat im wesentlichen dieselbe Funktion, beeinflußt jedoch als nichtprivilegierter Befehl beim Schreibzugriff nur die Bedingungsbits und darf deshalb auch im User-Modus verwendet werden. Die Beeinflussung einzelner Bedingungsbits erfolgt z.B. durch spezielle SET- und CLR-Befehle, wie SETN, CLRN, SETZ, CLRZ, SETV, CLRV, SETC und CLRC, oder durch spezielle logische Befehle. - Mit MOVUSP als privilegiertem Befehl ist im Supervisor-Modus der Zugriff auf das User-Stackpointerregister USP möglich.

Der programmierte (kontrollierte) Übergang vom User- in den Supervisor-Modus erfolgt durch die (nichtprivilegierten) Trap-Befehle (Tabelle 2-11). Jeder dieser Befehle bewirkt eine Programmunterbrechung und verzweigt auf ein ihm zugeordnetes Trap-Programm, dessen Startadresse in der sog. Vektortabelle im Speicher steht (siehe 2.3.1). Bei TRAPV erfolgt die Unterbrechung bedingt, und zwar dann, wenn das Overflowbit V zum Zeitpunkt der Befehlsausführung gesetzt ist. Bei TRAP erfolgt sie unbedingt, wobei durch Angabe eines Direktoperanden n als Befehlsparameter genau eine von z.B. insgesamt 16 Trap-Routinen über die Vektortabelle angewählt werden kann. Die TRAP-Unterbrechungen als sog. Supervisor-Calls erlauben User-Programmen, vom Betriebssystem bereitgestellte Systemroutinen mitzubenutzen, z.B. Routinen zur Durchführung von Ein-/Ausgabeoperationen.

Der Befehl NOP (no operation) führt keine Operation aus; er benötigt lediglich die Zeit für den Befehlsabruf und die Befehlsinterpretation. Mit ihm können z.B. Lücken im Programm gefüllt oder Zeitbedingungen in Zeitschleifen vorgegeben werden. STOP ist ein privilegierter Befehl, der die Programmausführung stoppt. Sie kann nur durch eine externe Unterbrechungsanforderung wiederaufgenommen werden (Reset-Eingangssignal oder Interruptsignal). RESET ist ein privilegierter Befehl. Er setzt für

Tabelle 2-11. Systembefehle.

Befehl		Funktion	Kommentar	N Z V C
MOVSR	SR,d s,SR	**move status** SR → d; s → SR	privilegierter Befehl .L: 0 → d<31-16>; s<31-16> ignoriert	durch Operand verändert
MOVCC	CC,d s,CC	**move condition code** SR<7-0> → d<7-0>; s<7-0> → SR<7-0>	.W/.L: 0 → d<15-8>/d<31-8>; s<15-8>/s<31-8> ignor.	
MOVUSP	USP,d s,USP	**move user stackpointer** USP → d; s → USP	privilegierter Befehl	- - - -
TRAPV		**trap on overflow** if V = 1 then SSP −4 → SSP, PC → (SSP) SSP −2 → SSP, SR → (SSP) TRAPV-Vektor → PC else nächster Befehl		- - - -
TRAP	#n	**trap unconditionally** SSP −4 → SSP, PC → (SSP) SSP −2 → SSP, SR → (SSP) TRAP-n-Vektor → PC		- - - -

einige Maschinentakte den RESET-Ausgang des Prozessors auf Null, womit System-komponenten, wie z.B. Interface-Einheiten, über ihre RESET-Eingänge initialisiert werden können.

2.2.9 Synchronisationsbefehle

Bei Systemen mit mehreren Prozessoren, die z.B. über einen globalen Bus auf gemeinsame Betriebsmittel, wie Speicherbereiche und Ein-/Ausgabeeinheiten zugreifen können, ist es erforderlich, Zugriffe auf diese zu synchronisieren. Dazu muß ein Prozessor die anderen vom Zugriff ausschließen. Dies geschieht über sog. Semaphore ("Flügelsignale"), die als binäre Variablen oder als Zählgrößen den Betriebsmitteln zugeordnet und von der Software verwaltet werden [7]. Für das Abfragen und Verändern der Semaphore gibt es spezielle Befehle, deren Ausführung von der Busanforderung eines anderen Prozessors nicht unterbrochen werden kann (siehe auch 4.4).

TAS (Tabelle 2-12) liest eine Variable als binären Semaphor, beeinflußt damit die Bedingungsbits N und Z (N = 0/1: Betriebsmittel ist frei/belegt), setzt anschließend

Tabelle 2-12. Synchronisationsbefehle.

Befehl		Funktion	Kommentar	N Z V C
TAS	d	**test operand and set sign** $d-0 \Rightarrow$ CC; 1 $\rightarrow$ d<MSB>		v v 0 0
CAS	Rn,Rm,d	**compare and swap with** **operand** $d-Rn \Rightarrow$ CC if Z = 1 then Rm $\rightarrow$ d else d $\rightarrow$ Rn		v v v v

das höchstwertige Variablenbit auf 1 (Betriebsmittel wird vorsorglich belegt), und schreibt die Variable an ihren Speicherplatz zurück (siehe auch 7.2.2, Beispiel 7.2). CAS liest eine Variable (z.B. Zähler), vergleicht sie mit einem Registerinhalt, zeigt das Ergebnis in den Bedingungsbits an und überschreibt bei Gleichheit die Variable durch einen weiteren Registerinhalt bzw. lädt bei Ungleichheit das Vergleichsregister mit dem Wert der Variablen (z.B. MC68040 [4]).

Zu CAS folgendes Programmbeispiel für das Inkrementieren eines als Zähler wirkenden Semaphors CNTR; dabei wird davon ausgegangen, daß zwischen den Befehlen zum Lesen, Inkrementieren und Überschreiben der Zählvariablen ein anderer Prozessor den Wert der Variablen verändern kann. Dies wird durch den nichtunterbrechbaren Befehl CAS überprüft. Ist der Wert der Variablen verändert worden, so wird der Vorgang in einer Programmschleife wiederholt.

```
        .
        MOVE.W   CNTR,R0      Zählerwert lesen
AGAIN   MOVE.W   R0,R1        Zählerwert kopieren
        ADD.W    #1,R1        Zählerwert inkrementieren
        CAS.W    R0,R1,CNTR   Vergleich von R0 mit CNTR;
*                             bei Gleichheit: R1->CNTR
*                             bei Ungleichheit: CNTR->R0
        BNE      AGAIN        Bei Ungleichheit wiederholen
        :
```

2.3 Ausnahmeverarbeitung und Betriebsarten

Unter Ausnahmeverarbeitung (exception processing) versteht man die Reaktion des Mikroprozessors auf Unterbrechungsanforderungen durch Traps und Interrupts. Da diese Reaktion möglichst schnell erfolgen soll, wird sie durch ein wirkungsvolles Unterbrechungssystem (interrupt system) als Teil der Prozessorhardware unterstützt. Verbunden mit der Ausnahmeverarbeitung sind die Betriebsarten des Prozessors, da Unterbrechungssituationen immer eine Umschaltung in den privilegierten Supervisor-Modus bewirken.

2.3.1 Traps und Interrupts

Traps (Fallen) sind Programmunterbrechungen, die durch Befehlsausführungen, d.h. synchron zur Prozessorverarbeitung ausgelöst werden. Sie entstehen zum einen prozessorintern, entweder bedingt durch Fehler bei der Befehlsausführung oder unbedingt durch Supervisor-Calls (Trap-Befehle), zum andern prozessorextern, durch die von der prozessorexternen Hardware signalisierte Fehler, so z.B. bei fehlerhaftem Buszyklus oder bei Fehlermeldungen von einer Speicherverwaltungseinheit (page fault, access violation etc.). Interrupts (Unterbrechungen) hingegen haben immer prozessorexterne Ursachen und erfolgen unabhängig von der Prozessorverarbeitung, d.h. asynchron dazu. Typische Ursachen sind Synchronisationsanforderungen von Ein-/Ausgabeeinheiten. Traps und Interrupts gemeinsam ist die Unterbrechungsverarbeitung durch die Prozessorhardware, die wir in diesem Abschnitt betrachten. Den Signalfluß bei Interrupts beschreiben wir in Abschnitt 4.5; Beispiele zur Interruptprogrammierung folgen in Kapitel 6.

Programmunterbrechung. Eine Unterbrechungsanforderung bewirkt, sofern ihr vom Prozessor stattgegeben wird, eine Unterbrechung des laufenden Programms. Dazu führt der Prozessor eine Ausnahmeverarbeitung durch. Grob gesagt, rettet er dabei zunächst den gegenwärtigen Prozessorstatus (Inhalte des Befehlszählers und des Prozessorstatusregisters), auf den Supervisor-Stack. Zusätzlich setzt er bei sog. maskierbaren Interrupts die Interruptmaske im Statusregister, um weitere Anforderungen dieser Art zu blockieren. Anschließend verzweigt er zu einem der Unterbrechungsanforderung zugeordneten Unterbrechungsprogramm. Das Unterbrechungsprogramm führt nun die eigentliche Ausnahmebehandlung (exception handling) durch. Abgeschlossen wird es mit dem RTE-Befehl, der den ursprünglichen Prozessorstatus wieder lädt, wodurch das unterbrochene Programm an der Unterbrechungsstelle fortgesetzt wird. Bild 2-23 zeigt schematisch den Programmfluß bei einer Programmunterbrechung.

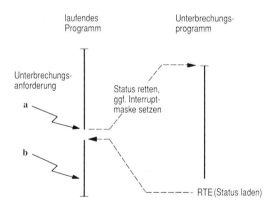

Bild 2-23. Programmfluß bei einer Programmunterbrechung. **a** Unterbrechungsanforderung stattgegeben, **b** nicht stattgegeben.

Unterbrechungsvektoren. Die Adressen sämtlicher Unterbrechungsprogramme sind als sog. Unterbrechungsvektoren (Interruptvektoren, Trap-Vektoren) in einer Vektortabelle im Hauptspeicher zusammengefaßt. Bei einer Adreßbreite von 32 Bits belegt jeder Vektor 4 Bytes in der Tabelle. Die Adressen dieser Vektoren wiederum bezeichnet man als Vektoradressen. Diese werden aus Vektornummern gebildet, die den Unterbrechungsanforderungen fest zugeordnet sind. Die Vektornummer wird abhängig von der Art der Anforderung entweder vom Prozessor selbst erzeugt, oder sie wird dem Prozessor über den Datenbus von außen zugeführt (siehe 4.5.1). Die für die Anwahl eines Unterbrechungsprogramms erforderlichen Adressierungsvorgänge sind in Bild 2-24 dargestellt.

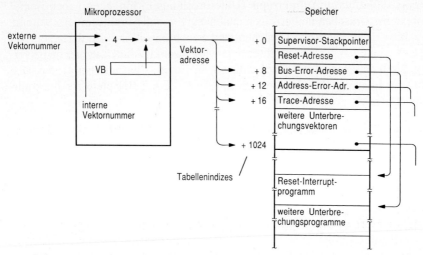

Bild 2-24. Anwahl von Unterbrechungsprogrammen. Vorgabe der Basisadresse der Vektortabelle über das Vectorbase-Register VB.

Tabelle 2-13 zeigt die wichtigsten Unterbrechungsbedingungen, geordnet nach ihren Vektornummern bzw. nach den sich daraus ergebenden Adreßdistanzen für die Einträge der Vektortabelle. Die Spalte Quelle kennzeichnet mit "intern" und "extern" den prozessorbezogenen Auslöseort einer Unterbrechungsanforderung. Ferner sind den Bedingungen Prioritäten (g.i) zugeordnet, die sich aus einer Gruppenpriorität g und einer gruppeninternen Priorität i ergeben. Hierbei bedeutet 0 die höchste und 3 die niedrigste Priorität. Sie werden vom Mikroprogrammwerk des Prozessors ausgewertet, so daß ein laufendes Unterbrechungsprogramm nur durch eine Anforderung höherer Priorität unterbrochen werden kann. Bei den folgenden Erläuterungen der Tabelle 2-13 unterscheiden wir zwischen Traps und Interrupts mit speziellen Auslösebedingungen und Traps und Interrupts, die allgemein verwendbar sind.

Spezielle Traps und Interrupts. Die speziellen Traps und Interrupts werden durch Bedingungen ausgelöst, die hauptsächlich der Initialisierung, dem Systemtest und der Fehlererkennung dienen. Sie haben in Tabelle 2-13 die Vektornummern 0 bis 10 und sind nach absteigenden Prioritäten geordnet.

- Reset-Interrupt: Er wird über den $\overline{\text{RESET}}$-Steuereingang ausgelöst, entweder automatisch beim Einschalten der Versorgungsspannung oder bei bereits laufen-

Tabelle 2-13. Unterbrechungsbedingungen.

Vektor-nummer	Adreß-distanz	Unterbrechungsbedingung	Quelle	Priorität (g.i)
0	0	Reset (Init. v. SSP u. PC)	extern	0.0
2	8	Bus Error	"	0.1
3	12	Address Error	intern	0.2
4	16	Trace	"	1.0
5	20	Illegal Instruction	"	1.2
6	24	Privilege Violation	"	1.3
7	28	Zero Divide	"	2.0
8	32	TRAPV Instruction	"	2.0
9	36	OPC Emulation 1	"	2.0
10	40	OPC Emulation 2	"	2.0
11-24	44 : 96	unbenutzt		
25	100	Level 1 Autovector Interrupt	extern	1.1
26	104	Level 2 " "	"	1.1
27	108	Level 3 " "	"	1.1
28	112	Level 4 " "	"	1.1
29	116	Level 5 " "	"	1.1
30	120	Level 6 " "	"	1.1
31	124	Level 7 " "	"	1.1
32-47	128 : 188	TRAP Instructions (16)	intern	2.0
48-63	192 : 252	unbenutzt (oder z.B. Coprozessor-Traps)		
64-255	256 : 1020	Vector Interrupts (192)	extern	1.1

dem System manuell. Er führt mit seinem Unterbrechungsprogramm die System-initialisierung durch und hat dementsprechend die höchste Priorität. In der Unter-brechungsverarbeitung bildet er eine Ausnahme, indem er nicht nur den Befehls-zähler mit der Startadresse des Unterbrechungsprogramms, sondern auch das Supervisor-Stackpointerregister mit einem Anfangswert aus der Vektortabelle lädt; zusätzlich setzt er die allgemeinen Prozessorregister (und das Vectorbase-Register) auf Null.

- Bus-Error-Trap: Er wird über den $\overline{\text{BERR}}$-Signaleingang ausgelöst, nachdem eine Einheit im System einen Busfehler festgestellt hat. Dies kann z.B. das Ausbleiben des Quittungssignals ($\overline{\text{DTACK}}$) an den Prozessor bei einem Lese- oder Schreib-zyklus sein.

- Address-Error-Trap: Er wird bei der Speicheradressierung ausgelöst, wenn die ausgegebene Adresse der Alignment-Vorgabe nicht entspricht (z.B. ungerade

Wortadresse) und der Prozessor ein Misalignment nicht zuläßt. Dies kann sowohl Daten- als auch Befehlszugriffe betreffen.

In allen drei Fällen erfolgt die Unterbrechungsverarbeitung sofort nach dem Erkennen der Bedingung, d.h. mit dem nächsten Maschinentakt.

- Trace-Trap: Das Trace-Bit T0 oder T1 im Statusregister ist gesetzt (Trace-Modus, siehe auch 2.1.1). Die Unterbrechung erfolgt nach der Befehlsverarbeitung. Das Trace-Programm wird zum Systemtest benutzt, indem mit ihm z.B. der Prozessorstatus ausgegeben wird.

- Illegal-Instruction-Trap: Der Prozessor interpretiert einen nicht definierten Operationscode. Die Unterbrechung erfolgt unmittelbar im Anschluß an die Interpretationsphase.

- Privilege-Violation-Trap: Der Prozessor befindet sich im User-Modus und interpretiert den Operationscode eines privilegierten Befehls. Die Unterbrechung erfolgt unmittelbar im Anschluß an die Interpretationsphase.

- Zero-Divide-Trap: Der Prozessor findet bei der Ausführung des Divisionsbefehls einen Divisor mit dem Wert Null vor. Die Unterbrechung erfolgt während der Befehlsverarbeitung.

- TRAPV-Instruction-Trap: Eine Unterbrechung erfolgt mit der Ausführung des TRAPV-Befehls, wenn das Overflowbit V als Folge einer vorangegangenen Operation gesetzt ist (Overflow-Trap).

- OPC-Emulation-Traps: Der Prozessor interpretiert bestimmte Operationscodes nicht implementierter Befehle. Die Unterbrechung erfolgt unmittelbar im Anschluß an die Interpretationsphase; der Befehl wird durch das Trap-Programm simuliert.

Allgemeine Traps. Die allgemeinen Traps werden durch den Befehl TRAP ausgelöst, wobei durch einen Parameter einer von mehreren Unterbrechungsvektoren angewählt werden kann (in Tabelle 2-13 insgesamt 16 Vektoren). Sie werden als Supervisor-Calls für den kontrollierten Übergang vom User-Modus (Anwenderprogramme) in den Supervisor-Modus (Systemprogramme) eingesetzt.

Allgemeine Interrupts. Allgemeine Interrupts werden von externen Einheiten ausgelöst. Bei der der Tabelle 2-13 zugrundeliegenden Prozessorstruktur (angelehnt an den MC68000 [2]), werden sie ihm als 3-Bit-Interruptcode über 3 Interrupteingänge übermittelt. Der Prozessor benutzt diese Codierung zur Unterscheidung von sieben Interruptebenen unterschiedlicher Prioritäten. Der Interruptcode 7 hat hierbei die höchste, der Interruptcode 1 die niedrigste Priorität. Der Code 0 besagt, daß keine Interruptanforderung anliegt. Eine Programmunterbrechung erfolgt mit Ausnahme der Ebene 7 bei einer Interruptanforderung, die eine höhere Priorität als das laufende Programm hat. Dessen Priorität ist durch die 3-Bit-Interruptmaske (IM2 bis IM0) im Statusregister festgelegt (siehe Bild 2-3); sie wird bei einer Programmunterbrechung gleich dem stattgegebenen Interruptcode gesetzt.

Interrupts der höchsten Priorität (Ebene 7) wird unabhängig von der Interruptmaske (auch wenn sie den Wert 7 hat) immer stattgegeben, weshalb man sie als nicht-maskierbare Interrupts (non maskable interrupts) bezeichnet. Den anderen Interrupts (Ebenen 6 bis 1) wird in Abhängigkeit von der Interruptmaske stattgegeben oder nicht. Man bezeichnet sie deshalb als maskierbare Interrupts (maskable interrupts).

Bei den sog. Autovektor-Interrupts ist den sieben Unterbrechungsebenen je eine Vektornummer durch die Prozessorhardware fest zugeordnet (25 bis 31), d.h. die Anwahl der Unterbrechungsvektoren hängt nur vom Interruptcode ab. Bei den sog. Vektor-Interrrupts übergibt dagegen die Interruptquelle dem Prozessor eine 8-Bit-Vektornummer (64 bis 255) auf dem Datenbus. Der Prozessor wählt damit einen von 192 möglichen Unterbrechungsvektoren aus. Die Unterscheidung zwischen Auto-vektor- und Vektor-Interrupts trifft der Prozessor anhand eines Eingangssignals $\overline{\text{AVEC}}$. Es wird von der jeweiligen Interruptquelle mit 0 (Autovektor-Interrupt) bzw. mit 1 (Vektor-Interrupt) mit der Interruptanforderung geliefert.

Anmerkung. Eine gebräuchliche Vereinfachung des Interruptsystems, wie sie viele Mikroprozessortypen aufweisen, besteht darin, anstelle des Interruptcodes einzelne Interruptleitungen vorzusehen, z.B. eine für maskierbare und eine für nichtmaskier-bare Interrupts. Maskierbare Interrupts haben auch hier geringere Priorität als die nichtmaskierbaren. Die maskierbare Leitung ist dabei üblicherweise für Vektor-Inter-rupts ausgelegt; die ihr zugeordnete Interruptmaske im Statusregister reduziert sich entsprechend der Leitungsanzahl auf ein Bit. Die Priorisierung von Vektor-Interrupts erfolgt prozessorextern (siehe 4.5.2).

Einige Vektorpositionen sind in Tabelle 2-13 als unbenutzt bezeichnet. Sie können bei einem Ausbau des Mikroprozessors für zusätzliche Funktionen herangezogen werden, so auch bei Erweiterung durch einen Coprozessoranschluß, um z.B. die Unterbrechungsverarbeitung für einen Gleitkommaarithmetik-Coprozessor zu unter-stützen.

Beispiel 2.4. Eine externe Uhr (real time clock, Bild 2-25) löst in festen Zeitabständen Pro-grammunterbrechungen aus, die zum Hochzählen einer Speicherzelle COUNT benutzt werden. Die Uhr hat dazu ein 8-Bit-Statusregister TIMESR, dessen Bit 0 mit jedem Uhrimpuls auf 1 gesetzt wird und damit über einen Codierer den Interruptcode 6 an den Interrupteingängen $\overline{\text{IL2}}$ bis $\overline{\text{IL0}}$ des Prozes-sors erzeugt. Der $\overline{\text{AVEC}}$-Eingang des Prozessors wird gleichzeitig mit 1 vorgegeben, so daß der Prozessor eine Anforderung als Vektor-Interrupt erkennt. Hat er eine Anforderung akzeptiert, so be-stätigt er dies durch ein Quittungssignal $\overline{\text{IACK}}$ (interrupt acknowledge; siehe auch 4.5.1), worauf die Uhr dem Mikroprozessor die in einem Register stehende Vektornummer 64 auf dem Datenbus über-gibt. Der Prozessor lädt daraufhin den Befehlszähler mit dem zugehörigen Interruptvektor (Adreßdistanz 256). Dieser ist die Anfangsadresse des Interruptprogramms TIMER.

Das Interruptprogramm TIMER zählt den Inhalt der Speicherzelle COUNT um Eins hoch, löscht da-nach im Register TIMESR das Bit 0 und setzt damit die Interruptanforderung zurück. Während der Ausführung des Interruptprogramms ist eine weitere Anforderung der Ebene 6 ebenso wie Anforde-rungen der Ebenen 5 bis 1 durch die Interruptmaske im Statusregister blockiert.

```
TIMER   ADD.B   #1,COUNT    Zähler erhöhen
        BCLR.B  #0,TIMESR   Anforderung löschen
        RTE
```

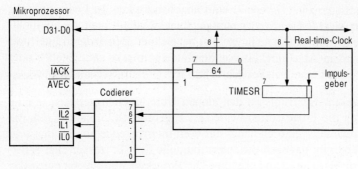

Bild 2-25. Anschluß einer Real-time-Clock.   ◆

Ausnahmeverarbeitung. Die Ausnahmeverarbeitung durch den Prozessor betrifft seine Operationen zwischen dem Akzeptieren einer Unterbrechungsanforderung und dem Starten des zugehörigen Unterbrechungsprogramms. Sie umfaßt vier grundsätzliche Schritte, im folgenden zugeschnitten auf unsere Prozessorstruktur (siehe auch 4.5.1, Interruptzyklus).

1. Der Statusregisterinhalt wird zunächst in ein prozessorinternes Pufferregister kopiert. Danach wird der Status verändert, indem das $S/\overline{U}$-Bit gesetzt (Umschaltung in den Supervisor-Modus) und die Bits T0 und T1 zurückgesetzt werden (Unterdrückung der Trace-Funktion). Bei allgemeinen Interruptanforderungen wird zusätzlich die Interruptmaske gleich dem Interruptcode gesetzt; bei einem Reset-Interrupt wird sie auf 7 gesetzt (höchste Priorität). Damit werden Anforderungen gleicher (mit Ausnahme der Ebene 7) und geringerer Priorität blockiert.

2. Die Vektornummer wird ermittelt und daraus die Vektoradresse durch Multiplizieren mit 4 und anschließendem Addieren zur Tabellenbasisadresse gebildet.

3. Der Prozessorstatus wird gerettet. Dazu werden der Befehlszählerinhalt und der gepufferte Statusregisterinhalt auf den Supervisor-Stack geschrieben. (Dieser Schritt entfällt beim Reset-Interrupt).

4. Der Befehlszähler wird mit dem Unterbrechungsvektor geladen und der Befehlsabruf eingeleitet. Damit kommt der erste Befehl des Unterbrechungsprogramms zur Ausführung.

2.3.2 Betriebsarten

Ein wesentlicher Aspekt für die Betriebssicherheit eines Rechners ist der Schutz der für den Betrieb erforderlichen Systemsoftware (Betriebssystem, operating system) gegenüber unerlaubten Zugriffen durch die Benutzersoftware. Grundlage hierfür sind die in der Prozessorhardware verankerten Betriebsarten zur Vergabe von Privilegien für die Programmausführung. Üblich sind Mikroprozessoren mit zwei Privilegienebenen (z.B. bei den Prozessorfamilien MC68000 [2] und NS32000 [6]) und mit vier Ebenen (z.B. beim 80286 [1] und dessen Nachfolgern).

Bei einem Prozessor mit zwei Ebenen unterscheidet man als Betriebsarten den privilegierten Supervisor-Modus für die Systemsoftware und den ihm untergeordneten User-Modus für die Anwendersoftware. Festgelegt ist die jeweilige Betriebsart durch das S/$\overline{U}$-Bit im Statusregister. Der Schutzmechanismus besteht zum einen in der prozessorexternen Anzeige der Betriebsart durch die Statussignale des Prozessors. Dies kann von einer Speicherverwaltungseinheit dazu genutzt werden, Zugriffe von im User-Modus laufenden Programmen für bestimmte Areßbereiche einzuschränken (z.B. nur Lesezugriff erlaubt) oder sie sogar ganz zu unterbinden. Demgegenüber können der Supervisor-Ebene die vollen Zugriffsrechte eingeräumt werden. Der Schutzmechanismus besteht zum andern in der Aufteilung der Stack-Aktivitäten auf einen Supervisor- und einen User-Stack. Dazu sieht der Prozessor z.B. die beiden Stackpointerregister SSP und USP vor, die abhängig von der Betriebsart "sichtbar" werden (siehe auch 2.1.1).

Einen weiteren Schutz bieten die privilegierten Befehle, die nur im Supervisor-Modus ausführbar sind (siehe 2.2.8). Sie erlauben es u.a., die Modusbits im Statusregister zu verändern und damit z.B. vom Supervisor- in den User-Modus umzuschalten. Mit dem privilegierten Befehl MOVUSP ist es auch möglich, von der Supervisor-Ebene aus auf das User-Stackpointerregister USP zuzugreifen. Der Versuch, privilegierte Befehle im User-Modus auszuführen, führt zu einer Programmunterbrechung (Privilege-Violation-Trap).

Traps und Interrupts, die im User-Modus auftreten, bewirken immer eine Umschaltung in den Supervisor-Modus, d.h., alle Trap- und Interruptprogramme werden grundsätzlich in der privilegierten Ebene ausgeführt. Für die Anwenderprogramme im User-Modus sind Traps die einzige Möglichkeit, in den Supervisor-Modus zu gelangen (kontrollierte Übergänge, Supervisor-Calls). Der Übergang vom Supervisor-Modus in den User-Modus hingegen wird üblicherweise durch einen RTE-Befehl ausgelöst, entweder als Abschluß eines Unterbrechungsprogramms, wenn das unterbrochene Programm im User-Modus lief, oder, um vom Supervisor-Modus aus ein Anwenderprogramm zu starten. Im letzteren Fall müssen zuvor die Startadresse und der neue Statusregisterinhalt (S/$\overline{U}$=0!) auf den Supervisor-Stack geladen werden.

Zum Aufbau und zur Wirkungsweise von Betriebssystemen siehe z.B. [7].

2.4 Übungsaufgaben

Aufgabe 2.1. Adressierungsarten. Interpretieren Sie den nachstehenden Befehl für den Fall, daß das Register R7 als Stackpointerregister bei byteadressierbarem Speicher fungiert und der Stack mit absteigender Adreßzählung gefüllt wird. Modifizieren Sie den Befehl so, daß die Wirkung der Konstanten 4 durch eine Variable vorgebbar ist.

```
MOVE.W 4(R7),-(R7)
```

Aufgabe 2.2. Datenformatanpassung. Schreiben Sie eine Befehlsfolge für die 32-Bit-Addition zweier 2-Komplement-Zahlen, wobei die eine Zahl als Doppelwort im Register R0 und die andere als Byte im Speicher mit der Adresse VALUE vorliegt. Das Resultat soll in R0 gespeichert werden.

Aufgabe 2.3. Division. Eine in den Registern R2 und R3 stehende 64-stellige Dualzahl wird mittels des folgenden Programmstücks durch eine in der Speicherzelle ZAHL stehende 32-stellige Dualzahl dividiert, und zwar so, daß nach Ausführung dieser Befehlsfolge das Ergebnis unter Vernachlässigung des Rests in R2 und R3 als 64-stellige Dualzahl, d.h. mit doppelter anstatt einfacher Länge erscheint. Spielen Sie die Wirkung dieses Programmstücks anhand eines selbst gewählten, repräsentativen Zahlenbeispiels mit reduzierter Wortlänge durch.

```
            :
ANFANG  MOVE.L   R3,TEMP
        MOVE.L   R2,R3
        CLR.L    R2
        DIVU.L   ZAHL,R2
        XCHG.L   TEMP,R3
        DIVU.L   ZAHL,R2
        MOVE.L   TEMP,R2
ENDE    :
```

Aufgabe 2.4. Addition von BCD-Zahlen. Es ist ein Programmstück zu schreiben, das zwei gleich lange BCD-Zahlen (gepackte Darstellung) addiert und dabei die erste BCD-Zahl überschreibt. Die Ziffern beider Zahlen sind, beginnend mit der jeweils höchstwertigen Stelle, unter aufsteigenden Adressen byteweise gespeichert. Die Anfangsadressen der beiden Strings stehen in den Registern R0 und R1; die Anzahl der Bytes steht als Dualzahl im Register R2. Für die Addition steht der Befehl ADDP s,d (add packed with carry) zur Verfügung.

Aufgabe 2.5. Quersumme. Für eine im Register R0 stehende 32-Bit-Dualzahl ist die Quersumme zu bilden und in der Speicherzelle QSUM als 8-Bit-Dualzahl abzulegen.

Aufgabe 2.6. Zufallszahl. Aus einem im Register R4 stehenden Doppelwort-Bitmuster mit mindestens einer 1 soll durch eine möglichst kurze Befehlsfolge ein neues Bitmuster erzeugt werden, indem Bit 0 mit Bit 28 durch Exclusiv-Oder verknüpft und das Bitmuster anschließend um eine Stelle nach rechts verschoben wird, wobei Bit 31 mit dem Ergebnis der Exclusiv-Oder-Operation gefüllt wird. Das Programmstück kann zur Erzeugung sog. Pseudo-Zufallszahlen benutzt werden [5].

Aufgabe 2.7. Dualzahlabfrage. Im Laufe der Ausführung eines Programms befinde sich im Register R0 eine 8-stellige Dualzahl ungleich Null, die mit folgender Warteschleife heruntergezählt und auf Null abgefragt werden soll. Beschreiben Sie die Wirkung dieser Schleife. Wie ist die Schleife zu programmieren, damit der Wertebereich der Dualzahl voll ausgenutzt werden kann?

```
            :
WARTE   DEC.B    R0
        BGT      WARTE
WEITER  :
        :
```

Aufgabe 2.8. Stringbefehl. Schreiben Sie ein Programmstück mit der in Bild 2-20 illustrierten Wirkung des Befehls MOVST (move string and translate), ohne diesen oder einen anderen Stringbefehl zur Verfügung zu haben. In R0 stehe die Byteanzahl des umzusetzenden Strings, in R1 und R2 die Anfangsadressen der Quell- und Zielbereiche, die aufwärtszählend verändert werden, und in R3 die Basisadresse der Umsetzungstabelle.

Aufgabe 2.9. Synchronisationsbefehl. In einem Mehrprozessorsystem benutzen zwei Prozessoren einen gemeinsamen Speicherbereich. Die Synchronisation der Zugriffe beider Prozessoren (gegenseitiger Ausschluß) soll mittels eines Semaphor-Bytes mit der Adresse SEMA erfolgen. Geben Sie die Befehle an, die ein Prozessor vor Eintritt und nach Abschluß seiner Zugriffssequenz (critical section) auszuführen hat.

3 Programmierungstechniken

Um ein Mikroprozessorsystem effizient programmieren zu können, benötigt man wie bei allen Digitalrechnern Kenntnisse grundlegender Programmierungstechniken, d.h. Kenntnisse in der Handhabung immer wiederkehrender Verarbeitungsabläufe. Programmierungstechniken sind weitgehend unabhängig vom Befehlssatz eines Prozessors. Bei ihrer Umsetzung in Befehlsfolgen ergeben sich jedoch prozessorabhängige Unterschiede bezüglich des Bedarfs an Programmspeicherplatz, an Programmausführungszeit und hinsichtlich ihrer Unterstützung durch den Befehlssatz des Prozessors.

In Abschnitt 3.1 werden zunächst einige prinzipielle Möglichkeiten zur Darstellung von Verarbeitungsabläufen angegeben; dabei werden wir uns auf die Flußdiagrammdarstellung zur Erstellung von Assemblerprogrammen festlegen. Die in Kapitel 1 definierte und in Kapitel 2 ergänzte Assemblersprache dient als weiteres Darstellungsmittel; sie wird dazu an die gängigen Assemblersprachen von 32-Bit-Mikroprozessoren angepaßt. Abschnitt 3.2 beschreibt verschiedene Möglichkeiten der Programmflußsteuerung durch Sprünge, Verzweigungen und Programmschleifen. Sie werden in Abschnitt 3.3 durch Unterprogrammtechniken ergänzt, wobei verschiedene Möglichkeiten des Datenzugriffs bei der Parameterübergabe beschrieben werden.

3.1 Assemblerprogrammierung

3.1.1 Struktogramm und Flußdiagramm

Algorithmus und Programm. Eine Verarbeitungsvorschrift, nach der Eingabedaten über Zwischenergebnisse in Ausgabedaten umgewandelt werden, bezeichnet man als Algorithmus. Die dem Mikroprozessor angepaßte Beschreibung eines Algorithmus ist das Programm. Liegt das Programm in Maschinencode vor, so kann es vom Mikroprozessor unmittelbar interpretiert werden; liegt es in symbolischer Form vor, z.B. als Assemblerprogramm oder in einer höheren Programmiersprache, so muß es in einem vorbereitenden Arbeitsgang erst in den Maschinencode umgeformt werden. Dazu ist ein Übersetzungsprogramm (Assembler bzw. Compiler) notwendig.

Zur Erleichterung der Programmerstellung wird ein Algorithmus zunächst in einer prozessorunabhängigen und für den Menschen besser verständlichen und überschaubaren Form beschrieben. Dies ist vor allem bei der Programmierung auf einer relativ niedrigen Sprachebene, wie der Assemblerebene, nützlich und bei umfangreichen Aufgabenstellungen unabdingbar. Die Beschreibung kann entweder sprachlich orientiert erfolgen, z.B. durch Texte der Umgangssprache (vgl. Knuth [2]) oder in einer höheren Programmiersprache (z.B. PASCAL); oder sie kann graphisch orientiert erfolgen, z.B. durch Struktogramme (vgl. Nassi und Shneiderman [3]) oder durch Programmablaufpläne (vgl. DIN 66001 [1]). Programmablaufpläne werden auch als Flußdiagramme bezeichnet. Im folgenden werden die Struktogramm- und die Flußdiagrammdarstellung an einem Beispiel vorgestellt.

Struktogramm. Struktogramme sind an die Beschreibungselemente höherer Programmiersprachen, insbesondere an deren Kontrollstrukturen zur Programmsteuerung angelehnt. Die Beschreibungsebene ist damit höher als die der Assemblersprache und eignet sich zur komprimierten Darstellung komplexer Abläufe. Struktogramme unterstützen darüber hinaus eine strukturierte Problembeschreibung und erleichtern das Schreiben entsprechend strukturierter Programme [4].

Beispiel 3.1. Algorithmus in Struktogrammdarstellung. Es sollen die natürlichen Zahlen 1 bis N summiert werden. Der Wert N soll als Eingabedatum eingelesen und das Ergebnis SUMME als Ausgabedatum ausgegeben werden.

Die beiden Darstellungen in Bild 3-1 unterscheiden sich durch eine umgangssprachliche und eine programmiersprachliche Beschriftung. Die Ablauffolge ist durch aufeinanderfolgende Blöcke und durch die Reihenfolge der Operationen innerhalb der Blöcke wiedergegeben. Als Beispiel einer Kontrollstruktur wird die while-Schleife verwendet. Solange die Schleifenbedingung $I \leq N$ erfüllt ist, werden die als geschachtelter Block angegebenen Operationen SUMME : = SUMME+I und I : = I+1 wiederholt ausgeführt.

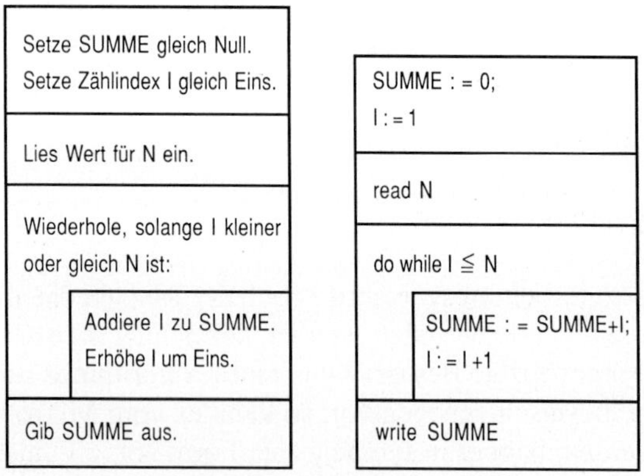

Setze SUMME gleich Null. Setze Zählindex I gleich Eins.	SUMME : = 0; I : = 1
Lies Wert für N ein.	read N
Wiederhole, solange I kleiner oder gleich N ist:	do while I $\leq$ N
Addiere I zu SUMME. Erhöhe I um Eins.	SUMME : = SUMME+I; I : = I +1
Gib SUMME aus.	write SUMME

Bild 3-1. Struktogrammdarstellungen.   ◆

Flußdiagramm. Verglichen mit den Struktogrammen sind Flußdiagramme mehr an die Programmdarstellung auf Assemblerebene angelehnt. Kontrollstrukturen, wie z.B. die while-Schleife, erscheinen in aufgelöster Form. Flußdiagramme spiegeln dadurch den tatsächlichen Programmfluß mit allen seinen Verzweigungen im Detail wider.

Flußdiagramme bestehen aus geometrischen Sinnbildern, die durch Ablauflinien oder -pfeile miteinander verbunden und wie Struktogramme beschriftet werden. Mit ihnen läßt sich das in Beispiel 3.1 behandelte Problem entsprechend Bild 3-2a darstellen. Die while-Schleife aus Beispiel 3.1 wird dabei durch Hochzählen einer Zählvariablen, Abfrage einer Bedingung und durch die Rückführung des Programmflusses bei erfüllter Bedingung gebildet. Unmittelbar aufeinanderfolgende Schritte können in einem einzigen Sinnbild zusammengefaßt werden (Bild 3-2b). Sie werden von oben nach unten gelesen, unabhängig von der Richtung der Ablaufpfeile, d.h. die Bilder 3-2b und 3-2c sagen das gleiche aus. Bild 3-2d zeigt eine andere Darstellung der Bedingungsabfrage, wie sie zur Beschreibung von Dreiwegverzweigungen benutzt wird.

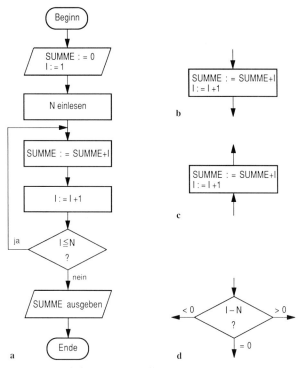

Bild 3-2. Flußdiagrammdarstellungen.

In der Beschriftung der Sinnbilder bedeutet das Symbol : = die Zuweisung des Wertes des auf der rechten Seite stehenden Ausdrucks an die auf der linken Seite stehende Variable, im einfachsten Falle z.B. I : = 1. Die Variable auf der linken Seite kann auch im Ausdruck auf der rechten Seite auftreten; so wird z.B. bei I : = I+1 der bisherige Wert von I (rechte Seite) um 1 erhöht und das Ergebnis wiederum I (linke Seite) zugewiesen. Ist I eine symbolische Adresse, so wird der Inhalt des durch sie adressierten Speicherplatzes um Eins erhöht.

Das Zeichen = beschreibt hingegen die Gleichheit zweier Größen und wird in diesem Buch nicht zur Wertzuweisung benutzt. Es wird zusammenn mit den Zeichen >

(größer), < (kleiner) und ≠ (ungleich) zur Formulierung von Bedingungen verwendet, z.B. wenn I ≤ N, dann ..., sonst ....

3.1.2 Assemblersprache

In Kapitel 1 wurde eine einfache Assemblersprache eingeführt, die auf den dort beschriebenen einfachen Prozessor zugeschnitten ist. Wir wollen diese Sprache erweitern, indem wir zum einen die in Kapitel 2 beschriebenen Prozessorfunktionen berücksichtigen; ein erster Schritt in dieser Richtung wurde bereits in Abschnitt 2.1 mit der Einführung der Adressierungsarten des Prozessors gemacht (dynamische Adreßrechnung). Zum anderen werden wir Funktionen in die Sprache aufnehmen, die das Programmieren erleichtern. Dabei werden dem Assembler zusätzliche Aufgaben übertragen, z.B. die Adreßrechnung zur Übersetzungszeit (statische Adreßrechnung).

Format einer Programmzeile. Das Format einer Programmzeile mit Namens-, Operations-, Adreß- und Kommentarfeld wird beibehalten. Im Namensfeld können Symbole (Namen) und im Operationsfeld die Befehlssymbole aus Abschnitt 2.2 sowie die Symbole der nachfolgend beschriebenen Assembleranweisungen verwendet werden. Im Adreßfeld sind Zahlen, Zeichen, Symbole und arithmetische Ausdrücke zugelassen. Sie stellen eine Art Konstanten dar, da ihr Werte bereits zur Übersetzungszeit, d.h. durch den Assembler ermittelt werden. Kommentare müssen vom Adreßfeld durch mindestens ein Leerzeichen getrennt oder durch das Zeichen * in der Spalte Null gekennzeichnet sein. Leerzeilen sind zulässig.

Zahlen (numbers). Sie werden für den Assembler als Festkommazahlen in dezimaler, hexadezimaler oder binärer Form angegeben. Dezimalzahlen haben keine besondere Kennzeichnung; den Hexadezimalzahlen ist das $-Zeichen, den Binärzahlen das %-Zeichen vorangestellt, z.B.

dezimal: 1234, +527, −12

hexadezimal: $04, $0400FF03

binär: %00000100, %1111000010100101.

Die hexadezimale und die binäre Schreibweise werden auch für Bitvektoren benutzt.

Zeichen (characters). Sie werden als einzelne ASCII-Zeichen oder als ASCII-Zeichenfolge, in Hochkommas eingeschlossen, angegeben. Ein Hochkomma als Teil der Zeichenfolge wird durch zwei aufeinanderfolgende Hochkommas dargestellt, z.B.

'TEXT' bzw. 'IT''S ALL RIGHT'.

Die Darstellung nicht druckbarer ASCII-Zeichen, wie Steuerzeichen, erfolgt in hexadezimaler Schreibweise, z.B. $0A für den Zeilenvorschub.

Symbole (symbols). Symbole stehen stellvertretend für numerische Adreß- und Operandenangaben. Sie sind, von einigen festgelegten Symbolen abgesehen, frei wählbar; ihre Werte werden durch die Stelle ihres Auftreten im Namensfeld eines Befehls oder einer Anweisung bestimmt. Ein Symbol wird als relativ bezeichnet, wenn sich sein Wert auf den Anfang eines verschiebbaren Programmblocks bezieht. Es wird als ein absolutes Symbol bezeichnet, wenn sein Wert konstant ist. Ausschlaggebend für diese Unterscheidung sind die Assembleranweisungen RORG und AORG zur Kennzeichnung eines Blocks sowie die Anweisungen EQU und SET für die unmittelbare Wertzuweisung (siehe später). Die Art eines Symbols ist bei der Bildung von Ausdrücken von Bedeutung. - Als Schreibweise legen wir fest, daß ein frei wählbares Symbol maximal sechs Buchstaben oder Ziffern umfassen darf, wobei das erste Zeichen ein Buchstabe sein muß.

Als festgelegtes Symbol wird bei uns das Zeichen * (neben seiner Funktion als Kennzeichen für eine Kommentarzeile) zur Bezeichnung des Befehlszählers bei der befehlszählerrelativen Adressierung benutzt (siehe 2.1.3). Es erhält als Wert (von wortorientierter Befehlsdarstellung ausgehend) jeweils die um zwei erhöhte Adresse des ersten Befehlswortes des Befehls, in dessen Adreßteil es verwendet wird. Diese Adresse und damit das Symbol können absolut oder relativ sein. Weiterhin sind die Symbole R0 bis R7, USP, SSP, SP (für USP bzw. SSP stehend), FP (Framepointer-Register), BP (Basepointer-Register) und VB (Vectorbase-Register) als Registerbezeichnungen festgelegt. Sie dürfen wie auch das Symbol * nur im Adreßfeld stehen.

Ausdrücke (expressions). Ausdrücke werden aus Zahlen und Symbolen gebildet, die durch die arithmetischen Operatoren +, −, · und / miteinander verknüpft werden. Wie die Symbole können sie bezüglich ihrer Werte absolut oder relativ sein. In Bild 3-3 ist dargestellt, welche Möglichkeiten es zur Bildung von Ausdrücken gibt. Im einfachsten Fall besteht ein Ausdruck aus nur einer Zahl oder nur einem Symbol; "richtige" Ausdrücke lassen sich hingegen durch mehrfaches Durchlaufen der Pfade bilden.

Der Wert eines Ausdrucks wird vom Assembler zur Übersetzungszeit ermittelt (statische Adreßrechnung), wobei die Operatoren · und / gegenüber den Operatoren +

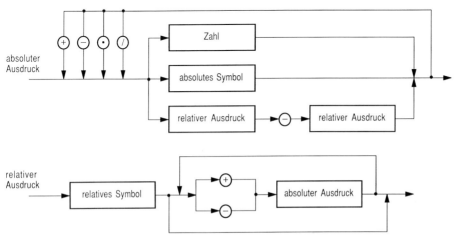

Bild 3-3. Bildung von absoluten und relativen Ausdrücken.

und − Vorrang haben. Gleichrangige Operatoren werden von links nach rechts abgearbeitet. (Als Erweiterung kann die Klammerung von Teilausdrücken erlaubt sein.) Das Ergebnis wird als ganze Zahl dargestellt, d.h., bei der Division wird der Rest nicht berücksichtigt. Die Division durch Null gilt als nicht definiert.

In Verbindung mit den Adressierungsarten sind Ausdrücke die allgemeine Form numerischer und symbolischer Adreß- und Operandenangaben. Sie werden zur Darstellung von Adressen bei der direkten Adressierung, von Konstanten bei der Direktoperand-Adressierung und von Displacements bei allen sie benutzenden Adressierungsarten verwendet. Bei Displacements gilt einschränkend, daß sie absolute Ausdrücke sein müssen. - Ausdrücke werden außerdem zur Definition von Programmkonstanten in den DC-Assembleranweisungen und zur Vorgabe der Byteanzahl bei der Speicherplatzreservierung in den DS-Anweisungen verwendet.

Einige Beispiele sollen die Möglichkeiten der Adreß- und Operandendarstellung durch Ausdrücke zeigen und die Wirkung der Adressierungsarten illustrieren.

MOVE.W	FELD+2,R0	lädt R0 mit dem auf FELD folgenden Speicherwort (direkte Adressierung).
MOVE.B	M+2·3,R1	lädt R1 mit dem sechsten auf M folgenden Speicherbyte (direkte Adressierung).
MOVE.L	#N+5/2,R2	lädt R2 mit dem um 5/2 = 2 erhöhten Wert von N als Doppelwort (Direktoperand-Adressierung). Der Wert kann eine Adresse oder ein Operand sein.
LEA	BASE+4(R3),R4	addiert zum Inhalt von R3 den um 4 erhöhten Wert von BASE und lädt das Resultat (effektive Adresse) als Doppelwort nach R4 (registerindirekte Adressierung mit Displacement).
JMP	* −4	lädt den Befehlszähler mit der Adresse des vor dem JMP-Befehl (Einwortbefehl) stehenden Speicherwortes (befehlszählerrelative Adressierung mit Displacement).

Üblicherweise lassen Assembler außer arithmetischen Ausdrücken auch logische Ausdrücke zu; hierzu sei auf die Assemblerbeschreibungen der Rechnerhersteller verwiesen.

3.1.3 Assembleranweisungen

Im folgenden wird der in Abschnitt 1.3.2 benutzte einfache Satz von Assembleranweisungen an die in Kapitel 2 eingeführte Prozessorstruktur angepaßt und um einige Anweisungen erweitert. Die in eckigen Klammern stehenden Angaben sind wahlweise, d.h., sie können benutzt oder weggelassen werden.

NAME   Symbol   Ordne Programmname zu

NAME steht als erste Anweisung eines Programms und ordnet ihm "Symbol" als Namen zu. Der Programmname kann von der Systemsoftware als Identifikator zur Verwaltung von Programmbibliotheken benutzt werden.

END	Beende Assemblierphase

END zeigt dem Assembler die letzte zu übersetzende Quellcodezeile an. Nachfolgender Quellcode wird nicht übersetzt.

AORG Ausdruck	Beginne einen festen Programm- oder Datenblock

AORG (absolute origin) bezeichnet den Anfang eines festen, im Speicher nicht verschiebbaren Programm- oder Datenblocks und lädt den Zuordnungszähler mit dem Wert des Ausdrucks. Dem nachfolgend erzeugten Maschinencode werden absolute Adressen, beginnend mit diesem Wert, zugewiesen. Der Ausdruck muß definiert sein, d.h., er darf keine Vorwärtsadreßbezüge und keine undefinierten externen Adreßbezüge (Adreßsymbole, die in REF-Anweisungen stehen) enthalten. Ein mit AORG beginnender Programm- oder Datenblock endet mit der nächsten AORG-, RORG- oder END-Anweisung.

RORG Symbol,[PCR]	Beginne einen verschiebbaren Programm- oder Datenblock

RORG (relative origin) bezeichnet den Anfang eines verschiebbaren Programm- oder Datenblocks und weist ihm "Symbol" als Namen zu. Tritt ein Name in einer RORG-Anweisung erstmals auf, so wird der Zuordnungszähler mit dem Wert Null geladen. Tritt ein Name wiederholt auf, so wird der Zuordnungszähler mit dem zuletzt unter diesem Namen erreichten Zuordnungszählerstand geladen. Dem nachfolgend erzeugten Maschinencode werden relative Adressen, beginnend mit dem Wert des Zuordnungszählers, zugewiesen. Der Block endet mit der nächsten AORG-, RORG- oder END-Anweisung. Wenn der Block im Speicher verschoben werden soll, müssen die im Maschinencode stehenden relativen Adressen vor der Programmausführung (z.B. durch einen verschiebenden Lader) um die Ladeadresse erhöht werden. Man bezeichnet einen solchen Block als statisch verschiebbar.

Die Option PCR (program counter relative) veranlaßt den Assembler, die direkte Adressierung in den Maschinenbefehlen durch die befehlszählerrelative Adressierung mit Displacement zu ersetzen, sofern die Adressen innerhalb des Blocks oder in einem anderen RORG-Block gleichen Namens durch den Zuordnungszähler erzeugt werden, d.h. relative Adressen sind. Die Anpassung der Adreßbezüge an eine Programmverschiebung im Speicher erfolgt somit während der Programmausführung durch die befehlszählerrelative Adressierung. Man bezeichnet einen solchen Block als dynamisch verschiebbar (siehe auch 3.1.4).

Symbol EQU Ausdruck	Setze gleich

EQU (equate) weist dem Symbol den Wert des Ausdrucks zu. Die Wertzuweisung kann durch nachfolgende EQU- oder SET-Anweisungen nicht mehr verändert werden, d.h., EQU setzt "Symbol" gleich "Ausdruck". Im Ausdruck auftretende Symbole müssen vor der EQU-Anweisung definiert sein.

Symbol SET Ausdruck	Weise zu

SET weist dem Symbol den Wert des Ausdrucks zu. Im Gegensatz zu EQU kann das

Symbol durch nachfolgende SET-Anweisungen neu definiert werden, wobei das bereits definierte Symbol wiederum im Ausdruck verwendet werden darf, d.h., SET ersetzt "Symbol" durch "Ausdruck".

[Symbol]	DC.B	Ausdruck(liste)	Definiere Bytekonstante(n)
[Symbol]	DC.W	Ausdruck(liste)	Definiere Wortkonstante(n)
[Symbol]	DC.L	Ausdruck(liste)	Definiere Doppelwortkonstante(n)

Mit den DC-Anweisungen (define constant) werden im Speicher Konstanten oder initialisierte Variablen im Byte-, Wort- und Doppelwortformat erzeugt. Sie werden durch einen oder mehrere durch Kommas getrennte Ausdrücke (Liste) im Adreßfeld angegeben. Ein Symbol im Namensfeld einer DC-Anweisung bezeichnet das erste durch die Anweisung belegte Speicherbyte. - Die Adreßvergabe für die Konstanten erfolgt üblicherweise fortlaufend, was nach Ausführung einer DC-Anweisung zu einem Data-Misalignment für die nachfolgende Adreßvergabe führen kann. Ist ein Alignment an dieser Stelle erforderlich oder erwünscht, so kann dies durch die ALIGN-Anweisung (siehe unten) erzwungen werden. Die dabei "übersprungenen" Bytes werden dabei als Konstanten mit dem Wert Null festgelegt (Bild 3-4).

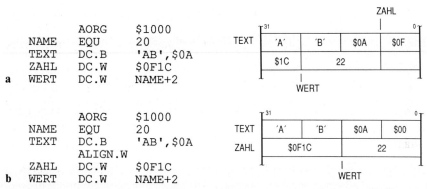

Bild 3-4. Erzeugen von Konstanten durch die DC-Anweisung, **a** mit Data-Misalignment, **b** mit Data-Alignment, erzwungen durch ALIGN. (Die Byteadressierung innerhalb einer Speicherzelle ist hier vom höher- zum niedrigerwertigen Byte gewählt; siehe z.B. MC68000-Prozessorfamilie.)

[Symbol]	DS.B	Ausdruck	Reserviere Byte-Speicherplatz
[Symbol]	DS.W	Ausdruck	Reserviere Wort-Speicherplatz
[Symbol]	DS.L	Ausdruck	Reserviere Doppelwort-Speicherplatz

Mit den DS-Anweisungen (define storage) wird Speicherplatz im Byte-, Wort- und Doppelwortformat reserviert, ohne daß der Speicherplatz mit Werten belegt wird. Die Anzahl der Bytes, Wörter bzw. Doppelwörter wird als Ausdruck im Adreßfeld vorgegeben. Steht ein Symbol im Namensfeld einer DS-Anweisung, so bezeichnet es den ersten Speicherplatz des reservierten Bereichs. - Der Zuordnungszähler wird mit jeder DS-Anweisung um die Anzahl der durch sie reservierten Bytes weitergezählt. Wie bei den DC-Anweisungen kann dabei ein Data-Misalignment auftreten, das auch hier durch die ALIGN-Anweisung aufgehoben werden kann. Zur Speicherplatzreservierung einige Beispiele.

STRING	DS.B	11	reserviert 11 aufeinanderfolgende Bytes; das erste Byte hat die symbolische Adresse STRING.
FELD	DS.W	$10	reserviert 16 aufeinanderfolgende Wörter; das erste Wort hat die symbolische Adresse FELD.
ARRAY	DS.L	N·2	reserviert 2N aufeinanderfolgende Doppelwörter; das erste Wort hat die symbolische Adresse ARRAY. Der Wert für N muß zuvor definiert worden sein.

ALIGN.W	Setze Zuordnungszähler auf gerade Byteadresse
ALIGN.L	Setze Zuordnungszähler auf gerade Wortadresse

ALIGN setzt den Zuordnungszähler auf die nächste gerade Byte- oder Wortadresse (sofern dieser eine solche Adresse nicht bereits aufweist) und gibt so eine natürliche Wort- bzw. Doppelwortgrenze vor (Data-Alignment).

DEF	Symbolliste	Kennzeichne Symbole als definiert

DEF (defined) gibt in einer Symbolliste diejenigen im Programmteil definierten Symbole an, die in anderen, getrennt davon übersetzten Programmteilen verwendet werden. Der Assembler erzeugt daraus die Information für das spätere Zusammenfügen (Binden) der unabhängig voneinander übersetzten Programmteile. Die Symbole in der Symbolliste werden durch Kommas getrennt.

REF	Symbolliste	Kennzeichne Symbole als verwendet

REF (referenced) ist das Gegenstück zu DEF und gibt in einer Symbolliste diejenigen im Programmteil verwendeten Symbole an, die in anderen, getrennt davon übersetzten Programmteilen definiert sind.

Neben den beschriebenen Anweisungen gibt es eine Reihe weiterer Assembleranweisungen, z.B. um bestimmte Informationen nach Abschluß des Übersetzungsvorgangs auszugeben. Da solche Anweisungen jedoch für das eigentliche Programmieren nicht von Bedeutung sind, geben wir hier nur einige von ihnen an.

OPT	Schlüsselwortliste

OPT (option) veranlaßt das Ausdrucken folgender, in der Schlüsselwortliste angegebenen Information:

LIST	Programmliste,
SYMB	Symboltabelle,
XREF	Kreuzreferenzliste (erweiterte Symboltabelle mit Angaben, wo die Symbole verwendet sind).

PAGE	Beginne neue Seite

PAGE veranlaßt den Assembler, beim Ausdrucken der Programmliste für die nachfolgenden Programmzeilen mit einer neuen Seite zu beginnen.

TITLE   Text   Erzeuge Seitenkopf

TITLE veranlaßt den Assembler, im Kopf einer jeden Seite der Programmliste den im Adreßfeld angegebenen Text auszudrucken.

3.1.4 Feste und verschiebbare Programmblöcke

In der Mikroprozessortechnik ist man häufig bestrebt, Programme so zu schreiben, daß sie (unabhängig von einer Speicherverwaltungseinheit, MMU) im Adreßraum des Speichers auf einfache Weise verschoben werden können. Das gilt zunächst für Programme, die in Festwertspeichern, wie ROMs und EPROMs, gespeichert sind und deren Adreßbezüge bei einer Verschiebung entweder gar nicht oder nur mit größerem Aufwand verändert werden können. Das gilt aber auch für Programme in Rechnern, deren Betriebssysteme eine dynamische Speicherbelegung vorsehen. Ob Programmverschiebungen möglich sind oder nicht, hängt von der Möglichkeit der Erzeugung absoluter oder relativer Adressen beim Übersetzungsvorgang und von der Verwendung der vom Prozessor vorgesehenen befehlszählerrelativen Adressierung ab. Maßgeblich beteiligt daran sind die Assembleranweisungen AORG und RORG.

Beispiel 3.2. Feste und verschiebbare Programmblöcke. Ein Programmbeispiel, das in Ausschnitten dargestellt ist, soll drei grundsätzliche Möglichkeiten zur Erzeugung absoluter und relativer Adressen aufgrund der Verwendung der drei unterschiedlichen ORG-Anweisungen

```
1.     AORG    $2000
2.     RORG    BLOCK1
3.     RORG    BLOCK1,PCR
```

die dem folgenden Programmblock vorangestellt werden können, illustrieren:

```
N       DC.W    512
MEM     DS.B    512
OUTREG  EQU     $FFFF00A2
        :
        MOVE.W  N,R0
        :
        LEA     MEM,R1
        :
AGAIN   MOVE.B  (R1)+,OUTREG
        :
        JMP     AGAIN
        :
        END
```

1. AORG $2000. Mit der AORG-Anweisung werden sämtliche Adressen, die sich auf die AORG-Anweisung beziehen, d.h. N, MEM und AGAIN, zur Übersetzungszeit als absolute Adressen festgelegt. (OUTREG ist davon unabhängig durch die EQU-Anweisung immer als absolute Adresse festgelegt.) Eine spätere Programmverschiebung ist nicht möglich. Das gilt auch für Adreßbezüge, die von anderen Blöcken auf diesen Block führen (fester Block).

2. RORG BLOCK1. Mit der RORG-Anweisung werden sämtliche Adressen, die sich auf die RORG-Anweisung beziehen, d.h. N, MEM und AGAIN, vom Assembler als relative Adressen festgelegt. Bezugspunkt für den Assembler ist der Wert des Zuordnungszählers beim Eintritt in diesen Block. Beim ersten Block mit dem Namen BLOCK1 ist das der Wert Null. Beim Binden oder beim Laden des Programms wird zu den Adreßwerten des Blocks die Verschiebe- bzw. Ladeadresse addiert, d.h.,

der Block ist zur Bindezeit bzw. zur Ladezeit verschiebbar (statisch verschiebbarer Block). Zur Ausführungszeit liegen die Adressen als absolute Adressen fest.

3. RORG BLOCK1,PCR. Die PCR-Option in der RORG-Anweisung veranlaßt den Assembler, die direkte Adressierung durch die befehlszählerrelative Adressierung mit Displacement zu ersetzen. Davon betroffen sind sämtliche Adressen, die sich auf die RORG-Anweisung beziehen, d.h. N, MEM und AGAIN. Bezugspunkt für die Bildung der Relativadressen ist (bei wortorganisiertem Befehlsformat) die um zwei erhöhte Adresse des jeweiligen Befehls, in dem die Relativadressen verwendet werden. Dadurch ist der Block zur Ausführungszeit verschiebbar (dynamisch verschiebbarer Block). ♦

Ein symbolisches Programm kann aus mehreren aufeinanderfolgenden AORG- und RORG-Blöcken bestehen. Durch AORG-Blöcke erzeugter fester Code wird vorwiegend bei kleineren Mikroprozessorsystemen eingesetzt, bei denen die Speicherbereiche (z.B. ein ROM-Bereich für das Programm und ein RAM-Bereich für die Daten) durch eine unvollständige Adreßdecodierung von vornherein in ihrem Umfang begrenzt und im Adreßraum festgelegt sind (siehe auch 4.2.2). Bei größeren Systemen, die mit verschiebbarem Code arbeiten, werden AORG-Blöcke vorwiegend zur Erzeugung von Tabellen (z.B. der Vektortabelle des Unterbrechungssystems), oder zur Festlegung des Anfangs von Stackbereichen benutzt. In diesen Systemen können durch verschiedene Namensgebung in RORG-Blöcken mehrere voneinander unabhängig verschiebbare Programm- und Datenbereiche definiert werden. Die durch die Option PCR verursachte befehlszählerrelative Adressierung bezieht sich dabei jeweils auf RORG-Blöcke gleichen Namens. Die Adreßbezüge zu anderen Bereichen werden entweder als Absolutadressen vom Assembler oder als (statische) Relativadressen vom Binder bzw. bindenden Lader hergestellt.

Ein Programm- und Datenblock mit befehlszählerrelativer Adressierung innerhalb des Blocks und ausschließlich absoluten Adreßbezügen zur Blockumgebung ist, wie bereits beschrieben, im Speicher dynamisch verschiebbar. Ist der Programmteil in einem Festwertspeicher untergebracht, so kann dessen Lage im Adreßraum beliebig festgelegt werden, ohne daß der Speicherinhalt geändert zu werden braucht. Die Verschiebung im Adreßraum wird durch Änderung der Adreßdecodierung an der Speicherkarte erreicht (siehe auch 4.2.2). Von Nachteil ist dabei, daß die im RAM-Bereich stehenden Daten mitverschoben werden müssen.

Das dynamische Verschieben der Daten, unabhängig vom Programmcode, wird durch basisrelative Adressierung ermöglicht. Hierbei wird die effektive Adresse eines Datums durch Addition einer in einem Register stehenden Anfangsadresse des Datenbereichs (Basisadresse) und einer im Befehl oder in einem Register stehenden Distanz (Relativadresse) gebildet. Als Adressierungsarten werden hierzu die registerindirekte Adressierung mit Displacement und die indizierte Adressierung eingesetzt. - Unterliegt die Speicherverwaltung dem Betriebssystem, so wird die Basisadresse von diesem vorgegeben und vor Ausführung des Programms geladen.

3.1.5 Strukturierte Assemblerprogrammierung

Heutige Mikroprozessorsysteme besitzen Assembler, die nicht nur jeweils eine Zeile, sondern auch ein aus mehreren Zeilen bestehendes Stück eines Assemblerprogramms

als Einheit in Maschinencode übersetzen können. Dabei werden die 1-zu-1-Zuord-
nung von Assemblerbefehlszeilen zu Maschinenbefehlen und die maschinengebun-
dene Darstellung von Programmen zugunsten maschinenunabhängiger Programmdarstellungen aufgegeben. Diese Technik wird insbesondere zur Verdeutlichung der
Ablaufstruktur von Assemblerprogrammen eingesetzt, wodurch die Übersichtlichkeit
der Programme verbessert werden kann, ohne daß ihre Effizienz bezüglich Platz- und
Zeitbedarf wesentlich zurückgeht.

Ähnlich wie bei höheren Programmiersprachen werden hierbei Sprachelemente verwendet, die eine weitgehende goto-freie Programmierung von Programmverzweigungen und von Programmschleifen ermöglichen. Solche höheren Assembleranweisungen sind z.B.

- IF in Verbindung mit THEN und ELSE,

- FOR in Verbindung mit STEP, TO und DO oder

- WHILE in Verbindung mit DO.

Um innerhalb solcher Anweisungen mehrere Assemblerbefehlszeilen (statements) zu
größeren Befehlsblöcken (compound statements) zusammenfassen zu können, sind
weitere Assemblerschlüsselwörter notwendig, wie z.B. BEGIN, END oder in Verbindung mit IF und DO die Schlüsselwörter FI beziehungsweise OD.

Anstatt einzelne Anweisungen zu definieren und auf Einzelheiten ihrer Anwendung
einzugehen, wollen wir diese Programmierungstechnik durch ein einfaches Beispiel
illustrieren, in dem neben dem strukturierten Assemblerprogramm auch das vom
Assembler übersetzte Maschinenprogramm in symbolischer Darstellung angegeben
ist.

Beispiel 3.3. Strukturiertes Assemblerprogramm. Der in Beispiel 3.1 in der Form eines
Struktogramms dargestellte Algorithmus für das Summieren der natürlichen Zahlen 1 bis N soll unter
Benutzung der WHILE-Anweisung programmiert werden. - In der WHILE-Anweisung folgt auf das
Schlüsselwort WHILE eine Bedingung, die von zwei Operanden abhängt. Zur Darstellung der Ver-
gleichsrelation ≤ dient im Beispiel das Schlüsselwort LS (lower or same). Die im Falle des positiven
Vergleichsausgangs auszuführenden Befehle werden durch die Schlüsselwörter DO und OD ein-
gerahmt. Zur Eingabe der Zahl N und zur Ausgabe des Ergebnisses SUM dient ein Peripheriegerät,
dessen Interface-Register durch die numerische Adresse $FFFF000E beziehungsweise ihr symbolisches
Äquivalent EAREG angesprochen wird. Das Programm schließt mit dem Aufruf des Betriebssystems
durch einen TRAP-Befehl ab.

Bild 3-5 zeigt das Assemblerprogramm. Es ist nicht im Hinblick auf kürzeste Ausführungszeit, sondern mit dem Ziel möglichst guter Übersichtlichkeit geschrieben. Eine bei der Summation eventuell
auftretende Überschreitung des Zahlenbereichs aufgrund der Eingabe einer zu großen Zahl ist im Programm nicht berücksichtigt. Rechts neben dem strukturierten Assemblerprogramm ist auf gleicher
Höhe das vom Assembler erzeugte Maschinenprogramm in symbolischer Darstellung angegeben, das
einen Befehl mehr als sonst nötig enthält. Ohne Ausnutzung der strukturierten Programmierung
würde man nämlich die am Anfang der Programmschleife stehende Abfrage CMP/BHI (branch if
higher) durch die zu ihr komplementäre Abfrage CMP/BLS (branch if lower or same) am Ende der
Schleife ersetzen, so daß der JMP-Befehl entfallen könnte.

```
*
* Summieren der Zahlen 1 bis N

        RORG    SUMME
EAREG   EQU     $FFFF000E
N       DS.W    1
I       DS.W    1
SUM     DS.W    1
*
START   MOVE.W  EAREG,N          START   MOVE.W  EAREG,N
        MOVE.W  #1,I                     MOVE.W  #1,I
        CLR.W   SUM                      CLR.W   SUM
        WHILE   I LS N           LBL1    CMP.W   N,I
        DO                               BHI     LBL2
        ADD.W   I,SUM                    ADD.W   I,SUM
        INC.W   I                        INC.W   I
        OD                               JMP     LBL1
        MOVE.W  SUM,EAREG        LBL2    MOVE.W  SUM,EAREG
        TRAP    0                        TRAP    0
        END
```

Bild 3-5. Programm zu Beispiel 3.3.   ◆

3.1.6 Makrobefehle und bedingte Assemblierung

Assemblersprachen heutiger Mikroprozessorsysteme erlauben neben der 1-zu-1-Um-formung symbolischer Maschinenbefehle auch die 1-zu-n-Übersetzung sog. Makro-befehle in im allg. mehrere Maschinenbefehle. Diese Ausdehnung einer Zeile Assemblercode in n Zeilen Maschinencode während der Übersetzungszeit wird als Makroexpansion bezeichnet.

Makrobefehle haben den gleichen Aufbau wie symbolische Maschinenbefehle. Dem Code des Maschinenbefehls entspricht der Name und den Adressen entsprechen die Parameter des Makrobefehls. Während die Maschinenbefehle jedoch in Funktion, Format und Anzahl von der Prozessorhardware bestimmt sind, können Makrobefehle vom Programmierer im Rahmen der Assemblersprache selbst definiert werden. Dementsprechend kann die Anzahl von Parametern und ihre Bedeutung vom Anwender weitgehend frei festgelegt werden. Auch die Anzahl von Makrobefehlen und ihre Wirkung ist nahezu unabhängig von der Prozessorhardware.

Makrobefehle ermöglichen es, den Befehlssatz des Prozessors auf der Assembler-ebene zu erweitern und tragen damit wesentlich zur übersichtlichen Gestaltung von Assemblerprogrammen bei. Der Benutzer eines Mikroprozessorsystems kann sich eine seinem Problemkreis angepaßte problemorientierte höhere Assemblersprache schaffen, indem er sich geeignete, aufeinander abgestimmte Makrobefehle definiert. Erlaubt es die Software des Mikroprozessorsystems, eine solche durch den Anwender selbst geschaffene "Sprache" in eine Makrobibliothek zu übernehmen oder die Sprache in das Betriebssystem der Anlage zu integrieren, so kann das Mikroprozessorsystem im Extremfall ohne die Benutzung eines einzigen Maschinenbefehls programmiert werden.

Um bei einer solchen weitgehend von den Aufgaben und dem Stil des Anwenders geprägten Programmierungstechnik möglichst effiziente Maschinenprogramme zu erzeugen, bedient man sich des Mittels der bedingten Assemblierung. Dabei wird in Abhängigkeit von der Art und der Anzahl der Parameter eines im Assemblerprogramm auftretenden Makrobefehls während der Makroexpansion unterschiedlicher Maschinencode erzeugt. Im Rahmen der von der Assemblersprache vorgegebenen Mittel hängt es vom Geschick des Programmierers bei der Definition (d.h. bei der Programmierung des Makrobefehls) ab, ob das Ziel erreicht wird, bei einem Maximum an Übersichtlichkeit des Assemblerprogramms ein Minimum an Speicherplatzbedarf und Ausführungszeit des übersetzten Maschinenprogramms zu erreichen.

Zur Definition von Makrobefehlen und zur Anwendung der bedingten Assemblierung wird die Assemblersprache durch die Einführung zusätzlicher Sprachelemente erweitert. Solche Makroassembleranweisungen sind z.B.

- MACRO (macro begin) in Verbindung mit ENDM (end macro) zur Definition eines Makrobefehls,

- NUMB (number) zur Feststellung der Anzahl der bei der Benutzung des Makrobefehls auftretenden Parameter,

- IFEQ (if equal), IFGR (if greater) usw. in Verbindung mit ENDC (end condition) zur Abfrage von zur Assemblierzeit bekannten Bedingungen und

- REPT (repetition) in Verbindung mit ENDR (end repetition) zur wiederholten Assemblierung einer bestimmten Anzahl von Assemblerzeilen.

Die letzten beiden Anweisungsgruppen unterscheiden sich grundsätzlich von allen anderen Assembleranweisungen, da bei ihnen die sonst übliche zeilenweise fortschreitende Übersetzung des Quellprogramms durchbrochen wird. In Abhängigkeit einer Bedingung kann nämlich die Assemblierung von Programmzeilen übersprungen bzw. in Abhängigkeit eines Zählerstandes mehrfach durchlaufen werden.

Bei der Übersetzung eines Assemblerprogramms nehmen die Symbole der Parameter eines Makrobefehls (kurz aktuelle Parameter) im Sinne einer Textersetzung die Plätze ihrer in der Makrodefinition benutzten formalen Entsprechungen (kurz formale Parameter) ein. Durch die Anwendung der bedingten Assemblierung werden je nach Art und Anzahl der Parameter verschiedene und unterschiedlich viele Programmzeilen der Makrodefinition übersetzt, so daß dementsprechend unterschiedlich viele Maschinencodewörter entstehen können.

Um einen kurzen Eindruck sowohl von den Möglichkeiten der Programmierung mit Makrobefehlen als auch den Abläufen bei der Makroexpansion zu bekommen, ist im folgenden Beispiel die Definition eines Makrobefehls zusammen mit drei Makroaufrufen und ihren durch den Makroassembler erzeugten unterschiedlichen expandierten Formen als symbolische Maschinenprogramme angegeben.

Beispiel 3.4. Makrobefehl mit mehreren Makroexpansionen. Es soll ein Makrobefehl SAVR geschrieben werden, der die Inhalte der ab dem zweiten Parameter angegebenen Register auf den Stack schreibt, wenn der erste Parameter STACK lautet, und der andernfalls die Registerinhalte in ein Feld rettet, dessen Anfangsadresse durch den ersten Parameter vorgegeben ist. - Bild 3-6 zeigt die Makrodefinition und drei Makroaufrufe mit ihren Expansionen. Die MACRO-Anweisung enthält im Namensfeld das Symbol des Makrobefehls und im Adreßfeld ein wählbares Zeichen - hier / - zur Bezeichnung der Liste der formalen Parameter des Makrobefehls. Eine Zahl unmittelbar nach diesem Zeichen gibt das Listenelement, d.h. die Position eines beim Makroaufruf auftretenden aktuellen Parameters, an. Die NUMB-Anweisung ermittelt die Anzahl der im Makroaufruf angegebenen aktuellen Parameter und weist diese Zahl dem im Namensfeld stehenden Symbol zu. Die IFEQ-Anweisung bewirkt bei Gleichheit der beiden im Adreßfeld stehenden Texte die Assemblierung der zwischen IFEQ und ENDC stehenden Programmzeilen. Die REPT-Anweisung wiederholt entsprechend der im Adreßfeld erscheinenden Angabe die Assemblierung der zwischen REPT und ENDR stehenden Zeilen.

```
*
* Retten bestimmter Registerinhalte

SAVR    MACRO    /
N       NUMB     /
I       SET      2
        IFEQ     STACK,/1
        REPT     N-1
        PUSH.L   /I
I       SET      I+1
        ENDR
        ENDM
        ENDC
        MOVE.L   /2,/1
        IFEQ     2,N
        ENDM
        ENDC
        LEA      /1,/2
        ADD.L    #4,/2
I       SET      I+1
        REPT     N-2
        MOVE.L   /I,(/2)+
I       SET      I+1
        ENDR
        ENDM

* 3 Makroaufrufe von SAVR

        SAVR     STACK,R0,R1,R7      PUSH.L    R0
                                     PUSH.L    R1
                                     PUSH.L    R7

        SAVR     FELD,R7             MOVE.L    R7,FELD

        SAVR     (R6),R6,R7          MOVE.L    R6,(R6)
                                     LEA       (R6),R6
                                     ADD.L     #4,R6
                                     MOVE.L    R7,(R6)+
```

Bild 3-6. Makrodefinition und Makroaufrufe zu Beispiel 3.4.

Heißt der erste aktuelle Parameter STACK, so werden bei der Expansion des Makrobefehls so viele PUSH-Befehle erzeugt, wie Registerinhalte auf den Stack gerettet werden sollen. Andernfalls wird ein MOVE-Befehl erzeugt, der den Inhalt des als zweiten aktuellen Parameter angegebenen Registers unter der durch den ersten aktuellen Parameter angegebene Feldanfangsadresse speichert. Sollen nicht nur ein, sondern mehrere Registerinhalte gerettet werden, so werden zusätzlich folgende Befehle generiert: ein LEA-Befehl, der die effektive Feldanfangsadresse in das durch den vorhergehenden MOVE-Befehl freigemachte Register lädt, ein ADD-Befehl, der diese Adresse um 4 erhöht (Doppelwortadressierung), und so viele MOVE-Befehle, wie Registerinhalte in Verbindung mit der Postinkrement-Adressierung in den Speicher transportieren werden sollen.

Die in Bild 3-6 neben den Makroaufrufen angegebenen Makroexpansionen illustrieren, wie aufgrund verschiedener Parameterangaben drei unterschiedlich lange Maschinenbefehlsfolgen mit unterschiedlichen Funktionen entstehen.   ♦

3.2 Programmflußsteuerung

Bei der Verarbeitung eines Programms wird mit jedem Befehl, der aus dem Speicher zur Ausführung in den Mikroprozessor gelesen wird, der Befehlszähler erhöht, so daß er beim nächsten Befehlsabruf den nächsten Befehl im Speicher adressiert. Diese Geradeausverarbeitung von Befehlsfolgen kann durch Sprungbefehle unterbrochen werden, die es erlauben, den Befehlszähler mit einer im Befehl angegebenen Sprungadresse zu laden und damit das Programm an anderer Stelle fortzusetzen. Je nachdem, ob der Sprung mit einer Bedingung verknüpft ist oder nicht, spricht man von einem bedingten bzw. unbedingten Sprung.

3.2.1 Unbedingter Sprung

Bild 3-7 zeigt die schematische Darstellung von drei Programmabschnitten mit unbedingten Sprüngen. Die Fälle a und b zeigen je drei in gleicher Weise gespeicherte Befehlsfolgen, die jedoch in unterschiedlicher Reihenfolge verarbeitet werden. Dargestellt sind Sprünge, deren Sprungadressen größer als die Adresse des Sprungbefehls sind (Vorwärtssprünge), und Sprünge, deren Sprungadressen kleiner als die Adresse des Sprungbefehls sind (Rückwärtssprünge). Fall c enthält einen Rückwärtssprung auf eine bereits durchlaufene Befehlsfolge, wodurch eine Programmschleife

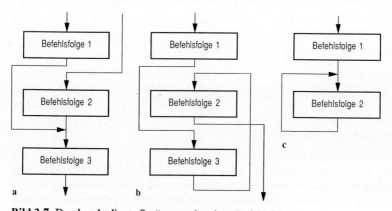

Bild 3-7. Durch unbedingte Sprünge verbundene Befehlsfolgen.

gebildet wird. Ein Verlassen der Schleife ist wegen der Benutzung des unbedingten Sprungs durch das Programm selbst nicht möglich. Eine solche Endlosschleife kann nur durch eine externe Programmunterbrechung verlassen werden.

Beispiel 3.5. Endlosschleife. An ein externes Datenregister EAREG sollen wiederholt und in möglichst kurzen Zeitabständen die Werte 0 und 1 ausgegeben werden (vgl. Programmbeispiel in 1.3.1). - Bild 3-8 zeigt das Programm. Die wiederholte Ausgabe wird durch eine Endlosschleife mit dem JMP-Befehl gebildet. Um die Zeitabstände zwischen den einzelnen Ausgaben möglichst kurz zu halten, werden die Werte 0 und 1 im Registerspeicher bereitgestellt; ansonsten könnten sie auch als Direktoperanden in den MOVE-Befehlen der Endlosschleife angegeben werden.

```
                    AORG    $2000
        EAREG       EQU     $FFFF000E    Initialisierung
        START       CLR.W   R0
                    MOVE.W  #1,R1
        LOOP        MOVE.W  R0,EAREG     0 ausgeben
                    MOVE.W  R1,EAREG     1 ausgeben
                    JMP     LOOP
                    END
```

Bild 3-8. Programm zu Beispiel 3.5.   ◆

3.2.2 Bedingter Sprung und einfache Verzweigung

Von Ausnahmen abgesehen, werden Programmschleifen nicht als Endlosschleifen programmiert, sondern so, daß sie in Abhängigkeit von einer Bedingung, z.B. nach einer bestimmten Anzahl von Schleifendurchläufen, wieder verlassen werden. Dazu dienen die bedingten Sprungbefehle Bcond, mit denen der Sprung in Abhängigkeit von einer im Befehl angegebenen Bedingung ausgeführt (Bedingung erfüllt) oder das Programm mit dem auf den Sprungbefehl folgenden Befehl fortgesetzt wird (Bedingung nicht erfüllt). Dadurch entsteht eine Verzweigung des Programmablaufs zu einem von zwei möglichen Programmpfaden. Sie wird als einfache Verzweigung bezeichnet.

Zur Überprüfung der Sprungbedingung werten die bedingten Sprungbefehle den Zustand der Bedingungsbits CC im Statusregister aus. Diese Bits werden durch die Ausführung fast aller Befehle beeinflußt, so daß sich fast alle Befehle zur Vorbereitung einer Programmverzweigung verwenden lassen. Insbesondere sind hierfür jedoch die Vergleichsbefehle CMP, TEST und BTST vorgesehen, bei denen das Ergebnis der Vergleichsoperation ausschließlich auf die Bedingungsbits wirkt. Für eine übersichtliche und sichere Programmierung sollte die Beeinflussung der Bedingungsbits immer durch einen Befehl unmittelbar vor dem Sprungbefehl erfolgen. Dazwischenliegende Befehle, die die Bedingungsbits erneut beeinflussen, können zu fehlerhaften Verzweigungen führen.

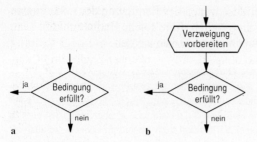

Bild 3-9. Flußdiagrammdarstellung von Verzweigungen.

Im Flußdiagramm wird eine Programmverzweigung durch einen Rhombus mit Angabe der Sprungbedingung dargestellt (Bild 3-9a). Wird die Verzweigung durch einen Vergleichsbefehl vorbereitet, so wird dies durch ein Sechsecksymbol dargestellt (Bild 3-9b).

Bild 3-10 zeigt drei wichtige Fälle von Verzweigungen in Flußdiagrammdarstellung. Im Fall a wird bei erfüllter Bedingung eine Befehlsfolge übersprungen. Im Fall b wird in Abhängigkeit der Bedingung eine von zwei Befehlsfolgen durchlaufen; für die anschließende Zusammenführung beider Pfade ist zusätzlich ein unbedingter Sprung erforderlich. Im Fall c wird bei erfüllter Bedingung die vorangegangene Befehlsfolge erneut durchlaufen (Programmschleife).

Beim Aufbau einer Verzweigung müssen der bedingte Sprungbefehl, der dem Sprungbefehl vorangehende Befehl zur Vorbereitung der Verzweigung und der Datentyp der von diesem Befehl verarbeiteten Bedingungsgrößen aufeinander abgestimmt sein. Im folgenden betrachten wir einige Möglichkeiten zur Bildung einfacher Verzweigungen und unterscheiden dabei die Datentypen

- 2-Komplement-Zahl,

- Dualzahl und

- Bitvektor.

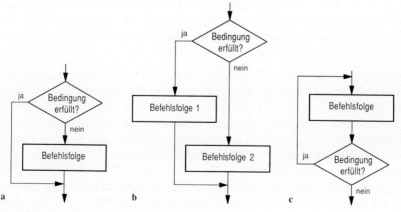

Bild 3-10. Beispiele für einfache Verzweigungen.

Arithmetische Bedingungsgrößen. Programmverzweigungen, bei denen die Bedingungsgrößen Zahlen sind, lassen sich bevorzugt mit dem CMP-Befehl bilden. CMP vergleicht zwei Größen durch Subtraktion und beeinflußt mit dem Resultat sämtliche Bedingungsbits. Die Unterscheidung von 2-Komplement-Zahlen und Dualzahlen ergibt sich allein durch die Wahl des bedingten Sprungbefehls. Für die Abfrage bei 2-Komplement-Zahlen eignen sich alle Sprungbefehle, die die Bits N, Z oder V überprüfen. Für die Abfrage bei Dualzahlen eignen sich alle Sprungbefehle, die die Bits Z oder C überprüfen. Zur Erinnerung: Bereichsüberschreitungen bei Operationen mit 2-Komplement-Zahlen werden durch das V-Bit, bei Operationen mit Dualzahlen durch das C-Bit angezeigt. - Für Vergleiche mit Null kann anstelle von CMP auch der "schnellere" Befehl TEST verwendet werden.

Beispiel 3.6. Vergleich von 2-Komplement-Zahlen. Eine im Speicher stehende 16-Bit-2-Komplement-Zahl mit der Adresse ZAHL soll daraufhin überprüft werden, ob sie im Wertebereich $0 \leq ZAHL \leq 1000$ liegt. - Bild 3-11 zeigt das Programm. Der Vergleich mit der unteren Bereichsgrenze erfolgt durch den TEST-Befehl, der mit der oberen Bereichsgrenze durch den CMP-Befehl. Ausgewertet werden die Vergleichsergebnisse durch die bedingten Sprungbefehle BMI und BGT. BMI und BGT beziehen sich dabei auf die für die Behandlung von 2-Komplement-Zahlen zuständigen Bedingungsbits N bzw. N, Z und V.

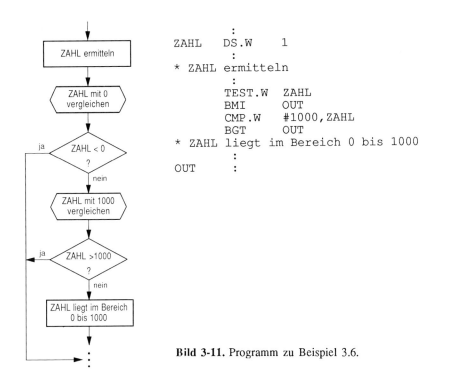

Bild 3-11. Programm zu Beispiel 3.6.   ◆

Beispiel 3.7. Vergleich von Dualzahlen. Eine im Speicher stehende 8-Bit-Dualzahl mit der Adresse DUALZ soll daraufhin überprüft werden, ob sie im Bereich $0 \leq DUALZ \leq 9$ liegt. - Bild 3-12 zeigt das Programm. Die Überprüfung der Bereichsgrenze 0 kann entfallen, da es sich beim Wert von DUALZ um eine vorzeichenlose Zahl handelt. Die Überprüfung der oberen Bereichsgrenze erfolgt durch den Vergleichsbefehl CMP und den bedingten Sprungbefehl BHI. BHI bezieht sich auf die für die Behandlung von Dualzahlen zuständigen Bits Z und C.

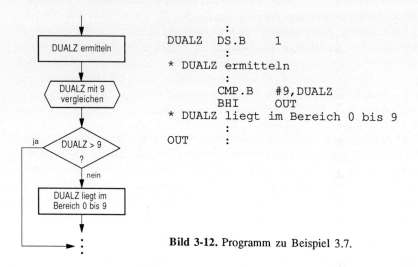

```
        :
DUALZ   DS.B    1
        :
* DUALZ ermitteln
        :
        CMP.B   #9,DUALZ
        BHI     OUT
* DUALZ liegt im Bereich 0 bis 9
        :
OUT     :
```

Bild 3-12. Programm zu Beispiel 3.7.   ◆

Logische Bedingungsgrößen. In der Steuerungstechnik kommen oft Binärgrößen vor, die zu Bitvektoren im Byte-, Wort- oder Doppelwortformat zusammengefaßt sind. So werden z.B. die Zustände von externen Schaltern durch einzelne Bits innerhalb eines Bytes dargestellt. Für die Abfrage eines Bits mit einer bestimmten Position ist der BTST-Befehl vorgesehen. Dieser gibt durch seine Quelladreßangabe die Bitposition des zu testenden Bits im Bitvektor vor. Der Test erfolgt durch Vergleich mit 0, wodurch das Bedingungsbit Z beeinflußt wird. Die Verzweigung kann dann mit einem der Sprungbefehle BEQ oder BNE erfolgen.

Beispiel 3.8. Abfrage des Zustandes eines Bits. Acht Einzelbitsignale sind über das externe Datenregister EASIG mit dem Datenbus verbunden. Ein Programm soll an einer vorgegebenen Stelle in einer Warteschleife verharren, bis das Signal in der Bitposition 3, unabhängig von den übrigen Signalen, den Zustand 1 aufweist. - Bild 3-13 zeigt das Programm. Der BTST-Befehl vergleicht das Signal mit 0. So lange dessen Zustand 0 ist, verzweigt der nachfolgende BEQ-Befehl zur Sprungadresse LOOP, so daß die Warteschleife durchlaufen wird.

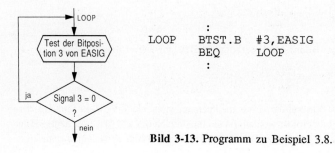

```
        :
LOOP    BTST.B  #3,EASIG
        BEQ     LOOP
        :
```

Bild 3-13. Programm zu Beispiel 3.8.   ◆

Bei der gleichzeitigen Abfrage mehrerer Bits muß anstelle des BTST-Befehls der CMP-Befehl verwendet werden. Mit ihm läßt sich jeder beliebige Bitvektor als Vergleichsgröße vorgeben. Sind nicht alle Bits für den Vergleich signifikant, so müssen die nichtsignifikanten Bits durch einen vorangehenden AND-Befehl maskiert (verdeckt) werden.

Beispiel 3.9. Abfrage der Zustände mehrerer Bits. In Abänderung der Aufgabenstellung aus Beispiel 3.8 soll ein Programm in einer Warteschleife so lange verharren, bis das Signal 3 den Zustand 1 und die Signale 0 und 1 den Zustand 0 aufweisen. - Bild 3-14 zeigt das Programm. Für die erforderliche Maskierung werden die 8 Signalwerte zunächst nach R0 geladen und auf sie der AND-Befehl mit der Maske $0B angewandt. Dabei bleiben die Werte der drei signifikanten Signalbits erhalten, und die übrigen Bits werden auf 0 gesetzt. Dieser neue Bitvektor in R0 wird dann durch den CMP-Befehl mit dem Bitmuster $08 verglichen.

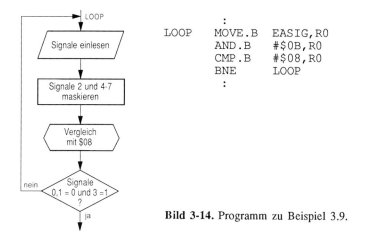

```
          :
LOOP    MOVE.B   EASIG,R0
        AND.B    #$0B,R0
        CMP.B    #$08,R0
        BNE      LOOP
          :
```

Bild 3-14. Programm zu Beispiel 3.9.   ◆

Soll der Programmablauf durch eine Folge einzelner Bits gesteuert werden und sind diese Bits zu einem Bitvektor zusammengefaßt, so bieten sich die Schiebebefehle zur Vorbereitung der Programmverzweigung an. Durch das Schieben der Bits in die höchste Bitposition (Beeinflussung des N-Bits) oder in die Carry-Stelle (Beeinflussung des C-Bits), lassen sich Verzweigungen mit den Sprungbefehlen BPL und BMI bzw. BCC und BCS bilden. Verwendet man für das Schieben einen Rotationsbefehl, so bleibt die Bitfolge erhalten.

Beispiel 3.10. Steuerung des Programmflusses durch einen Bitvektor. Ein Programm soll in Abhängigkeit der acht aufeinanderfolgenden Bits des Bitvektors $5A zu den Programmpfaden NULL bzw. EINS verzweigen. Der Bitvektor soll nach R0 geladen und, mit dem niedrigstwertigen Bit beginnend, in einer Endlosschleife ausgewertet werden. - Bild 3-15 zeigt das Programm. Die Vorbereitung der Abfrage erfolgt mit dem Rotationsbefehl ROR.B, mit dem das niedrigstwertige Bit von R0 in die Carry-Stelle und gleichzeitig in die Bitposition 7 von R0 übertragen wird; abgefragt wird der Zustand des C-Bits durch den bedingten Sprungbefehl BCS.

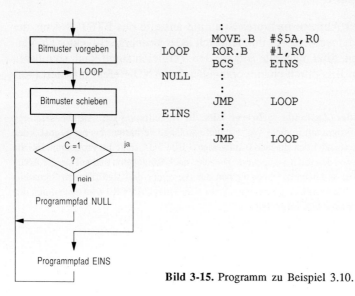

```
                 :
MOVE.B    #$5A,R0
LOOP       ROR.B    #1,R0
BCS       EINS
NULL       :
           :
JMP       LOOP
EINS       :
           :
JMP       LOOP
```

Bild 3-15. Programm zu Beispiel 3.10.   ◆

3.2.3 Mehrfachverzweigungen

Folge von zweiwertigen Bedingungen. Häufig ist für jede der Bedingungsvorgaben ein eigener Programmpfad vorgesehen, und die Abfrage entscheidet durch
eine Mehrfachverzweigung, ob dieser Pfad durchlaufen wird oder nicht. Beispiel
3.11 zeigt eine solche Mehrfachverzweigung, bei der die Bits eines Bitvektors als
zweiwertige Bedingungsgrößen in einer Abfragesequenz ausgewertet werden.

Beispiel 3.11. Sequentielles Abfragen von zweiwertigen Bedingungen. Ein 8-Bit-
Datenregister EASIG spiegelt die Zustände von acht Eingangssignalen wider. In Abhängigkeit vom
Zustand 1 eines jeden Bits soll ein zugehöriger Programmpfad durchlaufen werden. Die Reihenfolge
der Bearbeitung ist durch die Reihenfolge der Bits, beginnend mit dem höchstwertigen Bit, vorgegeben. - Bild 3-16 zeigt das Programm. Der Inhalt von EASIG wird mit MOVE in das Register R0 geladen. Die Abfrage der einzelnen Bits erfolgt sequentiell durch den bedingten Sprungbefehl BMI.
Dieser wertet das Vorzeichenbit N des zuvor erzeugten Resultats aus. Vor der ersten Abfrage wird N
durch den MOVE-Befehl, vor den weiteren Abfragen durch je eine 1-Bit-Linksverschiebung in R0 beeinflußt. Da der logische Schiebebefehl LSL verwendet wird, geht das in R0 stehende Bitmuster verloren. Es wird jedoch mit jedem Sprung zur Adresse LOOP mit den aktuellen Signalzuständen neu
geladen.   ◆

Verknüpfung von zweiwertigen Bedingungen. Bedingungsvorgaben, bei denen
mehrere Bedingungen miteinander logisch verknüpft werden, führen ebenfalls zu
Mehrfachverzweigungen. Bild 3-17 zeigt dazu drei Beispiele, in denen zwei zweiwertige Bedingungen B1 und B2 durch die logischen Verknüpfungen UND, ODER
und ÄQUIVALENT miteinander verknüpft werden und mit den Aussagen wahr und
falsch auf jeweils einen von zwei Programmpfaden verzweigen. Beispiel 3.12 zeigt
ein Programm, bei dem auf einen von drei möglichen Programmpfaden verzweigt
wird.

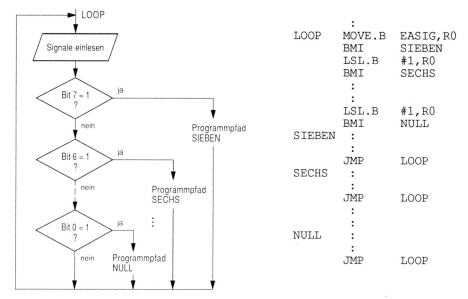

Bild 3-16. Programm zu Beispiel 3.11.

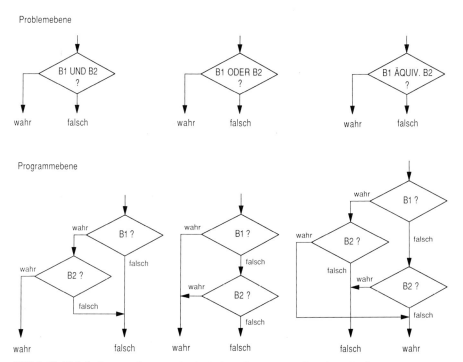

Bild 3-17. Mehrfachverzweigungen durch Verknüpfung von zweiwertigen Bedingungen.

Beispiel 3.12. Mehrfachverzweigung durch Verknüpfung von Bedingungen. Zwei 32-Bit-2-Komplement-Zahlen A und B sollen miteinander verglichen werden. Je nach Erfüllung der Bedingungen A kleiner, gleich oder größer B soll zu einem von drei möglichen Programmpfaden verzweigt werden. - Bild 3-18 zeigt das Programm. Für die Abfragevorbereitung genügt ein einziger CMP-Befehl, da die von ihm beeinflußten Bedingungsbits durch den BLT-Befehl der ersten Abfrage nicht verändert werden.

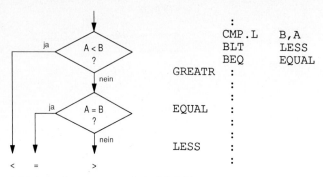

Bild 3-18. Programm zu Beispiel 3.12.   ◆

Mehrwertige Bedingung. Eine Mehrfachverzweigung erhält man auch dann, wenn eine einzelne Bedingungsgröße mehr als zwei Werte annehmen kann und diese als unterschiedliche Verzweigungskriterien ausgewertet werden (mehrwertige Bedingungsgröße). Überlicherweise handelt es sich hierbei um fortlaufende Werte positiver ganzer Zahlen.

Grundsätzlich kann das Abfragen des Bedingungswertes sequentiell erfolgen, wobei die Einzelabfragen durch CMP-Befehle vorbereitet werden (sequentielles Verzweigen). Dieses Verfahren ist durch die Anzahl der Abfragen, die im ungünstigsten Fall gleich der Anzahl der möglichen Werte ist, sehr zeitaufwendig. Eine effizientere Programmierungstechnik zeigt Bild 3-19. Hier werden die Bits der Bedingungsgröße baumförmig ausgewertet, wodurch die Anzahl der Abfragen immer gleich der Anzahl der für die Wertedarstellung erforderlichen Bits ist (binäres Verzweigen). Die Abfragen können durch BTST-Befehle vorbereitet werden. Gegenüber dem sequentiellen Verzweigen wird das Programm jedoch unübersichtlicher. Bild 3-19 zeigt den Fall einer 2-Bit-Bedingungsgröße, die die Werte 0 bis 3 annehmen kann.

Eine weitere Möglichkeit der Programmierung von Mehrfachverzweigungen mit einer mehrwertigen Bedingungsgröße bietet die Verwendung des JMP-Befehls mit z.B. registerindirekter Adressierung des Sprungziels. Hierbei wird das zur Adressierung verwendete Register zunächst mit der Anfangsadresse einer Sprungtabelle geladen, die ihrerseits die Adressen der einzelnen Programmpfade enthält. Vor der Ausführung des Sprungbefehls wird der Registerinhalt durch Addition der Bedingungsgröße so verändert, daß er in der Sprungtabelle auf die der Verzweigung entsprechende Zieladresse zeigt. Die Verzweigung erfolgt allein durch den JMP-Befehl; eine mehrschrittige Bedingungsabfrage entfällt.

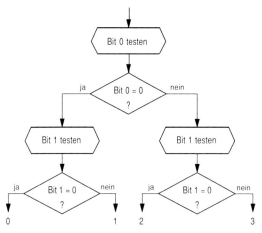

Bild 3-19. Baumförmige Auswertung einer mehrwertigen Bedingungsgröße.

Beispiel 3.13. Mehrfachverzweigung mit Sprungtabelle. In Abhängigkeit einer 8-Bit-Bedingungsgröße COND, die die Werte 0, 1, 2 und 3 annehmen kann, soll eine Mehrfachverzweigung zu einem von vier möglichen Programmpfaden mit den Adressen NULL, EINS, ZWEI und DREI durchgeführt werden. - Bild 3-20 zeigt das Programm. Die für die Verzweigung verwendete Sprungtabelle SPRTAB, mit den Zieladressen NULL, EINS, ZWEI und DREI, wird durch DCW.L-Anweisungen erzeugt. Die Verzweigung selbst erfolgt durch den davorstehenden JMP-Befehl mit registerindirekter Adressierung unter Verwendung von R0. R0 wird zuvor mit der Anfangsadresse der Sprungtabelle SPRTAB geladen und zusätzlich um den vierfachen Wert der Bedingungsgröße COND erhöht. COND wird dazu durch MOVZX.B.L nach R1 geladen und dabei vom Byteformat mittels Zero-Extension auf das Doppelwortformat erweitert. Die Vervierfachung des Wertes von COND wird durch eine arithmetische 2-Bit-Linksverschiebung in R1 vorgenommen; sie ist notwendig, da die Adreßeintragungen in der Sprungtabelle jeweils ein Doppelwort umfassen.

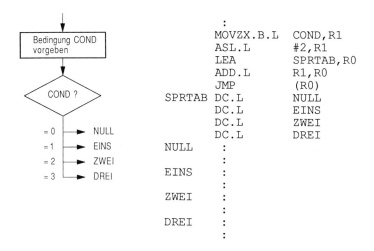

Bild 3-20. Programm zu Beispiel 3.13.   ◆

Anstelle der Zieladressen kann die Sprungtabelle auch Sprungbefehle mit den Zieladressen der einzelnen Programmpfade enthalten. Die Verzweigung erfolgt dann
durch einen zweifachen Sprung, wobei der Einsprung in die Tabelle z.B. mit indizierter Adressierung erfolgt. Als Basisadresse für die Indizierung dient die Anfangsadresse der Sprungtabelle; die Distanz im Indexregister wird aus der Bedingungsgröße gebildet. Hierbei ist der Speicherplatzbedarf der in der Tabelle stehenden
Sprungbefehle zu berücksichtigen.

3.2.4 Programmschleifen

Wie bereits eingangs dieses Abschnittes beschrieben, bezeichnet man eine Befehlsfolge, die wiederholt durchlaufen wird, als Programmschleife. Die Schleifenbildung
erfolgt durch einen Sprungbefehl am Ende der Befehlsfolge, der auf ihren Anfang
zurückführt. Enthält die Befehlsfolge einen bedingten Sprungbefehl, so ist das Verlassen der Schleife von der Bedingung abhängig. Bild 3-21 zeigt zwei grundsätzliche
Schleifenformen, bei denen der bedingte Sprungbefehl (a) am Ende bzw. (b) am
Anfang der Befehlsfolge steht. Hierbei ergeben sich komplementäre Bedingungsvorgaben: Im Fall a wird die Schleife bei nicht erfüllter Bedingung, im Fall b bei erfüllter
Bedingung verlassen. Im Fall b ist ein zusätzlicher unbedingter Sprung zur Schleifenbildung erforderlich.

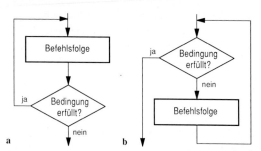

Bild 3-21. Programmschleife. **a** Nachgestellte Bedingungsabfrage, **b** vorangestellte
Bedingungsabfrage.

Ein weiteres Unterscheidungsmerkmal von Programmschleifen ist die Vorgabe der
Anzahl von Schleifendurchläufen. Sie kann entweder induktiv oder iterativ erfolgen.

Induktive Schleifen (Zählschleifen). Bei induktiven Programmschleifen ist die
Anzahl der Schleifendurchläufe beim Eintritt in die Schleife bekannt und vom Verar-
beitungsvorgang in der Schleife unabhängig. Zur Zählung der Schleifendurchläufe
wird eine Laufvariable eingeführt. Sie wird vor dem Eintritt in die Schleife initialisiert, mit jedem Schleifendurchlauf verändert und in der Bedingungsabfrage als Ab-
bruchkriterium ausgewertet. Dabei ergeben sich zwei unterschiedliche Organisationsformen: (1.) Die Laufvariable wird mit Null oder Eins initialisiert, mit jedem Schleifendurchlauf um Eins erhöht und in der Bedingungsabfrage mit der vorgegebenen

Anzahl von Schleifendurchläufen verglichen (aufwärtszählende Schleife). (2.) Die Laufvariable wird mit der Anzahl von Schleifendurchläufen initialisiert, mit jedem Schleifendurchlauf um Eins vermindert und in der Bedingungsabfrage mit Null oder Eins verglichen (abwärtszählende Schleife). Man bezeichnet induktive Schleifen auch als Zählschleifen.

Beispiel 3.14. Induktive Schleife mit aufwärtszählender Laufvariablen. Es sollen die natürlichen Zahlen 1 bis N summiert und das Resultat der Variablen SUM zugewiesen werden. N wird über ein externes 16-Bit-Datenregister EAREG vorgegeben (vgl. Beispiel 3.1 und Bild 3-2). - Bild 3-22 zeigt das Programm. Zur Zählung der Schleifendurchläufe wird die Variable I eingeführt. Sie wird mit Eins initialisiert und mit jedem Durchlauf um Eins erhöht. Da sie in jedem Durchlauf gerade den Wert des jeweiligen Summanden aufweist, wird sie zur Summenbildung benutzt. Das Erweitern von N auf das für den Vergleich mit I erforderliche Doppelwortformat erfolgt durch den Befehl MOVZX.W.L, d.h. durch Zero-Extension. - SUM, N und I stehen hier zur Veranschaulichung im Speicher; für eine effizientere Programmierung würde man sie wie im folgenden Beispiel wegen des häufigen Zugriffs im Registerspeicher halten.

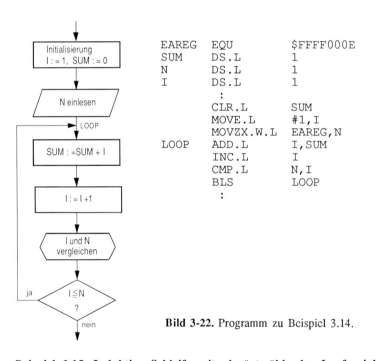

Bild 3-22. Programm zu Beispiel 3.14.   ◆

Beispiel 3.15. Induktive Schleife mit abwärtszählender Laufvariablen. Es sollen 100 16-Bit-Dualzahlen, die in einem Datenbereich FELD stehen, summiert und das Resultat der Variablen SUM zugewiesen werden. - Bild 3-23 zeigt das Programm. Die Zählung erfolgt durch eine in R1 gespeicherte Laufvariable, die mit dem Wert 100 initialisiert und bei jedem Schleifendurchlauf durch den DEC-Befehl um Eins vermindert wird. Gegenüber Beispiel 3.14 entfällt am Schleifenende der CMP-Befehl, da sich die Null-Abfrage auf das Resultat des DEC-Befehls bezieht. Für die Adressierung der Feldelemente wird mit LEA die Feldanfangsadresse nach R2 geladen und die Postinkrement-Adressierung verwendet. Die eigentliche Summation erfolgt wortweise in R0; die dabei auftretenden Überträge werden in der höherwertigen Hälfte von R0 summiert, wozu die Befehle ADDC.W und SWAP (Vertauschen der Registerhälften) benutzt werden.

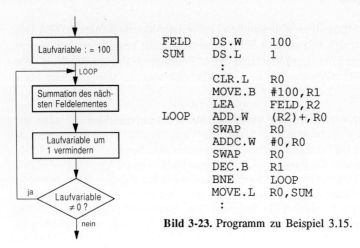

```
                            FELD    DS.W    100
                            SUM     DS.L    1
                                    :
                                    CLR.L   R0
                                    MOVE.B  #100,R1
                                    LEA     FELD,R2
                            LOOP    ADD.W   (R2)+,R0
                                    SWAP    R0
                                    ADDC.W  #0,R0
                                    SWAP    R0
                                    DEC.B   R1
                                    BNE     LOOP
                                    MOVE.L  R0,SUM
                                    :
```

Bild 3-23. Programm zu Beispiel 3.15.   ◆

Bei Schleifen zur Verarbeitung von Feldern (wie im obigen Beispiel) wird das Schleifenende häufig nicht durch eine Zählvariable, sondern durch Vergleich des für den Zugriff auf die Feldelemente verwendeten Pointers mit der Feldendadresse bestimmt (siehe Beispiel 3.16).

Iterative Schleifen. Bei iterativen Programmschleifen ist die Anzahl der Schleifendurchläufe beim Eintritt in die Schleife nicht bekannt, sondern hängt vom Resultat des Verarbeitungsvorgangs in der Schleife ab. Zur Bedingungsvorgabe für den Schleifenabbruch werden eine Rechengröße und eine Vergleichsgröße verwendet, wobei die Vergleichsgröße eine Konstante oder eine Variable sein kann. Bei Schleifen mit vorangestellter Bedingungsabfrage ist dabei zu beachten, daß die Größen vor dem Eintritt in die Schleife initialisiert sein müssen, um beim ersten Durchlauf einen definierten Abfragezustand zu haben.

Iterative Schleifen enden nicht immer in einem Schleifenabbruch, und zwar dann nicht, wenn die Iteration nicht konvergiert. Wenn dieser Fall aufgrund der Aufgabenstellung auftreten kann, ist es notwendig, die Iterationsbedingung durch eine Induktionsbedingung zur Begrenzung der Anzahl von Schleifendurchläufen zu ergänzen. Damit enthält die Schleife für den Schleifenabbruch zwei Bedingungsabfragen, die in verschiedener Weise vorangestellt oder nachgestellt miteinander kombiniert werden können.

Beispiel 3.16. Iterative Schleife mit zusätzlicher induktiver Begrenzung der Schleifenanzahl. Ein Pufferbereich BUFFER mit N = 512 Wörtern soll nach einem bestimmten Schlüsselwort, das in der Speicherzelle KEY vorgegeben ist, mit aufsteigender Adreßzählung durchsucht werden. Ist das gesuchte Wort im Puffer enthalten, so soll ein Pointer auf die um zwei erhöhte Adresse dieses Wortes zeigen, andernfalls soll ihm der Wert Null zugewiesen werden. - Bild 3-24 zeigt das Programm. Der Wortvergleich erfolgt in einer Programmschleife mit iterativem Schleifenabbruch bei Gleichheit eines Wortpaares. Die Adressierung der Wörter im Puffer erfolgt durch einen im Register R0 verwalteten Pointer, der zu Beginn gleich der Pufferanfangsadresse BUFFER gesetzt und der nach jedem Vergleich um 2 erhöht wird (Postinkrement-Adressierung im CMP-Befehl). Die induktive Abbruchbedingung ergibt sich durch Vergleich dieses Pointers mit der Endadresse des Puffers

BUFFER+2·N. Beim iterativen Schleifenabbruch zeigt der Pointer auf das auf das gefundene Wort folgende Wort; beim induktiven Abbruch wird ihm der Wert Null zugewiesen.

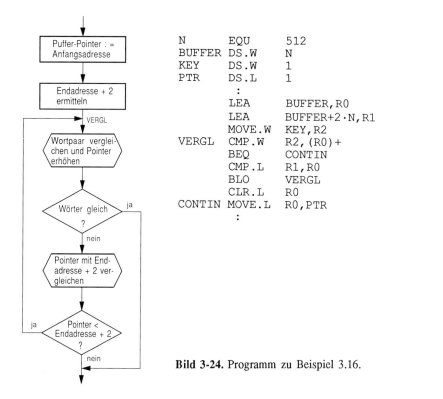

```
N       EQU     512
BUFFER  DS.W    N
KEY     DS.W    1
PTR     DS.L    1
        :
        LEA     BUFFER,R0
        LEA     BUFFER+2·N,R1
        MOVE.W  KEY,R2
VERGL   CMP.W   R2,(R0)+
        BEQ     CONTIN
        CMP.L   R1,R0
        BLO     VERGL
        CLR.L   R0
CONTIN  MOVE.L  R0,PTR
        :
```

Bild 3-24. Programm zu Beispiel 3.16.   ♦

3.3 Unterprogrammtechniken

Unterprogramme sind in sich abgeschlossene Befehlsfolgen, die an beliebigen Stellen eines übergeordneten Programms, des Haupt- oder Oberprogramms, wiederholt aufgerufen und ausgeführt werden können. Nach Abarbeitung eines Unterprogramms wird das übergeordnete Programm hinter der Aufrufstelle fortgesetzt. In Bild 3-25 ist der zeitliche Ablauf zweier Unterprogrammaufrufe durch aufeinanderfolgende Nummern illustriert. - Beim Aufruf kann ein Unterprogramm mit Rechengrößen versorgt werden, und es kann seinerseits Ergebnisse an das Oberprogramm zurückgeben. Man bezeichnet diese Größen als Parameter und den Vorgang als Parameterübergabe.

Die Verwendung von Unterprogrammen bietet folgende Vorteile:

- Sich oft wiederholende Befehlsfolgen brauchen nur einmal programmiert und nur einmal gespeichert zu werden.

- Ein Unterprogramm kann unabhängig vom Oberprogramm und von anderen Unterprogrammen übersetzt werden. Bei einer Fehlerkorrektur im Unterprogramm braucht dann nur dieses neu übersetzt zu werden.

- Programme lassen sich modular aufbauen; sie werden dadurch übersichtlicher, sind leichter zu testen und besser zu dokumentieren.

- Größere Programme können in Unterprogramme zerlegt und von mehreren Personen gleichzeitig geschrieben werden.

- Bibliotheken mit Standardunterprogrammen können allen Benutzern eines Mikroprozessorsystems zur Verfügung gestellt werden.

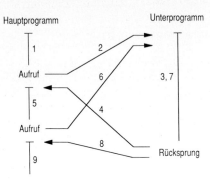

Bild 3-25. Verarbeitungsablauf beim zweimaligen Aufruf eines Unterprogramms.

3.3.1 Unterprogrammanschluß

Unterprogrammaufruf. Der Aufruf eines Unterprogramms erfolgt z.B. durch den Befehl JSR mit (üblicherweise) symbolischer Adressierung der Einsprungstelle im Unterprogramm. JSR schreibt den aktuellen Befehlszählerinhalt (das ist die Adresse des auf JSR folgenden Befehls) als Rücksprungadresse auf den aktuellen Stack (User- oder Supervisor-Stack) und lädt den Befehlszähler mit der im Adreßteil von JSR stehenden Unterprogrammadresse. Danach obliegt die Programmsteuerung dem Unterprogramm. Der Rücksprung in das Oberprogramm erfolgt mit dem Befehl RTS, der das Unterprogramm abschließt. RTS liest den letzten Stackeintrag - die Rücksprungadresse - und lädt ihn in den Befehlszähler.

Wird der Stack vom Unterprogramm (z.B. mit PUSH und POP) auch zur Datenspeicherung benutzt, so ist darauf zu achten, daß der RTS-Befehl genau denjenigen Stackpointer vorfindet, der auf die Rücksprungadresse zeigt; andernfalls erfolgt ein unkontrollierter Sprung. Oft werden deshalb die Rücksprungadressen und die Daten getrennt voneinander in einem Programm- und einem Datenstack angelegt.

Statusretten. Sollen das Unterprogramm und das Oberprogramm die Prozessorregister völlig unabhängig voneinander benutzen, so muß beim Unterprogrammaufruf der Prozessorstatus gerettet und bei der Rückkehr ins Oberprogramm wieder geladen werden. Zum Prozessorstatus gehören neben dem Befehlszählerstand der Inhalt des Statusregisters und die Inhalte der allgemeinen Prozessorregister. Während das Retten und Laden des Befehlszählers automatisch bei der Ausführung der Befehle JSR und RTS erfolgt, muß es für die übrigen Register explizit programmiert werden. Für das Retten und Laden der allgemeinen Register können die Befehle PUSMR und POPMR bzw. MOVMR herangezogen werden; für das Retten und Laden des Statusregisters steht der MOVSR-Befehl zur Verfügung. Bei Programmen im User-Modus muß anstelle des privilegierten Befehls MOVSR der MOVCC-Befehl verwendet werden, der lediglich die Bedingungsbits transportiert. Dies ist jedoch keine Einschränkung, da im User-Modus die Statusbits im Statusregister nicht verändert werden. Als Ort für das Speichern der Statusinformationen kann der Stack verwendet werden, der auch für das Retten der Rücksprungadresse benutzt wird.

Das Retten und das Laden des Prozessorstatus kann sowohl im Oberprogramm als auch im Unterprogramm durchgeführt werden. Welche Möglichkeit gewählt wird, ist eine Frage der Programmorganisation und des Programmierstils.

Beispiel 3.17. Retten und Laden des Prozessorstatus. Beim Aufruf eines Unterprogramms im User-Modus soll der Prozessorstatus, bestehend aus der Rücksprungadresse, den Bedingungsbits CC und den allgemeinen Registern R0 bis R7 auf den User-Stack gerettet werden. - Bild 3-26 zeigt das Programm und die Stackbelegung. Das Retten der Rücksprungadresse erfolgt durch den Befehl JSR. Die Bedingungsbits CC und die Registerinhalte R0 bis R7 werden vom Unterprogramm mit den Befehlen MOVCC.L (Stack-Alignment auf Doppelwortgrenze, sofern vom Prozessor gefordert) und MOVMR.L auf den User-Stack geschrieben. Das Laden des Status beim Abschluß des Unterprogramms erfolgt in umgekehrter Reihenfolge; als letztes übergibt RTS über die im Stack gespeicherte Rücksprungadresse die Programmsteuerung wieder an das Oberprogramm. Die korrespondierenden Nummern im Programm und in der Abbildung zeigen die Wirkung der Befehle auf die Belegung des Stacks.

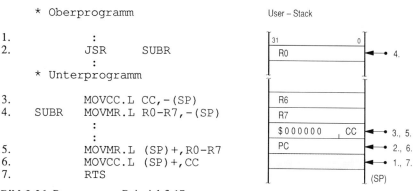

Bild 3-26. Programm zu Beispiel 3.17.

3.3.2 Parameterübergabe

Für die Übergabe von Parametern an das Unterprogramm bzw. zurück ins Oberprogramm gibt es drei Gesichtspunkte, die die Programmierungstechnik beeinflussen:

1. Art des Parameters, z.B. Wert, Adresse,

2. Ort der Parameter, z.B. allgemeine Prozessorregister, Stack, Programmbereich des Oberprogramms, *Datenbereich des Oberpgms*

3. Anzahl der Parameter.

Art der Parameter. Bei einem Unterprogrammaufruf mit Wertübergabe (call by value) wird der Wert einer Rechengröße in den Datenbereich des Unterprogramms kopiert; dort muß ein Speicherplatz für diesen Wert reserviert sein. Das Unterprogramm hat direkten Zugriff auf den Wert und kann ihn verändern, ohne daß der ursprüngliche Wert im Oberprogramm beeinflußt wird. - Bei einem Unterprogrammaufruf mit Adreßübergabe (call by reference) wird die Adresse einer Rechengröße in das Unterprogramm transportiert, d.h. der Operand selbst verbleibt im Oberprogramm. Der Zugriff auf den Operanden durch das Unterprogramm erfolgt indirekt über den Adreßparameter. Die Parameterübergabe zurück an das Oberprogramm erfolgt als Wertübergabe entweder direkt, z.B. im Registerspeicher, oder indirekt über einen Adreßparameter.

Die Parameter, mit denen das Unterprogramm als fiktive Größen geschrieben wird, nennt man formale Parameter. Vor der Ausführung des Unterprogramms müssen diese durch die zum Zeitpunkt des Aufrufs bekannten Parameter, die aktuellen Parameter, ersetzt werden.

Ob beim Unterprogrammaufruf die Wertübergabe, die Adreßübergabe oder eine Kombination beider Möglichkeiten verwendet wird, ist von Fall zu Fall verschieden und hängt unter anderem von folgenden Kriterien ab:

- Zeitaufwand für die Parameterübergabe,

- Speicherplatzbedarf für die Parameter,

- Adressierungsaufwand für den Zugriff durch das Unterprogramm,

- Schreibschutz für die Daten des Oberprogramms.

Üblicherweise wird die Wertübergabe für Einzelwerte benutzt; für die Übergabe von Feldern, Strings usw. wird aus Gründen der Zeit- und Speicherplatzersparnis die

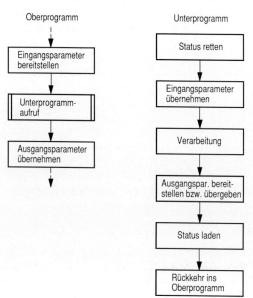

Bild 3-27 Unterprogrammanschluß mit Parameterübergabe.

Adreßübergabe bevorzugt. Den prinzipiellen Ablauf der Parameterübergabe zeigt Bild 3-27. In der Flußdiagrammdarstellung ist ein Unterprogrammaufruf durch doppelte Seitenlinien im Rechtecksymbol gekennzeichnet.

Parameter, die an das Unterprogramm übergeben werden und deren Werte dort benutzt, aber nicht verändert werden, bezeichnet man als Eingangsparameter. Dementsprechend bezeichnet man Parameter, denen erst im Unterprogramm Werte zugewiesen werden und die auch erst danach benutzt werden können, als Ausgangsparameter. Parameter, deren Werte im Unterprogramm zuerst benutzt und danach verändert werden, bezeichnet man als Übergangsparameter.

Ort der Parameter. Der Ort der Parameter muß sowohl dem Ober- als auch dem Unterprogramm zugänglich sein. Werden nur wenige Parameter übergeben, so bietet sich hierfür der Registerspeicher des Prozessors an. Diese Möglichkeit erfordert den geringsten Organisationsaufwand für die Vorbereitung und die Durchführung der Parameterübergabe. Reicht die Anzahl der verfügbaren Register nicht aus, so müssen die Parameter in einem von Ober- und Unterprogramm gemeinsam verwalteten Speicherbereich übergeben werden. Hier bieten sich zwei Möglichkeiten an.

1. Man schreibt die Parameter vor dem Unterprogrammaufruf auf den Stack; der Parameterzugriff erfolgt über den Stackpointer im Stackpointerregister.

2. Man faßt die Parameter im Programmbereich des Oberprogramms zu einem Parameterfeld zusammen, das unmittelbar hinter dem Unterprogrammsprungbefehl JSR steht; der Parameterzugriff erfolgt über die im User- bzw. Supervisor-Stack gespeicherte Rücksprungadresse des Unterprogramms.

Im folgenden illustrieren wir die verschiedenen Möglichkeiten der Parameterübergabe durch das bereits in Beispiel 3.16 dargestellte Problem, das allerdings wegen der Kürze des Programmtextes nicht als repräsentativ angesehen werden kann. Welche der Möglichkeiten, einschließlich der Parameterübergabe im Registerspeicher, bevorzugt wird, hängt von der Problemstellung, von der Datenbereichsstruktur und vom persönlichen Stil des Programmierers ab.

Beispiel 3.18. Parameter im Registerspeicher. Das in Beispiel 3.16 beschriebene Durchsuchen eines Pufferbereichs mit 512 Wörtern nach einem bestimmten Schlüsselwort soll von einem Unterprogramm durchgeführt werden. Beim Auffinden dieses Wortes ist dem Oberprogramm die um 2 erhöhte Adresse dieses Wortes, der Puffer-Pointer, zu übermitteln; steht das Wort nicht im Puffer, so ist der Wert Null zu übergeben. - Bild 3-28 zeigt das Ober- und das Unterprogramm. Die Eingangsparameter werden als Adressen (in R0 die Pufferanfangsadresse BUFFER als Initialwert des Pointers, in R1 die um 2 erhöhte Pufferendadresse BUFFER+2·N) und als Wert (in R2 das Schlüsselwort KEY) an das Unterprogramm übergeben. Zur späteren Rückgabe des Pointers an das Oberprogramm wird beim Unterprogrammaufruf die Adresse PTR in R3 als Adresse des Ausgangsparameters übergeben.   ♦

Wie bereits erwähnt, erfordert die Parameterübergabe im Registerspeicher den geringsten Organisationsaufwand und ist dementsprechend effizient. Sie setzt jedoch voraus, daß die Anzahl der Parameter die Anzahl der zur Verfügung stehenden Register nicht übersteigt.

```
* Oberprogramm                          * Unterprogramm
       :                                *
N        EQU      512                   VERGL   CMP.W    R2,(R0)+
BUFFER   DS.W     N                             BEQ      RET
KEY      DS.W     1                             CMP.L    R1,R0
PTR      DS.L     1                             BLO      VERGL
       :                                        CLR.L    R0
         LEA      BUFFER,R0              RET     MOVE.L   R0,(R3)
         LEA      BUFFER+2·N,R1                  RTS
         MOVE.W   KEY,R2
         LEA      PTR,R3
         JSR      VERGL
       :
```

Bild 3-28. Programm zu Beispiel 3.18.

Beispiel 3.19. Parameter auf dem Stack. Beispiel 3.18 soll so modifiziert werden, daß die Parameter auf dem Stack übergeben werden. Der Stack soll außerdem den Status des Oberprogramms für die im Unterprogramm benutzten Register R0 bis R3 aufnehmen. - Das Oberprogramm schreibt die Eingangsparameter mit den Befehlen PEA und PUSH als Adressen bzw. als Wert auf den Stack. Zuvor wird das Schlüsselwort KEY durch den Befehl MOVZX zum Doppelwort erweitert (Stack-Alignment auf Doppelwortgrenze, sofern vom Prozessor gefordert).

Bild 3-29 zeigt das Ober- und das Unterprogramm sowie die Stackbelegung. Das Unterprogramm verwendet einen Framepointer als feste Stackbasis. Es rettet dazu zunächst den aktuellen Inhalt des Framepointer-Registers FP auf den Stack und lädt es dann mit dem momentanen Inhalt des Stack-pointerregisters SP. Es ist damit bei der mit MOVMR durchgeführten Parameterübernahme von SP unabhängig, dessen Inhalt sich beim vorangehenden Retten des Registerstatus verändert. Außerdem bleibt dadurch in SP die aktuelle Stackbelegung dokumentiert (wiedereintrittsfestes Unterprogramm, siehe 3.3.3). - Am Ende des Unterprogramms wird der Registerstatus (R0 bis R3) des Oberprogramms wiederhergestellt und der ursprüngliche Framepointer wieder nach FP geladen. Nach dem Rücksprung in das Oberprogramm zeigt der Stackpointer auf das Parameterfeld. Mit dem LEA-Befehl wird dieser Stackbereich wieder freigegeben. - Die korrespondierenden Nummern im Programm und in der Abbildung zeigen die Wirkung der Befehle auf die Belegung des Stacks.   ◆

Die Parameterübergabe auf dem Stack wird bevorzugt bei geschachtelten Unterprogrammaufrufen eingesetzt, wobei die Datenbereiche der Unterprogramme pulsierend nach dem LIFO-Prinzip aneinandergefügt und wieder freigegeben werden (dynamische Datenspeicherverwaltung). Die Verwaltung des Framepointers wird dabei häufig von speziellen Befehlen, wie ENTER für den Eintritt und EXIT für das Verlassen eines Unterprogramms, übernommen. Diese Befehle haben im allg. zusätzliche Funktionen; so übernimmt ENTER z.B. das Reservieren von Stackspeicherplatz für lokale Variablen des Unterprogramms, indem es den Stackpointer um eine im Befehl angegebene Adreßanzahl vermindert. EXIT gibt dementsprechend den lokale Stackbereich wieder frei. (Der Zugriff auf den lokalen Bereich erfolgt über den Framepointer.) Zusätzlich kann diesen Befehlen das Retten und Wiederherstellen des allgemeinen Registerstatus obliegen. - Das Freigeben des Parameterfeldes im Stack kann mit dem Rücksprungbefehl des Unterprogramms verbunden sein, indem in dessen Adreßteil die Anzahl der freizugebenden Speicherplätze vorgebbar ist.

Beispiel 3.20. Parameterort im Programmbereich des Oberprogramms. Beispiel 3.18 soll so modifiziert werden, daß die Parameter über ein Parameterfeld, das unmittelbar auf den JSR-

Befehl folgt, vom Unterprogramm übernommen werden. - Bild 3-30 zeigt das Ober- und das Unterprogramm. Das Parameterfeld im Programmcode des Oberprogramms wird mittels der DC.L-Anweisungen statisch festgelegt. Für KEY als Variable wird - im Gegensatz zu den anderen Beispielen - nicht der Wert, sondern die Adresse übergeben. Das Unterprogramm greift auf das Parameterfeld über die auf dem Stack stehende Rücksprungadresse zu, die es dazu nach R7 lädt. Die Parameterübernahme erfolgt durch den Befehl MOVMR, die eigentliche Wertübernahme für KEY durch einen anschließenden MOVE-Befehl mittels registerindirekter Adressierung. - Mit dem letzten MOVE-Befehl des Unterprogramms wird der Inhalt von R7 als neue Rücksprungadresse in den Stack zurückgeschrieben, so daß mit dem nachfolgenden Befehl RTS der Rücksprung ins Oberprogramm auf den ersten Befehl nach dem Parameterfeld erfolgt.   ◆

Die Parameterübergabe im Programmbereich des Oberprogramms zeichnet sich durch eine übersichtliche Darstellung aus.

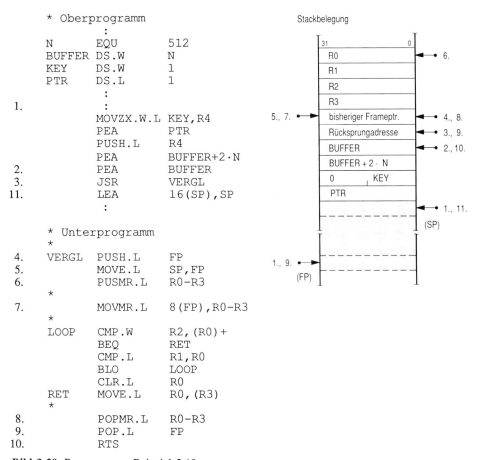

Bild 3-29. Programm zu Beispiel 3.19.

Anzahl der Parameter. In den Beispielen 3.18 bis 3.20 wurde davon ausgegangen, daß die Anzahl der Parameter bei jedem Unterprogrammaufruf gleich und beim Schreiben des Unterprogramms bekannt ist. Es gibt jedoch auch Anwendungen, bei denen sich die Parameteranzahl von Aufruf zu Aufruf ändert. In diesen Fällen muß

```
* Oberprogramm                          * Unterprogramm
       :                                *
N       EQU     512                     VERGL   MOVE.L  (SP),R7
BUFFER  DS.W    N                               PUSMR.L R0-R3
KEY     DS.W    1                       *
PTR     DS.L    1                               MOVMR.L (R7)+,R0-R3
       :                                        MOVE.W  (R2),R2
       :                                *
        JSR     VERGL                   LOOP    CMP.W   R2,(R0)+
        DC.L    BUFFER                          BEQ     RET
        DC.L    BUFFER+2·N                      CMP.L   R1,R0
        DC.L    KEY                             BLO     LOOP
        DC.L    PTR                             CLR.L   R0
       :                                RET     MOVE.L  R0,(R3)
                                        *
                                                POPMR.L R0-R3
                                                MOVE.L  R7,(SP)
                                                RTS
```

Bild 3-30. Programm zu Beispiel 3.20.

die Parameteranzahl dem Unterprogramm als zusätzlicher Parameter mitgeteilt werden.

3.3.3 Geschachtelte Unterprogramme

Der Aufruf von Unterprogrammen ist nicht auf ein einziges Oberprogramm als aufrufendes Hauptprogramm beschränkt; ein Unterprogramm kann seinerseits wieder Unterprogramme aufrufen und erhält damit die Funktion eines Oberprogramms. Der Aufrufmechanismus kann sich somit ausgehend vom Hauptprogramm über mehrere Unterprogrammstufen erstrecken. Man spricht von einer Schachtelung von Unterprogrammen. Bezüglich des Aufruforts und des Aufrufzeitpunkts werden drei Arten geschachtelter Unterprogramme unterschieden:

1. einfache Unterprogramme,

2. rekursive (wiederaufrufbare) Unterprogramme und

3. reentrante (wiedereintrittsfeste) Unterprogramme.

Einfache Unterprogramme. Bild 3-31 zeigt das Schema einer Schachtelung einfacher Unterprogramme. Verschiedene Programme rufen sich, ausgehend von einem Hauptprogramm, nacheinander auf, wobei das Statusretten und die Parameterübergabe in der bisher beschriebenen Weise erfolgen. Der für das Retten und spätere Laden des Status benutzte Stack entspricht mit seinem Last-in-first-out-Mechanismus genau der Schachtelungsstruktur der Unterprogrammaufrufe. Die beim Aufruf der Unterprogramme nacheinander auf den Stack geschriebene Information (im einfachsten Fall die Rücksprungadressen) wird bei der Rückkehr in die Oberprogramme in umgekehrter Reihenfolge wieder gelesen.

Rekursive Unterprogramme. Rekursive (wiederaufrufbare) Unterprogramme sind Unterprogramme, die wieder aufgerufen werden, bevor sie ihre gegenwärtige

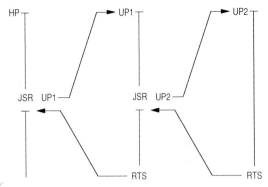

Bild 3-31. Schachtelung von Unterprogrammen.

Verarbeitung abgeschlossen haben. Dies geschieht entweder direkt, wenn sich das Unterprogramm selbst aufruft, oder indirekt, wenn der Wiederaufruf auf dem Umweg über ein oder mehrere andere Unterprogramme erfolgt. Dementsprechend spricht man von direkt- und indirekt-rekursiven Unterprogrammen. Gegenüber einfachen Unterprogrammen muß bei rekursiven Unterprogrammen dafür gesorgt werden, daß mit jedem Aufruf ein neuer Datenbereich für das Unterprogramm bereitgestellt wird, damit der zuletzt aktuelle Datenbereich nicht beim erneuten Aufruf überschrieben wird. Die Datenbereichszuordnung muß dementsprechend zur Laufzeit, d.h. dynamisch erfolgen. Hier bietet sich aufgrund der Schachtelungsstruktur der Unterprogrammaufrufe der Stack als Bereich für die Unterprogrammdaten und für die Parameter an. Die jeweiligen Unterprogrammdaten können beim Wiederaufruf und bei der Rückkehr als Erweiterung des Prozessorstatus angesehen werden.

Bild 3-32 zeigt das Schema einer rekursiven Unterprogrammschachtelung. Ein Hauptprogramm ruft ein Unterprogramm auf, das sich wiederholt selbst aufruft, und zwar so lange, bis der Selbstaufruf durch eine Programmverzweigung übersprungen wird. Die jeweils gültigen Daten des Unterprogramms werden vor dem Selbstaufruf gerettet und nach der Rückkehr wieder geladen. Sind die Daten auf dem Stack untergebracht, so bedeutet das Retten und Laden lediglich ein Verändern des Stackpointers. Sind sie hingegen in einem festen (statischen) Unterprogrammdatenbereich untergebracht, so müssen sie dazu auf den Stack geschrieben und von dort wieder geholt werden. Häufig wird der Datenstack unabhängig vom User- bzw. Supervisor-Stack angelegt, um die Unterprogrammdaten von den Zugriffen auf den eigentlichen Prozessorstatus zu trennen.

Reentrante Unterprogramme. Reentrante (wiedereintrittsfeste) Unterprogramme können von unterschiedlichen Programmen aus aufgerufen werden, ohne daß sie bei jedem Aufruf vollständig abgearbeitet zu sein brauchen. Im Gegensatz zu rekursiven Programmen ist bei ihnen jedoch der Zeitpunkt des Wiederaufrufs nicht bekannt, so z.B. beim wiederholten Aufruf durch verschiedene Interruptprogramme. Das an beliebigen Stellen unterbrechbare Unterprogramm muß also bei jedem Neuaufruf für das Retten seines Datenbereichs und seines Status selbst sorgen. Auch hier bietet sich wieder der Stack an.

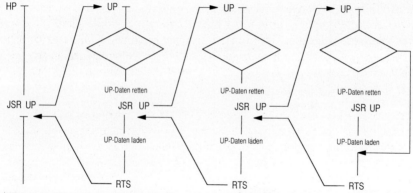

X **Bild 3-32.** Unterprogrammschachtelung durch Rekursion.

Bild 3-33 zeigt den zweimaligen Aufruf eines reentranten Unterprogramms. Das Auftreten eines Interrupts IR1 führt auf ein Interruptprogramm IP1 (1), das ein Unterprogramm UP aufruft (2). Während der Ausführung des Unterprogramms (3) im Auftrag von IP1 wird einem Interrupt höherer Priorität IR2 stattgegeben (4). Dessen Interruptprogramm IP2 (5) ruft erneut das Unterprogramm UP auf (6), führt es aus (7), (8), (9) und gibt schließlich mit dem RTE-Befehl (10) die Programmsteuerung an die Unterbrechungsstelle im Unterprogramm zurück (11), wonach das Unterprogramm seine Arbeit für das erste Interruptprogramm beendet (12). Das Unterprogramm sorgt jeweils selbst für das Retten und Laden der Unterprogrammdaten des vorangegangenen Unterprogrammlaufs. Auch beim ersten Aufruf werden die Daten gerettet, obwohl es eigentlich nicht erforderlich wäre. Dies wird meist in Kauf genommen, um zusätzliche Programmverzweigungen zu ersparen, die bei jedem der wiederholten Aufrufe zu einer Erhöhung der Laufzeit führen würden.

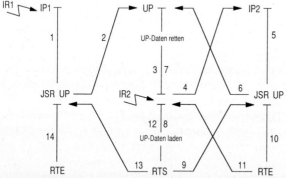

Bild 3-33. Zweimaliger Aufruf eines reentranten Unterprogramms.

3.3.4 Modulare Programmierung

Ober- und Unterprogramme, aber auch größere Programmteile mit z.B. mehreren Unterprogrammen und den ihnen zugeordneten Daten können als eigenständige Moduln unabhängig voneinander geschrieben und übersetzt werden. Diese Technik des "Modularen Programmierens" (modular programming), die vor allem auch von praxisrelevanten höheren Programmiersprachen unterstützt wird, gewährt eine größere Unabhängigkeit, bessere Übersichtlichkeit und geringere Fehleranfälligkeit bei der Erstellung großer Programmsysteme. Typische Erscheinungsformen solcher Moduln sind z.B. die Zusammenfassung von höheren Datenstrukturen und ihnen zugehörigen Zugriffsoperationen.

Bei der Übersetzung eines Moduls kann der Assembler zwangsläufig nur die modulinternen Adreßbezüge auflösen, d.h., er muß sich auf die Adreßgenerierung für die internen Programmsprünge und die Zugriffe auf die internen Daten beschränken. Die Adreßquerbezüge zwischen den Moduln, wie z.B. der Modulaufruf und der Zugriff auf Variablen in anderen Moduln, werden erst nach Vorliegen der einzelnen, übersetzten Moduln hergestellt. Hierzu muß der Assembler Information bereitstellen, die später beim Binden oder beim Laden der Moduln durch den Binder oder den bindenden Lader ausgewertet wird.

Um diese Adreßquerbezüge herzustellen, benötigt man die in Abschnitt 3.1.3 beschriebenen Assembleranweisungen DEF und REF. In der DEF-Anweisung werden die in einem Modul definierten Adreßsymbole aufgelistet, die von anderen Moduln als sog. externe Adressen verwendet werden. Umgekehrt werden in der REF-Anweisung die im Modul verwendeten Adreßsymbole aufgelistet, die in anderen Moduln definiert sind. Der Assembler wertet diese Information aus und erstellt daraus Zusatzangaben zum Maschinencode eines jeden Moduls. Diese werden vom Binder oder vom bindenden Lader zur Auflösung der Adreßquerbezüge benutzt. Um die externen Adressen als absolute Adressen ermitteln und in die Moduln einsetzen zu können, muß zu diesem Zeitpunkt die spätere Lage eines jeden Moduls im Speicher bekannt sein.

Beispiel 3.21. Adreßbezüge zwischen Moduln. Ein Modul Counter soll, von einem Modul Main1 aufgerufen, seine lokale Zählvariable CTR um ein von Main1 vorgegebenes variables Inkrement INCR erhöhen. Weiter soll er, von einem Modul Main2 aufgerufen, den aktuellen Wert der Zählvariablen der lokalen Variablen X von Main2 zuweisen. - Bild 3-34 zeigt die Moduln Main1 und Main2, die über die externen Adressen COUNT1 und COUNT2 (REF-Anweisungen) den Modul Counter aufrufen und ihm ihre lokalen Variablen INCR und X (DEF-Anweisungen) zur Verfügung stellen. Der Modul Counter mit den Eintrittsadressen COUNT1 und COUNT2 (DEF-Anweisung) greift für das Erhöhen bzw. das Zuweisen der Zählvariablen auf die externen Variablen INCR und X (REF-Anweisung) zu.   ♦

Das obige Verfahren zur Auflösung der Adreßquerbezüge hat den Nachteil, daß beim Verändern eines Moduls oder bei dessen Verschieben im Speicher nicht nur das Binden, sondern auch das Übersetzen der auf ihn zugreifenden Moduln erneut erforderlich wird. Letzteres ist unabhängig davon, ob dieser Modul aufgrund befehlszählerrelativer Adressierung dynamisch verschiebbar ist oder nicht. Änderungen in Moduln, die in Festwertspeichern (ROMs, EPROMs) stehen, sind dabei besonders aufwendig. Abhilfe schafft hier die Erweiterung der externen (absoluten) Adressierung durch indirekte und basisrelative Adressierung. Hierzu wird jedem Modul eine im Speicher stehende Bindetabelle (link table) zugeordnet, in die zum Ladezeitpunkt die von diesem Modul benutzten externen Adressen eingetragen werden. Im Programmteil des Moduls selbst sind die externen Adreßangaben durch basisrelative Bezüge auf diese Eintragungen ersetzt.

```
* Modul Main1                          * Modul Counter
*                                      *
        RORG    MAIN1                          RORG    COUNTER
        DEF     INCR                           DEF     COUNT1,COUNT2
        REF     COUNT1                         REF     INCR,X
INCR    DS.W    1                      CTR     DS.W    1
        :                                      :
        JSR     COUNT1                 COUNT1  ADD.W   INCR,CTR
        :                                      RTS
        END                            COUNT2  MOVE.W  CTR,X
* Modul Main2                                  RTS
*                                              END
        :
        RORG    MAIN2
        DEF     X
        REF     COUNT2
X       DS.W    1
        :
        JSR     COUNT2
        :
        END
```

Bild 3-34. Programm zu Beispiel 3.21.

Bild 3-35 zeigt die Verwaltung von Moduln durch Link-Tabellen, wie sie von der NS32000-Prozessorfamilie unterstützt wird [5]. Hier wird den Moduln eines Programms eine Modultabelle (mod table) im Speicher zugeordnet, die für jeden Modul einen Deskriptor, bestehend aus drei Einträgen, aufweist. Diese Einträge sind die Basisadresse des Programmcodes (PB), die in den Befehlszähler geladen wird, die Basisadresse der dem Modul zugeordneten Link-Tabelle (LB) und die Basisadresse (SB) für die in dem Modul allen Unterprogrammen gemeinsamen statischen Variablen, mit der das Basepointer-Register (static base register) geladen wird. Ein im Prozessor zusätzlich vorhandenes Modulregister (mod register) zeigt jeweils auf den Deskriptor des in der Ausführung befindlichen Moduls.

Zugriffe auf externe Variablen (global data), d.h. auf Variablen eines anderen Moduls, erfolgen mittels einer speziellen Adressierungsart indirekt über die dem aktuellen Modul zugeordnete Link-Tabelle (link table). Der zugreifende Befehl liefert hierfür ein Displacement, das - zu LB addiert - die Tabelle adressiert, die für Datenzugriffe absolute Adressen enthält. Für den Aufruf externer Unterprogramme, d.h. von Unterprogrammen eines anderen Moduls, gibt es einen speziellen Aufrufbefehl (call external procedure). Dieser greift ebenfalls auf die Link-Tabelle zu, in der für Unterprogrammaufrufe Deskriptoren gespeichert sind. Ein solcher Deskriptor gibt zum einen die neue Moduldeskriptoradresse zum Laden des Modulregisters vor, womit die neuen Angaben SB, LB und PB verfügbar werden; zum anderen liefert er das Displacement, das - zu PB addiert - das im neuen Modul angesprochene Unterprogramm adressiert. Der Aufrufbefehl übernimmt darüber hinaus das Retten sämtlicher Informationen, die für eine spätere Rückkehr in den aufrufenden Modul erforderlich sind. - Die für die Zugriffe auf die Tabellen erforderlichen Adreßrechnungen und das damit verbundene Laden von Registern übernimmt die Prozessorhardware.

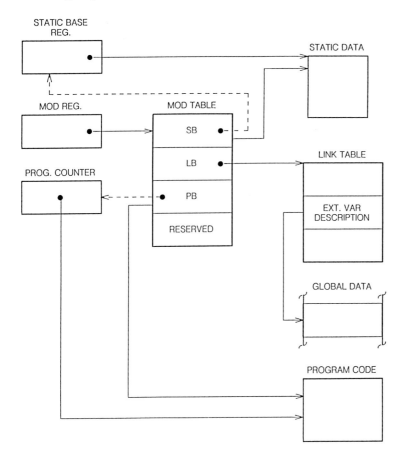

STATIC BASE REG.

STATIC DATA

MOD REG.

MOD TABLE

SB

PROG. COUNTER

LB

LINK TABLE

PB

EXT. VAR DESCRIPTION

RESERVED

GLOBAL DATA

PROGRAM CODE

NOTE: Dashed lines indicate information copied to registers.

Bild 3-35. Modulverwaltung mit Adressierung externer Variablen [5].

3.4 Übungsaufgaben

Aufgabe 3.1. Zero-Divide-Trap. Man schreibe als Ergänzung zu Aufgabe 2.3 eine Trap-Routine, die für den Fall, daß der Divisor Null ist, dem Quotienten als Ergebnis den im Rahmen seiner Wortlänge größten Wert zuweist. Wie kann mit den in Kapitel 2 bzw. Kapitel 3 vorgestellten Mitteln die Routine an das Unterbrechungssystem angeschlossen werden? Wie könnte die Division durch Null ohne Benutzung des Unterbrechungssystems aufgefangen werden, d.h. ohne Auslösen eines Traps?

Aufgabe 3.2. Mehrfachverzweigung. Wie im Anschluß an Beispiel 3.13 beschrieben, kann eine Mehrfachverzweigung auch unter Verwendung von Sprungbefehlen in der Sprungtabelle und mit indizierter Adressierung der Tabelle programmiert werden. Man gebe die entsprechende Befehlsfolge in Anlehnung an Beispiel 3.13 in Assemblersprache an.

Aufgabe 3.3. PUSH- und POP-Makros. Schreiben Sie zwei Makros XPUSH und XPOP, die als Ergänzung der Befehle PUSH und POP die explizite Angabe eines der allgemeinen Register R0 bis R7 als Stackpointerregister für den Stackzugriff erlauben. Ein beim Aufruf angegebener Suffix B, W oder L wird als Parameter 0 gewertet und ist dementsprechend in der Makrodefinition mit /0 zu verwenden. Geben Sie die Makroexpansionen für die beiden Aufrufe

```
XPUSH.W (R0),R5  und  XPOP.L R7,MEMORY  an.
```

Aufgabe 3.4. EXT-Makro. Schreiben Sie ein Makro unter Verwendung der bedingten Assemblierung, das den MC68000-Befehl EXT Ri in den beiden folgenden Varianten nachbildet: EXT.W führt die Vorzeichenerweiterung für ein in Ri stehendes Byte auf Wortformat durch, EXT.L führt die Vorzeichenerweiterung vom Wort- auf das Doppelwortformat durch. Verwenden Sie bei der Lösung nicht die in Kapitel 2 definierten Befehle MOVSX und MOVZX.

Aufgabe 3.5. Dezimalzahl-/Dualzahlumwandlung. Es sind zwei Assemblerprogramme zur Umwandlung (a) einer 4-stelligen, vorzeichenlosen Dezimalzahl in ASCII-Darstellung mit der Anfangsadresse DEZIN in eine 16-stellige Dualzahl mit der Adresse DUAL und (b) einer 16-stelligen vorzeichenlosen Dualzahl mit der Adresse DUAL in eine 5-stellige Dezimalzahl in ASCII-Darstellung mit der Anfangsadresse DEZOUT zu schreiben. Die Anfangsadressen der Dezimalzahlen zeigen auf die höchstwertigen Ziffern; die restlichen Ziffern sind unter aufsteigenden Adressen gespeichert.

Aufgabe 3.6. Stackverwaltung für Unterprogramme. Schreiben Sie zwei Makros ENTER und EXIT, mit denen wie in Abschnitt 3.3.2 beschrieben Stackspeicherplatz für Unterprogramme verwaltet wird. Der Makro-Aufruf "ENTER <constant>,<reg.-list>" steht am Anfang eines Unterprogramms und sorgt (1.) für das Retten des alten Framepointers, (2.) für das Setzen des neuen Framepointers, (3.) für das Reservieren von lokalem Stackspeicherplatz mit der durch <constant> vorgegebenen Byteanzahl und (4.) für das Retten der in <reg.-list> angegeben allgemeinen Prozessorregister auf den Stack. Der Makro-Aufruf "EXIT <reg.-list>" steht am Ende eines Unterprogramms (vor RTS) und sorgt (1.) für das Wiederherstellen des alten Registerstatus unter Auswertung von <reg.-list>, (2.) für das Freigeben des lokalen Stackspeicherplatzes und (3.) für das Wiederherstellen des alten Framepointers. - Verwenden Sie zur Verwaltung von Framepointer und Stackpointer die Register FP und SP.

Aufgabe 3.7. MOVST-Unterprogramm. Formulieren Sie das als Lösung zu Aufgabe 2.8 erstellte Programm Move-String-and-Translate als Unterprogramm und geben Sie den Unterprogrammaufruf an. Im Oberprogramm ist die Byteanzahl durch eine Variable ANZ vorzugeben, für den Quell- und den Zielstring sind zwei Pufferbereiche mit je 80 Bytes mit den Adressen QSTR und ZSTR zu reservieren und für die Umsetzungstabelle ist ein Bereich von 256 Bytes mit der Basisadresse TAB vorzusehen. Geben Sie die hierfür erforderlichen Assembleranweisungen an. Die Parameterübergabe ist in Anlehnung an Beispiel 3.20 im Programmbereich des Oberprogramms durchzuführen. Auf das Retten der im Unterprogramm verwendeten Register soll verzichtet werden.

Aufgabe 3.8. Retten des Registerstatus. In dem zu Beispiel 3.20 gehörenden Unterprogramm wird das Register R7 zur Parameterübernahme benutzt, ohne dessen Inhalt zuvor zu retten. Ändern Sie das Unterprogramm so, daß das Oberprogramm nach dessen Ausführung den ursprünglichen Inhalt von R7 wieder vorfindet. Die Anzahl der Befehle soll sich durch die Änderung nicht vergrößern.

4 Systembus

Ein Mikroprozessorsystem umfaßt neben dem Mikroprozessor eine Reihe weiterer Bausteine, insbesondere Speicher- und Interface-Bausteine sowie verschiedene Zusatzbausteine. In den Speicherbausteinen werden die Programme und Daten für ihre Verarbeitung bereitgestellt; über die Interface-Bausteine wird die Verbindung zur Peripherie des Mikroprozessorsystems hergestellt. Zu den Zusatzbausteinen zählen einfache Funktionseinheiten, wie Zeitgeber (timer), aber auch komplexe Funktionseinheiten, z.B. zur Speicherverwaltung oder Coprozessoren und DMA-Controller. Verbindendes Medium aller Komponenten ist der Systembus, dessen Funktionen bei einfachen Systemen durch die Signalleitungen des Prozessors festgelegt sind, und der bei komplexen Systemen darüber hinausgehende Signale und Funktionen aufweist.

Dieses Kapitel befaßt sich mit Strukturaspekten von Mikroprozessorsystemen, ausgehend von den Funktionen und Steuerungsabläufen des Systembusses. Abschnitt 4.1 beschreibt zunächst die grundsätzlichen Formen des Systemaufbaus (Ein-chip-System, Einkartensystem, modulares Mehrkartensystem) und der Systemstruktur (Einbussytem, Mehrbussystem). Er gibt ferner eine Übersicht über die wichtigsten Busfunktionen, Leitungs- und Signalarten. Abschnitt 4.2 behandelt dann verschiedene Möglichkeiten der Adressierung von Systemkomponenten, auch unter Berücksichtigung von Bussen mit dynamischer Breite. Abschnitt 4.3 zeigt darauf aufbauend die Steuerung des Datentransports durch den Mikroprozessor und die Abläufe bei der Speicheransteuerung. Grundsätzliche Techniken der Buszuteilung bei mehreren Busmastern beschreibt Abschnitt 4.4, die Möglichkeiten der prozessorexternen Priorisierung von Interrupts und den Signalfluß bei der Interruptverarbeitung Abschnitt 4.5. Im Abschnitt 4.6 wird schließlich das Zusammenwirken von Mikroprozessor und Coprozessor gezeigt.

4.1 Systemaufbau und Systemstruktur

Beim Entwurf von Mikroprozessorsystemen müssen unterschiedliche Gesichtspunkte berücksichtigt werden, so z.B. wirtschaftliche Gesichtspunkte, wie Minimierung der Entwicklungs- und Herstellungskosten, und technische Gesichtspunkte, wie Festlegung der Verarbeitungsgeschwindigkeit und Speicherkapazität. Ferner müssen die Möglichkeiten peripherer Anschlüsse berücksichtigt werden, und vielfach wird eine hohe Systemzuverlässigkeit gefordert. Die technischen Forderungen lassen sich im allgemeinen durch einen entsprechend hohen Hardwareaufwand erfüllen, was jedoch mit einer Erhöhung der Systemkosten verbunden ist. Man ist deshalb gezwungen, beim Systementwurf Kompromisse einzugehen, wobei das Spektrum von der Minimierung des Hardwareaufwandes bei Einkartensystemen bis zu den flexiblen Strukturen modularer Mehrkarten- und Mehrbussysteme reicht. - Ergänzend zu diesem Abschnitt siehe auch [1].

4.1.1 Ein-chip- und Einkartensysteme

Mikroprozessorsysteme mit minimaler Hardware werden meist für fest umrissene Aufgaben, z.B. Steuerungsaufgaben, entworfen. Die gesamte Hardware ist dabei auf einer einzigen gedruckten Karte untergebracht (Einkartensystem, Bild 4-1). Das hat einerseits den Vorteil niedriger Herstellungskosten, andererseits aber den Nachteil, daß die Struktur solcher Systeme im nachhinein nicht geändert werden kann. Sind im Grenzfall alle Funktionseinheiten des Systems - der Prozessor, der Programm- und Datenspeicher und die Ein-/Ausgabe-Interfaces - in einem Baustein vereint, so spricht man vom Ein-chip-Computer (Single-chip-Computer, Mikrocomputer). Für den Anschluß der Peripherie muß er lediglich durch Signalverstärker an der Ein-/Ausgabeschnittstelle ergänzt werden.

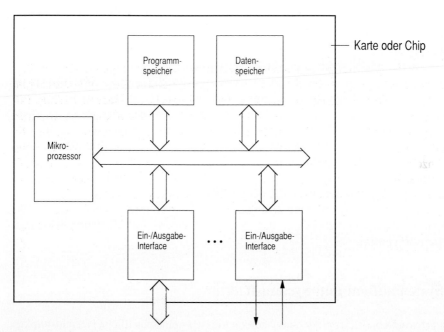

Bild 4-1. Einkarten- bzw. Ein-chip-System.

4.1.2 Busorientierte Mehrkartensysteme

Mikroprozessorsysteme für allgemeine Anwendungen werden üblicherweise als modulare Mehrkartensysteme aufgebaut. Hierbei werden die Bausteine der einzelnen Funktionseinheiten auf jeweils einer Karte zu Baugruppen zusammengefaßt. Aus diesen Karten wird in einem Baugruppenträger (Rahmen) das Mikroprozessorsystem zusammengestellt. Eine typische Konfiguration, bestehend aus einer Mikroprozessor-karte, zwei Speicherkarten (EPROM, RAM), einer Interface-Karte und einer Strom-versorgungskarte zeigt Bild 4-2.

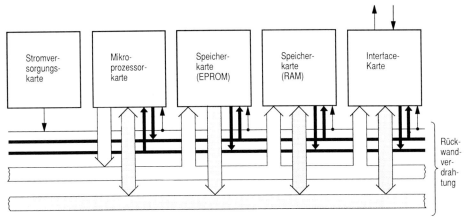

Bild 4-2. Modulares Mehrkartensystem.

Zur Zusammenschaltung der einzelnen Karten werden ihre Signalleitungen über Steckerverbindungen auf eine Rückwandverdrahtung geführt. Diese Verdrahtung ist entweder durch eine gedruckte Karte (mother board) oder durch einzelne Drähte (z.B. in Wire-wrap-Technik) realisiert; sie ist Bestandteil des für alle Karten gemeinsamen Busses. Die gebräuchlichste Verbindungsart ist hierbei die Sammelleitung, die alle Anschlüsse gleicher Steckerposition zusammenfaßt. Daneben gibt es die Stichleitung als Einzelverbindung zwischen zwei Steckeranschlüssen und die Daisy-Chain-Lei-tung, die wiederum mehrere Steckerleisten miteinander verbindet, bei der jedoch das Weiterreichen des Signals von den gesteckten Karten abhängig ist (Bild 4-3).

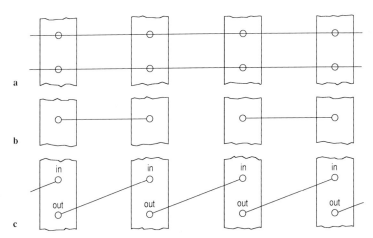

Bild 4-3. Leitungsverbindungen zwischen den Anschlüssen von Steckerleisten. **a** Sammelleitungen, **b** Stichleitungen, **c** Daisy-Chain-Leitung.

Ein so aufgebautes System kann in Art und Anzahl der Karten nach bestimmten Anforderungen konfiguriert und bei freien Steckplätzen auch nachträglich durch Zusatzkarten erweitert werden. Die Position einer Karte im Baugruppenträger ist dabei - abgesehen von Signalverkettungen nach dem Daisy-Chain-Prinzip (siehe 4.4 und 4.5) - ohne Einfluß.

4.1.3 Standardbusse

Busspezifikation. Um die Baugruppen verschiedener Hersteller miteinander kombinieren zu können, werden von einigen Mikroprozessorherstellern Vorschläge zur Standardisierung von Systembussen gemacht. Beispiele hierfür sind der Multibus II (Intel [4]) und der VMEbus (Versa Module Europe Bus, Motorola u.a. [6]) für 32-Bit-Mikroprozessorsysteme. Solche Spezifikationen beschreiben neben den mechanischen und elektrotechnischen Eigenschaften von Bussen vor allem die Regeln für die Funktionsabläufe zwischen den Busteilnehmern. Diese Regeln, auch Busprotokolle genannt, legen die Bussignale, ihr Zeitverhalten (timing) und ihr Zusammenwirken fest. Um sie zu realisieren, sind bei den einzelnen Busteilnehmern Steuereinheiten erforderlich, wie sie Bild 4-4 am Beispiel des VMEbus zeigt. Die wichtigsten Funktionen - im Bild durch vier Unterbusse unterstützt - sind:

- Die Datenübertragung (Data Transfer) zwischen einem Master (bussteuernde, aktive Einheit, z.B. Prozessor) und einem Slave (passive Einheit, z.B. Speicher). Hierzu gehören die Adressierung des Slaves und die Verwaltung der für die Übertragung erforderlichen Steuersignale.

- Die Interruptverwaltung (Priority Interrupt). Hierzu gehören die Priorisierung der von den Interruptquellen (Interrupter) kommenden Anforderungssignale, die Erzeugung des Gewährungssignals für die akzeptierte Quelle und die Anforderung des Datenbusses für die Übernahme von Statusinformation dieser Quelle (z.B. Vektornummer). Gesteuert wird der Ablauf durch einen oder mehrere Interrupt-Handler.

- Die Busarbitration (Data Bus Arbitration) bei mehreren Mastern. Hierzu gehören die Priorisierung der von den Mastern (Requester) kommenden Busanforderungssignale und die Verwaltung von Steuersignalen für eine eindeutige Buszuteilung. Gesteuert wird der Ablauf durch einen Busverwalter (Arbiter).

- Die Systemversorgung (Utilities). Hierzu gehören z.B. die Stromversorgung, die Taktversorgung, die Systeminitialisierung, die Anzeige einer zu geringen Versorgungsspannung und die Anzeige von Hardwarefehlern im System.

Bussignale. Etwas anders aufgeteilt, unterscheidet man bei einem Systembus vier Leitungsbündel: den Datenbus, den Adreßbus, den Steuerbus und den Versorgungsbus. Davon sind der Datenbus und der Adreßbus in ihrer Leitungsanzahl im Hinblick auf die Verarbeitungsbreiten bzw. die Adreßbreiten von Mikroprozessoren ausgelegt. So umfaßt der Datenbus z.B. 8, 16 oder 32 Bits, woran üblicherweise auch die Zugriffsbreite des Hauptspeichers angepaßt wird. Typische Werte für den Adreßbus sind 16 Bits (Adreßraum von 64 Kbyte) bei 8- und 16-Bit-Prozessoren und 24 oder

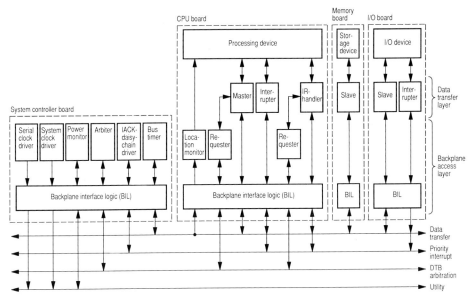

Bild 4-4. VMEbus mit Funktionseinheiten für den Datentransfer, die Interruptbehandlung, die Busarbitration und für Dienstleistungen (in Anlehnung an [6]).

32 Bits (Adreßräume von 16 Mbyte und 4 Gbyte) bei 16/32- und 32-Bit-Prozessoren. - Die Übertragungsgeschwindigkeit eines "schnellen" 32-Bit-Busses, wie des Multibus II und des VMEbus, liegt in der Größenordnung von 40 Mbyte/s.

Bezüglich des Anschlusses von Signalleitungen an die Buskomponenten, z.B. an den Mikroprozessor, ist der Signalfluß zu beachten. Er ist entweder unidirektional, d.h., eine Leitung wirkt als Eingang oder als Ausgang, oder er ist bidirektional, d.h., die Leitung wirkt mal als Eingang und mal als Ausgang. Zur Gruppe der unidirektionalen Signalleitungen gehören bei reinen Mastern oder Slaves die Adreßleitungen und ein großer Teil der Steuerleitungen; bei Komponenten mit Master- und Slave-Funktion können diese Leitungen auch bidirektional sein. Datenleitungen wirken bei Komponenten mit Lese- und Schreibfunktion bidirektional und bei Komponenten mit nur Lesezugriff (EPROM) unidirektional.

Bei Bausteinen mit Masterfunktion, wie dem Mikroprozessor, sind die meisten Signalausgänge mit Tristate-Logik (TsL) versehen. Sie können neben den beiden logischen Zuständen 0 und 1 einen hochohmigen Zustand (high impedance state) zur Signalentkopplung annehmen. Dies ermöglicht es dem Mikroprozessor, sich vom Systembus abzukoppeln und ihn an einen anderen Busmaster, d.h. an eine andere Funktionseinheit mit Prozessorfunktion, abzugeben. Eine weitere Eigenschaft von Signalausgängen ist das Open-collector-Verhalten. Open-collector-Ausgänge bilden, wenn sie miteinander verbunden (verdrahtet) werden, bei nichtnegierten Signalen eine UND-Verknüpfung (verdrahtetes UND, wired and) und bei negierten Signalen eine ODER-Verknüpfung (verdrahtetes ODER, wired or). Diese Eigenschaft wird z.B. dazu genutzt, einen einzigen Interrupt-request-Eingang des Mikroprozessors mit den

Anforderungssignalen mehrerer Funktionseinheiten zu beschalten, ohne ein ODER-Verknüpfungsglied zu benötigen.

Abgesehen vom hochohmigen Zustand befindet sich eine Steuerleitung entweder im aktiven Zustand, d.h. ihre Funktion ist wirksam, oder im inaktiven Zustand, d.h. sie ist ohne Wirkung. Nichtnegierte Signale nehmen, wenn sie aktiv sind, den logischen Wert 1, negierte Signale, wenn sie aktiv sind, den logischen Wert 0 an. Zur Vereinheitlichung der Beschreibung von Signalzuständen wird das Aktivieren bei beiden Signalarten als Setzen des Signals und das Inaktivieren als Rücksetzen des Signals bezeichnet. In der Mikroprozessortechnik sind fast alle Steuersignale als negierte Signale ausgelegt. Sie erlauben, technologisch bedingt, ein kürzeres Umschalten in den Aktivzustand. Einige Steuersignale, wie das R/$\overline{\text{W}}$-Signal, sind sowohl mit dem Wert 1 (Read) als auch mit dem Wert 0 (Write) im aktiven Zustand, weshalb sie zwei Bezeichnungen haben, die durch einen Schrägstrich getrennt sind. Bei diesen Signalen stellt der Wert 1 den Aktivzustand der nichtnegierten Bezeichnung und der Wert 0 den Aktivzustand der negierten Bezeichnung dar. - Die Kurzbezeichnungen von Bussignalen und Bausteinanschlüssen sind üblicherweise aus deren Funktionen hergeleitet. Negierte Signale und Anschlüsse kennzeichnen wir durch Überstreichen ihrer Kurzbezeichnungen.

4.1.4 Mehrbussysteme

Bussysteme bieten eine große Flexibilität in der Konfigurierung von Mikroprozessorsystemen. Einbussysteme haben jedoch den Nachteil, daß zu einer Zeit immer nur ein einziger Datentransport stattfinden kann und somit bei mehreren Mastern im System Engpässe auftreten können. Abhilfe schaffen Mehrbuskonfigurationen, wie in Bild 4-5 gezeigt. Der zentrale Systembus (global bus), an den mehrere Prozessoren, global zugängliche Speicher- und Ein-/Ausgabeeinheiten, aber auch eigenständige Mikroprozessorsysteme angeschlossen sein können, wird durch lokale Busse ergänzt: z.B. durch einen 32-Bit-Speicher-Bus (memory bus), der dem zugeordneten Prozessor schnelle Speicherzugriffe erlaubt, ohne den globalen Bus zu belasten, und durch einen seriellen Bus, der als langsamer, aber kostengünstiger Nachrichtenbus (message bus) eigenständige Rechnersysteme miteinander verbindet.

Lokale Busse belegen ebenfalls Steckeranschlüsse der Rückwandverdrahtung; sie sind jedoch - abhängig davon, welche Komponenten sie verbinden - nur zwischen be-

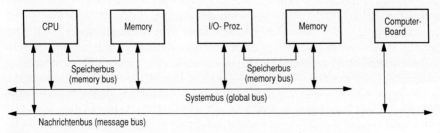

Bild 4-5. Bussystem mit globalem Systembus und zusätzlichen lokalen Bussen.

stimmten Steckerleisten ausgeführt. Darüber hinaus werden lokale Busse aber auch bei komplexen Einkartensystemen verwendet, wobei eine solche Karte wiederum als Systemkomponente eines modularen Mehrkartensystems an dessen globalen Bus angeschlossen sein kann. - Sowohl beim Multibus II als auch beim VMEbus sind lokale Busse spezifiziert.

4.2 Adressierung der Systemkomponenten

Voraussetzung für die Durchführung eines Datentransports zwischen dem Mikroprozessor und einer der Systemkomponenten, z.b. einer Speichereinheit oder einer Interface-Einheit, ist die Anwahl der Einheit durch den Adressierungsvorgang. Die vom Mikroprozessor auf den Adreßbus ausgegebene Adresse wird dazu von allen am Systembus angeschlossenen Einheiten ausgewertet. Eine der Einheiten identifiziert sich mit dieser Adresse und schaltet sich auf den Datenbus auf. Im folgenden werden die verschiedenen Möglichkeiten und Techniken der Adressierung sowie die Ankopplung von Systemkomponenten an den Bus behandelt.

4.2.1 Isolierte und speicherbezogene Adressierung

Für die Adressierung der für die Ein-/Ausgabe verwendeten Systemkomponenten sind zwei verschiedene Techniken üblich, die als isolierte und speicherbezogene Adressierung oder - bezogen auf den Datentransport - auch als isolierte und speicherbezogene Ein-/Ausgabe bezeichnet werden.

Bei der isolierten Ein-/Ausgabe (isolated input-output) sind die Adreßräume der Speicher- und Ein-/Ausgabeeinheiten voneinander getrennt (isoliert). Der Datentransport mit den Interface-Einheiten wird mit speziellen Ein-/Ausgabebefehlen, wie INP (input) und OUT (output), durchgeführt, wobei die Adresse des Quell- bzw. Zielregisters des Interfaces im Adreßteil des Ein-/Ausgabebefehls steht. Diese Adresse wird wie eine Speicheradresse auf den Adreßbus ausgegeben. Die Unterscheidung, ob es sich um eine Speicheradresse oder eine Interface-Adresse handelt, zeigt eine Steuerleitung $M/\overline{IO}$ (memory/input-output) an. Diese wird in Abhängigkeit des Operationscodes - Speicherzugriffsbefehl oder Ein-/Ausgabebefehl - vom Prozessor gesetzt bzw. rückgesetzt und von den Systemkomponenten durch deren Chip-Select-Eingänge CS ausgewertet (Bild 4-6). Während der Prozessor für die Speicheradressierung die volle Adreßbreite von z.B. 32 Bits nutzt, verwendet er für die Ein-/Ausgabeadressierung z.B. nur 16 Bits. Es stehen so zwei Adreßräume mit 4 Gbyte bzw. 64 Kbyte zur Verfügung (Bild 4-7a).

Bei der speicherbezogenen Ein-/Ausgabe (memory mapped input-output) sind keine besonderen Ein-/Ausgabebefehle notwendig. Die Register der Interface-Einheiten werden genauso wie Speicherzellen adressiert; damit entfällt in Bild 4-6 die Steuerleitung $M/\overline{IO}$. Für Interfaces und Speicher gibt es dementsprechend auch nur einen einzigen, gemeinsamen Adreßraum, der nach Speicher- und Ein-/Ausgabeadreßbereichen aufgeteilt wird (Bild 4-7b). Der Vorteil dieser Adressierungstechnik liegt

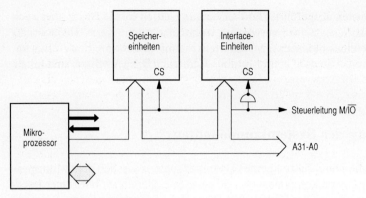

Bild 4-6. Isolierte Adressierung.

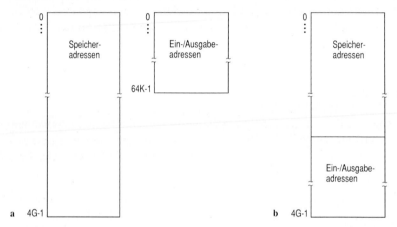

Bild 4-7. Adreßraumvergabe bei einer Adreßbreite von 32 Bits. **a** Isolierte Adressierung mit reduzierter Adreßbreite für die Ein-/Ausgabe, **b** speicherbezogene Adressierung.

darin, daß sämtliche Befehle mit Speicherzugriff, also auch die arithmetischen, die logischen und die Vergleichsbefehle, auf die Interface-Register angewendet werden können. - In beiden Fällen wird die Aufteilung der Adreßräume in Adreßraumbelegungsplänen (memory maps) festgehalten, in denen zusammenhängende Speicherbereiche durch ihre Anfangs- und Endadressen und die Interface-Einheiten durch ihre Registeradressen eingetragen sind.

4.2.2 Karten-, Block- und Bausteinanwahl

Beim Entwurf eines Mikroprozessorsystems müssen den Bausteinen Adressen aus dem verfügbaren Adreßraum zugeordnet werden. Die Anzahl der benötigten Adressen kann dabei sehr unterschiedlich sein. So belegt z.B. ein Speicherbaustein mit 32 K Speicherplätzen 2^{15} Adressen, während ein Interface-Baustein im allgemeinen mit zwei bis 16 Adressen auskommt.

Bei einem Mehrkartensystem, in dem die einzelne Karte mehrere Bausteine umfassen kann und diese wiederum zu Blöcken zusammengefaßt sein können, ergibt sich eine Adressierungshierarchie, bestehend aus Kartenebene, Blockebene, Bausteinebene und der Ebene der Speicherplatz- und Registeradressen. Die jeweilige Anzahl der Komponenten wird üblicherweise in Zweierpotenzen festgelegt, wodurch sich die Adressierung der einzelnen Komponenten durch eine Unterteilung der Adresse in Felder vornehmen läßt.

Man bezeichnet diese Art der Adressierung auch als codierte Adressierung, da bei ihr jedes Codewort eines Feldes zur Komponentenanwahl genutzt werden kann. Die codierte Adressierung erlaubt dementsprechend die volle Nutzung des Adreßraums, erfordert jedoch zur Entschlüsselung der Adreßfelder Decoder- oder Vergleicherbausteine, die üblicherweise auf der Karte selbst untergebracht sind. Bild 4-8 zeigt zwei Beispiele für die Aufteilung einer 32-Bit-Adresse: (a) für eine 1-Mbyte-Speicherkarte, bestehend aus acht Blöcken mit je 32 K Doppelwörtern, die jeweils aus vier Speicherbausteinen mit Byte-Zugriffsbreite gebildet werden und (b) für eine Interface-Karte, bestehend aus acht Interface-Bausteinen mit jeweils bis zu 16 8-Bit-Registern.

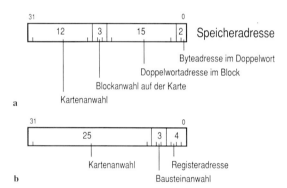

Bild 4-8. Adreßunterteilung bei codierter Karten- und Block- bzw. Bausteinanwahl. **a** 1-Mbyte-Speicherkarte, **b** Interface-Karte.

Bild 4-9 zeigt ein Schaltungsbeispiel für die 1-Mbyte-Speicherkarte. Die Kartenanwahl erfolgt über einen Vergleicherbaustein, der die 12 höchstwertigen Adreßbits A31 bis A20 mit einer fest vorgegebenen 12-Bit-Kartenadresse vergleicht. Stimmen beide Adressen überein, so wird das Ausgangssignal $\overline{\text{SEL}}$ gesetzt, das als Kartenanwahlsignal einen 1-aus-8-Decodierer über seinen Chip-Enable-Eingang $\overline{\text{CE}}$ aktiviert. Dem Decodierer wird die 3-Bit-Blockadresse A19 bis A17 zugeführt, die genau einen seiner acht Ausgänge aktiviert. Dieses Ausgangssignal dient als Chip-Select-Signal $\overline{\text{CSi}}$ für einen der acht Speicherblöcke. Die Anwahl eines Doppelwortes im Block erfolgt durch die 15 niedrigerwertigen Adreßbits A16 bis A2, die zwar allen acht Speicherblöcken zugeführt, jedoch nur von dem aktivierten Block (genauer: von den bausteininternen Adreßdecodierern der Speicherbausteine dieses Blocks) ausgewertet werden. Die Auswertung der Adreßbits A1 und A0 erfolgt zusammen mit der Auswertung der Datenformatangabe Byte, Wort oder Doppelwort (in Bild 4-9 nicht dar-

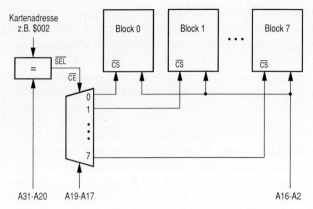

Kartenadresse
z.B. $002

SEL

CE

=

Block 0

Block 1

· · ·

Block 7

CS

CS

CS

0
1
·
·
·
7

A31-A20   A19-A17   A16-A2

Bild 4-9. Adreßdecodierung für eine 1-Mbyte-Speicherkarte mit der Adreßunterteilung nach
Bild 4-8a (Adreßbereich 2M bis 3M − 1, vorgegeben durch die Kartenadresse $002).

gestellt; siehe 4.2.3). - Je nach Vorgabe der 12-Bit-Kartenadresse kann die Speicherkarte einem der 2^{12} 1-Mbyte-Bereiche des Adreßraums zugeordnet werden, deren Bereichsgrenzen bei einem ganzzahligen Vielfachen von 1 Mbyte liegen.

Der codierten Adressierung steht die uncodierte Adressierung gegenüber. Bei ihr erfolgt die Anwahl der Komponenten durch einzelne Adreßbits, wobei der Eindeutigkeit
halber immer nur eines dieser Bits gesetzt sein darf. Man benötigt hier zwar keine
Adreßdecodierlogik, dafür wird der Adreßraum schlecht genutzt. Die uncodierte
Adressierung wird deshalb kostensparend bei kleineren, nicht erweiterbaren Systemen, meist Einkartensystemen, eingesetzt.

4.2.3 Byte-, Wort- und Doppelwortanwahl

Data-Alignment und Data-Misalignment. Der Zugriff auf Byte-, Wort- und
Doppelwortoperanden im Speicher setzt voraus, daß jedes Byte eines Speicher-
doppelwortes einzeln adressierbar ist. Hierzu sind vier Bus-Enable-Signale $\overline{BE3}$ bis
$\overline{BE0}$ erforderlich, die entweder prozessorintern (Intel, National Semiconductor) oder
prozessorextern (Motorola) durch eine Ansteuerlogik erzeugt werden. Ausgewertet
werden dazu die Adreßbits A1 und A0 sowie die Datenformatangabe im auslösenden
Befehl. Bei externer Logik wird das Datenformat vom Prozessor durch zwei Steuersignale SIZ1 und SIZ0 angegeben. Tabelle 4-1 zeigt die Zuordnungen dieser Signale
unter der Voraussetzung des Data-Alignment für Wörter und Doppelwörter, d.h.
unter Einschränkung der möglichen Kombinationen von A1 und A0 in diesen Fällen
(siehe auch 2.1.2). - Um das rechtsbündige Speichern von Bytes und Wörtern in den
Prozessorregistern zu gewährleisten, und zwar unabhängig von ihren Positionen im
Speicherdoppelwort bzw. auf dem Datenbus, besitzt der Prozessor eine Verschiebelogik (barrel shifter), die die korrekte Zuordnung herstellt.

Bei Zugriffen mit Data-Misalignment - das betrifft die in Tabelle 4-1 nicht aufgeführten Kombinationen für A1 und A0 bei den Datenformaten Wort und Doppelwort -

Tabelle 4-1. Speicheranwahl für Byte-, Wort- und Doppelwortoperanden bei Data-Alignment (Byte- und Wortadressierung von links nach rechts, in Anlehnung an Motorola).

Datenformat	SIZ1	SIZ0	A1	A0	$\overline{BE3}$	$\overline{BE2}$	$\overline{BE1}$	$\overline{BE0}$	Speicherdoppelwort/ Datenbus
Byte	0	1	0	0	0	1	1	1	
	0	1	0	1	1	0	1	1	
	0	1	1	0	1	1	0	1	
	0	1	1	1	1	1	1	0	
Wort	1	0	0	0	0	0	1	1	
	1	0	0	1	1	0	0	1	
	1	0	1	0	1	1	0	0	
Doppelwort	0	0	0	0	0	0	0	0	

werden zunächst nur die Bus-Enable-Signale jener Bytes aktiviert, die in einem ersten Buszyklus transportiert werden können, um dann in einem weiteren Zyklus die Enable-Signale der restlichen Bytes zu aktivieren und diese Bytes zu transportieren. Dementsprechend muß die Tabelle 4-1 um diese Kombinationen von A1 und A0 erweitert werden. Hinzu kommt die SIZ1-SIZ0-Codierung 11 für die 3-Byte-Einheit als Teil eines Doppelwortes. (SIZ1 und SIZ0 geben jeweils die Anzahl der noch zu transportierenden Bytes an.)

Dynamische Busbreite. Bei dynamischer Busbreite (Dynamic-Bus-Sizing) können die am Datenbus angeschlossenen Einheiten wahlweise eine Torbreite (port size) von 32, 16 oder 8 Bits haben, wobei 16- und 8-Bit-Anschlüsse linksbündig (bei Adressierung im Doppelwort vom höchstwertigen Byte ausgehend, z.B. MC68030 [3]) oder rechtsbündig (bei Adressierung im Doppelwort vom niedrigstwertigen Byte ausgehend, z.B. i386 [8], NS32532 [5]) erfolgen. Unabhängig von der Torbreite versucht der Prozessor bei einem Datentransport zunächst - wie oben beschrieben - alle innerhalb der Doppelwortgrenze liegenden Bytes zu transportieren. Im Verlaufe des Buszyklus teilt ihm dann die adressierte Einheit durch zwei Steuersignale $\overline{BW1}$ und $\overline{BW0}$ (bus width) ihre Anschlußbreite mit. Der Prozessor weiß damit, welche Bytes er bei einem Lesezyklus vom Bus tatsächlich übernehmen darf, bzw. welche Bytes ihm bei einem Schreibzyklus tatsächlich abgenommen worden sind. In einem oder mehreren weiteren Buszyklen verfährt er mit den jeweils verbleibenden Bytes in gleicher Weise. So können sich z.B. unter Einbeziehung des Data-Misalignment bei einem Doppelworttransport zwischen einem und vier Buszyklen ergeben.

Da der Prozessor jeden dieser Transporte unabhängig von der Busbreitenangabe im vorangegangenen Zyklus durchführt, müssen Bytes und Wörter beim Schreibzyklus, abhängig von den Signalen SIZ1, SIZ0, A1 und A0, von der prozessorinternen Verschiebelogik zum Teil vorsorglich in mehrere mögliche Buspositionen kopiert werden.

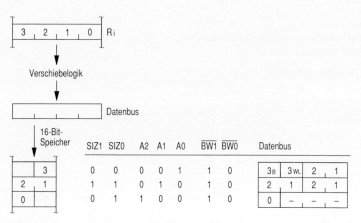

Bild 4-10. 32-Bit-Transport mit einem 16-Bit-Speicher bei Data-Misalignment; durchgeführt in drei Buszyklen.

Bild 4-10 zeigt dazu ein Beispiel für einen 32-Bit-Transport zwischen einem Prozessorregister Ri und einem linksbündig an den Datenbus angeschlossenen 16-Bit-Speicher bei ungerader Speicheradresse (A1, A0 = 01, Data-Misalignment). Der Prozessor, der die Speicherbreite vorab nicht kennt, belegt den Datenbus für den ersten Buszyklus derart, daß ein 32-Bit-Port die Bytes 3, 2 und 1 und ein 16- oder 8-Bit-Port das Byte 3 übernehmen können. Für den 8-Bit-Port dupliziert dazu die Verschiebelogik das Byte 3 und legt es an die höchstwertige Busposition (siehe Indizes B, W und L). Der 16-Bit-Speicher antwortet während eines ersten Buszyklus mit der Anschlußbreite Wort ($\overline{BW1}$, $\overline{BW0}$ = 10) und übernimmt dementsprechend das Byte 3. In einem zweiten Buszyklus zeigt der Prozessor mit den Signalen SIZ1 und SIZ0 an, daß noch 3 Bytes zu übertragen sind. Ausgehend von der durch den ersten Buszyklus veränderten Adresse (A1, A0 = 10), bietet er jedoch nur die Bytes 2 und 1 an; für einen 16-Bit-Port vorsorglich linksbündig, für einen 32-Bit-Port vorsorglich rechtsbündig. Diese werden vom Speicher übernommen. In einem dritten Buszyklus wird schließlich das Byte 0 übertragen.

4.2.4 Busankopplung

Eine Speicher- oder Interface-Einheit muß, wenn sie durch den Prozessor adressiert wird, mit ihren Datenbusanschlüssen an den Systemdatenbus angekoppelt werden. Die hierfür erforderliche Logik ist häufig in den Bausteinen selbst in den Datenbustreibern enthalten, die über Bausteinanwahleingänge $\overline{CS}$ (chip select) oder $\overline{CE}$ (chip enable) gesteuert werden. Mit $\overline{CS}$ = 1 bzw. $\overline{CE}$ = 1 befinden sich die Datenbusanschlüsse im hochohmigen Zustand und sind damit vom Datenbus abgekoppelt; mit $\overline{CS}$ = 0 bzw. $\overline{CE}$ = 0 werden sie auf den Datenbus durchgeschaltet (Tristate-Funktion). Die Datenflußrichtung in der Treiberlogik wird durch das Lese-/Schreibsignal R/$\overline{W}$ des Prozessors bestimmt.

Häufig erfolgt die Busankopplung durch spezielle Treiberbausteine, die zwischen die Funktionseinheit und den Datenbus geschaltet werden. Bild 4-11 zeigt einen solchen Bustreiber (bus driver), der aufgrund der umschaltbaren Datenflußrichtung als bidi-

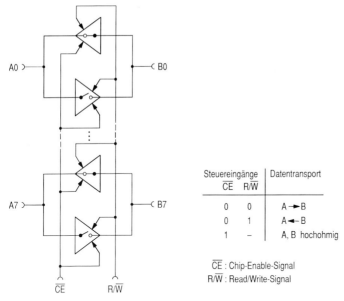

Steuereingänge		Datentransport
$\overline{CE}$	R/W	
0	0	A ► B
0	1	A ◄ B
1	–	A, B hochohmig

$\overline{CE}$: Chip-Enable-Signal
R/W : Read/Write-Signal

Bild 4-11. Bidirektionaler Bustreiber mit Signalverstärkern und Tristate-Logik.

rektionaler Treiber bezeichnet wird. Für jeden Signalweg Ai/Bi besitzt er zwei Verstärkerstufen (Dreiecksymbol), von denen jeweils eine durch den Zustand des R/W-Signals angewählt wird. Das $\overline{CE}$-Signal gibt den angewählten Signalweg frei oder schaltet die Verstärkerausgänge in den hochohmigen Zustand.

Treiberbausteine haben neben ihrer Tristate-Funktion den Vorteil, wegen ihrer Verstärkereigenschaft eine größere Buslast treiben zu können, d.h., der Bus kann mit einer größeren Anzahl von Bausteinen belastet werden. Aus diesem Grunde werden üblicherweise auch Adreß- und Steuerleitungen über Treiberbausteine an den Systembus geschaltet; bei unidirektionalen Signalen werden entsprechend unidirektionale Treiber eingesetzt. Aus Gründen der begrenzten Belastbarkeit der Prozessoranschlüsse wird auch der Mikroprozessor selbst über Treiberbausteine an den Systembus geschaltet. Nachteilig ist die zusätzliche Signallaufzeit.

4.3 Datentransportsteuerung

Die Durchführung eines Datentransports umfaßt eine Reihe von Steuerungsabläufen, wie das Adressieren der am Transport beteiligten passiven Einheit, die Ankopplung der adressierten Einheit an den Datenbus und die Angabe der Transportrichtung. Hinzu kommen Zeitvorgaben für die Gültigkeit der Adresse sowie die Bereitstellung und die Übernahme des Datums. Ausgelöst wird der Datentransport durch den Prozessor, dem als Master die Steuerung obliegt. Die adressierte Einheit hat als Slave untergeordnete Funktion. Sie beschränkt sich im Steuerungsablauf, sofern überhaupt erforderlich, auf das Quittieren der Datenübernahme bzw. die Signalisierung der Datenbereitstellung. Bei Prozessoren mit dynamischer Busbreite zeigt sie zusätzlich die

Breite ihres Datenbusanschlusses an. - Der gesamte Ablauf eines Datentransports wird als Buszyklus bezeichnet.

4.3.1 Synchroner und asynchroner Bus

Der Datentransport erfolgt je nach Busspezifikation entweder synchron oder asynchron. Bei einem synchronen Bus (Bild 4-12a) sind Master und Slave durch ein gemeinsames Bustaktsignal (BUSCLK) miteinander synchronisiert, d.h., die Übertragung unterliegt einem festen Zeitraster mit fest vorgegebenen Zeitpunkten für die Bereitstellung und Übernahme von Adresse und Datum. Ausgelöst wird der Ablauf durch ein Startsignal ($\overline{\text{CSTART}}$), das den Beginn des Buszyklus anzeigt. - Nachteil ist, daß die Frequenz des Bustaktes an den langsamsten Busteilnehmer angepaßt werden muß. Abhilfe schafft hier eine Erweiterung des Protokolls um das Signal $\overline{\text{READY}}$. Dieses wird von langsameren Slaves über den kürzest möglichen Buszyklus hinaus inaktiv gehalten. Der Buszyklus wird dann vom Master um zusätzliche Bustaktschritte (Wartezyklen, wait cycles) verlängert, bis der Slave durch die Aktivierung von $\overline{\text{READY}}$ seine Bereitschaft anzeigt. - Ein Beispiel für einen synchronen Bus ist der Multibus II [4].

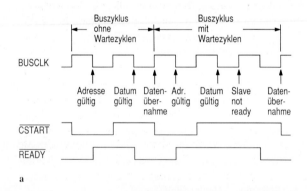

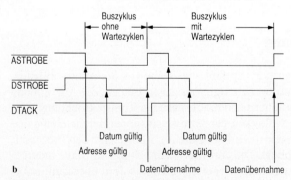

Bild 4-12. Buszyklen ohne und mit Wartezyklen. **a** Lese- oder Schreibzyklus bei synchronem Bus, **b** Schreibzyklus bei asynchronem Bus.

Bei einem asynchronen Bus gibt es kein gemeinsames Bustaktsignal (Bild 4-12b). Hier zeigt der Master die Gültigkeit von Adresse und Datum durch ein Adreß- und ein Datengültigkeitssignal ($\overline{\text{ASTROBE}}$, $\overline{\text{DSTROBE}}$) an, und der Slave signalisiert seine Datenbereitstellung bzw. Datenübernahme durch ein asynchron dazu erzeugtes Quittungssignal (Data-Transfer-Acknowledge, $\overline{\text{DTACK}}$). Auch hier gibt es einen kürzest möglichen Buszyklus, der von langsameren Slaves durch Verzögern des Quittungssignals um Wartezyklen - bezogen auf den Takt des Masters - verlängert werden kann. Das Ausbleiben des Quittungssignals bei defektem oder nicht vorhandenem Slave wird durch einen Zeitbegrenzer (watch-dog timer) überwacht, der dem Master das Überschreiten einer Grenzzeit (time out) mittels eines Unterbrechungssignals meldet, worauf dieser den Buszyklus abbricht (bus error trap). - Ein Beispiel für einen asynchronen Bus ist der VMEbus [6].

Die durch die Busspezifikation vorgegebenen Signale stimmen in ihren Funktionen und ihren Zeitverhalten meist nicht mit den Signalen des jeweils eingesetzten Prozessors überein. Hier muß auf der Prozessorkarte eine Signalanpassung durch zusätzliche Logik vorgenommen werden, wie sie auch zur Ansteuerung einer jeden Slave-Einheit individuell erforderlich ist. Die Vorteile synchroner Busse liegen im einfacheren Aufbau dieser Logik (Synchrontechnik) und im einfacheren Testen des Ablaufs durch die fest vorgegeben Zeitpunkte der Signaländerungen. Die Vorteile asynchroner Busse liegen darin, daß der Bus keinen zentralen Takt zu haben braucht und ein Slave seine Abläufe ohne ein Taktsignal optimieren kann. Bezüglich der Übertragungsgeschwindigkeiten beider Busarten ergeben sich keine nennenswerten Unterschiede.

4.3.2 Lesezyklus und Schreibzyklus

Bild 4-13 zeigt ein einfaches Schaltungsbeispiel für den asynchronen Datentransport mit der 1-Mbyte-Speicherkarte aus Bild 4-9. Die Speicherkarte wird durch die höherwertigen Adreßbits angewählt (Kartenanwahllogik) und erzeugt ihr Quittungssignal mittels einer Verzögerungseinrichtung (Delay). Die Anpassung der vom Bus kommenden und der auf der Karte erzeugten Signale an die Steuersignale der Speicherbausteine geschieht durch eine Speicheransteuerlogik (siehe auch 4.3.3).

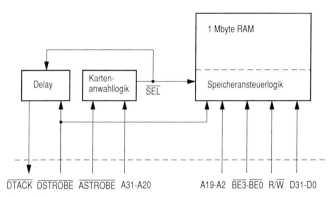

Bild 4-13. Datentransportsteuerung für die 1-Mbyte-Speicherkarte nach Bild 4-9.

Bild 4-14 zeigt dazu das Signal-Zeitverhalten (timing) für den Lese- und den Schreibzyklus. Dargestellt sind jetzt die Prozessorsignale und zwar etwas ausführlicher, so
wie dies in Prozessorhandbüchern üblich ist. Anders als bei der Busbetrachtung in
Bild 4-12b sind auch das Prozessortaktsignal (CLK) und die Prozessortaktzustände
(Z_i) mit angegeben. Dieses Taktsignal steuert mit seinen Flanken die Pegelübergänge
der Prozessorausgangssignale, d.h. der Adreßsignale, der Byte-Enable-Signale, der
Statussignale, der Gültigkeitssignale, des Lese-/Schreibsignals und beim Schreibzyklus der Datensignale. (In Wirklichkeit sind diese Übergänge durch Gatterlaufzeiten
und kapazitive Buslasten gegenüber den Taktflanken etwas verschoben.) - Doppel-
linien für Signale kennzeichnen in der Darstellung das mögliche Auftreten unterschiedlicher Signalzustände bei mehreren Signalleitungen; Signallinien in Mitten-
position stellen den hochohmigen Signalzustand von Tristate-Signalen dar.

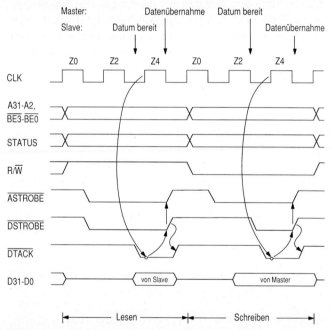

Bild 4-14. Asynchroner Lesezyklus und Schreibzyklus.

Asynchroner Lesezyklus. Im Zustand Z0 gibt der Prozessor die Adreßsignale A31
bis A2, die Byte-Enable-Sinale $\overline{BE3}$ bis $\overline{BE0}$, das Lesesignal R/$\overline{W}$ = 1 sowie zusätzliche Statussignale, wie S/$\overline{U}$ (supervisor/user), an den Systembus aus und zeigt
die Gültigkeit dieser Signale im Zustand Z1 durch das Adreßgültigkeitssignal
$\overline{ASTROBE}$ an. Die adressierte Speichereinheit erzeugt daraufhin ihr Anwahlsignal
$\overline{SEL}$ für die Speicheranwahl und startet damit ihre Verzögerungseinrichtung. Gleichzeitig mit $\overline{ASTROBE}$ setzt der Prozessor das Datengültigkeitssignal $\overline{DSTROBE}$, das
zusammen mit dem Lesesignal R/$\overline{W}$ = 1 die Datenanschlüsse der Speicherbausteine
auf Ausgabe schaltet. - Im Zustand Z3 fragt der Prozessor das Quittungssignal
$\overline{DTACK}$ ab und fügt, sofern es zu diesem Zeitpunkt noch nicht gesetzt ist, einen oder

mehrere Wartezyklen (Z2, Z3) in den Lesezyklus ein. Nach dem Eintreffen von $\overline{\text{DTACK}}$ übernimmt der Prozessor in Z5 die auf dem Datenbus anliegenden Datensignale und setzt gleichzeitig die beiden Gültigkeitssignale $\overline{\text{ASTROBE}}$ und $\overline{\text{DSTROBE}}$ zurück. Mit dem Rücksetzen von $\overline{\text{DSTROBE}}$ wird in der Verzögerungseinrichtung auch das $\overline{\text{DTACK}}$-Signal zurückgesetzt. Im Zustand Z6 = Z0 beendet er den Lesezyklus.

Asynchroner Schreibzyklus. Wie beim Lesezyklus gibt der Prozessor im Zustand Z0 die Adreß-, Byte-Enable- und Statussignale an den Systembus aus, setzt aber das R/$\overline{\text{W}}$-Signal auf Null. Die Gültigkeit der Signale zeigt er im Zustand Z1 durch das $\overline{\text{ASTROBE}}$-Signal an, womit das $\overline{\text{SEL}}$-Signal erzeugt und die Verzögerungseinrichtung gestartet wird. Im Zustand Z2 legt der Prozessor das Datum auf den Datenbus und zeigt die Datenbereitstellung im Zustand Z3 durch das $\overline{\text{DSTROBE}}$-Signal an. $\overline{\text{DSTROBE}}$ gibt zusammen mit R/$\overline{\text{W}}$ = 0 die Eingänge der Speicherbausteine für die Datenübernahme frei. - Im Zustand Z3 fragt der Prozessor das Quittungssignal $\overline{\text{DTACK}}$ ab und fügt, sofern es zu diesem Zeitpunkt noch nicht gesetzt ist, einen oder mehrere Wartezyklen (Z2, Z3) in den Schreibzyklus ein. Nach dem Eintreffen von $\overline{\text{DTACK}}$ nimmt der Prozessor in Z5 seine Gültigkeitssignale zurück und schließt den Zyklus in Z6 = Z0 ab, wobei er das R/$\overline{\text{W}}$-Signal auf Eins setzt. Die positive Flanke von $\overline{\text{DSTROBE}}$ wird von den Speicherbausteinen zur Datenübernahme und von der Verzögerungseinrichtung zum Rücksetzen von $\overline{\text{DTACK}}$ ausgewertet.

4.3.3 Speicheransteuerung

Der Datentransport mit Speicherbausteinen bedarf einer individuellen Ansteuerlogik zur Anpassung der Prozessor- bzw. Bussignale an die Speichersignale und deren Zeitverhalten. Prinzipiell zu unterscheiden sind hierbei statische und dynamische RAM-Bausteine (siehe auch 1.2.4); kleinere Abweichungen in den Ansteuersignalen gibt es aber auch innerhalb der beiden Speichertypen.

Statisches RAM (SRAM). Bild 4-15 zeigt die Struktur eines statischen RAMs mit einer Kapazität von 32 Kbyte, angeordnet in einer Speichermatrix von 512 Zeilen (rows) und 512 Spalten (columns). Zur Adressierung eines Bytespeicherplatzes wählt ein Zeilendecoder mit den höherwertigen Adreßbits eine der Zeilen an, aus der ein Spaltendecoder mit den niedrigerwertigen Adreßbits 8 Bits, d.h. 1 Byte selektiert. Ein Multiplexer (column i/o) stellt die Datenverbindung zum Ausgabetreiber (output buffer) sowie zum Eingabetreiber (input buffer) her. Die gezeigten Adreßtreiber (address buffers) dienen wie die beiden Datentreiber zur elektrischen Signalanpassung. Die Datentreiber haben darüber hinaus Tristate-Funktion, wodurch der Baustein vom Datenbus abgekoppelt werden kann. Gesteuert wird der Zugriff über die Signale $\overline{\text{CS}}$ (chip select), $\overline{\text{WE}}$ (write enable) und $\overline{\text{OE}}$ (output enable).

Das Signal-Zeitverhalten für das Lesen und das Schreiben zeigt Bild 4-16, wobei in der Darstellung auf die in den Datenblättern üblicherweise angegeben Toleranzen für die Zeitpunkte der Pegelübergänge verzichtet wird. Der Speicherzugriff beginnt, sobald sich die Adresse stabilisiert hat. Ab diesem Zeitpunkt sind die Eingänge der Adreßdecoder stabil, so daß ihre Ausgänge einschwingen können. Zu diesem Zeit-

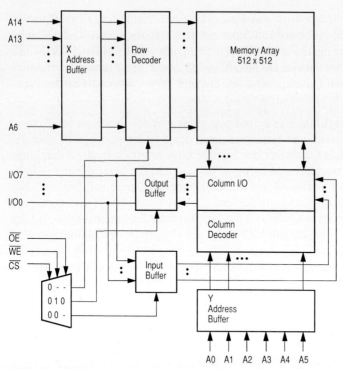

Bild 4-15. Struktur eines statischen RAM-Bausteins mit einer Kapazität von 32 Kbyte.

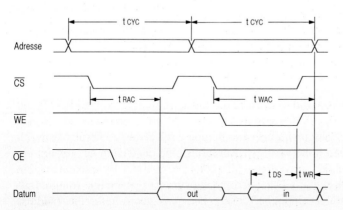

Bild 4-16. Lese- und Schreibzyklus für den statischen RAM-Baustein nach Bild 4-15.

punkt ist $\overline{\text{CS}}$ jedoch noch inaktiv, so daß auch die Signale $\overline{\text{WE}}$ und $\overline{\text{OE}}$ noch unwirksam sind und die Datentreiber in den hochohmigen Zustand geschaltet sind. $\overline{\text{CS}}$ wird durch das Anwahlsignal der externen Decodierlogik aktiviert.

Beim Lesen wird in Abhängigkeit des Lesesignals (R/$\overline{\text{W}}$ = 1) das $\overline{\text{OE}}$-Signal gesetzt und damit der Ausgabetreiber durchgeschaltet. Nach Ablauf der Zugriffszeit t_{RAC}

(read access) des Speichers steht das Datum an den Datenleitungen zur Übernahme durch den Prozessor bereit. Beim Schreiben wird in Abhängigkeit des Schreibsignals (R/$\overline{\text{W}}$ = 0) das $\overline{\text{WE}}$-Signal gesetzt und damit der Eingabetreiber geöffnet. Die Datenübernahme durch den Baustein erfolgt mit der ersten steigenden Flanke von $\overline{\text{WE}}$ oder $\overline{\text{CS}}$. Das Datum muß davor eine Mindestzeit t_{DS} (data setup) an den Dateneingängen anliegen; die Zugriffszeit t_{WAC} (write access) setzt im Anschluß daran eine Erholungszeit t_{WR} (write recovery) voraus. - *Anmerkung:* Bei Bausteinen ohne $\overline{\text{OE}}$-Eingang erfolgt die Anwahl des Ausgabetreibers durch $\overline{\text{WE}}$ = 1. Hierbei darf das $\overline{\text{CS}}$-Signal aber erst dann aktiviert werden, wenn sichergestellt ist, ob es sich um einen Lese- oder Schreibzyklus handelt. Konflikte würde es bei einem Schreibzyklus und geöffnetem Ausgabetreiber geben, indem Speicher und Datenbus gegeneinander arbeiten würden.

Die Gesamtzeit für einen Lese- oder Schreibzugriff t_{CYC} bezeichnet man auch als Zykluszeit. Sie kann bei statischen RAMs durch eine geeignete Ansteuerung (und z.B. durch externe Datenbustreiber zur Vermeidung des obigen Konfliktes) auf die Zugriffszeit reduziert werden. - Typische Zugriffszeiten liegen bei 30 bis 100 ns.

Dynamisches RAM (DRAM). Bild 4-17 zeigt die Struktur eines dynamischen RAMs mit einer Kapazität von 1 Mbit bei matrixförmiger Speicherung. Die Zeilen- und die Spaltenanwahl erfolgen über zwei Adreßpuffer, in die im Zeitmultiplexverfahren zunächst die unteren Adreßbits für die Zeilenanwahl und danach die oberen

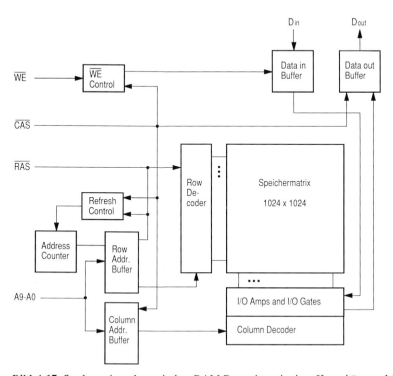

Bild 4-17. Struktur eines dynamischen RAM-Bausteins mit einer Kapazität von 1 Mbit.

Adreßbits für die Spaltenanwahl geladen werden. Hierfür sind zwei Übernahme-signale, Row-Address-Select ($\overline{\text{RAS}}$) und Column-Address-Select ($\overline{\text{CAS}}$), erforderlich (siehe auch Bild 4-18). Die Anzahl der Adreßanschlüsse des Bausteins ist dement-sprechend halbiert, hier auf zehn Leitungen. Der Baustein hat außerdem je eine Datenleitung für das Lesen und das Schreiben, d.h., seine Zugriffsbreite ist 1 Bit.

Im Gegensatz zu statischen RAMs, bei denen die Bits in Flipflops gespeichert wer-den, arbeiten dynamische RAMs mit Kondensatorladungen. Diese Ladungen müssen in regelmäßigen Abständen aufgefrischt werden. Dazu werden zum einen bei jedem Lese- und Schreibzugriff jeweils eine gesamte Matrixzeile ausgelesen und die Ladun-gen verstärkt wieder zurückgeschrieben, beim Schreibzugriff mit entsprechender In-formationsänderung in der angewählten Spalte. Zum andern werden durch sog. Refresh-Zyklen, die zwischen den regulären Lese- und Schreibzugriffen erfolgen, Matrixzeilen über den Zeilenadreßpuffer angewählt und wie oben beschrieben aufge-frischt. Diese Zyklen werden durch eine Ansteuerlogik angeregt. Der Adreßpuffer wird dabei durch einen Adreßzähler geladen, der entweder extern vorgesehen werden muß, oder wie in Bild 4-17 im Baustein bereits vorhanden ist. Bei derzeitigen DRAMs muß der Refresh-Vorgang innerhalb von 10 ms erfolgen. - Aufgrund der relativ komplizierten Ansteuerung von dynamischen RAMs gibt es spezielle DRAM-Controller-Bausteine, die auch die Refresh-Zyklen steuern.

Wie Bild 4-18 zeigt, ist bei dynamischen RAMs die Zykluszeit t_{CYC} wegen des Lesens mit darauffolgendem Rückschreiben in jedem Fall größer als die eigentliche Zugriffszeit t_{ACC}. Typische Werte liegen bei 130 ns für t_{CYC} und 80 ns für t_{ACC}. Die Zugriffszeit selbst ist nicht nur vom $\overline{\text{RAS}}$-Signal, sondern auch vom $\overline{\text{CAS}}$-Signal ab-hängig, beim Lesen mit t_{CAC} (access time from $\overline{\text{CAS}}$), beim Schreiben mit t_{DHC} (data hold time from $\overline{\text{CAS}}$).

Eine bessere Nutzung der Zykluszeit erhält man z.B. bei dynamischen RAMs mit Nibble-Mode (4-Bit-Modus), bei denen durch wiederholtes Aktivieren des $\overline{\text{CAS}}$-Signals bei aktiv gehaltenem $\overline{\text{RAS}}$-Signal und bei unveränderter Adresse auf bis zu

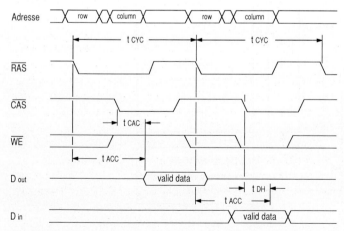

Bild 4-18. Lese- und Schreibzyklus für den dynamischen RAM-Baustein nach Bild 4-17.

vier aufeinanderfolgende Bits einer Zeile in kurzen Abständen zugegriffen werden kann. Alternativ dazu gibt es dynamische RAMs mit Page- oder Static-Column-Mode. Bei ihnen kann auf mehr als vier Bits einer Zeile mit verkürzter Zugriffszeit und wahlfrei zugegriffen werden. Dazu werden nach dem ersten Zugriff das $\overline{\text{RAS}}$-Signal und die Zeilenadresse unverändert gehalten und es wird bei jedem weiteren Zugriff bei wechselndem bzw. aktiv gehaltenem $\overline{\text{CAS}}$-Signal die Spaltenadresse verändert. - Zu den Eigenschaften dynamischer RAMs siehe z.B. [2], zu Speicherstrukturen mit dynamischen RAMs [7].

4.3.4. Speicherverschränkung und überlappende Adressierung

Speichereinheiten werden nach Möglichkeit so aufgebaut, daß Zugriffe des Prozessors ohne Wartezyklen möglich sind. Dies erfordert entweder "schnelle" Speicherbausteine mit entsprechend kurzen Zykluszeiten oder besondere Speicherstrukturen, um Zugriffe überlappend ausführen zu können. Als schnelle Bausteine werden statische RAMs eingesetzt. Sie haben jedoch gegenüber den "langsameren" dynamischen RAMs den Nachteil der höheren Kosten pro Bit bei geringerer Bitanzahl pro Baustein.

Speicher mit großen Kapazitäten werden deshalb vorwiegend mit dynamischen RAMs aufgebaut. Deren Nachteil einer gegenüber der Zugriffszeit verlängerten Zykluszeit kann dadurch gemindert werden, daß bei Speicherzugriffen mit fortzählender Adressierung unterschiedliche Speicherbausteine angesprochen werden. Die Speichereinheiten werden dazu in Speicherbänke gleicher Größe unterteilt, die mit den niedrigerwertigen Adreßbits angewählt werden, so daß aufeinanderfolgende Adressen jeweils einen Bankwechsel verursachen (Speicherverschränkung, low order interleaving; siehe im Vorgriff Bild 4-19). Durch dieses Überlappen der Speicherzyklen kann sich eine Speicherbank "erholen", bis sie erneut adressiert wird. Die Anzahl der Bänke liegt bei zwei, vier oder einer größeren Zweierpotenz. (Die Speicherverschränkung wurde bereits bei den früher üblichen Magnetkernspeichern eingesetzt, die wie die dynamischen RAMs nach dem Zugriff ein Rückschreiben der Information erforderten.)

Wartezyklen ergeben sich bei "langsamen" Speicherbausteinen insbesondere auch dann, wenn deren Zugriffszeit größer als die minimale Buszykluszeit des Prozessors ist. Diese Wartezyklen können teilweise oder ganz vermieden werden, wenn der Prozessor ein Überlappen der Buszyklen erlaubt. Dabei gibt der Prozessor z.B. die Adresse sowie die Status- und Byte-Enable-Signale für den nächsten Buszyklus bereits während des momentanen Buszyklus aus (überlappende Adressierung, address pipelining, z.B. i386 [8]). Voraussetzung auf der Speicherseite sind eine Speicheraufteilung in Bänke mit verschränkter Adressierung sowie für jede Bank zwei Pufferregister, um die Adreß- und Byte-Enable-Signale des momentanen Zyklus zu halten. Damit kann bei fortzählender Adressierung vor Abschluß eines Buszyklus bereits die neue Adresse für den Zugriff auf die nächste Speicherbank ausgewertet werden. - Bild 4-19 zeigt als Beispiel eine Speicherstruktur mit vier 32-Bit-Bänken, die durch die Adreßbits A3 und A2 angewählt werden. (A1 und A0 dienen, wie üblich, zur

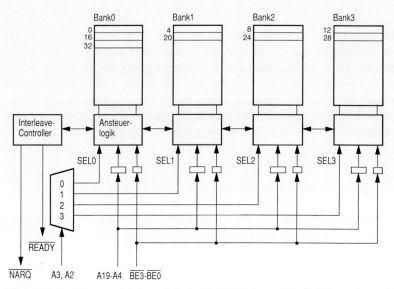

Bild 4-19. Speicherverschränkung bei vier 32-Bit-Bänken mit je 256 Kbyte. Je zwei Pufferregister pro Bank speichern die Adreßbits A4 bis A19 und die Bus-Enable-Signale. Die Bankanwahl durch die Adreßbits A3 und A2 ist für die ersten Doppelwortadressen gezeigt.

Byteanwahl im Speicherdoppelwort.) Mit fortzählender Adressierung wechseln die Bankzugriffe zyklisch. Die vergleichsweise komplizierte Steuerung wird von einem Interleave-Controller durchgeführt.

Bild 4-20 zeigt dazu die Zeitverläufe für mehrere synchrone Lesezyklen entsprechend Bild 4-12a. In den Buszyklen 1 und 2 greift der Prozessor mit nichtüberlappender Adressierung auf einen "schnellen" Speicher zu, der die Daten jeweils nach der minimalen Zeit von zwei Takten bereitstellt. Im Buszyklus 3 erfolgt dann der Übergang auf eine Speichereinheit, die für die Datenbereitstellung drei Takte benötigt, jedoch verschränkt adressiert wird. Dementsprechend veranlaßt der Interleave-Controller mit dem Signal $\overline{\text{READY}}$ den Prozessor, einen Wartezyklus einzufügen. Außerdem teilt er dem Prozessor durch das Signal $\overline{\text{NARQ}}$ (next address request) mit, daß dieser die nächste Adresse bereits während dieses Wartezyklus, d.h. überlappend, ausgeben kann. Die folgenden Buszyklen 4 und 5 werden aufgrund des aktivierten $\overline{\text{NARQ}}$- und des verzögerten $\overline{\text{READY}}$-Signals ebenfalls mit überlappender Adressierung ausgeführt. Bei ihnen stehen die Lesedaten jedoch wieder im Abstand von zwei Takten zur Übernahme bereit; zwischen der Ausgabe der Adresse und dieser Bereitstellung liegen jetzt jedoch drei Takte. D.h., trotz längerer Speicherzugriffszeiten können die Speicherzugriffe ohne Wartezyklen durchgeführt werden.

Anmerkungen. 1. Bei der in Bild 4-20 gezeigten Überlappung reichen bei fortzählender Adressierung zwei Bänke für eine optimale Zugriffsrate aus. Bei nichtfortzählender Adressierung wird die Wahrscheinlichkeit eines Bankwechsels durch eine größere Bankanzahl erhöht. 2. Bei dynamischen RAMs mit Zugriffszeiten größer als die minimale Buszykluszeit, kommen beide oben beschriebenen Wirkungen der Speicherverschränkung zum tragen.

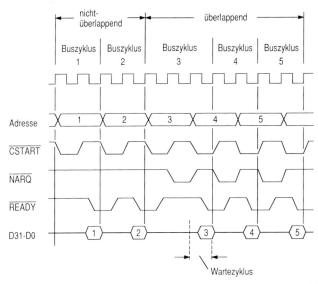

Bild 4-20. Lesezyklen bei nichtüberlappender und überlappender Adressierung.

4.4 Busarbitration

Die Grundlage für den Zugriff der einzelnen Komponenten eines Mikroprozessorsystems auf den gemeinsamen Systembus bildet das Master-Slave-Prinzip. Aktive Komponenten, wie Prozessoren und Controller, wirken als Master; sie sind in der Lage, Buszyklen zu bewirken. Passive Komponenten, wie Speicher und Interfaces, sind Slaves. Bei einfachen Systemen mit einem Mikroprozessor als einzigem Master ist der Buszugriff unproblematisch, da die Bussteuerung ausschließlich diesem Master unterliegt. Bei komplexeren Systemen mit mehreren Mastern, z.B. bei einem Mikroprozessorsystem mit einem DMA-Controller (Multimastersystem), muß die zeitliche Abfolge der Buszugriffe organisiert werden. Zu dieser Aufgabe gehören die Priorisierung der Anforderungen, die Zuteilung des Busses und gegebenenfalls die vorzeitige Abgabe des Busses an einen anfordernden Master höherer Priorität. Dabei ist zu berücksichtigen, daß ein Busmaster erst nach Abschluß seines momentanen Buszyklus vom Bus verdrängt werden kann. Man bezeichnet die Busverwaltung auch als Busarbitration (arbitration: schiedsrichterliche Entscheidung). - Während der Bus von einem der Master belegt wird, müssen die übrigen Master mit ihren Adreß-, Daten- und Steuerausgängen - mit Ausnahme der Leitungen für die Busverwaltung - vom Bus abgekoppelt sein. Dies erfolgt mittels Tristate-Logik.

Bei Systemen mit sog. lokaler Busarbitration ist dem Mikroprozessor der Systembus als lokaler Bus fest zugeordnet, und die zusätzlichen Master im System fordern von diesem den Bus nach Bedarf an (Bild 4-21a). Der Mikroprozessor hat hierbei niedrigste Priorität; die Priorisierung der Zusatzmaster untereinander erfolgt durch eine prozessorexterene Prioritätenlogik. Bei diesen Mastern handelt es sich im allgemeinen um Steuerbausteine mit eingeschränkter Prozessorfunktion, wie z.B. DMA-Controller (sie übernehmen die Datenübertragung zwischen dem Speicher und den Interfaces,

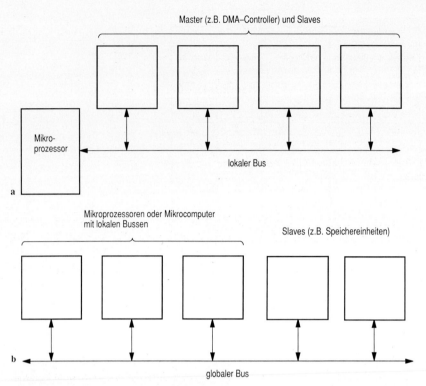

Bild 4-21. Multimastersysteme. **a** Einprozessorsystem (lokale Busarbitration), **b** Mehrprozessor-bzw. Mehrrechnersystem (globale Busarbitration).

siehe 7.1). - Obwohl solche Systeme mehrere Master besitzen, werden sie wegen der festen Zuordnung des Busses zum Mikroprozessor und wegen der eingeschränkten Masterfunktionen der Controller als Einprozessorsysteme bezeichnet.

Bei Systemen mit sog. globaler Busarbitration ist der Buszugriff für alle Master in gleicher Weise organisiert, d.h., der Bus ist nicht mehr einem der Master fest zugeordnet, sondern wird als globaler Bus auf Anforderung nach Prioritäten vergeben (Bild 4-21b). Die Master sind hierbei üblicherweise universelle oder spezielle Mikroprozessoren (Zentralprozessoren, Ein-/Ausgabeprozessoren) oder eigenständige Mikrorechner (Mikroprozessorsysteme mit lokalem Bus und gegebenenfalls lokaler Busarbitration). Solche Systeme werden als als Mehrprozessor- bzw. Mehrrechnersysteme bezeichnet.

4.4.1 Buszuteilungszyklus

Bei einem einfachen lokalen System mit einem Mikroprozessor und einem DMA-Controller sind diese beiden Busmaster durch ein Busanforderungssignal $\overline{\text{BRQ}}$ (bus request) vom Controller zum Prozessor und ein Gewährungssignal $\overline{\text{BGT}}$ (bus grant) vom Prozessor zum Controller miteinander verbunden. Bild 4-22 zeigt dazu den Bus-

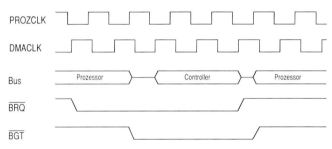

Bild 4-22. Buszuteilungszyklus für einen DMA-Controller in einem System mit lokaler Busarbitration.

zuteilungszyklus, d.h. das Zeitverhalten dieser Signale. Der Mikroprozessor und der DMA-Controller haben in diesem Beispiel eigene Taktsignale (asynchroner Bus). Um einen Datentransport durchzuführen, fordert der DMA-Controller den Bus vom Mikroprozessor durch Setzen seines Anforderungssignals $\overline{BRQ}$ an. Der Mikroprozessor beendet zunächst seinen Buszyklus und gibt dann den Bus frei. Dazu schaltet er sämtliche Tristate-Ausgänge in den hochohmigen Zustand und signalisiert die Busfreigabe durch Setzen seines Gewährungssignals $\overline{BGT}$.

Der DMA-Controller übernimmt daraufhin den Bus und führt seine Datenübertragung aus, die abhängig von der Betriebsart des Controllers aus nur einem Buszyklus (cycle-steal mode) oder aus mehreren Buszyklen (burst mode, block mode) besteht. Nach der Datenübertragung gibt der Controller nun seinerseits den Bus wieder frei, indem er seine Ausgänge in den hochohmigen Zustand schaltet. Er zeigt dies durch Rücksetzen des $\overline{BRQ}$-Signals an. Der Prozessor nimmt daraufhin das $\overline{BGT}$-Signal zurück und koppelt sich wieder an den Bus an.

4.4.2 Systemstrukturen

Erweitert man die einfache Struktur aus Abschnitt 4.4.1 um weitere Master, so wird über die im Mikroprozessor vorhandene Arbitrationslogik hinaus eine prozessorexterne Steuerlogik für die Buszuteilung (einschließlich der Priorisierung) erforderlich. Diese kann entweder dezentral realisiert sein, indem sie anteilig den Mastern zugeordnet ist (Bilder 4-23 und 4-25), oder sie kann zentral in einem für alle Master gemeinsamen Busarbiterbaustein zusammengefaßt sein (Bild 4-24). Gleiches gilt für Systeme mit globaler Busarbitration.

Die Signallaufzeit in der Priorisierungslogik (Priorisierungzeit, settle-up time) wird bei einfachen Arbitrierungsschaltungen erst nach der Busfreigabe wirksam, so daß sich bis zur Busübernahme durch den neuen Master eine Bus-Totzeit ergibt, während der der Bus nicht genutzt werden kann (nichtüberlappende Busarbitration). Bei aufwendigeren Arbitrierungsschaltungen überlappt sich die Priorisierungzeit mit dem Buszugriff des momentanen Busmasters, so daß der Bus unmittelbar nach seiner Freigabe vom neuen Master übernommen werden kann (überlappende Busarbitration).

Daisy-Chain. Bild 4-23 zeigt ein Bussystem mit lokaler Busarbitration, bei dem die
Master eine Prioritätenkette (Busarbiter-Daisy-Chain) bilden. Jeder Master hat dazu
einen eigenen Arbiter, der mit dem des Vorgängers und des Nachfolgers durch das
Gewährungssignal $\overline{BGT}$ verbunden ist. Dabei hat der Master, der dem Prozessor am
nächsten ist, die höchste Priorität. Die Prioritäten der weiteren Master nehmen mit
jedem Glied der Kette um eine Stufe ab. Die Priorisierungszeit ist gleich der Laufzeit
des $\overline{BGT}$-Signals durch diese Kette.

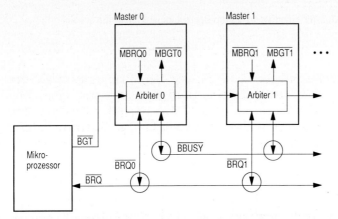

Bild 4-23. Dezentrale Busarbitration in einer Daisy-Chain bei lokaler Struktur (mit einem
Mikroprozessor als ausgezeichnetem Master).

Die Master melden ihre Busanforderungen mit $\overline{MBRQi} = 0$ (master bus request) bei
ihren Arbitern an, und erhalten von diesen nach erfolgter Buszuteilung das Gewährungssignal $\overline{MBGTi} = 0$ (master bus grant). Die Arbiter ihrerseits erzeugen Anforderungssignale $\overline{BRQi} = 0$, die durch verdrahtetes ODER (Kreissymbol) als $\overline{BRQ}$-Signal
dem Prozessor zugeführt werden. Der Prozessor wiederum gibt sein Gewährungs-
signal $\overline{BGT} = 0$ an den ersten Arbiter in der Kette aus, der dieses Signal nur dann an
seinen Kettennachfolger weitergibt, wenn er selbst keine Anforderung hat. In gleicher
Weise verfahren die anderen Kettenglieder, so daß derjenige anfordernde Master i den
Bus zugeteilt erhält, dessen Arbiter nach Ablauf der Priorisierungszeit an seinem Verkettungseingang das Aktivsignal $\overline{BGT} = 0$ vorfindet.

Diese Art der Arbitrierung hat zunächst den Nachteil, daß ein anfordernder Master mit
geringer Priorität bei einer Häufung höherpriorisierter Anforderungen den Bus nicht
zugeteilt bekommt und somit "ausgehungert" werden kann. In der Schaltung nach
Bild 4-23 wird dieser Nachteil jedoch dadurch vermieden, daß jeder Arbiter, der eine
neue Anforderung $\overline{MBRQi} = 0$ erhält, diese so lange zurückhält, d.h. $\overline{BRQi} = 1$ erzeugt, wie er an seinem bidirektionalen $\overline{BRQi}$-Anschluß den Aktivpegel $\overline{BRQ} = 0$ vorfindet. Dadurch können die bereits vorliegenden Anforderungen als Gruppe abgear-
beitet werden, ohne daß neue hinzukommen. Neue Anforderungen werden danach in
einen neuen Zuteilungszyklus aufgenommen und wiederum abhängig von ihrer Position in der Kette priorisiert. Man bezeichnet dies auch als "faire" Priorisierung. Ihr

Nachteil ist, daß Master, die nicht beliebig lange warten können, den Bus unter Umständen zu spät zugeteilt bekommen. Dies betrifft z.B. DMA-Controller mit von außen vorgegebener Übertragungsgeschwindigkeit.

Durch den für alle Master vorhandenen bidirektionalen $\overline{\text{BBUSY}}$-Anschluß (bus busy) kann die Arbitrierung überlappend erfolgen. Dazu zeigt der Arbiter, der die Buszuteilung erhält, allen anderen Arbitern die Busbelegung durch $\overline{\text{BBUSY}} = 0$ an. Bereits zu diesem Zeitpunkt gibt er das an seinem Verkettungseingang anliegende Gewährungssignal an seinen Kettennachfolger weiter, so daß die Priorisierung für die nächste Buszuteilung bereits mit der Busübernahme beginnt. Der Arbiter mit nächstniedrigerer Priorität in der Gruppe wertet das daraus resultierende Gewährungssignal erst dann als Buszuteilung, wenn der busbelegende Master den Bus wieder freigibt und dies durch $\overline{\text{BBUSY}} = 1$ anzeigt. - Der Vorteil von Daisy-Chain-Realisierungen liegt in der auf dem Systembus erforderlichen geringen Leitungsanzahl. Nachteilig hingegen ist, daß mit jedem zusätzlichen Kettenglied die Priorisierungszeit größer wird.

Zentraler Busarbiter. Bild 4-24 zeigt ein Bussystem mit lokaler Busarbitration, die die gleiche Funktion wie die Daisy-Chain in Bild 4-23 aufweist. Bei ihm sind die einzelnen Arbiterschaltungen der Master in einem Busarbiterbaustein zusammengefaßt (zentrale Busarbitration); das $\overline{\text{BBUSY}}$-Signal ist dementsprechend nach außen hin nicht mehr sichtbar. Dies gewährt zunächst einen einfacheren Systemaufbau; darüber hinaus läßt sich der Arbiterbaustein in einfacher Weise auch für die globale Busarbitration verwenden. Dazu braucht wegen des Wegfalls des zentralen Mikroprozessors der Arbiterausgang $\overline{\text{BRQ}}$ lediglich mit dem Arbitereingang $\overline{\text{BGT}}$ kurzgeschlossen zu werden. - Nachteilig ist die mit der zentralen Anordnung verbundene größere Leitungsanzahl auf dem Systembus, da für jeden Master eine $\overline{\text{MBRQi}}$- und eine $\overline{\text{MBGTi}}$-Leitung erforderlich sind.

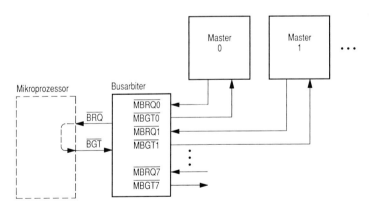

Bild 4-24. Zentrale Busarbitration durch einen für alle Master gemeinsamen Busarbiter; wahlweise lokale Struktur (mit Mikroprozessor als ausgezeichnetem Master) oder globale Struktur (ohne Mikroprozessor als ausgezeichnetem Master).

Identifikationsbus. Bild 4-25 zeigt ein Bussystem mit globaler Busarbitration und dezentraler Struktur. Die Signale $\overline{\text{BRQ}}$ und $\overline{\text{BBUSY}}$ haben hierbei die gleiche Funktion wie in der oben beschriebenen Daisy-Chain, d.h., es wird eine faire Priorisierung

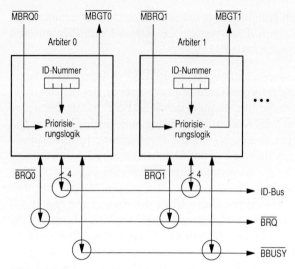

Bild 4-25. Dezentrale Busarbitration mit einem Identifikationsbus bei globaler Struktur.

in Gruppen bei überlappender Busarbitrierung durchgeführt. Anders als bei der Daisy-Chain erfolgt die Priorisierung jedoch nicht durch Verkettung der einzelnen Arbiter, sondern über Identifikationsnummern (ID-Nummern), die von den anfordernden Arbitern auf einem Identifikationsbus (ID-Bus) ausgegeben werden. Jeder Arbiter hat dazu ein Register, in das durch das Programm eine ID-Nummer entsprechend der dem Master zugewiesenen Priorität geladen wird.

Darüber hinaus hat jeder Arbiter eine Priorisierungslogik, die bei einer Busanforderung $BRQi = 0$ alle Bits der eigenen Nummer mit den sich aus der Überlagerung mehrerer Nummern auf dem Identifikationsbus einstellenden Pegeln vergleicht. Jeder Arbiter geht davon aus, daß die höchste Nummer die höchste Priorität darstellt und die logische 1 gegenüber der logischen 0 auf dem Bus dominiert (wired or). Beginnend bei seiner höchstwertigen 0, der eine 1 auf dem Bus gegenübersteht, ersetzt er seine rechts davon stehenden 1-Bits durch 0-Bits. Die damit verbundene Änderung auf dem Bus kann bei ihm oder anderen Arbitern eine erneute Anpassung verursachen. Dabei kann auch ein zunächst rückgesetztes Bit wieder gesetzt werden, nämlich dann, wenn die 1 auf dem Bus, die das Rücksetzen ausgelöst hat, wieder vom Bus verschwunden ist. Als stabiler Zustand stellt sich schließlich (Priorisierungszeit) die höchste Nummer aller Anforderungen auf dem Bus ein. Bild 4-26 zeigt dies am Beispiel von 4-Bit-ID-Nummern für drei gleichzeitig gestellte Anforderungen mit den Prioritäten 5, 4 und 3.

In Erweiterung der gruppenweisen (fairen) Priorisierung können in diesem System Master, die nicht warten können, privilegiert behandelt werden. Sie zeigen dazu ihren privilegierten Status durch ein programmierbares Zusatzsignal innerhalb ihrer Priorisierungslogik und nach außen auf einer weiteren Leitung des Identifikationsbusses an (in Bild 4-25 nicht dargestellt). Ihre Anforderungen $\overline{MBRQi} = 0$ durchbrechen damit die aktuelle Gruppenpriorisierung und werden unmittelbar in den nächsten Priorisie-

	Start	Iteration 1	Iteration 2
Anforderer 5	0101	0100	0101
" 4	0100	0100	0100
" 3	0011	0000	0000
ID-Bus	0111	0100	**0101**	→ Buszuteilung

Bild 4-26. Priorisierung dreier Anforderungen mit abnehmenden Prioritäten 5, 4 und 3 in einem System nach Bild 4-25. Darstellung der auf den Identifikationsbus ausgegebenen Nummern und der sich auf dem Bus einstellenden Überlagerungen. Unterstreichung der für die Änderungen von 1 nach 0 signifikanten 0-Bits. Stabilisierung nach zwei Iterationen. Buszuteilung an die Anforderung 5 nach Ablauf der Priorisierungszeit.

rungszyklus mit aufgenommen. Als Realisierung solcher Art der Busarbitration sei der Multibus II [4] genannt. - Der Vorteil der Busarbitration mit Identifikationsbus liegt in der flexiblen Prioritätenvergabe, die dynamisch, d.h. programmierbar, erfolgen kann. Hinzu kommt die Möglichkeit, gegebenenfalls die faire Priorisierung zu durchbrechen. Nachteilig ist neben dem hohen Logikaufwand in den Arbitern die größere Leitungsanzahl gegenüber der Daisy-Chain; sie ist jedoch geringer als beim zentralen Busarbiter.

4.5 Interruptsystem und Systemsteuersignale

Ein Interrupt wird durch ein Anforderungssignal einer sog. Interruptquelle an den Mikroprozessor verursacht. Dabei wird die Verarbeitung des laufenden Programms unterbrochen und ein der Interruptquelle zugeordnetes Interruptprogramm ausgeführt. Typische Interruptquellen sind z.B. Ein-/Ausgabegeräte, wie Tastaturen und Drucker, und Hintergrundspeicher, wie Floppy-Disk-und Plattenlaufwerke. Als Interruptquellen können auch andere "prozessornahe" Funktionseinheiten, wie Zeitgeber und Speicherverwaltungseinheiten, aber auch "prozessorferne" Funktionseinheiten, z.B. Sensoren eines extern ablaufenden technischen Prozesses, wirken.

Während in Kapitel 2 die Interruptverarbeitung aus der Sicht des Programmierens beschrieben wurde, behandelt dieser Abschnitt den Aufbau von Interruptsystemen aus der Sicht des Systemingenieurs. Schwerpunkte sind hierbei die prozessorexterne Priorisierung von Interruptanforderungen und der Signalaustausch zwischen Interruptquelle und Mikroprozessor. Darüber hinaus betrachten wir die Systemsteuersignale $\overline{BERR}$ und $\overline{RESET}$ als spezielle Trap- bzw. Interruptsignale sowie das $\overline{HALT}$-Signal, das jedoch unabhängig vom Interruptsystem wirkt.

4.5.1 Codierte Interruptanforderungen

Prioritätenbaustein. Bei Mikroprozessoren die, wie in Kapitel 2 beschrieben, mehrere Interruptebenen unterscheiden, müssen die Anforderungssignale der Interruptquellen prozessorextern durch einen Prioritätenbaustein codiert werden (Prioritätencodierer). Die Struktur und die Wirkungsweise eines solchen Bausteins zur Priorisierung von sieben pegelsensitiven Interruptsignalen $\overline{IRQ7}$ bis $\overline{IRQ1}$ zeigt Bild 4-27 ($\overline{IRQ0}$ = 0 bedeutet "keine Anforderung"). - Alle acht Signale durchlaufen eine Prioritätenlogik, die bei mehreren aktiven Signalen $\overline{IRQi}$ = 0 das jeweils höchstpriorisierte Signal, d.h. das Signal mit dem höchsten Index, durchschaltet. Dieser 1-aus-8-Code, der eine von sieben Anforderungen oder keine Anforderung durch eine 1 darstellt, wird von einem nachgeschalteten Codierer in einen 3-Bit-Code umgesetzt, der als Interruptcode dem Prozessor zugeführt wird. Die höchstpriorisierte Anforderung $\overline{IRQ7}$ = 0 erzeugt (unabhängig von den restlichen Interruptsignalen) den Code 7 (vom Prozessor als Prioritätenebene 7 interpretiert) und die niedrigstpriorisierte Anforderung $\overline{IRQ1}$ = 0 (bei $\overline{IRQ2}$ bis $\overline{IRQ7}$ gleich 1) den Code 1 (Prioritätenebene 1). Keine Anforderung $\overline{IRQ0}$ = 0 (bei $\overline{IRQ1}$ bis $\overline{IRQ7}$ gleich 1) erzeugt den Code 0 (Prioritätenebene 0).

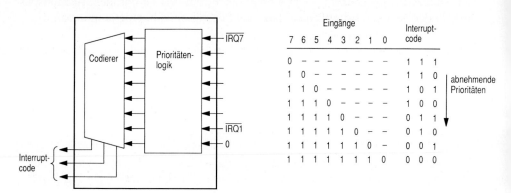

Bild 4-27. Prioritätencodierer für sieben Interruptebenen.

Interruptzyklus. Bild 4-28 zeigt die Struktur eines Mikroprozessorsystems unter Benutzung des Prioritätencodierers nach Bild 4-27 und des in Kapitel 2 beschriebenen Prozessors. Von den sieben möglichen Interruptquellen sind nur zwei benutzt, davon eine mit Vektor-Interrupt (Ebene 6) und eine mit Autovektor-Interrupt (Ebene 1). - Bild 4-29 zeigt in Verbindung mit Bild 4-28 das Wechselspiel der Signale zwischen Interruptquelle und Mikroprozessor. Es beschreibt den prinzipiellen Ablauf im Prozessor durch einen Zustandsgraphen, wobei die einzelnen Zustandsübergänge nicht mit jedem Prozessortakt, sondern nach mehreren Taktschritten erfolgen.

Eine Interruptquelle meldet ihre Unterbrechungsanforderung als 3-Bit-Interruptcode dem Prozessor. Damit die Anforderung vom Prozessor erkannt wird, muß der Interruptcode für eine bestimmte Anzahl von Takten an den Interrupteingängen stabil anliegen. Ist dies erfüllt, so entscheidet der Prozessor im Zustand Z_i (also nachdem er seinen momentanen Buszyklus beendet hat) ob er der Anforderung stattgibt oder nicht. Er vergleicht dazu den in das interne Pufferregister übernommenen Interruptcode mit der im Prozessorstatusregister vorliegenden Interruptmaske. Bei positivem Ausgang des Vergleichs akzeptiert er die Anforderung und kopiert zunächst den Inhalt seines Statusregisters in ein weiteres Pufferregister (in Bild 4-28 nicht gezeigt). An-

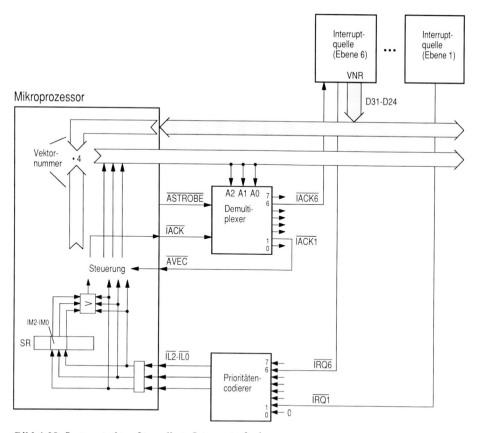

Bild 4-28. Systemstruktur für codierte Interruptanforderungen.

schließend setzt er die Maske gleich dem Interruptcode. Damit blockiert er Anforderungen gleicher und Anforderungen niedrigerer Prioritäten. Darüber hinaus setzt er das Supervisor-/Userbit und schaltet damit in den Supervisor-Modus um. Außerdem setzt er die beiden Tracebits zurück, um einen eventuellen Trace-Vorgang auszusetzen.

Im Zustand Z_k quittiert der Prozessor die Unterbrechung mit dem Signal $\overline{IACK} = 0$. Gleichzeitig gibt er auf den Adreßleitungen A2 bis A0 den Interruptcode aus und zeigt dies durch Setzen des $\overline{ASTROBE}$-Signals an (asynchroner Bus). Mittels dieser Signale wird über einen prozessorexternen Demultiplexer das Quittungssignal $\overline{IACKi} = 0$ für die akzeptierte Interruptquelle erzeugt. Wurde der Interrupt dieser Ebene durch eine Vektor-Interruptquelle ($\overline{AVEC} = 1$) ausgelöst, so führt der Prozessor einen Buszyklus zum Lesen der Vektornummer aus. In diesem Fall wird das Signal $\overline{IACKi} = 0$ zur Anwahl des Vektornummerregisters VNR der Quelle benutzt. Die Übergabe der Vektornummer erfolgt in unserem Beispiel auf den Datenleitungen D31 bis D24 (8-Bit-Port bei dynamischer Busbreite). Sie wird entsprechend dem im Abschnitt 4.3 beschriebenen asynchronen Lesezyklus mit den Signalen $\overline{DSTROBE}$ und $\overline{DTACK}$ synchronisiert.

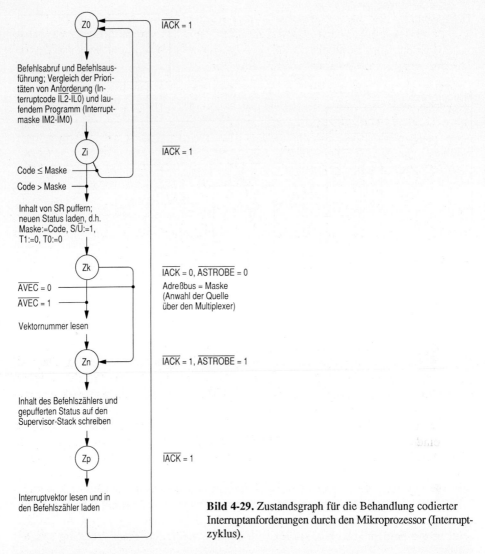

Bild 4-29. Zustandsgraph für die Behandlung codierter Interruptanforderungen durch den Mikroprozessor (Interruptzyklus).

Bei einem Autovektor-Interrupt ($\overline{\text{AVEC}}$ = 0) entfällt das Lesen der Vektornummer; sie wird stattdessen prozessorintern abhängig vom akzeptierten Interruptcode erzeugt. In diesem Fall wird das Signal $\overline{\text{IACKi}}$ = 0 zur Bildung von $\overline{\text{AVEC}}$ = 0 benutzt. (Sind mehrere Autovektor-Interruptquellen vorhanden, so werden ihre $\overline{\text{IACKi}}$-Signale zur Bildung des $\overline{\text{AVEC}}$-Signals durch ein ODER-Gatter zusammengefaßt.)

Im Zustand Zn speichert der Prozessor seinen Status, indem er den Inhalt des Befehlszählers und den gepufferten Statusregisterinhalt auf den Supervisor-Stack schreibt (S/$\overline{\text{U}}$ = 1!). Anschließend multipliziert er die Vektornummer mit Vier (Doppelwortadresse), adressiert damit im Zustand Zp die Vektortabelle, liest aus ihr die Startadresse des Interruptprogramms und lädt sie in den Befehlszähler. Mit dem im Zustand Z0 folgenden Befehlsabruf verzweigt er damit in das entsprechende Interruptprogramm.

Den gesamten Ablauf zwischen der Entgegennahme einer Interruptanforderung durch den Prozessor und dem Aufruf des zugehörigen Interruptprogramms bezeichnet man als Interruptzyklus, den darin enthaltenen Signalaustausch zur Ermittlung der Vektornummer als Interrupt-Acknowledge-Zyklus.

Die Vektorisierung von Interrupts ist dann sehr nützlich, wenn innerhalb einer Interruptebene mehrere Interruptquellen verwaltet werden. Diese haben dann notwendigerweise denselben Interruptcode (siehe 4.5.2), können jedoch vom Prozessor über ihre Vektornummer identifiziert werden. Grundsätzlich muß dabei der Prozessor in der Lage sein, weitere Anforderungen dieser Ebene zu blockieren, bis die bereits akzeptierte Anforderung bearbeitet ist. Deshalb sind vektorisierte Interrupts immer durch das Statusregister des Prozessors maskierbar. Damit nun blockierte Anforderungen nicht verlorengehen, müssen maskierbare Interrupts immer als Pegel anliegen (pegelsensitive Interrupts). Demgegenüber wird einem nichtmaskierbaren Interrupt, im obigen Beispiel dem Interrupt höchster Priorität (siehe 2.3.1), unabhängig von der Interruptmaske im Statusregister immer stattgegeben; er wird quasi durch seine Flanke wirksam (flankensensitiver Interrupt).

4.5.2 Uncodierte Interruptanforderungen

Im vorangehenden Abschnitt wurde von einem Mikroprozessor ausgegangen, der über einen 3-Bit-Interrupteingang (codierte Anforderungen) und eine 3-Bit-Interruptmaske verfügt und dementsprechend sieben Interruptebenen nach Prioritäten unterscheidet (MC68000-Prozessorfamilie). Mikroprozessoren, die diese Mehrebenenstruktur nicht vorsehen, unterscheiden stattdessen einzelne Interruptarten, denen getrennte Interrupteingänge zugeordnet sind (uncodierte Interruptanforderungen), so z.B. einen nichtmaskierbaren und einen maskierbaren, vektorisierten Eingang (z.B. Intel-Prozessoren) oder zusätzlich zu diesen beiden einen maskierbaren, nichtvektorisierten Eingang (z.B. NS32000-Prozessorfamilie). Diese Eingänge sind zwar untereinander priorisiert, die Anzahl der Interruptebenen ist jedoch ohne zusätzlichen prozessorexternen Schaltungsaufwand auf die Anzahl dieser Interrupteingänge begrenzt.

Unabhängig davon, ob ein Interruptsystem mit codierten oder uncodierten Anforderungen arbeitet, kann jeder Interruptebene mehr als eine Interruptquelle zugeordnet sein. Die Priorisierung dieser Quellen erfolgt dabei entweder prozessorintern durch das Programm (z.B. in einer Polling-Routine) oder prozessorextern durch zusätzliche Hardware. Die Zusatzhardare ist entweder auf die einzelnen Interruptquellen in einer Daisy-Chain verteilt (dezentrale Priorisierung), oder sie ist für alle Quellen räumlich in einem Interrupt-Controller zusammengefaßt (zentrale Priorisierung). Diese Alternativen werden in folgenden an Interruptsystemen mit uncodierten Anforderungen demonstriert.

Priorisierung durch Polling. Bild 4-30 zeigt einen Prozessor mit einem maskierbaren, nichtvektorisierten Interrupteingang $\overline{IRQ}$. Diesem Eingang ist im Prozessorstatusregister SR ein Interrupt-Maskenbit IM zugeordnet, das in seiner Funktion der 3-Bit-Maske bei einem 3-Bit-Interrupteingang entspricht. Ferner ist ihm intern eine Nummer (Autovektornummer) zugeordnet, die den Ort der Startadresse des

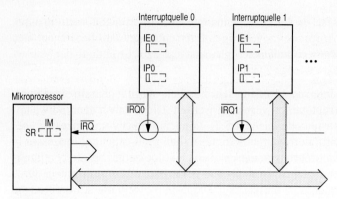

Bild 4-30. Interruptsystem mit mehreren Interruptquellen; Priorisierung und Identifizierung durch die Software.

Interruptprogramms angibt. - Die einzelnen Interruptquellen weisen ihre Anforderungen durch ein lokales Statusbit $IPi = 1$ (interrupt pending) aus und bilden daraus Anforderungssignale $\overline{IRQi} = 0$. Diese werden durch verdrahtetes ODER (Kreissymbol) zusammengefaßt und so am $\overline{IRQ}$-Eingang des Prozessors angezeigt. Um eine akzeptierte Anforderung wieder zu löschen, muß das zugehörige IP-Bit durch die Software zurückgesetzt werden.

Der Prozessor, der nun nicht unterscheiden kann, woher eine Anforderung kommt und ob eine oder mehrere Anforderungen vorliegen, führt, sofern sein Maskenbit nicht gesetzt ist, einen Interruptzyklus durch und verzweigt auf ein für alle Interruptquellen gemeinsames Interruptprogramm. (Dieses sieht für jede Quelle eine eigene Service-Routine, z.B. in Form eines Unterprogramms vor.) Nach Eintritt in das Interruptprogramm bleibt die Interruptanforderung als Pegel so lange erhalten, bis das IP-Bit der Interruptquelle vom Interruptprogramm zurückgesetzt wird. Das Setzen des Interrupt-Maskenbits im Interruptzyklus verhindert jedoch, daß diese Anforderung oder eine andere Anforderung inzwischen erneut zu einer Unterbrechung führt.

Das Auffinden derjenigen Quelle, die die Unterbrechung verursacht hat (Identifizierung), und das Festlegen der Reihenfolge der Bearbeitung bei mehreren vorliegenden Anforderungen (Priorisierung) erfolgen im Interruptprogramm. Dieses liest dazu die Statusregister der einzelnen Interruptquellen, identifiziert die anfordernden Quellen anhand der gesetzten IP-Bits und verzweigt auf die Service-Routine der Quelle höchster Priorität. Die Prioritäten können z.B. durch die Reihenfolge der Abfrage festgelegt sein. Dann hat die zuerst abgefragte Quelle die höchste Priorität. - Den Abfragevorgang mit Zugriff auf die einzelnen Statusregister bezeichnet man als Polling, die Abfragesequenz im Interruptprogramm als Polling-Routine (siehe auch 6.1.3).

Bei Systemkonfigurationen mit mehreren Quellen ist es üblich, die Quellen zusätzlich mit einem Interrupt-Enable-Bit IE auszustatten (Bild 4-30) und dieses Bit als Bestandteil des Steuerregisters einer jeden Quelle programmierbar zu machen. Damit können die Anforderungen einzelner Interruptquellen gezielt freigegeben oder blockiert werden. Dies ermöglicht es unter anderem, Interrupt-Service-Routinen für

Anforderungen höherer Priorität durch Rücksetzen der Interruptmaske im Prozessorstatusregister unterbrechbar zu machen. (Anforderungen geringerer oder gleicher Priorität müssen dabei blockiert werden.)

Nichtunterbrechbare Daisy-Chain. Die Priorisierung und Identifizierung von Interrupts durch die Software ist sehr zeitaufwendig. Sie wird deswegen bei Systemen höherer Leistungsfähigkeit von einer Zusatzhardware durchgeführt. Bei Prozessoren mit uncodierten Anforderungen bedarf es dazu einer prozessorexternen Priorisierungs- und Identifizierungslogik. Der Prozessor seinerseits muß einen Interruptzyklus durchführen können, d.h., er muß ein Quittungssignal ($\overline{\text{IACK}}$) bereitstellen und einen Zyklus zum Lesen der Vektornummer ausführen können. (Bei Prozessoren mit codierten Anforderungen, wie im vorangehenden Abschnitt beschrieben, ist ein Teil der Priorisierungs- und Identifizierungslogik im Prozessor vorgesehen.)

Eine der gebräuchlichsten Techniken der prozessorexternen Priorisierung ist das Zusammenschalten von Interruptquellen zu einer Prioritätenkette (Interrupt-Daisy-Chain). Jede Interruptquelle benötigt dazu eine Priorisierungsschaltung, die mit den Priorisierungsschaltungen des Vorgängers und des Nachfolgers über Signalleitungen verbunden ist (Bilder 4-31 und 4-33). Dabei hat die Interruptquelle, die sich am Anfang der Kette befindet, die höchste Priorität. Die Prioritäten der weiteren Interruptquellen nehmen mit jedem Glied in der Kette um eine Stufe ab. Da die einzelnen Glieder der Kette in den Interruptquellen räumlich verteilt sind, spricht man von dezentraler Priorisierung.

Bild 4-31 zeigt die Struktur einer Daisy-Chain, die eine Priorisierung mehrerer gleichzeitig vorliegender Anforderungen erlaubt, jedoch die Unterbrechung eines Interruptprogramms durch eine Anforderung höherer Priorität ausschließt. - Die Anforderungen der einzelnen Quellen werden durch verdrahtetes ODER zusammengefaßt und über den Interrupteingang $\overline{\text{IRQ}}$ dem Prozessor zugeführt. Der Prozessor löst, sofern sein Maskenbit nicht gesetzt ist, einen Interruptzyklus und darin einen Acknowledge-Zyklus aus, den er durch Setzen des $\overline{\text{IACK}}$-Signals einleitet. $\overline{\text{IACK}}$ wirkt auf die Priorisierungslogik und hat zwei Funktionen. Zum einen wirkt es auf die Interruptquellen direkt, um Anforderungen, die während des Acknowledge-Zyklus auftreten

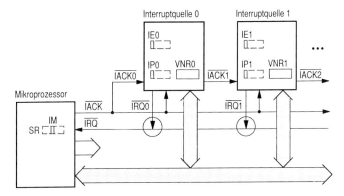

Bild 4-31. Interruptsystem mit nichtunterbrechbarer Daisy-Chain (dezentrale Priorisierung).

($\overline{\text{IACK}}$ = 0), zu blockieren und damit vom gerade laufenden Priorisierungsvorgang auszuschließen; dadurch können sich die Signale in der Kette bis zum Lesen der Vektornummer stabilisieren (Priorisierungszeit, siehe auch 4.4.2: Busarbiter-Daisy-Chain). Zum andern wirkt es auf den Verkettungseingang $\overline{\text{IACK}}$ der ersten Quelle in der Daisy-Chain, um den Priorisierungsvorgang für die vor dem Acknowledge-Zyklus ($\overline{\text{IACK}}$ = 1) vorliegenden Anforderungen durchzuführen.

Eine Quelle i, die eine Anforderung während $\overline{\text{IACK}}$ = 1 anmeldet, verhindert mit ihrer Verkettungslogik die Weitergabe des Aktivpegels von $\overline{\text{IACK}}$i an die nachfolgenden Kettenglieder. Damit wird gewährleistet, daß bei mehreren gleichzeitigen Anforderungen nur diejenige Interruptquelle das Quittungssignal des Prozessors erhält, die ihm in der Kette am nächsten ist und damit die höchste Priorität von allen Anforderungen hat. Der Begriff Gleichzeitigkeit bezieht sich hierbei auf den Zeitraum vom Eintreffen einer ersten Anforderung bis zum Aktivwerden des $\overline{\text{IACK}}$-Signals. Mit Erhalt des Aktivpegels $\overline{\text{IACK}}$i = 0 ist die entsprechende Interruptquelle angewählt und legt ihre Vektornummer auf den Datenbus. Abgeschlossen wird der Acknowledge-Zyklus durch Rücksetzen von $\overline{\text{IACK}}$, womit in der Kette die Blockierung neuer Anforderungen wieder aufgehoben wird.

Während des Interruptzyklus setzt der Prozessor sein Interrupt-Maskenbit. Er blockiert damit sämtliche Anforderungen, auch diejenige, der er gerade stattgegeben hat und die erst im Interruptprogramm durch Rücksetzen des zugehörigen IP-Bits gelöscht wird. Die Unterbrechbarkeit wird erst mit Abschluß des Interruptprogramms wiederhergestellt, indem der ursprüngliche Prozessorstatus durch den RTE-Befehl (return from exception) wieder geladen und damit das System demaskiert wird. Ein vorzeitiges Rücksetzen des Maskenbits durch den Befehl MOVSR (move status) ist nicht sinnvoll, da die Prioritätenkette während $\overline{\text{IACK}}$ = 1 jede Anforderung, unabhängig von ihrer Priorität, an den Prozessor weiterleitet. Die Unterbrechbarkeit eines Interruptprogramms für Anforderungen höherer Priorität ist somit nicht gegeben.

Eine detaillierte Beschreibung des Signalverhaltens in der Prioritätenlogik einer Interruptquelle i zeigt Bild 4-32 in Form eines Zustandsgraphen. Der Graph enthält links

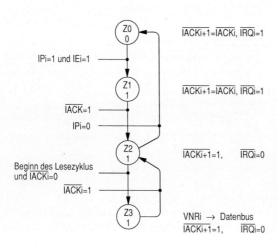

Bild 4-32. Zustandsgraph des Kettengliedes i der nichtunterbrechbaren Daisy-Chain nach Bild 4-31. Der 1-Bit-Code in den Zuständen gibt die Werte des Bits IPi an. Für das erste Kettenglied gilt $\overline{\text{IACK0}} = \overline{\text{IACK}}$.

die Bedingungen für die Zustandsänderungen und rechts die in den Zuständen erzeugten Signale und Busaktivitäten. (Das Zusammenspiel in einer ganzen Kette kann man am besten studieren, wenn man mehrere Glieder, z.B. drei, nebeneinander zeichnet und die aktiven Zustände mit Marken belegt, siehe auch Aufgabe 4.7.)

Unterbrechbare Daisy-Chain. Bild 4-33 zeigt eine Interrupt-Daisy-Chain, die das Unterbrechen eines Interruptprogramms durch eine Anforderung höherer Priorität zuläßt. Dies ist jedoch nur möglich, wenn das Interrupt-Maskenbit zuvor innerhalb des laufenden Interruptprogramms (und nicht erst mit dessen Abschluß) zurückgesetzt wird.

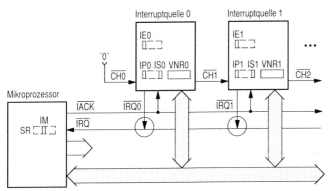

Bild 4-33. Interruptsystem mit unterbrechbarer Daisy-Chain (dezentrale Priorisierung).

Anders als bei der Daisy-Chain nach Bild 4-31 wird das Signal am Verkettungseingang des ersten Kettengliedes nicht durch den $\overline{\text{IACK}}$-Ausgang des Prozessors bestimmt, sondern als prozessorunabhängiges Verkettungssignal (chain) mit $\overline{\text{CH0}} = 0$ vorgegeben. Dadurch ist die Kette permanent aktiv, d.h., die Priorisierung ist nicht nur während des Acknowledge-Zyklus, sondern dauernd möglich. Die Funktion von $\overline{\text{IACK}}$ beschränkt sich dabei auf das Blockieren von Interruptanforderungen, die während eines Acknowledge-Zyklus auftreten, und auf die Ankündigung des Lesezyklus für die Vektornummer. Bereits in Bearbeitung befindliche Anforderungen (Interruptprogramm befindet sich in der Ausführung bzw. wurde darin unterbrochen) werden in den Interruptquellen durch ein Statusbit IS (interrupt serviced) angezeigt. Dieses Bit wirkt auf die Kette und blockiert mit ISi = 1 die Anforderungen der in der Kette nachfolgenden Interruptquellen. Damit erhält der Prozessor an seinem $\overline{\text{IRQ}}$-Eingang nur dann eine Anforderung, wenn sie höhere Priorität als das laufende Interruptprogramm hat. Das IS-Bit wird im Interruptprogramm erst unmittelbar vor dem Rücksprungbefehl RTE wieder zurückgesetzt; das IP-Bit kann früher gelöscht werden.

Bild 4-34 zeigt den Zustandsgraphen für die Prioritätenlogik einer Interruptquelle i. Im Gegensatz zur nichtunterbrechbaren Daisy-Chain, bei der alle Anforderungen vom Zustand Z2 ausgehen (Bild 4-32), unterscheidet die unterbrechbare Daisy-Chain die noch nicht akzeptierten Anforderungen (Zustand Z2) und die in Bearbeitung befindlichen Anforderungen (Zustände Z4 und Z5). Nur eine noch nicht akzeptierte Anforde-

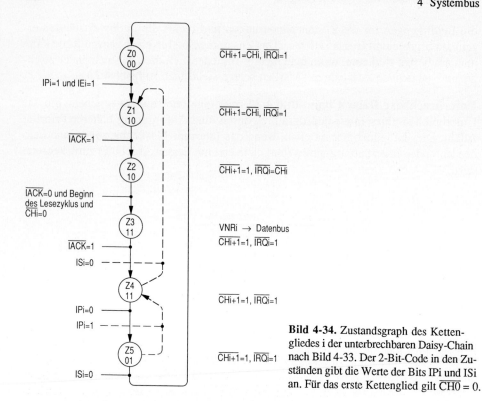

Bild 4-34. Zustandsgraph des Kettengliedes i der unterbrechbaren Daisy-Chain nach Bild 4-33. Der 2-Bit-Code in den Zuständen gibt die Werte der Bits IPi und ISi an. Für das erste Kettenglied gilt $\overline{CH0} = 0$.

rung erzeugt ein Interruptsignal, und das auch nur dann, wenn sie höhere Priorität als das laufende Interruptprogramm hat ($\overline{IRQi} = \overline{CHi} = 0$ im Zustand Z2).

Interrupt-Controller. Faßt man die einzelnen Prioritätenschaltungen, die Vektornummerregister und die für die Interruptverarbeitung erforderlichen Statusbits und Steuerbits der einzelnen Quellen in einem einzigen Baustein, einem Interrupt-Controller, zusammen, so erhält man ein Interruptsystem mit zentraler Priorisierung entsprechend Bild 4-35.

Bei diesem System sind bis zu acht Interruptquellen an die Interrupteingänge $\overline{IRQ0}$ bis $\overline{IRQ7}$ des Interrupt-Controllers angeschlossen. Der Baustein weist diesen acht Eingängen unterschiedliche Prioritäten (Interruptebenen) zu. Drei Register und ein Prioritätenschaltnetz steuern den Priorisierungsvorgang. Das Interrupt-Pending-Register IPR speichert die an den Eingängen liegenden Anforderungen, sofern sie nicht durch das Interrupt-Maskenregister IMR blockiert werden. Bereits in Bearbeitung befindliche Anforderungen werden in dem Interrupt-Service-Register ISR gespeichert. Beide Register, IPR und ISR, wirken auf das Prioritätenschaltnetz PSN. Eine Eintragung in ISR blockiert sämtliche in IPR gespeicherten und noch nicht in Bearbeitung befindlichen Anforderungen gleicher und niedrigerer Prioritäten, wodurch die Unterbrechbarkeit durch Anforderungen höherer Prioritäten möglich wird. Die Verbindung zum Prozessor bilden die bereits bekannten Steuersignale $\overline{IRQ}$ und $\overline{IACK}$ sowie der Datenbus, über den der Prioritätenbaustein die Vektornummer aus dem Vektornummernspeicher VNS ausgibt.

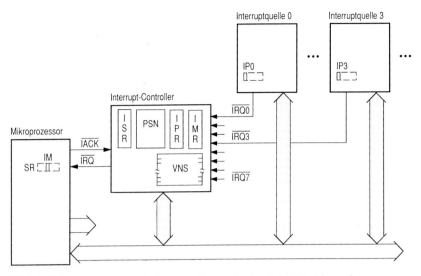

Bild 4-35. Interruptsystem mit Interrupt-Controller (zentrale Priorisierung).

Betrachtet man den Priorisierungsvorgang in einer der acht Ebenen, so ergibt sich für diese Ebene im Prinzip der gleiche Zustandsgraph wie bei der unterbrechbaren Daisy-Chain (Bild 4-34). Beim Interrupt-Controller ist gegenüber der Daisy-Chain lediglich das Verkettungssignal nach außen hin nicht sichtbar. Zusätzlich kann jedoch beim Interrupt-Controller die Priorisierungsstrategie durch ein in Bild 4-35 nicht gezeichnetes und in Bild 4-34 nicht berücksichtigtes Steuerregister programmiert werden. Im Standardbetrieb (geschachtelte Prioritäten) ist die Zuordnung der Prioritäten zu den Eingängen festgelegt. Bei rotierenden Prioritäten werden hingegen nach jedem akzeptierten Interrupt die Prioritäten zyklisch getauscht, wobei jeweils die zuletzt bediente Interruptquelle die niedrigste Priorität erhält (rotating priority). Hierdurch entsteht, über einen längeren Zeitraum betrachtet, eine Art Gleichverteilung der Prioritäten auf die Interruptquellen. Bei programmierten rotierenden Prioritäten wird die jeweilige Ebene niedrigster Priorität durch die Programmierung festgelegt. Hiermit kann man z.B. einer bestimmten Interruptquelle für eine begrenzte Zeit eine bestimmte Priorität zuweisen. Über diese Priorisierungsmöglichkeiten hinaus kann durch ein Bit im Steuerregister des Interrupt-Controllers festgelegt werden, ob die Eingänge des Controllers auf Signalpegel oder Signalflanken reagieren.

Eine Erweiterung der Ebenenanzahl auf bis zu 64 ist dadurch möglich, daß den Interrupteingängen eines solchen Controllers weitere Interrupt-Controller vorgeschaltet werden, die vom zentralen Interrupt-Controller mittels eines 3-Bit-Busses über die Gewährung einer Interruptanforderung informiert werden (Kaskadierung).

Die zentrale Priorisierung mit einem Interrupt-Controller hat gegenüber der dezentralen Priorisierung durch eine Daisy-Chain den Vorteil, daß die Interrupthardware in den Quellen entfällt und damit der Systemaufbau einfacher wird. Hinzu kommt die Flexibilität in der Prioritätenvergabe und die gegenüber einer Kette kürzere Priorisierungszeit. Nachteilig ist jedoch die auf dem Systembus erforderliche größere Leitungsanzahl für die Signale IRQi.

4.5.3 Systemsteuersignale

Neben den bisher beschriebenen Interrupteingängen für codierte oder uncodierte Anforderungen hat ein Mikroprozessor weitere Signaleingänge für Programmunterbrechungen, z.B. einen Bus-Error-Eingang $\overline{\text{BERR}}$ und einen Reset-Anschluß $\overline{\text{RESET}}$. Das Signal $\overline{\text{BERR}}$ wirkt als Trap, das Signal $\overline{\text{RESET}}$ als Interrupt. Beide Signale lösen eine Programmunterbrechung aus und aktivieren ein zugehöriges Unterbrechungsprogramm; es findet jedoch kein Signalaustausch für eine prozessorexterne Interruptverarbeitung statt (vgl. 2.3.1). Zusammen mit einem vom Unterbrechungssystem unabhängigen Signal $\overline{\text{HALT}}$ dienen sie zur Systemsteuerung.

Bus-Error-Signal. Das Signal $\overline{\text{BERR}}$ wird dazu benutzt, Fehler der Prozessorumgebung, die von der Hardware erkannt werden, dem Prozessor mitzuteilen. Ausgelöst werden kann es z.B. durch einen Lesefehler beim Hauptspeicherzugriff (parity check), durch einen von der Speicherverwaltungseinheit gemeldeten unerlaubten Zugriffsversuch auf einen geschützten Speicherbereich oder durch das Ausbleiben des Quittungssignals bei einem Buszyklus (siehe auch 4.3.1). Eine über den $\overline{\text{BERR}}$-Eingang veranlaßte Unterbrechungsanforderung hat aufgrund ihrer Bedeutung für die Systemsicherheit die zweithöchste Priorität des gesamten Trap- und Interruptsystems (siehe 2.3.1, Vektortabelle).

Reset-Signal. Das Signal $\overline{\text{RESET}}$ dient zur Initialisierung des gesamten Mikroprozessorsystems und hat deshalb die höchste Priorität aller Unterbrechungssignale. Es veranlaßt die Initialisierung der Prozessorhardware, wobei das Supervisor-Stackpointerregister aus der Vektortabelle und andere Register mit Null geladen werden. Es führt auf ein Initialisierungsprogramm, dessen Startadresse ebenfalls in der Vektortabelle steht. Dieses Programm initialisiert seinerseits sämtliche Funktionseinheiten, die der Systemsoftware unterliegen, und übergibt danach die Programmsteuerung dem Anwender. Das $\overline{\text{RESET}}$-Signal wird normalerweise über eine Reset-Taste manuell ausgelöst. Es kann zusätzlich mit einer Schaltung zur Überwachung der Netzspannung gekoppelt werden (power-on reset), so daß die Initialisierung automatisch mit dem Einschalten der Netzspannung erfolgt (Reset-Logik).

Der $\overline{\text{RESET}}$-Anschluß des Mikroprozessors ist bidirektional ausgelegt, so daß der Prozessor auch ein $\overline{\text{RESET}}$-Signal ausgeben kann (Befehl RESET). Damit hat der Programmierer die Möglichkeit, Systembausteine zu initialisieren, die mit ihren $\overline{\text{RESET}}$-Eingängen an die Reset-Leitung angeschlossen sind.

Halt-Signal. Das Signal $\overline{\text{HALT}}$ versetzt den Mikroprozessor nach Abschluß des gegenwärtigen Buszyklus in einen Haltzustand. Hierbei sind alle Tristate-Ausgänge des Prozessors hochohmig, so daß der Prozessor vom Systembus abgekoppelt ist und dieser anderen Systemkomponenten mit Prozessorfunktion zur Verfügung steht. - Mit dem $\overline{\text{HALT}}$-Signal lassen sich z.B. durch eine Zusatzlogik die Betriebsarten Halt, Run und Single-Step verwirklichen. Im Halt-Modus ruht die Verarbeitung im Prozessor; im Run-Modus führt er das laufende Programm aus. Beim Single-step-Modus wird der Prozessor zunächst in den Run-Modus gebracht. Sobald er jedoch einen Buszyklus begonnen hat, was er z.B. bei einem asynchronen Buszyklus durch $\overline{\text{ASTROBE}} = 0$ anzeigt, wird er in den Halt-Modus umgeschaltet. Auf diese Weise führt er genau einen Buszyklus durch. Dies erlaubt es dem Benutzer, Prozessoroperationen schrittweise auszuführen und damit das System zu testen. $\overline{\text{HALT}}$ wird darüber hinaus vom Prozessor zusammen mit $\overline{\text{BERR}}$ ausgewertet, z.B. um zu entscheiden, ob ein als fehlerhaft angezeigter Buszyklus erneut durchgeführt (retry) oder die zu $\overline{\text{BERR}}$ gehörende Trap-Routine ausgeführt wird (bus error trap).

4.6 Coprozessoranschluß

Coprozessoren sind Spezialprozessoren, mit denen die allgemeinen Befehlssätze von universellen Mikroprozessoren um Spezialbefehle erweitern werden. Ein typisches Beispiel sind die nach dem IEEE-Standard definierten Gleitkommaoperationen, für die die Mikroprozessorhersteller sog. Floating-Point-Coprozessoren als Bausteine anbieten. Coprozessoren werden aber auch mit anderen Aufgaben betraut, z.B. in Datenbankanwendungen oder in der Bildverarbeitung. Diese sind z.Z. jedoch nicht als Coprozessor-Bausteine im Handel, sondern werden bei Bedarf individuell aufgebaut.

Von Seiten der Hardware erfordert der Anschluß eines Coprozessors an einen Mikroprozessor eine sehr enge Kopplung dieser beiden Prozessoren, die durch ein Protokoll auf der Mikroprogrammebene realisiert wird. Dieses Protokoll ist so ausgelegt, daß Hardwarefunktionen, die bereits im Mikroprozessor vorhanden sind, nicht noch einmal im Coprozessor implementiert werden. So übernimmt der Mikroprozessor für den Coprozessor eine Befehlsvorinterpretation, die Adreßrechnung für Operandenzugriffe und die Bussteuerung für den Transport der Operanden. Der Coprozessor verarbeitet die Operanden und gibt Resultate, sofern sie nicht in seinem Registerspeicher für eine weitere Verarbeitung gespeichert werden, mit Hilfe des Mikroprozessors an den Hauptspeicher aus. - Die Bearbeitung aufeinanderfolgender Mikroprozessor- und Coprozessorbefehle erfolgt rein sequentiell, da der Mikroprozessor die Kommunikation mit dem Coprozessor während einer Befehlsausführung so lange aufrechterhalten muß, bis alle Datentransporte ausgeführt sind.

Für den Programmierer ist die physikalische Trennung von Mikroprozessor und Coprozessor nicht "sichtbar". Für ihn tritt ein Coprozessor lediglich als Erweiterung des Befehlssatzes mit ggf. neuen Datentypen und zusätzlichen Registern in Erscheinung.

4.6.1 Kommunikation zwischen Mikroprozessor und Coprozessor

Vorbereitend für die Beschreibung der Kommunikation zwischen Mikroprozessor und Coprozessor zeigt Bild 4-36 den prinzipiellen Aufbau eines Coprozessorbefehls am Beispiel des MC68030 [3]. Das erste Befehlswort enthält hier ein 4-Bit-Identifikationsfeld, das mit der Codierung $F einen Befehl als Coprozessorbefehl ausweist. Ein 3-Bit-Identifikationsfeld (CP-ID) gibt an, von welchem der bis zu acht möglichen Coprozessoren der Befehl auszuführen ist. Der Rest des Befehlswortes wird individuell zur Spezifizierung der Operation genutzt, so z.B. zur Angabe der Adressierungsart für einen Operandenzugriff im Speicher. Das zweite Befehlswort enthält den

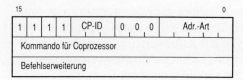

Bild 4-36. Format eines Coprozessorbefehls am Beispiel des MC68030 [3].

eigentlichen Coprozessorbefehl (Kommando). Es umfaßt den Operationscode und Angaben zur Adressierung von Quell- und Zieloperanden und zu deren Datenformat. Weitere Befehlswörter können zusätzliche Angaben für die Speicheradressierung (absolute Adresse, Displacement) oder spezielle Angaben für den Coprozessor enthalten.

Bild 4-37 zeigt den prinzipiellen Ablauf der Kommunikation zwischen beiden Prozessoren in einer komprimierten Darstellung. Es zeigt eine der Möglichkeiten zur Synchronisation, bei der der Mikroprozessor den Inhalt des Coprozessor-Statusregisters auswertet. Der Mikroprozessor überträgt zunächst, nachdem er bei der Befehlsdecodierung die $F-Bits erkannt hat, das Kommandowort an den Coprozessor und liest dann dessen Statusregister. Dieses zeigt ihm an, ob der Coprozessor für die Befehlsausführung bereit ist oder nicht. Ist er nicht bereit, so muß der Mikroprozessor das Coprozessorkommando erneut übertragen. Ist er bereit, so gibt der Registerinhalt zusätzlich an, ob Service-Leistungen vom Mikroprozessor benötigt werden, z.B. ob ein Quelloperand aus dem Speicher zu holen ist. In diesem Fall führt der Mikroprozessor die Adreßrechnung durch, holt den Operanden aus dem Speicher und schreibt ihn in das als Ziel vorgegebene Coprozessorregister.

Mikroprozessor   **Coprozessor**

M1: Erkennt Coprozessorbefehl

M2: Überträgt Kommandowort an den   →   C1: Decodiert Kommandowort und beginnt
        Coprozessor   mit Befehlsausführung

                                                          C2: Wenn Service von Mikroprozessor
                                                                erforderlich, dann:
M3: Liest Coprozessorstatusregister   ↔   (1.) zeigt Request-Status an
        (1.) führt Service aus   (2.) nimmt Service entgegen
        (2.) geht bei Statusanzeige "Come
             Again" erneut nach M3   C3: Zeigt "No Come Again"-Status an

                                                          C4: Führt Befehlsausführung zu Ende

                                                          C5: Zeigt Endestatus an
M4: Ruft nächsten Befehl ab

Bild 4-37. Kommunikation zwischen Mikroprozessor und Coprozessor in Anlehnung an den MC68030 [3].

Ist mit der Operandenanforderung gleichzeitig das "Come Again"-Bit im Statusregister gesetzt, so fragt der Mikroprozessor das Statusregister nach dem Operandentransport erneut ab und führt ggf. weitere Operandenzugriffe durch. Mit dem Status "No Come Again" ist für den Mikroprozessor die Kommunikation beendet; danach fährt er mit der Programmausführung fort. - Über das Statusregister erhält der Mikroprozessor auch Anforderungen des Coprozessors zur Ausnahmebehandlung, z.B. im Fehlerfall.

Eine andere Art der Synchronisation weist z.B. das Coprozessorprotokoll des i386 [8] auf. Hier werden die Bereitschaft des Coprozessors und die Datenanforderung durch zwei Steuersignale übermittelt. Ein drittes Signal zeigt den Fehlerfall an.

4.6.2 Coprozessorschnittstelle

Die Übertragung von Kommandowort, Operanden und Statusinformation zwischen Mikroprozessor und Coprozessor erfolgt über den Mikroprozessordatenbus mit dem für Speicherzugriffe üblichen Busprotokoll. Dementsprechend können beide Prozessoren unmittelbar über ihre Bausteinanschlüsse zusammengeschaltet werden. Lediglich die Adressen der Coprozessorregister sind einem besonderen Adreßraum des Mikroprozessors zugeordnet, der durch dessen Statusignale angewählt wird; beim MC68030 ist das der sog. CPU-Space, beim i386 der Ein-/Ausgabeadreßraum.

Bild 4-38 zeigt dazu ein Schaltungsbeispiel in Anlehnung an den MC68030. Die Statusleitungen FC2-FC0 (function code) selektieren zusammen mit den Adreßbits A19-A13 den Coprozessor. Die Statusleitungen zeigen dabei den CPU-Space-Zugriff an, der durch vier der Adreßbits als Coprozessorzugriff ausgewiesen wird. Die drei weiteren Adreßbits enthalten den 3-Bit-Code CP-ID zur Identifizierung des Coprozessors. Die Adreßbits A4-A0 dienen zur Anwahl der Coprozessorregister; die restlichen Adreßbits sind hier ohne Funktion.

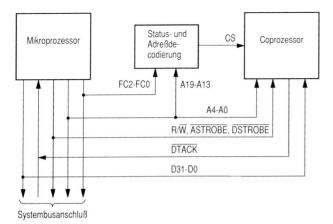

Bild 4-38. Coprozessorschnittstelle bei Synchronisation durch Statusabfrage (in Anlehnung an den MC68030 [3]).

4.7 Übungsaufgaben

Aufgabe 4.1. Codierte Speicheranwahl. Bild 4-39 zeigt die teilweise Nutzung eines Adreßraums von 64 K Adressen bei speicherbezogener Adressierung durch vier aneinandergrenzende Spei-
cher- und Ein-/Ausgabebereiche: einen 32-Kbyte-RAM-Bereich, einen 4-Kbyte-EPROM-Bereich und
zwei Ein-/Ausgabebereiche mit 256 und 8 Bytes. Geben Sie die Anfangs- und die Endadressen der Bereiche in hexadezimaler Schreibweise an. Geben Sie ferner die für die Bereichsanwahl erforderliche
Unterteilung der 16-Bit-Adresse für jeden der Bereiche (vgl. Bild 4-8) und die Werte der für die Bereichsanwahl signifikanten Bits an. Wie ändern sich die Adreßfestlegungen zur Anwahl der beiden
Ein-/Ausgabebereiche, wenn diese an den Anfang des letzten 1-Kbyte-Bereichs des Adreßraums verschoben werden?

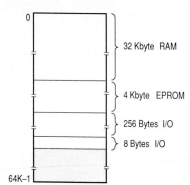

Bild 4-39. Adreßraumbelegung durch einen RAM-Bereich,
einen EPROM-Bereich und zwei Ein-/Ausgabebereiche.

Aufgabe 4.2. Data-Misalignment. Beschreiben Sie entsprechend Bild 4-10 den Ablauf eines
Doppelwort-Datentransports bei Data-Misalignment (A1, A0 = 11) zwischen einem Prozessorregister
Ri und einer Speichereinheit mit einer Zugriffsbreite von (a) 32 Bits, (b) 16 Bits und (c) 8 Bits. Für
jeden der dafür erforderlichen Buszyklen sind die Prozessorsignale SIZ1, SIZ0, A2, A1, A0 und die
Speichersignale BW1 und BW0 (Port-Size in Worten) anzugeben. Ferner ist die von der prozessor-
internen Verschiebelogik beim Schreibvorgang vorgenommene Zuordnung der zu transportierenden
Bytes zum Datenbus zu zeigen. Zur Erinnerung: Dem Prozessor wird die Port-Size während eines
jeden Buszyklus erneut mitgeteilt, weshalb er mit jedem Zyklusbeginn immer auf alle drei möglichen
Port-Sizes (Byte, Wort und Doppelwort) eingestellt sein muß.

Aufgabe 4.3. Lesezyklus. Der in Bild 4-14 durch Signalverläufe beschriebene asynchrone Lesezyklus eines Prozessors ist als Zustandsgraph darzustellen. Dazu zeichne man die Zustände als untereinander angeordnete Kreise und verbinde sie durch Pfeile. Rechts neben den Zuständen sind die ihnen
zugeordneten Aktionen anzugeben, jedoch nur dann, wenn sie sich gegenüber dem vorhergehenden Zustand ändern. Links sind an die Pfeile diejenigen Bedingungen zu schreiben, die die Abfolge der Zustände beeinflussen. - Zeichnen Sie neben den Zustandsgraphen des Prozessors den einer Speicherkarte
entsprechend Bild 4-13. Deuten Sie die Synchronisation zwischen den beiden Zustandsgraphen durch
bepfeilte Linien zwischen den beiden Graphen an.

Aufgabe 4.4. Überlappende Adressierung. Bild 4-20 zeigt mit den Signalverläufen der Buszyklen 3, 4 und 5 drei Zugriffe auf unterschiedliche Bänke einer Speichereinheit, die für den überlappenden Zugriff (Address-Pipelining) verschränkt adressiert werden. Wie gezeigt, ist durch die Ver-
schränkung trotz einer Speicherzugriffszeit von drei Takten eine Datenbereitstellung innerhalb von

zwei Takten möglich, sofern mit jedem neuen Zugriff ein Bankwechsel stattfindet. Ergänzen sie dieses Bild durch einen Buszyklus 6, bei dem mit der vom Prozessor ausgegebenen Adresse die gleiche Speicherbank wie beim Zyklus 5 angewählt wird. Berücksichtigen Sie dabei vor allem die von der Speicheransteuerung (Interleave-Controller) erforderliche Reaktion in den Signalen $\overline{NARQ}$ und $\overline{READY}$, um sowohl Zyklus 5 korrekt abzuschließen als auch einen nachfolgenden Zyklus 7 ohne unnötigen Zeitverlust zu starten.

Aufgabe 4.5. Busarbitration. Unter Zugrundelegung des in Bild 4-22 dargestellten Buszuteilungszyklus und unter der Voraussetzung, daß neben dem Prozessor ein DMA-Controller als einziger zusätzlicher Master an den Bus angeschlossen ist, zeichne man die Zustandsgraphen des DMA-Controllers und des Prozessors und stelle deren Zusammenwirken durch bepfeilte Linien dar. Zusätzlich zu den Signalen $\overline{BRQ}$ und $\overline{BGT}$ verwende man für den DMA-Controller die Bedingungen "Übertragungsanforderung" (ausgelöst durch das zu bedienende Interface) und "Übertragungsende" (ausgelöst durch ein Byte-Zählregister im DMA-Controller). Die Aktion "Buszyklus", die in beiden Graphen vorkommt, ist durch den jeweiligen Anfangs- und Endezustand darzustellen.

Aufgabe 4.6. Busarbitration mittels Identifikationsbus. An ein System mit einer Busarbitration entsprechend Bild 4-25, jedoch mit einem 5-Bit-Identifikationsbus, seien sechs Busmaster mit den folgenden, nach absteigenden Prioritäten aufgelisteten Identifikationsnummern angeschlossen.

Busmaster 0: 10101
"   1: 10100
"   2: 10011
"   3: 10000
"   4: 01101
"   5: 01100

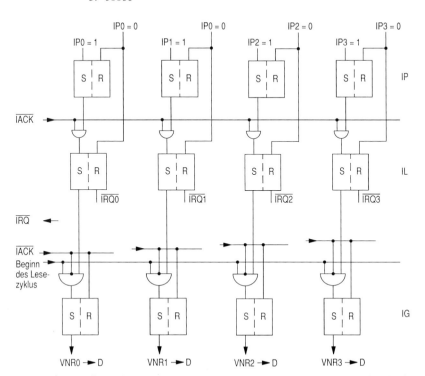

Bild 4-40. Unvollständige Schaltung einer nichtunterbrechbaren Interrupt-Daisy-Chain.

Nach Abarbeitung der letzten Gruppe liegen von allen sechs Busmastern erneut Anforderungen vor. Geben Sie in Anlehnung an Bild 4-26 für den ersten Priorisierungsvorgang in dieser neuen Gruppe die in jedem Priorisierungsschritt von den Busmastern ausgegebenen Bitmuster sowie die sich auf dem Identifikationsbus einstellenden Signalwerte an.

Aufgabe 4.7. Interrupt-Daisy-Chain. Für das Interruptsystem, dessen Struktur durch Bild 4-31 und dessen Funktion in Bild 4-32 beschrieben wird, ist (a) die vorgegebene Schaltung Bild 4-40 der ersten vier Elemente der Daisy-Chain hinsichtlich ihrer $\overline{\text{IACK}}$- und ihrer $\overline{\text{IRQ}}$-Anschlüsse durch logische Symbole zu vervollständigen und (b) die Wirkung des Gesamtsystems vom Ausgangszustand bis zur Anwahl einer Vektornummer in Termini der drei Flipflopreihen IP (interrupt pending), IL (interrupt latched) und IG (interrupt granted) zu beschreiben.

5 Speicherverwaltung

Die Forderung nach leistungsfähigen Mikroprozessorsystemen setzt neben Prozessoren mit hohen Verarbeitungsgeschwindigkeiten auch Speicher mit großen Kapazitäten und geringen Zugriffszeiten voraus. Diese Forderungen lassen sich allein durch den Hauptspeicher oft nicht erfüllen, oder es entstehen zu hohe Kosten. Abhilfe schafft eine hierarchische Anordnung von Speichern mit kurzen Zugriffszeiten auf der einen Seite und großen Kapazitäten auf der anderen Seite. So werden zum einen zwischen den "schnellen" Registersatz des Prozessors und den "langsameren" Hauptspeicher Pufferspeicher mit kurzen Zugriffszeiten geschaltet. Zum andern wird die Speicherkapazität des Hauptspeichers durch die Einbeziehung von Hintergrundspeichern, z.B. von Plattenspeichern, um Größenordnungen erweitert. Erforderlich ist hier eine besondere Organisationsform, die man schlagwortartig als virtuellen Speicher bezeichnet. Die mit ihr verbundene Verwaltung wird von der Hardware in Form von Speicherverwaltungseinheiten (memory management units, MMUs) unterstützt. - Die Prinzipien von Pufferspeichern und von Speicherverwaltungseinheiten und ihre gebräuchlichsten Strukturen werden in den Abschnitten 5.1 und 5.2 beschrieben.

5.1 Pufferspeicher (cache)

Pufferspeicher sind "schnelle" Speicher mit der Aufgabe, die während einer Programmausführung jeweils aktuellen Hauptspeicherinhalte für Prozessorzugriffe als "Kopien" möglichst schnell zur Verfügung zu stellen. Da sie wesentlich geringere Kapazitäten als der Hauptspeicher haben, sind besondere Strategien für das Laden, das Aktualisieren sowie für das Adressieren der Inhalte erforderlich. Diese Vorgänge werden weitgehend von der Hardware gesteuert und sind damit für die Software unsichtbar, weshalb man einen solchen Pufferspeicher auch als Cache (Versteck, unterirdisches Depot) bezeichnet.

Gespeichert werden Befehle und Operanden, es sind aber auch reine Befehls- und reine Operanden-Caches üblich. In der Mikroprozessortechnik sind sie entweder in den Prozessorbaustein integriert (on-chip cache), oder sie werden prozessorextern aufgebaut (Bild 5-1). Prozessorinterne Caches bieten den Vorteil sehr kurzer Zugriffszeiten, wie sie die prozessorinternen Register haben. Sie sind jedoch aus technologischen Gründen in ihren Kapazitäten begrenzt. Diese liegen z.Z. zwischen 256 Bytes und 8 Kbyte. Prozessorexterne Caches werden demgegenüber für kürzest mögliche Buszyklen, d.h. für Buszyklen ohne Wartezyklen ausgelegt. Ihre Kapazitäten sind nur durch den vertretbaren Aufwand begrenzt. Sie liegen bei bis zu 64 Kbyte und darüber; verwendet werden schnelle statische RAM-Bausteine.

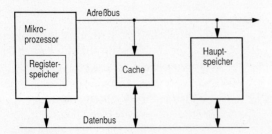

Bild 5-1. Cache als Pufferspeicher zwischen dem Registerspeicher des Mikroprozessors und dem Hauptspeicher.

5.1.1 Lese- und Schreibzugriffe

Lesezugriff. Bei Lesezugriffen des Mikroprozessors wird von der Cache-Steuerung zunächst überprüft, ob sich ein zur ausgegebenen Hauptspeicheradresse gehörender Eintrag im Cache befindet und ob dieser Eintrag durch ein sog. Valid-Bit als gültig gekennzeichnet ist. (Sämtliche Valid-Bits werden bei der Cache-Initialisierung zunächst auf "invalid" gesetzt.) Bei einem "Treffer" (read-hit, cache-hit) wird der Eintrag von dort gelesen; bei einem Fehlzugriff (read-miss, cache-miss) wird das Datum hingegen aus dem Hauptspeicher in den Prozessor gelesen und gleichzeitig in den Cache mit der Kennung "gültig" eingetragen. Eine Ausnahme bilden Prozessorzugriffe auf Adreßbereiche, deren Inhalte auch durch andere Einheiten verändert werden, z.B. durch die Ein-/Ausgabeeinheiten. Sie dürfen nicht zu einem Laden des Caches führen und werden deshalb von der adressierten Einheit durch ein Steuersignal als "non-cachable" gekennzeichnet. (Bei Verwendung einer Speicherverwaltungseinheit gibt diese das Steuersignal an die Cache-Steuerung aus.)

Die Cache-Adressierung ist üblicherweise blockorientiert, weshalb das Laden häufig nicht nur für das gesuchte Datum, sondern für einen ganzen Block von z.B. vier Doppelwörtern im Vorgriff durchgeführt wird (data prefetch). Die Blockgrenzen im Hauptspeicher sind dabei durch Vielfache der Blocklänge (Doppelwortanzahl) festgelegt. Um den Prozessor bei einem Hauptspeicherzugriff, der sich nicht auf den Blockanfang bezieht, möglichst schnell mit dem gesuchten Datum zu versorgen, wird das entsprechende Doppelwort als erstes gelesen und dann die restlichen Doppelwörter mit umlaufender Adressierung (wrap around) nachgeladen.

Unterstützt wird der Blocktransfer von einigen Mikroprozessoren mit On-chip-Cache durch einen Blockmodus (burst mode), bei dem das erste Doppelwort mit "normalem" Buszyklus und die drei weiteren Doppelwörter mit "verkürzten" Buszyklen gelesen werden. Der Prozessor gibt dazu z.B. nur die erste Doppelwortadresse aus, und setzt dementsprechend eine prozessorexterne Adreßfortschaltung voraus (bei vier Doppelwörtern pro Block betrifft sie die Bits A2 und A3). Bei Verwendung dynamischer RAMs erfolgt sie, wenn diese im Nibble-Mode betrieben werden, in den Speicherbausteinen (siehe 4.3.3). Bei Speichern, die nicht für den Blockmodus ausgelegt sind, werden die Doppelwörter nach Bedarf einzeln geladen. (Bei Data-Misalignment werden falls erforderlich zwei Doppelwörter nacheinander geladen.) Dementsprechend hat jedes Doppelwort im Cache sein eigenes Valid-Bit.

Schreibzugriff. Schreibzugriffe auf den Cache erfordern immer auch ein Aktuali-sieren des Hauptspeichers. Hierfür gibt es zwei grundsätzliche Vorgehensweisen. (1.) Beim Write-through-Verfahren erfolgt es mit jedem Schreibzugriff, so daß ein Block im Cache immer mit seiner Kopie im Hauptspeicher übereinstimmt, der Cache jedoch für die Schreibzugriffe seinen Vorteil einbüßt (diese machen bis zu 30% aller Zugriffe aus). (2.) Beim Copy-back-Verfahren erfolgt das Rückschreiben erst dann, wenn ein Block im Cache durch einen neu zu ladenden Block überschrieben werden muß. Dazu wird ein Block, auf den ein Schreibzugriff stattgefunden hat, durch ein sog. Dirty-Bit gekennzeichnet. Dieses Verfahren ist zwar aufwendiger in der Ver-waltung, gewährt jedoch den Zugriffsvorteil auch für die Schreibzugriffe. (Beim Write-back-Verfahren wird ein Block sowohl bei einem Read-Miss als auch bei einem Write-Miss vom Hauptspeicher in den Cache geladen, beim Write-through-Verfahren kann das Laden eines Blocks auf Read-Misses eingeschränkt werden.)

Trefferrate (hit rate). Eine hohe Trefferrate an Cache-Zugriffen erhält man bei wiederholten Zugriffen, z.B. bei Befehlszugriffen in Programmschleifen, die sich vollständig im Cache befinden, und bei Operationen, die sich auf einen begrenzten Umfang an Operanden beziehen (Programmlokalität). Entscheidend ist hierbei die Verweildauer von Befehlen und Operanden im Cache, die sich mit der Cache-Kapa-zität erhöht, die aber auch von der Cache-Struktur und der damit zusammenhängen-den Blockersetzungsstrategie abhängt. Trefferraten werden je nach Realisierung und Anwendung im Bereich von 40 bis 95 % angegeben.

5.1.2 Cache-Strukturen

Adressieren eines Caches heißt: Abbilden der Hauptspeicheradressen auf einen Adreßraum geringeren Umfangs. Hierfür gibt es verschiedene voll- bzw. teilassozia-tive Cache-Strukturen, die sich zum einen im Hardwareaufwand für Adreßvergleiche und zum andern in der Flexibilität der Positionierung von Blöcken in entsprechenden Rahmen im Cache (frames, lines) und damit auch in der Blockersetzungsstrategie unterscheiden. Um die drei wichtigsten Cache-Strukturen vergleichbar darzustellen, gehen wir von einer Cache-Kapazität von 256 Bytes, unterteilt in 16 Rahmen zu je vier Doppelwörtern, und von 32-Bit-Hauptspeicheradressen aus.

Vollassoziativer Cache. Beim vollassozitiven Cache werden zu jedem Block im Cache auch dessen Adresse, d.h. die höherwertigen 28 Adreßbits, als "Etikett" (tag) gespeichert (Bild 5-2). Beim Cache-Zugriff wird die außen anliegende Adresse mit allen im Cache gespeicherten Tags auf einmal verglichen; hierbei gibt es entweder einen Tag-Hit oder einen Tag-Miss. Bei einem Tag-Hit werden die Adreßbits A3 und A2 zur Doppelwortanwahl im selektierten Rahmen herangezogen und gleichzeitig das zum Doppelwort gehörende Valid-Bit überprüft. Ist es gültig, so wird ein Cache-Hit angezeigt. Die Adreßbits A1 und A0 geben dann die für den Lese- oder Schreibzugriff benötigte Byteposition im Doppelwort an.

Da für die Adreßvergleiche je ein Vergleicher pro Rahmen erforderlich ist, entsteht bei großer Kapazität ein entsprechend hoher Hardwareaufwand. Dafür bieten vollasso-ziative Caches eine große Flexibilität, denn jeder Block des Hauptspeichers kann

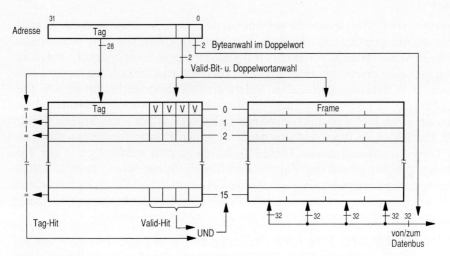

Bild 5-2. Adressierung eines vollassoziativen Caches mit 16 Rahmen (Frames) zu je vier Doppelwörtern. Tag-Vergleich für alle 16 Rahmen durch 16 Vergleicher. Zugriff auf einen Rahmeneintrag bei Tag-Gleichheit (Tag-Hit) und gültigem Valid-Bit V (Valid-Hit) für das Doppelwort.

jeden Rahmen des Caches belegen. Auch die Blockersetzungsstrategie ist aufwendig, da bei gefülltem Cache der Rahmen für einen neu zu ladenden Block bei jedem Zugriff neu bestimmt werden muß. Als Ersetzungsstrategie ist das Least-recently-used-Verfahren (LRU) am gebräuchlichsten, bei dem immer jener Block im Cache überschrieben wird, dessen Zugriff am weitesten zurückliegt. Dazu wird von der Cache-Hardware für jeden Rahmen eine Alterungsinformation gespeichert und mit jedem Cache-Zugriff aktualisiert [4]. - Ein Beispiel für die Realisierung eines vollassoziativen Caches ist der On-chip-Cache des 32-Bit-Mikroprozessors Z80000 mit 16 Rahmen zu je 16 Bytes, d.h. mit einer Kapazität von 256 Bytes [1].

Direct-mapped-Cache. Beim Direct-mapped-Cache wird jeder Block des Hauptspeichers auf einen bestimmten Rahmen des Cache abgebildet. Hierzu sind bei 2^n Rahmen die n niedrigerwertigen Bits der Blockadresse als Frame-Index zur Anwahl des Rahmens bestimmt (Bild 5-3). Die beim Zugriff erforderliche Überprüfung, ob der im Rahmen gespeicherte Block gleich dem gesuchten Block ist, erfolgt wie beim vollassoziativen Cache durch Vergleich der verbleibenden höherwertigen Bits der Adresse mit dem Tag des Rahmens.

Der Vorteil des Direct-mapped-Caches ist der geringe Hardwareaufwand für die Adressierung, da nur ein Vergleicher für alle Tags benötigt wird. Mit der festen Zuordnung von Block zu Rahmen ist jedoch nur eine Blockersetzungsstrategie möglich, die auf die Cache-Vergangenheit keine Rücksicht nimmt. Nachteilig wirkt sich dies aus, wenn abwechselnd auf Blöcke zugegriffen wird, die auf denselben Rahmen abgebildet werden, z.B. wenn sich die Befehle einer Programmschleife mit den von ihr zu bearbeitenden Operanden im Cache überdecken. Hierbei geht die Wirkung des Caches durch das ständige Neuladen verloren. - Als Beispiel einer Realisierung sei hier der Mikroprozessor MC68030 genannt, der - um den oben genannten Nachteil zu

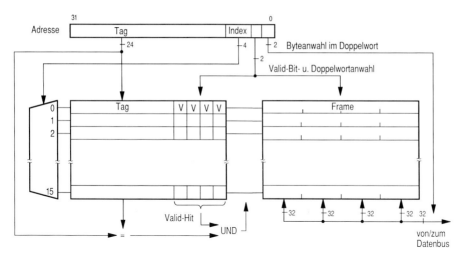

Bild 5-3. Adressierung eines Direct-mapped-Caches mit 16 Rahmen (Frames) zu je vier Doppelwörtern. Rahmenanwahl durch einen 4-Bit-Frame-Index; Tag-Vergleich für diesen Rahmen durch
einen Vergleicher. Zugriff auf den Rahmeneintrag bei Tag-Gleichheit (Tag-Hit) und gültigem Valid-
Bit V (Valid-Hit) für das Doppelwort.

mindern - zwei getrennte Caches für Befehle und Operanden hat [6]. Beide sind On-
chip-Caches mit je 16 Rahmen zu vier Doppelwörtern, d.h. mit Kapazitäten von je
256 Bytes.

Set-associative-Cache. Der Set-associative-Cache stellt einen Kompromiß zwischen den beiden oben beschriebenen Cache-Strukturen dar. Bei ihm werden jeweils
zwei, vier oder mehr Rahmen zu Sätzen (sets) zusammengefaßt. Ein Block des
Hauptspeichers wird über die niedrigerwertigen Bits seiner Adresse, den Set-Index,
auf einen bestimmten Satz (mit mehreren Rahmen) abgebildet. (Dies entspricht beim
Direct-mapped-Cache der Abbildung auf einen bestimmten Rahmen.) Die Auswahl
des Rahmens innerhalb des Satzes erfolgt beim Laden aus dem Hauptspeicher durch
eine Ersetzungsstrategie und beim Lese- oder Schreibzugriff durch Tag-Vergleiche
innerhalb des Satzes. Dazu werden beim Laden eines Blocks seine höherwertigen
Adreßbits als Tag im Cache-Rahmen mitgespeichert. (Dies entspricht beim vollassoziativen Cache dem assoziativen Zugriff.)

Bild 5-4 zeigt dazu ein Beispiel mit einer Cache-Unterteilung in acht Sätze zu je zwei
Rahmen. Der Hardwareaufwand für die Adressierung umfaßt hier entsprechend der
Rahmenanzahl pro Satz zwei Vergleicher für den gesamten Cache. Die Blockersetzung läßt sich für jeden der Sätze in einfacher Weise realisieren, z.B. durch je ein
Flipflop (Wechselbelegung oder LRU-Prinzip). Der beim Direct-mapped-Cache ge-
nannte Nachteil bei Überlagerung von zwei Blöcken ist hier aufgehoben, bei mehr als
zwei jedoch nicht. Bei Caches mit mehr als zwei Rahmen pro Satz und entsprechend
größerer Vergleicheranzahl, können sich entsprechend mehr Blöcke ohne Nachteil
überlagern. Man bezeichnet diese Caches auch als Two-way- bzw. Four-way- oder
allgemein als N-way-set-associative-Caches. - Beispiele für Realisierungen sind (1.)
der On-chip-data-Cache des NS32532, der als Two-way-set-associative-Cache 32

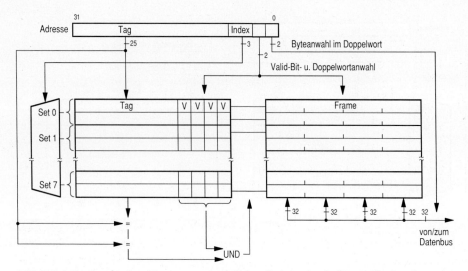

Bild 5-4. Adressierung eines Two-way-set-associative-Caches mit acht Sätzen (Sets) zu je zwei Rahmen (Frames) zu je vier Doppelwörtern. Satzanwahl durch einen 3-Bit-Set-Index; Tag-Vergleich für die beiden Rahmen durch zwei Vergleicher. Zugriff auf einen der beiden Rahmeneinträge bei Tag-Gleichheit (Tag-Hit) und gültigem Valid-Bit V (Valid-Hit) für das Doppelwort.

Sätze mit je zwei Rahmen zu je vier Doppelwörtern, d.h. 1024 Bytes umfaßt [10], (2.) der On-chip-Befehls- und Daten-Cache des i486, der als Four-way-set-associative-Cache 128 Sätze mit je vier Rahmen zu je vier Doppelwörtern, d.h. 8 Kbyte umfaßt [3], und (3.) die On-chip-Caches des MC68040 für Befehle bzw. Daten, die als Four-way-set-associative-Caches jeweils 64 Sätze mit je vier Rahmen zu je vier Doppelwörtern, d.h. je 4 Kbyte umfassen [7].

5.1.3. Virtuelle und reale Cache-Adressierung

Bei Mikroprozessorsystemen, die mit einer Speicherverwaltungseinheit (MMU) arbeiten, gibt es zwei Möglichkeiten, den Cache zu adressieren: (1.) mit den virtuellen Adressen, d.h. mit den vom Prozessor erzeugten Adressen, und (2.) mit den realen Adressen, d.h. mit den von der Speicherverwaltungseinheit erzeugten und dem Speicher zugeführten Adressen. Probleme ergeben sich bei mehreren Mastern im System, wenn sie gemeinsam mit dem Mikroprozessor auf den Hauptspeicher zugreifen. Hierbei muß die Datenkonsistenz von Hauptspeicher und Cache sichergestellt sein. Zusätzliche Master können z.B. Ein-/Ausgabeeinheiten sein, die ihrerseits wieder mit virtuellen oder realen Adressen arbeiten (siehe auch [11]).

Virtuelle Cache-Adressierung. Bild 5-5 zeigt die virtuelle Cache-Adressierung durch den Mikroprozessor und die reale Adressierung des Hauptspeichers über eine Speicherverwaltungseinheit. Eine Ein-/Ausgabeeinheit im System, die ebenfalls auf den Hauptspeicher zugreift, führt dies im Fall 1 mit realen, im Fall 2 mit virtuellen Adressen durch. Bei realer Adressierung können die von der Ein-/Ausgabeeinheit im Hauptspeichers geänderten Inhalte aufgrund der unterschiedlichen Adressen nicht zu-

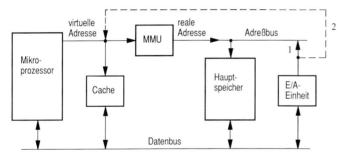

Bild 5-5. Virtuelle Cache-Adressierung durch den Mikroprozessor. 1 Reale Hauptspeicheradressierung; 2 virtuelle Hauptspeicheradressierung durch eine Ein-/Ausgabeeinheit.

sätzlich in den Cache kopiert werden, was zu einer Dateninkonsistenz führt. Hier muß der Cache z.B. durch ein Cache-clear-Steuersignal neu initialisiert werden. Als Alternative dazu können aber auch die von der Ein-/Ausgabeeinheit im Hauptspeicher benutzten Pufferbereiche in der Speicherverwaltungseinheit für den Prozessor als "noncachable" gekennzeichnet werden, wodurch Prozessorzugriffe auf diese Bereiche zu Cache-Misses führen, der Cache in diesen Fällen jedoch nicht nachgeladen wird.

Bei virtueller Adressierung durch die Ein-/Ausgabeeinheit, Fall 2, besteht die Möglichkeit, sowohl in den Hauptspeicher als auch in den Cache zu schreiben, womit die Datenkonsistenz gewährleistet ist. Gelesen wird dann generell aus dem Cache. Nachteilig hierbei ist jedoch, daß der Prozessor und die Ein-/Ausgabeeinheit beim Cache-Zugriff miteinander konkurrieren. Als Alternative bietet sich an, daß die Ein-/Ausgabeeinheit nur in den Hauptspeicher schreibt und der entsprechende Block im Cache über die Valid-Bits als ungültig erklärt wird. - Vorteilhaft bei der virtuellen Cache-Adressierung ist, daß sie parallel zur Adreßumsetzung in der Speicherverwaltungseinheit, d.h. ohne Zeitverlust erfolgen kann.

Reale Cache-Adressierung. Bild 5-6 zeigt die reale Cache- und Hauptspeicheradressierung, sowohl durch den Prozessor als auch durch die Ein-/Ausgabeeinheit. Die Verwendung virtueller Adressen durch die Ein-/Ausgabeeinheit ist hierbei nicht üblich. Hier können, wie oben im Fall 2, die Cache-Inhalte zusammen mit den Hauptspeicherinhalten geändert oder die betreffenden Cache-Inhalte als ungültig erklärt werden. Nachteilig ist hier, daß die Cache-Adressierung erst dann erfolgen

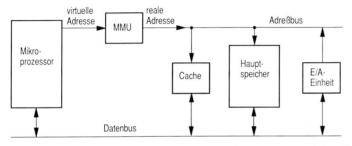

Bild 5-6. Reale Cache-Adressierung durch den Mikroprozessor und eine Ein-/Ausgabeeinheit.

kann, wenn die Speicherverwaltungseinheit die reale Adresse ermittelt hat. Bei Mikroprozessoren mit On-chip-MMU kann dieser Nachteil vermieden werden, wenn die Adreßumsetzung mittels Pipeline-Verarbeitung im Vorgriff durchgeführt wird, so daß kein Zeitverlust entsteht. Als Beispiele seien hier die Prozessoren MC68030 und MC68040 genannt [6, 7] (siehe dazu auch 8.1.6: Bus-Snooper des MC68040).

Für eine vertiefende Betrachtung zu Struktur und Funktion von Caches siehe auch [2].

5.2 Virtueller Speicher

Bei Mikroprozessorsystemen mit Mehrprogrammbetrieb können mehrere Benutzerprogramme oder mehrere z.B. durch Interrupts ausgelöste Aufgaben (tasks) quasiparallel, d.h. zeitlich ineinander verzahnt, ausgeführt werden (multi programming, multi tasking). Um einen schnellen Programmwechsel zu gewährleisten, müssen dazu alle beteiligten Programme (einschließlich ihrer Daten) im Hauptspeicher geladen sein. Da dies jedoch bei vielen Anwendungen eine sehr große Hauptspeicherkapazität erfordern würde, werden zur Kapazitätserweiterung Hintergrundspeicher, meist Plattenspeicher eingesetzt und diese in ihrem Zugriff so organisiert, daß sie einen Hauptspeicher entsprechend hoher Kapazität vorspiegeln. Man bezeichnet den so verfügbaren Speicherraum deshalb auch als virtuellen Speicher und spricht von virtueller Speicherverwaltung.

Das Laden der Programme und ihrer Daten in den realen Hauptspeicher besorgt das Betriebssystem. Es führt dazu über die freien Speicherbereiche Buch und lagert bei nicht ausreichendem Freispeicherplatz Speicherinhalte, sofern sie gegenüber ihrem Original auf dem Hintergrundspeicher verändert worden sind, auf diesen aus (swapping). Programme und Daten müssen, um die jeweils freien Bereiche nutzen zu können, lageunabhängig, d.h. im Speicher verschiebbar (relocatable) sein. Grundsätzlich kann die Verschiebbarkeit dadurch erreicht werden, daß vor oder während des Ladevorgangs zu sämtlichen (relativen) Programmadressen die aktuelle Ladeadresse (Basisadresse) addiert wird, oder indem die Programmadressen befehlszählerrelativ ausgelegt werden.

Effizienter und flexibler ist es jedoch, die Adreßumsetzung zur Laufzeit eines Programms unmittelbar bei jedem Hauptspeicherzugriff durchzuführen. Dazu wird jede effektive Adresse, bevor sie auf den Adreßbus gelangt, einer Speicherverwaltungseinheit (memory mangement unit, MMU) zugeführt, die aus dieser sog. virtuellen, logischen Adresse eine reale, physikalische Adresse (Speicheradresse) erzeugt (Bilder 5-5 und 5-6). Die hierfür erforderliche Abbildungsinformation (memory map) stellt das Betriebssystem der MMU in Form einer Umsetzungstabelle zur Verfügung.

Um den Umfang der Umsetzungstabelle gering zu halten, bezieht sich die Abbildungsinformation nicht auf einzelne Adressen, sondern auf zusammenhängende Adreßbereiche. Hierfür gibt es zwei grundsätzliche Möglichkeiten: (1.) die Segmentierung; dabei werden die Bereiche so groß gewählt, daß sie logische Einheiten, wie Programmcode, Daten und Stack, vollständig umfassen, (2.) die Seitenverwaltung;

dabei wird eine solche logische Einheit in Seiten einheitlicher Länge unterteilt. Für den Zugriffsschutz (Speicherschutz) werden diese Segmente bzw. Seiten mit Zugriffsattributen versehen, die zusätzlich in der MMU gespeichert und von der MMU bei der Adreßumsetzung unter Bezug auf die vom Prozessor ausgegebenen Statussignale ausgewertet werden. - MMUs sind als Hardwareeinheiten in der Lage, die Adreßumsetzung und die Zugriffsüberwachung mit nur geringer Verzögerung der Speicherzugriffe durchzuführen [11].

5.2.1 Segmentierung (segmenting)

Segmente fester Größe. Im einfachsten Fall sind die Segmentgrößen im virtuellen und im realen Adreßraum einheitlich als eine bestimmte Zweierpotenz 2^m festgelegt, d.h. die m niedrigerwertigen virtuellen bzw. realen Adreßbits bilden die Bytedistanz (offset) innerhalb eines Segments, die n restlichen, höherwertigen Bits die virtuelle bzw. reale Segmentnummer. Die maximale virtuelle Segmentanzahl ist damit gleich 2^n, die reale Segmentanzahl hängt von der Hauptspeichergröße ab. Verschoben werden Segmente um ein Vielfaches ihrer festen Länge, d.h., die Adreßabbildung durch die MMU erfolgt durch Ersetzen der virtuellen Segmentnummer durch die zugehörige reale Segmentnummer. Dieses Vorgehen erfordert zwar wenig Aufwand, hat jedoch den erheblichen Nachteil, daß die von kleineren logischen Einheiten nicht genutzten Segmentanteile virtuellen Adreßraum und vor allem Speicherplatz im Hauptspeicher blockieren.

Segmente variabler Größe. Um diesen Nachteil zu vermeiden, werden Segmente in Blöcke von üblicherweise 256 Bytes unterteilt, d.h., die Bytedistanz von m Bits wird aufgeteilt in eine Blocknummer zur Blockanwahl (die $m-8$ höherwertigen Adreßbits) und eine Bytedistanz für die Byteadressierung innerhalb eines Blocks (die 8 niedrigerwertigen Adreßbits). Diese Unterteilung erlaubt es, Segmente im Hauptspeicher in Vielfachen ihrer Blockgröße zu verschieben und dabei die Segmentlänge variabel in Blockvielfachen vorzugeben. Man erhält so eine blockweise und damit bessere Nutzung des Hauptspeichers.

Bild 5-7 zeigt dazu die Wirkungsweise einer MMU für einen Mikroprozessor mit einer 24-Bit-Adresse. Die virtuelle 8-Bit-Segmentnummer wird hier über einen Registerspeicher der MMU auf eine reale 16-Bit-Blocknummer als Segmentbasis abgebildet, zu der die virtuelle Blocknummer als Blockdistanz addiert wird. Die 8-Bit-Bytedistanz für die Adressierung innerhalb des Blocks wird unverändert übernommen. In der MMU ist zusätzlich zur realen Blockadresse die Blockanzahl als Segmentgröße gespeichert. Sie wird bei der Adreßumsetzung mit der virtuellen Blocknummer verglichen, um Zugriffe über die obere Segmentgrenze hinaus verhindern zu können. Im Falle einer Segmentüberschreitung bricht die MMU den Umsetzungsvorgang ab und zeigt dies dem Prozessor durch ein Trap-Signal an (MMU-Trap). - Ein Segment kann maximal so viele Blöcke umfassen, wie durch die virtuelle Blocknummer darstellbar ist; hier sind das bis zu 256 Blöcke, d.h. bis zu 64 Kbyte.

Bild 5-8 zeigt als Beispiel den virtuellen und den realen Adreßraum mit einer Belegung durch drei Segmente. Die Zuordnung der virtuellen Segmentnummern zu den in

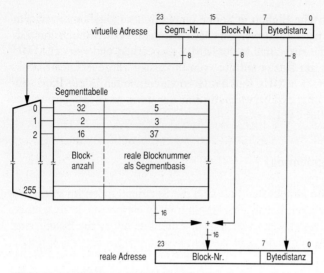

Bild 5-7. Adreßabbildung bei Segmentierung mit Blockunterteilung. Die eingetragenen Nummern beziehen sich auf das Abbildungsbeispiel in Bild 5-8.

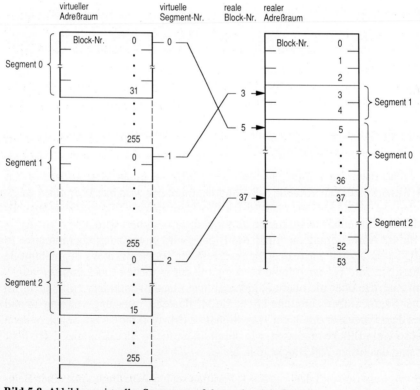

Bild 5-8. Abbildung virtueller Segmente auf den realen Adreßraum.

der MMU gespeicherten realen Blocknummern für die Segmentanfänge ist durch Pfeile mit Nummernangaben dargestellt. Das Bild zeigt außerdem die möglichen Segmentgrenzen, die sich im virtuellen Adreßraum aus den Vielfachen von 64 Kbyte (jeweils 256 Blöcke) und im Hauptspeicher aus den Vielfachen von 256 Bytes (Blockgröße) ergeben. - Diese Art der Adreßumsetzung ist z.b. in der MMU Z8010 der 16-Bit-Mikroprozessfamilie Z8000 realisiert [9].

In einer Verallgemeinerung des Prinzips der MMU nach Bild 5-7 läßt sich im Adreßwort die Grenzziehung zwischen Segment- und Blocknummer für jedes Segment variabel vorgeben. Dadurch belegen die Segment auch im virtuellen Adreßraum nur den tatsächlich erforderlichen Platz und erlauben es somit, anders als in Bild 5-8, diesen blockweise zu nutzen. - Realisiert ist diese Art der Adreßumsetzung durch die MMU MC68451 [8] für den 16/32-Bit-Mikroprozessor MC68000.

Lineare und symbolische Segmentierung. Die Segmentierung hängt nicht nur von der Arbeitsweise der MMU, sondern auch von der Adreßgenerierung durch den Prozessor ab. Prozessoren mit sog. linearer Segmentierung (linear segmenting) kennen keine Adreßunterteilung in Segmentnummer und Bytedistanz. Dementsprechend beziehen sie ihre Adreßrechnungen auf das gesamte Adreßwort. Ändert sich dabei der von der MMU als Segmentnummer interpretierte Adreßanteil, so bedeutet dies eine Segmentüberschreitung. Im Gegensatz dazu geben Prozessoren mit sog. symbolischer Segmentierung (symbolic segmenting) die Adreßunterteilung in Segmentnummer und Bytedistanz vor. Sie beeinflussen bei der Adreßmodifikation dementsprechend nur die Bytedistanz und lassen die Segmentnummer unverändert. - Beispiele für lineare Segmentierung sind die Prozessorfamilien MC68000 [5] und NS32000 [10]; mit symbolischer Segmentierung arbeitet z.B. die Prozessorfamilie Z8000 [9]. Die Wahl zwischen beiden Techniken ist beim Z80000 möglich [1].

Vor- und Nachteile. Die Segmentierung bietet zunächst den Vorteil, die Speicherverwaltung an den Programmen als logischen Einheiten auszurichten, was den Benutzerwünschen entgegenkommt. Damit unmittelbar verbunden sind aber auch ihre Nachteile. So muß z.B. beim Swapping immer eine gesamte Einheit transportiert werden, auch wenn für einen bestimmten Zeitraum nur ein Teil davon im Hauptspeicher benötigt wird. Desweiteren führt das Swapping zu einer Zerstückelung des Hauptspeichers in belegte und freie Bereiche, die bei variabler Segmentgröße in ihren Größen ebenfalls variieren. Dies erfordert eine aufwendige Freispeicherverwaltung durch das Betriebssytem. Die Zerstückelung kann dazu führen, daß für ein Segment kein ausreichender zusammenhängender Speicherplatz zur Verfügung steht, obwohl er in der Summe der freien Bereiche vorhanden ist. Zu lösen ist dieses Problem, indem das Betriebssystem die belegten Bereiche im Speicher zusammenschiebt und so die freien Bereiche vereinigt (garbage collection).

5.2.2 Seitenverwaltung (paging)

Die durch die Segmentierung entstehenden Probleme können mit der Seitenverwaltung vermieden werden; jedoch wird der Vorteil der Segmentierung zunächst aufgegeben. Bei ihr wird der virtuelle Adreßraum in kleinere Bereiche einheitlicher Größe, sog. Seiten (pages), unterteilt, die im Hauptspeicher auf entsprechende Rahmen (frames) gleicher Größe abgebildet werden. Typische Seitengrößen sind 512 Bytes, 1 Kbyte, 2 Kbyte oder 4 Kbyte. Die Adreßumsetzung erfolgt wie bei den Segmenten fester Größe, indem die höherwertigen Adreßbits als virtuelle Seitennummer auf eine Rahmennummer abgebildet und die niedrigerwertigen Adreßbits als Bytedistanz unverändert übernommen werden. Der virtuelle Adreßraum wird somit in Seiten unterteilt, die in beliebige freie, nicht notwendigerweise zusammenhängende Seitenrahmen geladen werden können und so eine bessere Nutzung des Hauptspeichers erlauben. - Bild 5-9 zeigt dazu als Beispiel ein Segment, das im virtuellen Adreßraum die zusammenhängenden Seiten 2 bis 5 belegt und entsprechend den Pfeilen auf die Rahmen 3, 1, 4 und 6 des Hauptspeichers abgebildet wird. Die Pfeile spiegeln somit die Adreßabbildungsinformation der Umsetzungstabelle wider.

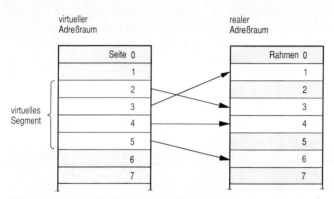

Bild 5-9. Beispiel für die Adreßabbildung bei Seitenverwaltung.

Im Unterschied zur Segmentierung werden durch die MMU nicht logische Einheiten abgebildet, sondern Teile dieser Einheiten. Dadurch wird es z.B. möglich, nur die aktuellen Seiten eines Programms (working set) im Hauptspeicher zu halten, wodurch der Speicherplatzbedarf reduziert und das Swapping effizienter wird. Der Prozessor muß dann jedoch so ausgelegt sein, daß er eine Zugriffsoperation auf eine nicht geladene Seite (nach einer Fehlermeldung durch die MMU, page fault) unterbrechen und zu einem späteren Zeitpunkt wiederaufnehmen kann. Zwischenzeitlich muß die Seite vom Betriebssystem in den Hauptspeicher geladen werden (demand paging). Gegenüber der Segmentierung wird die Umsetzungstabelle wegen der feineren Adreßraumunterteilung wesentlich umfangreicher. Bei einer virtuellen 32-Bit-Adresse und einer Seitengröße von 4 Kbyte würde sie 2^{20} Einträge umfassen. Deshalb wird die reine Seitenverwaltung vorwiegend bei Prozessoren mit kürzeren Adressen von z.B. 16 Bits eingesetzt.

5.2.3 Segmentierung mit Seitenverwaltung

Um einerseits Segmente als logische Einheiten verwalten und andererseits diese in kleineren Einheiten transportieren und speichern zu können, um also die Vorteile der

Segmentierung und der Seitenverwaltung zu kombinieren, verbindet man beide Speicherverwaltungsarten und erhält so eine zweistufige Adreßabbildung. Den Ausgangspunkt bildet eine Segmenttabelle; sie enthält für jedes Segment einen Deskriptor, der aus Speicherschutzangaben für dieses Segment und einem Zeiger auf eine Seitentabelle besteht. Die Seitentabelle enthält wiederum die Deskriptoren aller zu diesem Segment gehörenden Seiten, d.h. Speicherschutzangaben für jede Seite und die Rahmennummern der Seiten. - Bild 5-10 zeigt die Adreßabbildung für 32-Bit-Adressen, d.h. für einen virtuellen Adreßraum von 4 Gbyte. Dieser wird in 1024 Segmente mit jeweils bis zu 1024 Seiten zu je 4 Kbyte unterteilt. Zur besseren Übersicht ist nur eine der möglichen 1024 Seitentabellen dargestellt; außerdem wurde eine etwas speziellere Darstellung gewählt, in der die Pfeile einen bestimmten Abbildungsvorgang zeigen. Die Speicherung der Schutzangaben ist nicht dargestellt.

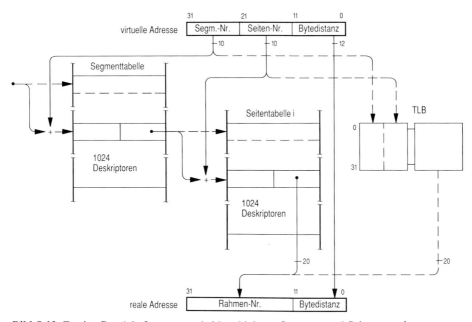

Bild 5-10. Zweistufige Adreßumsetzung bei kombinierter Segment- und Seitenverwaltung.

Die Segmenttabelle und die Seitentabellen werden aufgrund ihres Umfangs nicht mehr in einem schnellen Registerspeicher in der MMU, sondern im Haupt- oder Hintergrundspeicher gehalten. In der MMU ist jetzt ein vollassoziativer Cache vorgesehen, der den aktuellen Ausschnitt aus den Tabellen, d.h. die Deskriptoren der jeweils zuletzt benutzten 32 Seiten enthält (translation lookaside buffer, TLB). Zugriffe auf die Tabellen im Speicher erfolgen nur dann, wenn der entsprechende Eintrag im Cache nicht vorhanden ist. Hierbei wird der Cache aktualisiert, indem der am längsten nicht benutzte Eintrag durch den aktuellen Deskriptor überschrieben wird (LRU-Prinzip).

Zweistufige Adreßabbildungen entsprechend Bild 5-10 werden bei 32-Bit-Mikroprozessoren als On-chip-MMUs realisiert, d.h., sie sind Bestandteil des Prozessorchips.

Die MMU enthält jetzt als Rudiment nur noch die Steuerwerke für die Adreßumsetzung, für die Überprüfung der Speicherschutzbedingungen, sowie für die Pufferung der aktuellen Deskriptoren im Cache (siehe z.B. NS32532 [10], MC68040 [7]). - Einige On-chip-MMUs sehen Adreßabbildungen mit mehr als zwei Stufen vor und erlauben damit eine weitergehende Strukturierung von Segmenten (siehe z.B. i386, i486 [3, 12] und MC68030 [6]).

5.2.4 Speicherschutz

Segment- und Seitendeskriptoren. Ausgehend von der zweistufigen Adreßabbildung weisen die Segment- und Seitendeskriptoren zum Teil unterschiedliche, zum Teil gleichartige Speicherschutz- und Statusangaben auf. Der Segmentdeskriptor gibt im wesentlichen an, ob das Segment gültig ist und wieviele Seiten es umfaßt; damit wird der Zugriff auf die von ihm adressierte Seitentabelle auf die entsprechende Anzahl an Einträgen begrenzt (Schutz vor Bereichsüberschreitungen). Er enthält darüber hinaus Zugriffsattribute, die für das gesamte Segment gültig sind, jedoch nur für Zugriffe im User-Modus wirksam werden, z.B. "Zugriff nicht erlaubt", "nur Lesezugriffe erlaubt" oder "Lese- und Schreibzugriffe erlaubt".

Der Seitendeskriptor sieht die gleiche Art von Zugriffsattributen vor wie der Segmentdskriptor, jedoch auf die jeweilige Seite bezogen. Bei der Adreßumsetzung werden sowohl die Angaben im Segment- als auch im Seitendeskriptor geprüft. Weichen sie voneinander ab, so kommt die einschränkendere Angabe zur Wirkung. Dieses Vorgehen wird z.B. bei sich überlappenden Segmenten genutzt (siehe unten). Der Seitendeskriptor enthält zusätzlich Statusangaben, z.B. "auf Seite wurde zugegriffen" und "Seite wurde verändert". Diese Angaben werden für die Freispeicherverwaltung, d.h. zur Implementierung von Alterungsmechanismen und für die Entscheidung zum Rückschreiben einer Seite auf den Hintergrundspeicher benötigt. Eine weitere Statusangabe lautet "Seite ist nicht cachable", d.h., ihre Inhalte dürfen nicht im Daten-Cache gespeichert werden (siehe auch 5.1).

Code- und Data-Sharing. Segmente, die im virtuellen Adreßraum voneinander unabhängige Adreßbereiche belegen, können im Hauptspeicher so geladen sein, daß sie sich mit einer oder mehreren Seiten überlappen. Diese Möglichkeit wird z.B. für den Zugriff mehrerer Benutzer auf einen nur einmal vorhandenen Programmcode oder für den Zugriff unterschiedlicher Tasks auf einen gemeinsamen Datenbereich genutzt. Man bezeichnet diese gemeinsamen Bereiche auch als Shared Code bzw. Shared Data. Mit Hilfe der Zugriffsattribute in den Segment- und Seitendeskriptoren können den verschiedenen Benutzern unterschiedliche Zugriffsrechte auf diese Bereiche eingeräumt werden. Bild 5-11 zeigt dazu ein Beispiel für den gemeinsamen Zugriff zweier Benutzer A und B auf eine Seite. Der Benutzer A hat im Segment- wie im Seitendeskriptor das Attribut "Lese- und Schreibzugriffe erlaubt". Der Benutzer B hat dieses Attribut zwar im Segmentdeskriptor, er ist jedoch in seinem Seitendeskriptor auf "nur Lesezugriffe erlaubt" eingeschränkt.

Vereinfachter Speicherschutz. Speicherschutz ist bei Systemen mit virtueller Speicherverwaltung unabdingbar, er kann jedoch auch bei einfacheren Systemen, die

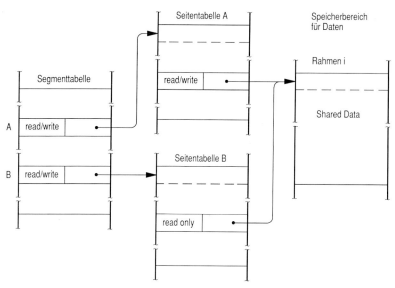

Bild 5-11. Data-Sharing zweier Benutzer A und B mit unterschiedlichen Zugriffsrechten auf den gemeinsamen Speicherrahmen. Zweistufige Adreßumsetzung entsprechend Bild 5-10.

ohne Adreßumsetzung arbeiten, realisiert werden. Hierbei werden die vom Prozessor kommenden Statussignale unmittelbar bei der Ansteuerung von Speicher- und Ein-/Ausgabeeinheiten ausgewertet. So können Zugriffe auf bestimmte Adreßbereiche von der Betriebsart Supervisor- bzw. User-Modus ($S/\overline{U}$-Signal), vom Lesen bzw. Schreiben ($R/\overline{W}$-Signal) und von Zugriffen auf Befehle bzw. Daten ($P/\overline{D}$-Signal) abhängig gemacht werden.

Bild 5-12 zeigt dazu ein Beispiel für die Anwahl verschiedener Speicherbereiche, die nicht nur von der Adreßdecodierung (im Bild nicht dargestellt), sondern darüber hinaus von den Statussignalen abhängt. Zugriffe im Supervisor-Modus ($S/\overline{U} = 1$) sind ohne Einschränkung auf den Gesamtbereich möglich. Zugriffe im User-Modus ($S/\overline{U} = 0$) sind auf den Bereich 1 nicht möglich, auf den Bereich 2 nur für das Lesen

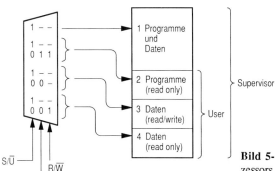

Bild 5-12. Wirkung der Statussignale des Prozessors auf die Anwahl von Speicherbereichen mit unterschiedlichen Zugriffskriterien.

von Befehlen (R/$\overline{\text{W}}$ = 1 und P/$\overline{\text{D}}$ = 1), auf den Bereich 3 für das Lesen und Schreiben von Daten (P/$\overline{\text{D}}$ = 0) und auf Bereich 4 nur für das Lesen von Daten (R/$\overline{\text{W}}$ = 1 und P/$\overline{\text{D}}$ = 0) möglich.

5.3 Übungsaufgaben

Aufgabe 5.1. Cache-Verwaltung. In einem Mikroprozessorsystem mit 32-Bit-Datenzugriff auf den Hauptspeicher ist ein Operanden-Cache vorhanden. Das Laden des Caches erfolgt in Blöcken von je acht Bytes, d.h. von zwei Doppelwörtern. Die Hauptspeicheradresse umfaßt 24 Bits, die Cache-Kapazität beträgt 256 Bytes. (a) Geben Sie die Anzahl der Cache-Frames an und skizzieren Sie in Anlehnung an die Bilder 5-2 bis 5-4 die Unterteilung der Hauptspeicheradresse für die Cache-Anwahl bei (1.) einem vollassoziativen, (2.) einem Direct-mapped- und (3.) einem Four-way-set-associative-Cache. (b) Geben Sie für diese drei Caches die Anzahl der erforderlichen Vergleicher und die jeweils zu vergleichende Bitanzahl an. (c) Welche Frames sind bei diesen drei Caches hinsichtlich einer Blockersetzung als zusammengefaßt zu betrachten, z.B. für einen Alterungsmechanismus nach dem LRU-Prinzip?

Aufgabe 5.2. Laden von Caches. Ausgehend von den Vorgaben in Aufgabe 5.1 sind drei Hauptspeicherblöcke mit den folgenden in hexadezimaler Schreibweise angegeben Blockadressen in der aufgeführten Reihenfolge in jeden der drei beschriebenen Caches zu laden:

$000008, $0000F8, $000108.

Die Caches seien zu Beginn leer, und das Laden soll jeweils in den Frame mit der niedrigsten verfügbaren Frame-Nummer erfolgen. Geben Sie bei der Zuordnung von Blöcken zu Frames anstelle der Blockadressen die entsprechenden Blocknummern an.

Aufgabe 5.3. Segmentierung. Ein Rechnersystem enthalte eine MMU zur Umsetzung von virtuellen in reale Segmentadressen entsprechend Bild 5-7. Der Hauptspeicher sei beginnend ab Adresse 0 mit 64 Blöcken zu je 256 Bytes belegt. Im Anschluß an diesen Bereich soll ein Segment mit der virtuellen Anfangsadresse $020000 und der virtuellen Endadresse $021811 geladen werden. (a) Geben Sie die Ladeadresse an. (b) An welcher Position im Registerspeicher der MMU muß die reale Blocknummer als Abbildungsinformation abgelegt werden und welchen Wert hat sie? (c) Welchen Wert hat die für die Überprüfung von Segmentüberschreitungen einzutragende Blockanzahl?

Aufgabe 5.4. Seitenverwaltung. Ein Rechnersystem mit einem Mikroprozessor, der die speicherindirekte Adressierung mit Nachindizierung entsprechend Abschnitt 2.1.3 erlaubt, enthalte eine MMU mit einer Adreßabbildung nach dem Prinzip der Seitenverwaltung (siehe Bild 5-9). Geben Sie

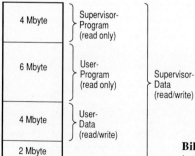

Bild 5-13. Unterteilung des Hauptspeichers von 16 Mbyte in vier Bereiche mit unterschiedlichen Zugriffskriterien.

die Reihenfolge der Adreßrechnungs- und Adreßumsetzungsschritte an, mit der diese Adressierungsart korrekt vom virtuellen auf den realen Adreßraum abgebildet wird.

Aufgabe 5.5. Speicherschutz. Für einen Mikroprozessor mit 24-Bit-Adresse sei die Adressierung von Bereichen des Hauptspeichers entsprechend Bild 5-13 durch den Systementwurf vorgegeben. Geben Sie dazu - in Anlehnung an Bild 5-12 - die Belegung eines Decodierers mit 0, 1 und − für die Bereichsanwahl an, der zusätzlich zu den für den Speicherschutz verwendeten Statussignalen des Prozessors die für die Bereichsadressierung erforderlichen Adreßsignale auswertet.

6 Ein-/Ausgabeorganisation und Rechnernetze

Mit dem Begriff Ein-/Ausgabeorganisation faßt man die Vorgänge zur Übertragung von Daten zwischen dem Hauptspeicher und der Peripherie eines Mikroprozessorsystems zusammen. Zur Peripherie zählen die Hintergrundspeicher, z.B. Floppy-Disk- und Plattenspeicher, und die Ein-/Ausgabegeräte, z.B. Bildschirmterminals und Drucker. Hinzu kommen anwendungsbezogene Ein-/Ausgabeeinheiten, z.B. zur Übertragung von Steuer- und Statusinformation bei Systemen mit Steuerungs- und Regelungsaufgaben.

Aufgrund ihrer spezifischen Signale und Übertragungsabläufe können periphere Einheiten nicht, wie z.B. Speichereinheiten, unmittelbar an den Systembus angeschlossen werden. Für die jeweilige Busanpassung sind hier entsprechende Anpaßbausteine (interface adapter) als Schnittstelleneinheiten erforderlich (Bild 6-1). Man bezeichnet diese auch als Interface-Bausteine (kurz: Interfaces) oder als Ein-/Ausgabetore (i/o ports).

Bei einfachen Rechnersystemen übernimmt der Prozessor die Steuerung der Ein-/Ausgabe (prozessorgesteuerte Ein-/Ausgabe). Leistungsfähigere Systeme besitzen neben dem Prozessor zusätzliche Steuereinheiten mit Busmasterfunktion (DMA-Controller als Steuerbausteine zur schnellen Datenübertragung zwischen Speicher und Peripherie), die den Prozessor von der Datenübertragung entlasten. Als Erweiterung können diese Controller als programmgesteuerte Ein-/Ausgabeprozessoren ausgelegt sein, oder es werden in einer weiteren Ausbaustufe eigenständige Rechnersysteme als Ein-/Ausgabecomputer eingesetzt, so daß der Prozessor letztlich nur noch die Aufträge für Ein-/Ausgabevorgänge zu vergeben hat (controller- bzw. computergesteuerte Ein-/Ausgabe).

Eine davon abweichende Form der Ein-/Ausgabe stellt das Übertragen von Daten zwischen Ein-/Ausgabegeräten und einem Rechner mittels der Datenfernübertragung dar. Hierbei werden die Ein-/Ausgabegeräte als sog. abgesetzte Datenstationen (remote terminals) unter Benutzung von Leitungen und Vermittlungseinrichtungen der staatlichen Fernmeldeeinrichtungen an den Rechner angeschlossen. In einer weiteren Ausbaustufe werden Rechner zu Netzen verbunden. Diese Rechnernetze ermöglichen eine flexible Kommunikation zwischen den einzelnen Netzteilnehmern. Netze innerhalb von Gebäuden und Grundstücksgrenzen bezeichnet man als lokale Netze; Netze, die die Grundstücksgrenzen überschreiten und sich der Datenfernübertragung bedienen, als Weitverkehrsnetze.

Ausgehend von den Techniken der Datenfernübertragung gibt es nationale und internationale Vereinbarungen, die als Standards die Übertragungstechniken beschreiben. Diese haben wiederum Rückwirkungen auf die Techniken der "lokalen" Ein-/Ausgabe, z.B. als Schnittstellenvereinbarungen für Verbindungen zwischen den Interfaces und Ein-/Ausgabegeräten.

Abschnitt 6.1 befaßt sich mit der prozessorgesteuerten Ein-/Ausgabe. Er beschreibt die wichtigsten Merkmale eines Interfaces und die für die Datenübertragung zwischen Prozessor und Peripherie gebräuchlichen Synchronisationstechniken. In Abschnitt 6.2 werden einige funktionelle und elektrische Eigenschaften von Übertragungswegen zwischen Interfaces und Ein-/Ausgabegeräten in Form von Schnittstellenvereinbarungen behandelt. Dieser Abschnitt bildet die Grundlage für die Beschreibung der drei wichtigsten Ein-/Ausgabearten, der parallelen, der asynchron seriellen und der synchron seriellen Ein-/Ausgabe einschließlich der dafür verwendeten Interface-Bausteine. Sie erfolgt in den Abschnitten 6.3, 6.4 und 6.5, wobei sich die Bausteinbeschreibungen auf die wichtigsten Funktionen der im Handel befindlichen Interface-Bausteine konzentrieren. Abschnitt 6.6 gibt schließlich einen Einblick in die Techniken der Datenfernübertragung und der Rechnernetze. - Die oben erwähnte controller- und computergesteuerten Ein-/Ausgabe wird in Kapitel 7 behandelt.

6.1 Prozessorgesteuerte Ein-/Ausgabe

Abhängig von der Peripherie umfaßt ein Ein-/Ausgabevorgang mehrere Aufgaben, z.B.

- Starten des Ein-/Ausgabevorgangs, z.B. durch Starten des Geräts,

- Ausführen spezifischer Gerätefunktionen, z.B. Einstellen des Zugriffsarmes bei einem Plattenlaufwerk,

- Übertragen einzelner Daten mit Synchronisation der Übertragungspartner,

- Datenzählung und Adreßfortschaltung bei blockweiser Übertragung,

- Lesen und Auswerten von Statusinformation, z.B. für eine Fehlererkennung und Fehlerbehandlung,

- Stoppen des Ein-/Ausgabevorgangs, z.B. durch Stoppen des Geräts.

Bei der prozessorgesteuerten Ein-/Ausgabe obliegt die Ausführung dieser Steuerungsaufgaben dem Prozessor, genauer, dem vom Prozessor auszuführenden Ein-/Ausgabeprogramm. Unterstützt wird er dabei durch die Interfaces-Bausteine, die, wie oben erwähnt, die Anpassung der peripheren Datenwege und Übertragungsabläufe an den Systembus vornehmen und darüber hinaus zur Synchronisation der Übertragungspartner dienen. Die Notwendigkeit der Synchronisation ergibt sich durch die gerätetechnisch bedingten unterschiedlichen Verarbeitungsgeschwindigkeiten von Prozessor und Peripherie. Hinzu kommt, daß sich z.B. beim Prozessor aufgrund anderer Aktivitäten, die er verzahnt mit dem Ein-/Ausgabevorgang ausführt, die Übertragungsbereitschaft verzögern kann.

6.1.1 Einfacher Interface-Baustein

Ein Interface-Baustein besitzt mindestens ein Datenregister DR (data register) zur Pufferung der Daten zwischen dem Systembus und dem peripheren Übertragungsweg

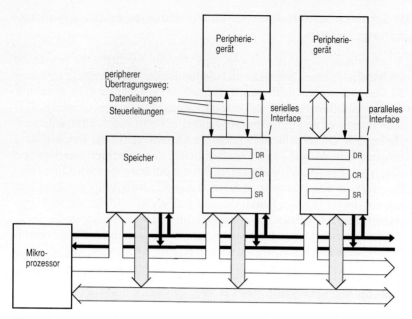

Bild 6-1. Systemstruktur mit Interface-Bausteinen für die Ein-/Ausgabe von Daten.

(Bild 6-1). Seine Schnittstelle zum Systembus ist bei z.B. speicherbezogener Adressierung (siehe 4.2.1) so ausgelegt, daß das Datenregister wie eine Speicherzelle beschrieben und gelesen werden kann. Abgesehen von der Synchronisation stellt sich damit für den Mikroprozessor der einzelne Datentransport mit der Peripherie wie ein Speicherzugriff dar. (Bei isolierter Adressierung unterscheidet sich der Zugriff nur dadurch, daß anstelle der Speicherzugriffsbefehle Ein-/Ausgabebefehle verwendet werden.)

Die Unterschiede der einzelnen Interface-Bausteine liegen in der Verschiedenartigkeit ihrer Schnittstellen zur Peripherie, z.B. in der parallelen oder seriellen Ein-/Ausgabe, in der Art und Anzahl der Steuerleitungen und damit in dem für die Datenübertragung zwischen Interface und Peripherie erforderlichen Steuerwerk. So erfordert z.B. die serielle Ein-/Ausgabe eine Serien-Parallel-Umsetzung bei der Eingabe und eine Parallel-Serien-Umsetzung bei der Ausgabe. Ferner muß das Steuerwerk auf die Regeln für die zeichen- oder blockweise Datenübertragung zugeschnitten sein. Man bezeichnet diese Regeln zusammengefaßt auch als Übertragungsprotokoll.

Durch das Laden von Steuerinformation in eines oder mehrere Steuerregister CR (contol register) können unterschiedliche Betriebsarten eines Interfaces, z.B. ein bestimmtes Protokoll, durch das Programm ausgewählt (programmiert) werden. Der augenblickliche Betriebszustand des Interfaces wiederum wird in einem oder mehreren Statusregistern SR (status register) angezeigt, so z.B. Synchronisationsinformation für den Prozessor. Die Steuer- und Statusregister sind dazu ebenfalls wie Speicherzellen beschreib- bzw. lesbar. (Bei einfachen Bausteinen mit wenigen Funktionen sind die Steuer- und Statusbits vielfach auch in einem einzigen Register zusammengefaßt.)

6.1.2 Synchronisationstechniken

Die Synchronisation einer einzelnen Datenübertragung über ein Interface erfolgt durch
den Austausch von Steuerinformation: zum einen zwischen Mikroprozessor und
Interface, d.h. auf dem Systembus, zum andern zwischen Interface und Peripherie,
d.h. auf dem peripheren Übertragungsweg. Hierbei signalisiert der Prozessor dem
Interface seine Übertragungsbereitschaft, indem er entweder dessen Datenregister liest
(Eingabe) oder in dessen Datenregister schreibt (Ausgabe). Das Interface seinerseits
meldet dem Prozessor seine Bereitschaft entweder durch Setzen eines Statusbits in
seinem Statusregister oder durch Aktivieren einer Interrupt-Request-Leitung.

Der Austausch von Synchronisationsinformation auf dem peripheren Übertragungsweg erfolgt entweder durch Steuersignale, wie dies z.B. bei der parallelen Ein-/Aus-
gabe üblich ist, oder durch Steuerinformation, die dem zu übertragenden Datum selbst
als Rahmen beigefügt ist, wie z.B. bei der asynchron seriellen Ein-/Ausgabe. Die
Übertragung aufeinanderfolgender Daten hängt dabei entweder von der jeweiligen Bereitschaft der beiden Übertragungspartner ab oder ist durch einen Taktgenerator mit
fester Frequenz vorgegeben.

Im folgenden werden drei grundsätzliche Verfahren zur Synchronisierung einzelner
Datenübertragungen betrachtet, wobei zu ihrer Beschreibung Steuersignale zugrunde-
gelegt werden, wie sie bei der parallelen Ein-Ausgabe üblich sind. (Die Synchronisierung mittels Steuerinformation im Datenrahmen ist im Abschnitt 6.4 beschrieben.)
Ferner wird ein Verfahren in einer darüberliegenden Synchronisationsebene behandelt, das dem Datenempfänger das Starten und Stoppen aufeinanderfolgender Datenübertragungen durch die Übertragung von Steuerzeichen oder unter Benutzung eines
Steuersignals erlaubt.

Synchronisation durch Busy-Waiting. Bei dieser Synchronisationsart wartet der
Mikroprozessor so lange mit dem Aus- bzw. Eingeben eines Datums, bis das
Interface seine Bereitschaft durch ein Statusbit (Ready-Bit) in seinem Statusregister
anzeigt (Bild 6-2). Dieses Bit wird durch ein Steuersignal (READY) der Peripherie
gesetzt, wenn diese den bisherigen Inhalt des Interface-Datenregisters übernommen

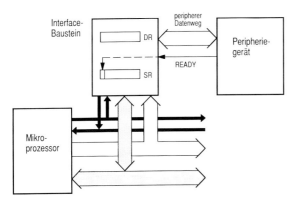

Bild 6-2. Synchronisation durch Busy-Waiting.

(Ausgabe) bzw. das Datenregister erneut geladen hat (Eingabe). Das Warten des Mikroprozessors erfolgt entweder in einer Warteschleife, in der er das Ready-Bit des Statusregisters laufend überprüft, oder der Prozessor führt die Abfrage in bestimmten Zeitabständen durch und nutzt die Zwischenzeit für laufende Verarbeitungsvorgänge. Ist das Ready-Bit gesetzt, so verzweigt er zu der eigentlichen Ein-/Ausgabebefehlsfolge (siehe auch Beispiel 6.1). Dort erfolgt das Rücksetzen des Ready-Bits, um die nächste Übertragung durchführen zu können. Das Rücksetzen ist, abhängig vom Interface-Baustein, entweder mit dem Zugriff des Mikroprozessors auf dessen Datenregister gekoppelt oder erfolgt durch einen Schreibzugriff auf dessen Statusregister.

Nachteilig beim Busy-Waiting ist, daß der Mikroprozessor während eines Ein-/Ausgabevorgangs einen Teil seiner Verarbeitungszeit für die Abfrage des Ready-Bits benötigt, unabhängig davon, ob eine Übertragungsanforderung vorliegt oder nicht. Im Falle einer Warteschleife ist er sogar überwiegend mit Warten beschäftigt und damit schlecht genutzt. Darüber hinaus setzt Busy-Waiting voraus, daß die Verarbeitungsgeschwindigkeit des Mikroprozessors höher ist als die der Peripherie. Zeitkritische Situationen können z.B entstehen, wenn der Mikroprozessor mehrere Ein-/Ausgabevorgänge gleichzeitig zu bearbeiten hat (siehe dazu 6.1.3).

Synchronisation durch Programmunterbrechung. Bei der Synchronisation durch Programmunterbrechung wird der Zustand des Interface-Statusbits als Interruptanforderung an den Mikroprozessor weitergegeben, d.h., das Signal READY wirkt über das Ready-Bit als Interruptsignal (Bild 6-3). Der Prozessor fragt also nicht wie beim Busy-Waiting den Zustand des Statusbits laufend ab, sondern bekommt ihn unmittelbar als Interruptsignal übermittelt. Wird die Interruptanforderung vom Mikroprozessor akzeptiert, so reagiert er mit einer Programmunterbrechung und verzweigt zu einem Interruptprogramm, das die Ein-/Ausgabebefehlsfolge enthält und die Ein-/Ausgabe durchführt (siehe auch Beispiel 6.2).

Gegenüber der Synchronisation durch Busy-Waiting gewinnt der Prozessor eine gewisse Unabhängigkeit von den Ein-/Ausgabeaktivitäten der Peripherie und kann die Zeit zwischen den Programmunterbrechungen für andere Aufgaben besser nutzen. Nachteilig ist jedoch die durch die Interruptverarbeitung hervorgerufene Verzögerung

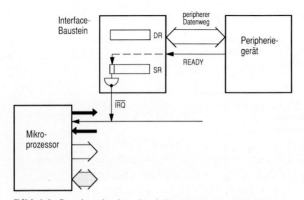

Bild 6-3. Synchronisation durch Programmunterbrechung.

der Übertragung. - Voraussetzung für eine fehlerfreie Übertragung ist auch hier wieder, daß die Verarbeitungsgeschwindigkeit des Mikroprozessors höher als die der Peripherie ist.

Synchronisation durch Handshaking. Um die Datenübertragung auch für denjenigen Fall zu ermöglichen, daß die Peripherie schneller als der Prozessor arbeitet und demnach auf den Prozessor warten muß, wird die Übertragungssteuerung erweitert. Dazu zeigt der Mikroprozessor, bzw. stellvertretend für ihn das Interface, seine Bereitschaft zur Datenübertragung durch Setzen eines Quittungssignals an. Bei der Dateneingabe beispielsweise überträgt die Peripherie ein Datum erst dann, wenn der Mikroprozessor die Übernahme des letzten Datums quittiert hat; der Mikroprozessor seinerseits übernimmt ein Datum aus dem Interface-Datenregister erst dann, wenn die Übertragung des Datums wie oben beschrieben von der Peripherie bzw. dem Interface signalisiert worden ist. Man nennt dieses Verfahren, bei dem sich beide Übertragungspartner sozusagen die Hände reichen, Handshaking (Quittungsbetrieb).

Bild 6-4 zeigt als Erweiterung der Bilder 6-2 und 6-3 das Blockschaltbild für das Handshaking auf der Steuersignalebene. Mit dem Lesen (Eingabe) oder mit dem Schreiben (Ausgabe) des Interface-Datenregisters durch den Mikroprozessor erhält die Peripherie vom Interface das Quittungssignal ACKN (acknowledge). Die Peripherie ihrerseits meldet die Datenübertragung bzw. die Datenübernahme aus dem Datenregister wie bisher durch das Fertigsignal READY. Dieses Signal wird vom Prozessor entweder als Statusinformation (Handshaking mit Busy-Waiting) oder als Interruptsignal (Handshaking mit Programmunterbrechung) ausgewertet. Ein Interrupt-Enable-Bit im Steuerregister des Interfaces ermöglicht die Unterscheidung beider Betriebsarten. - Eine detaillierte Darstellung der Zeitverläufe der Handshake-Signale zeigt Bild 6-20 in Abschnitt 6.3.3.

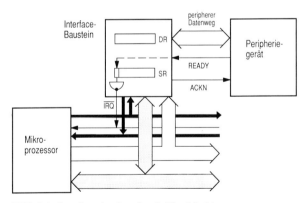

Bild 6-4. Synchronisation durch Handshaking.

Beispiel 6.1. Synchronisation einer Dateneingabe durch Handshaking mit Busy-Waiting. Über ein 8-Bit-Interface-Datenregister DR sollen 128 Datenbytes in einen Speicherbereich mit der Adresse BUFFER eingelesen werden. Zur Synchronisation der Übertragung gibt das Peripheriegerät mit der Übergabe eines Datums an DR ein READY-Signal aus, was in der Bitposition 7 (Ready-Bit, SR7) des 8-Bit-Interface-Statusregisters SR durch eine Eins angezeigt wird. Der Zustand dieses Bits soll durch Busy-Waiting ausgewertet werden. Dazu sei das Interrupt-Enable-Bit im Steuer-register des Interfaces bei dessen Initialisierung zurückgesetzt worden, so daß das dem Ready-Bit zuge-ordnete Interruptsignal blockiert ist.

Bild 6-5 zeigt den Ablauf. Zu Beginn des Eingabeprogramms werden die Register R0 und R1 mit der Pufferanfangsadresse BUFFER als Pufferpointer und mit der um Eins erhöhten Pufferendadresse BUFFER+128 zur Ermittlung des Schleifenendes initialisiert. Die Abfrage des Ready-Bits erfolgt in einer Warteschleife durch den Bittestbefehl BTST.B dessen Direktoperand 7 die Bitposition im Statusregister vorgibt. Ist das Ready-Bit gesetzt, so wird der Inhalt von DR in den mit R0 post-inkrement-adressierten Pufferbereich gelesen. Mit diesem Lesevorgang wird vom Interface das Ready-Bit zurückgesetzt und das Quittungssignal ACKN an das Peripheriegerät übertragen. Das ACKN-Signal zeigt dem Peripheriegerät die Datenübernahme an. Der Vorgang wird so oft wiederholt, bis der Pufferpointer in R0 mit der um Eins erhöhten Pufferendadresse in R1 übereinstimmt und damit an-zeigt, daß der Puffer gefüllt ist. - Bei der Programmierung der Eingabe wurde weder auf die Initialisie-rung des Interfaces noch auf das Starten und Stoppen des Peripheriegeräts eingegangen; hierzu sei auf Abschnitt 6.3, Beispiel 6.3 verwiesen.

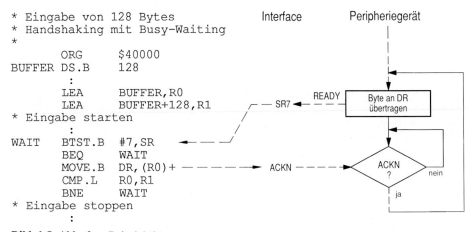

Bild 6-5. Ablauf zu Beispiel 6.1.   ◆

Beispiel 6.2. Synchronisation einer Dateneingabe durch Handshaking mit Pro-grammunterbrechung. Die in Beispiel 6.1 beschriebene Dateneingabe von 128 Bytes soll so mo-difiziert werden, daß die Übergabe eines Datums an das Datenregister DR des Interfaces eine Pro-grammunterbrechung auslöst und die Datenübernahme durch den Prozessor in einem Interruptpro-gramm erfolgt. Dazu sei das Interrupt-Enable-Bit im Steuerregister des Interfaces bei dessen Initiali-sierung gesetzt worden, so daß das dem Ready-Bit zugeordnete Interruptsignal freigegeben ist.

Bild 6-6 zeigt den Ablauf. Eine durch das Ready-Signal ausgelöste Programmunterbrechung führt auf das Interruptprogramm INPUT, das mit jedem Aufruf ein Datenbyte vom Datenregister DR in den Puffer übernimmt. Zur Adressierung des Puffers und zur Bytezählung werden vom Hauptprogramm, bevor es die Eingabe startet, die globalen Variablen BUFPTR und BUFEND mit der Pufferanfangs-adresse BUFFER und der um Eins erhöhten Pufferendadresse BUFFER+128 initialisiert. Das Inter-ruptprogramm lädt den Pufferpointer BUFPTR nach R0 und liest den Inhalt von DR in den mit R0 postinkrement-adressierten Pufferbereich. Anschließend weist es den um Eins erhöhten Pufferpointer

```
* Eingabe von 128 Bytes
* Handshaking mit Programmunterbrechung
* Hauptprogramm
*
         ORG       $40000
         REF       BUFPTR,BUFEND
BUFFER DS.B         128
         :
         LEA       BUFFER,BUFPTR
         LEA       BUFFER+128,BUFEND
* Eingabe starten
         :

* Interruptprogramm
*
         DEF       BUFPTR,BUFEND
BUFPTR DS.L         1
BUFEND DS.L         1
*
INPUT   PUSH.L     R0
        MOVE.L     BUFPTR,R0
        MOVE.B     DR,(R0)+
        CMP.L      R0,BUFEND
        BNE        RETURN
* Eingabe stoppen
        :
RETURN MOVE.L      R0,BUFPTR
       POP.L       R0
       RTE
```

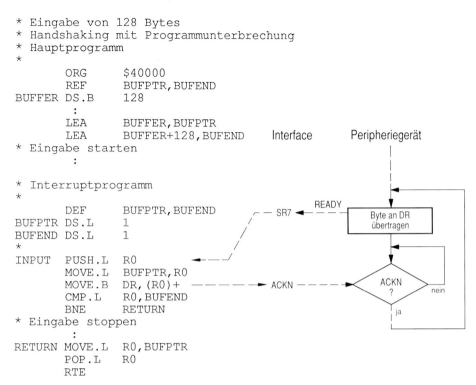

Bild 6-6. Ablauf zu Beispiel 6.2.

wieder der Variablen BUFPTR zu. (Um den ursprünglichen Inhalt von R0 nicht zu überschreiben, wird er zu Beginn der Interruptprogrammausführung auf den Supervisor-Stack gerettet und vor deren Abschluß von dort wieder geladen.) Mit der Übernahme des Datums wird das Ready-Bit im Statusregister vom Interface zurückgesetzt und damit die Interruptanforderung zurückgenommen. Gleichzeitig gibt das Interface das Quittungssignal ACKN an das Peripheriegerät aus und zeigt ihm damit die erfolgte Datenübernahme an. ◆

X-ON-/X-OFF-Synchronisation. Bei der kontinuierlichen Übertragung von Daten an Ausgabegeräte, die mit einem Pufferspeicher ausgestattet sind, wie z.B. bei Druckern und Bildschirmterminals, hat der Empfänger die Möglichkeit, den Datenstrom ab einem bestimmten Füllungsgrad des Puffers zu unterbinden (transfer disable, X-OFF) und ihn ab einem bestimmten Leerungsgrad wieder zuzulassen (transfer enable, X-ON). Auf diese Weise ist eine optimale Versorgung des Ausgabegeräts gewährleistet, ohne daß Daten durch einen Pufferüberlauf verloren gehen. Diese Art der Synchronisation erfolgt durch Übertragen von Steuerzeichen auf einem Datenweg in Gegenrichtung zur eigentlichen Datenübertragung (Vollduplexbetrieb, siehe 6.2.1). Die Steuerzeichen haben im ASCII-Code die Werte $13 (X-OFF, device control 3) und $11 (X-ON, device control 1). - Alternativ dazu kann die Synchronisation auch über eine Steuerleitung erfolgen, wodurch der zusätzliche Datenweg entfällt (Simplexbetrieb).

6.1.3 Gleichzeitige Bearbeitung mehrerer Ein-/Ausgabevorgänge

Die Ein- und Ausgabe beschränkt sich im allgemeinen nicht auf die isolierte Durchführung eines einzelnen Ein-/Ausgabevorgangs, sondern erfordert oftmals die gleichzeitige Durchführung mehrerer solcher Vorgänge durch den Mikroprozessor, z.B. wenn mehrere Terminals gleichzeitig Übertragungsanforderungen an den Mikroprozessor stellen können (Mehrbenutzersystem). Je nachdem, ob die einzelnen Übertragungsanforderungen durch Busy-Waiting oder durch Programmunterbrechung behandelt werden, erfordert deren Bearbeitung unterschiedliche Programmierungstechniken. Treten Anforderungen unterschiedlicher Prioritäten auf, so kann das ein Unterbrechen eines gerade laufenden Ein-/Ausgabeprogramms zur Folge haben. Dieses Programm wird dann erst nach Bearbeitung der höherpriorisierten Anforderung, d.h. zu einem späteren Zeitpunkt fortgesetzt. Dabei dürfen jedoch keine Ein-/Ausgabezeitbedingungen verletzt werden, um einen Verlust von Daten zu vermeiden.

Polling. Bei peripheren Einheiten, deren Übertragungsanforderungen durch Busy-Waiting verarbeitet werden, wird das Abfragen der einzelnen Ready-Statusbits nacheinander in einer Abfragesequenz durchgeführt (Pollingroutine). Die Abfragesequenz wird dabei wiederholt durchlaufen, bis eines der Interfaces eine Übertragungsanforderung anzeigt, worauf eine Verzweigung auf das zugehörige Ein-/Ausgabeprogramm erfolgt (Bild 6-7). Man bezeichnet diesen Abfragevorgang auch als Polling. Die Prioritäten der peripheren Einheiten sind dabei durch die Reihenfolge, in der ihre Ready-Bits abgefragt werden, festgelegt.

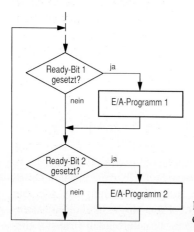

Bild 6-7. Abfragen von Übertragungsanforderungen durch Polling.

Bei peripheren Einheiten, deren Übertragungsanforderungen durch Programmunterbrechung verarbeitet werden und bei denen die Anforderungen als Interrupts derselben Ebene ein gemeinsames Interruptprogramm haben, wird die Identifizierung der einzelnen Anforderungen ebenfalls durch Polling durchgeführt (siehe auch 4.5.2). Im Interruptprogramm werden dazu die einzelnen Ready-Statusbits abgefragt. Ist das Ready-Bit, das die Programmunterbrechung ausgelöst hat, gefunden, so erfolgt eine Verzweigung auf das zugehörige Ein-/Ausgabeprogramm (Bild 6-8). Die Anforderung wird dort durch Löschen des Ready-Bits zurückgenommen.

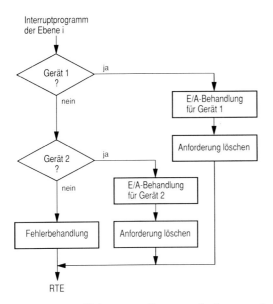

Bild 6-8. Identifizierung von Interruptanforderungen durch Polling.

Unterbrechbarkeit von Ein-/Ausgabeprogrammen. Bei der Ein-/Ausgabe-synchronisation durch Busy-Waiting ist ein Ein-/Ausgabeprogramm durch eine An-forderung höherer Priorität nicht unterbrechbar, da sie vom Prozessor, während er das Ein-/Ausgabeprogramm ausführt, nicht erkannt wird. Bei der Synchronisation durch Programmunterbrechung obliegt die Priorisierung der Hardware, womit das Unterbrechen eines laufenden Ein-/Ausgabeprogramms durch eine Anforderung höherer Priorität grundsätzlich möglich ist. Solche Unterbrechungen führen zu einer Schachtelung von Interruptprogrammausführungen, wobei für das Statusretten und Statusladen die gleichen Bedingungen wie bei reentranten Unterprogrammen gelten (siehe 3.3.3). Dabei muß der Status, da der Aufrufzeitpunkt nicht bekannt ist, unmit-telbar nach Eintritt in das Interruptprogramm gerettet und mit Verlassen des Pro-gramms wieder geladen werden. Für die Inhalte der Register PC und SR übernimmt das die Prozessorhardware, die dazu den Supervisor-Stack benutzt. Für die Inhalte der allgemeinen Register muß das programmiert werden, wozu z.B. der MOVMR-Befehl zur Verfügung steht. Als Speicherort bietet sich ebenfalls der Supervisor-Stack an, da die Unterbrechungsstruktur der Struktur der Unterprogrammschachtelung gleicht und damit dem LIFO-Prinzip folgt.

Bei einem Mikroprozessor mit codierten Interruptanforderungen (siehe 4.5.1) setzt der Prozessor bei einer Anforderung der Ebene i die Interruptmaske in seinem Status-register auf diesen Wert, womit er Anforderungen in einer Ebene größer als i als höherpriorisiert zuläßt. Erst mit Verlassen des Interruptprogramms durch den RTE-Befehl wird der alte Prozessorstatus, bestehend aus PC und SR, und damit auch die ursprüngliche Interruptmaske wieder geladen, so daß eine erneute Programmunter-brechung der Ebene i möglich ist. Sollen im Ausnahmefall bei Ausführung eines Interruptprogramms der Ebene i auch Unterbrechungen gleicher oder niedrigerer Priorität zugelassen werden, so muß die Interruptmaske durch das laufende Interrupt-programm auf einen Wert kleiner als i gesetzt werden. Dies ist nur durch den privi-legierten Befehl MOVSR möglich, mit dem sich das Supervisor-Byte im Status-register ändern läßt. Damit kann das durch die Interruptebenen des Prozessors vor-gegebene Prioritätensystem durchbrochen werden. - Bei einem Mikroprozessor mit uncodierten Anforderungen (siehe 4.5.2), muß, um eine Unterbrechbarkeit zu ermög-lichen, in jedem Fall das Interrupt-Maskenbit im Statusregister des Prozessors durch das laufende Interruptprogramm zurückgesetzt werden. Bei geeigneter prozessor-externer Priorisierungslogik werden nur höherpriorisierte Anforderungen an den Pro-zessor weitergeleitet.

6.2 Schnittstellenvereinbarungen

Bei den peripheren Übertragungswegen für die Ein-/Ausgabe von Daten werden zwei grundsätzliche Strukturen unterschieden: (1.) Bei kurzen Entfernungen bis zu weni-gen Metern wird der Systembus mit seinen Signalen über einen Interface-Baustein, unterstützt durch Signaltreiberbausteine, über ein Kabel direkt mit dem Ein-/Ausgabe-gerät verbunden, das seinerseits zur Anpassung ein gleichartiges Interface aufweist (Bild 6-9a). (2.) Bei der Überbrückung größerer Entfernungen, z.B. bei der Daten-fernübertragung, werden Übertragungssysteme der staatlichen Fernmeldeeinrichtun-gen benutzt. Hier müssen die Signale der beiden Interfaces an die Übertragungs-systeme angepaßt werden. Bild 6-9b zeigt dies am Beispiel des öffentlichen Fern-sprechnetzes bzw. einer Nebenstellenanlage, die beide mit Analogsignalen arbeiten. Die Anpassung erfolgt hier durch sog. Modems (Modulator/Demodulator), die auf der Senderseite die Gleichspannungspegel der logischen Größen 0 und 1 (digitales Si-gnal) in Wechselspannungssignale (analoges Signal), z.B. mit zwei unterschiedlichen

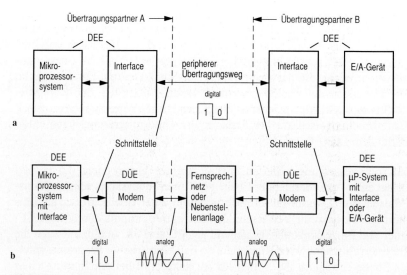

Bild 6-9. Peripherer Datenweg. **a** Direkte Verbindung, **b** Datenfernübertragung.

Frequenzen aus dem Fernsprechfrequenzband, umsetzen (Modulation) und dies auf der Empfängerseite wieder rückgängig machen (Demodulation). - Bei digitalen Übertragungssystemen sind entsprechend andere Anpaßeinrichtungen erforderlich.

Man bezeichnet die Einrichtungen zur Signalumsetzung, wie Modems, auch als Datenübertragungseinrichtungen DÜE (data circuit-termination equipment, DCE) und die als Sender und Empfänger wirkenden Mikroprozessorsysteme und Ein-/Ausgabegeräte, zusammen mit ihren Interfaces, als Datenendeinrichtungen DEE (data terminal equipment, DTE). Um Datenendeinrichtungen möglichst herstellerunabhängig miteinander verbinden zu können, gibt es internationale, nationale sowie firmeneigene Vereinbarungen über die elektrischen, physikalischen und funktionellen Eigenschaften von DTE/DCE-Schnittstellen, die sich als Standards etabliert haben. Eine große Verbreitung haben hier die von der Datenfernübertragung und von der Übertragung in Rechnernetzen ausgehenden sog. V.-Empfehlungen (für analoge Übertragung) und X.-Empfehlungen (für digitale Übertragung) gefunden. Sie sind vom internationalen Dachverband der Fernmeldeinstitutionen CCITT (Comité Consultatif International Télégraphique et Téléphonique) festgelegt worden und beschreiben die Verbindung zwischen DTE und DCE. Sie werden aber auch - wie z.B. die serielle Schnittstelle V.24 - für die direkte Verbindung von Rechnern und Ein-/Ausgabegeräten, z.B. für die serielle Ein-/Ausgabe mit Terminals und Druckern eingesetzt. - Als Firmenstandard gilt z.B. die Centronics-Schnittstelle als parallele Druckerschnittstelle.

In diesem Abschnitt werden nach der Betrachtung übergeordneter Übertragungsmerkmale einige der gebräuchlichsten Schnittstellen beschrieben (siehe auch [22, 25]).

6.2.1 Übertragungsmerkmale

Betriebsarten. Bei der Übertragung von Daten gibt es drei Betriebsarten, die sich durch unterschiedliche Nutzung der Signalleitungen unterscheiden: den Simplex-, den Halbduplex- und den Vollduplexbetrieb. Im Simplexbetrieb ist die Datenübertragung nur in einer Richtung möglich. An dem einen Ende des Übertragungsweges gibt es einen Sender und am anderen Ende einen Empfänger. Man bezeichnet eine solche Verbindung auch als unidirektional. Im Halbduplexbetrieb ist die Datenübertragung in beiden Richtungen möglich, jedoch nicht gleichzeitig. Beide Enden haben je einen Sender und einen Empfänger, die je nach Übertragungsrichtung wahlweise an die Signalleitung angekoppelt werden. Man bezeichnet eine solche Verbindung auch als bidirektional. Im Vollduplexbetrieb (kurz Duplexbetrieb) ist die Übertragung von Daten in beiden Richtungen zur gleichen Zeit möglich. Für jede Richtung existieren dazu eigene Übertragungsleitungen. Gegenüber dem Halbduplexbetrieb verdoppelt sich der Leitungsaufwand; dafür entfällt die Steuerung für die Sender-Empfänger-Umschaltung an den Endpunkten.

Serielle und parallele Ein-/Ausgabe. Bei der seriellen Ein-/Ausgabe werden die einzelnen Bits eines Zeichens nacheinander in einem festen Schrittakt auf einer einzigen Datenleitung übertragen; man bezeichnet das auch als bitserielle Datenübertragung. Bei der parallelen Ein-/Ausgabe steht hingegen für jedes Bit eines Zeichens eine eigene Leitung zur Verfügung und alle Bits eines Zeichens werden parallel übertragen. Man bezeichnet das auch als bitparallele, zeichenserielle Datenübertragung. Die parallele Ein-/Ausgabe erfolgt häufig aber auch unabhängig von Zeichenformaten mit einer von der Anwendung bestimmten Anzahl von Datenleitungen, z.B. bei Steuerungsaufgaben. - Einen Sonderfall paralleler Übertragung stellt die Codierung mehrerer Bits innerhalb eines Schrittaktes dar, wie sie durch Modulationstechniken ermöglicht wird. Hierbei werden mehrere Bits gleichzeitig über eine einzige Datenleitung übertragen, indem sie z.B. bei analoger Übertragung durch den Phasenanschnitt der als Übertragungssignal benutzten Sinusschwingung codiert werden [14, 25].

Synchrone und asynchrone Ein-/Ausgabe. Bei der synchronen Ein-/Ausgabe werden aufeinanderfolgende Zeichen in einem festen Zeitraster transportiert, das für die Gesamtdauer der Datenübertragung aufrechterhalten bleibt. Das Zeitraster ist entweder über einen für Sender und Empfänger gemeinsamen Takt vorgegeben, oder Sender und Empfänger besitzen zwei Taktgeneratoren gleicher Frequenz, die durch das übertragene Datensignal miteinander synchronisiert werden. - Bei der asynchronen Ein-/Ausgabe sind die Zeitabstände zwischen den einzelnen Zeichentransporten variabel. Sender und Empfänger besitzen z.B. zwei Taktgeneratoren gleicher Frequenz, die bei jedem Datentransport, d.h. bei jeder Zeichenübertragung, miteinander synchronisiert werden. Die zur Synchronisation benötigte Information wird mit den Zeichen übertragen. - Beide Übertragungsarten stehen im Zusammenhang mit der seriellen Ein-/Ausgabe.

Übertragungs-, Schritt- und Transfergeschwindigkeit. Die Übertragungsgeschwindigkeit, auch als Übertragungsrate bezeichnet, wird durch die Anzahl der übertragenen Bits pro Sekunde in bit/s angegeben. Als Schrittgeschwindigkeit bezeichnet man die Anzahl der Taktschritte pro Sekunde. Für sie wird die Maßeinheit Baud verwendet, weshalb man sie auch als Baud-Rate bezeichnet. Üblicherweise sind die Übertragungsrate und die Baud-Rate für serielle Datenübertragungen gleich. Werden Bits jedoch parallel übertragen, so ist die Anzahl der Bits pro Sekunde um den Faktor der Parallelität größer als die Baud-Rate. Dies gilt auch bei dem oben beschriebenen Sonderfall der parallelen Übertragung auf einer einzelnen Datenleitung. - Wird ein Teil der übertragenen Bits zur Fehlererkennung benutzt, so reduziert sich die effektive Geschwindigkeit der Übertragung der eigentlichen Datenbits (siehe 6.6.4). Man bezeichnet diese Geschwindigkeit als Transfergeschwindigkeit.

6.2.2 Serielle Schnittstellen

Die serielle Datenübertragung bietet gegenüber der parallelen Datenübertragung den Vorteil eines geringen Leitungsaufwandes. Dies ist vor allem bei der Überbrückung großer Entfernungen wichtig, weshalb die gebräuchlichen seriellen Schnittstellen aus den Bereichen der Datenfernübertragung und der Rechnernetze stammen. Der geringe Leitungsaufwand ist jedoch auch bei der Ein-/Ausgabe von Daten über geringe Entfernungen erwünscht, weshalb diese Schnittstellen bevorzugt auch für die direkte Verbindung von Rechner und langsamen Ein-/Ausgabegeräten eingesetzt werden. Für den Anschluß schneller Ein-/Ausgabegeräte muß jedoch auf die parallele Datenübertragung zurückgegriffen werden.

V.24-/RS-232C-Schnittstelle. Die gebräuchlichste Schnittstelle zwischen DTE und DCE ist die V.24-Empfehlung des CCITT zur bitseriellen Datenübertragung im Fernsprechnetz [13]. Sie entspricht der DIN 66020 [10] und beschreibt mehr als 40 Schnittstellenleitungen für die digitale Übermittlung von Daten-, Melde-, Steuer-, Takt- und Wählsignalen sowie für die Übermittlung analoger Sprachsignale. Ihre Bedeutung für die Datenfernübertragung ist aufgrund der inzwischen eingeführten digitalen Übertragungsnetze zurückgegangen; die Schnittstelle weist jedoch eine weite Verbreitung bei direkten Verbindungen zwischen Rechnern und Ein-/Ausgabegeräten, wie Bildschirmterminals und Drucker, auf. - Vergleichbar mit der V.24-Empfehlung ist der EIA-Standard RS-232C (Electronic Industries Association, USA), der mit seinen 20 Schnittstellensignalen mit der V.24-Empfehlung weitgehend übereinstimmt [13].

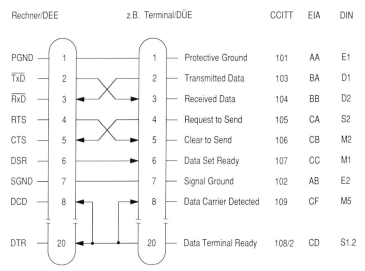

Bild 6-10. V.24/RS-232C: Schnittstellensignale für den direkten Anschluß eines Ein-/Ausgabegeräts an einen Rechner unter Angabe der Stiftbelegungen des 25poligen Cannon-Steckverbinders und der Signalkurzbezeichnungen verschiedener Normen.

Bild 6-10 zeigt in Anlehnung an [27] eine V.24-/RS-232C-Verbindung zwischen Rechner und Terminal. Dabei sind die für solche Geräteanschlüsse gebräuchliche Auswahl an Signalen und die zum Teil gegenüber der ursprünglichen Anwendung modifizierten Signalbedeutungen berücksichtigt. Als Stecker werden 25polige Cannon-Steckverbinder verwendet. Das Senden von Daten erfolgt über den Signalausgang $\overline{\text{TxD}}$, das Empfangen über den Signaleingang $\overline{\text{RxD}}$. Mittels der Verbindungen RTS nach CTS teilt der jeweilige Datenempfänger dem Sender mit, ob er für den Datenempfang bereit ist. Diese Verbindung kann z.B. bei der asynchron seriellen Ein-/Ausgabe für die Synchronisation der einzelnen Zeichenübertragungen mit der Peripherie benutzt werden (siehe auch 6.4.3). Die Verbindungen DSR nach DSR und DTR nach DTR zeigen die Gerätebereitschaft von Rechner bzw. Terminal an (Gerät eingeschaltet). Beide Verbindungen sind in den beiden Normen in entgegengesetzter

Richtung definiert, werden aber von den Geräteherstellern bevorzugt gemäß Bild 6-10 benutzt. Das Signal DCD zeigt eine intakte Verbindung an; es wird an den Steckverbindern gebildet und ist bei gestecktem Kabel aktiv. Weitere Verbindungen sind die Betriebserde SGND als Bezugspotential für die Signalpegel sowie die Schutzerde PGND.

Bei den meisten Anwendungen kommt man für einen Geräteanschluß mit sehr viel weniger Signalverbindungen als in Bild 6-10 dargestellt aus. Bild 6-11 zeigt dazu ein Beispiel für eine Datenübertragung ohne Steuersignale, z.B. mit einem Terminal, bestehend aus Bildschirm (Ausgabe) und Tastatur (Eingabe). Die unbenutzten Steuersignaleingänge der Schnittstelle werden hierbei an den Steckverbindern auf definierte Potentiale gelegt. (Aufgrund vieler Schaltungsvarianten, muß man sich im Einzelfall an den Vorgaben des Geräteherstellers orientieren.) - Die im Bild 6-10 vorgenommene Kreuzung der Datenleitungen $\overline{\text{TxD}}$ und $\overline{\text{RxD}}$ entfällt, wenn sie, wie in Bild 6-11 gezeigt, am Steckverbinder des Terminals vorgenommen ist.

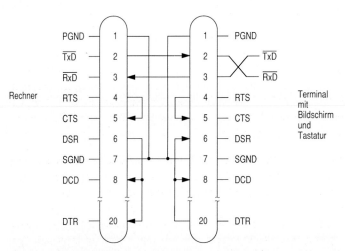

Bild 6-11. V.24/RS-232C: Anschluß eines Ein-/Ausgabegeräts ohne Benutzung von Steuersignalen.

Die elektrischen Kennwerte der Schnittstelle V.24 sind in der Empfehlung V.28 beschrieben. Darin sind die Signalpegel für die logischen Größen 0 und 1 durch Spannungswerte im Bereich +3V bis +15V bzw. −3V bis −15V festgelegt; übliche Werte sind +12V und −12V. Die Datensignale werden dabei in negativer, die Steuersignale in positiver Logik dargestellt. Zur Umsetzung von TTL-Pegeln auf V.24-Pegel und umgekehrt werden Pegelumsetzerbausteine eingesetzt. - Die Übertragungsgeschwindigkeit ist auf 19200 bit/s begrenzt; die gebräuchlichsten Baud-Raten sind außerdem 110, 300, 1200, 2400, und 9600 bit/s. Die zu überbrückende Entfernung liegt bei reduzierter Baud-Rate bei maximal 10 m. Die Übertragung erfolgt über Einzelleitungen, z.B. eines 4adrigen Telefonkabels.

RS-449-Schnittstelle. Die Empfehlung RS-449 ist ein neuerer Standard der EIA, die gegenüber RS-232C einen erweiterten Funktionsumfang, größere Weglängen und höhere Baud-Raten vorsieht. Sie beschreibt die mechanischen und funktionellen Eigenschaften von insgesamt 30 Signalverbindungen (aufgeteilt auf einen 37poligen und einen 9poligen Steckverbinder) und ist zu RS-232C weitgehend kompatibel. Ihre elektrischen Merkmale sind in den Empfehlungen RS-423A (CCITT V.10) und RS-422A (CCITT V.11) festgelegt [13].

RS-423A erlaubt eine maximale Baud-Rate von 300 kbit/s bei einer Entfernung von bis zu 30 m. Die maximal zu überbrückende Entfernung liegt bei 600 m, jedoch bei reduzierter Baud-Rate von 15 kbit/s. Als Übertragungsmedium dient ein Koaxialkabel; die Übergänge an den Kabelenden erfolgen über entsprechende Anpaßbausteine. RS-422A sieht demgegenüber eine maximale Baud-Rate von 2 Mbit/s bei einer Entfernung von bis zu 60 m vor. Die größtmögliche Entfernung liegt, bei einer Baud-Rate von 100 kbit/s, bei 1200 m. Die Übertragung erfolgt symmetrisch über verdrillte Leitungspaare mit Anpaßbausteinen an den Enden der Leitungspaare. - Bei beiden Standards sind die Signalpegel in den Bereichen $+3,6V$ bis $+6V$ und $-3,6V$ bis $-6V$ definiert; gebräuchlich sind die Signalpegel $+3,6V$ und $-3,6V$.

X.21-Schnittstelle. Als Entsprechung zur Schnittstelle V.24 für analoge Netze gibt es die neuere Empfehlung X.21 für die bitserielle Übertragung in digitalen Netzen. Sie definiert eine 8adrige Verbindung zwischen einem Rechner als Datenendeinrichtung DTE (auch als Host bezeichnet) und der für den Netzzugang zuständigen Datenübertragungseinrichtung DCE (auch als Interface-Message-Processor, IMP, bezeichnet). - Für den direkten Anschluß von Ein-/Ausgabegeräten an einen Rechner ist diese Schnittstelle bisher ohne Bedeutung.

Die in Bild 6-12 gezeigten Signalleitungen C und I steuern den Auf- und Abbau einer Verbindung im Netz. T und R dienen zum Senden und Empfangen von Daten sowie zur Übertragung von Ruf- und Meldesignalen beim Verbindungsaufbau. Die Leitung S gibt den Takt für die Bitsynchronisation vor. Die Leitung B liefert wahlweise nach jeweils acht Bits einen Impuls zur Byteerkennung. Hinzu kommen die Signalerde Ga und die Schutzerde G. - Die Verwendung der Signalleitungen für den Verbindungsaufbau, die Datenübertragung und den Verbindungsabbau ist in [25] beschrieben.

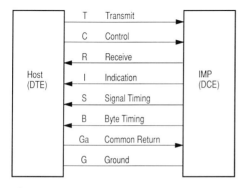

Bild 6-12. X.21: Bezeichnungen der Schnittstellensignale.

6.2.3 Parallele Schnittstellen

Für die parallele Ein-/Ausgabe von Daten werden hier zwei Schnittstellen mit großer Verbreitung behandelt: (1.) die Centronics-Schnittstelle als Firmenstandard für die zeichenweise Datenausgabe an Drucker und (2.) die genormte IEC-Bus-Schnittstelle, über die unterschiedliche periphere Geräte und eine Steuereinheit über einen Bus miteinander kommunizieren können. Eine weitere wichtige Parallelschnittstelle stellt der SCSI-Bus dar, mit dem Hintergrundspeicher wie Plattenlaufwerke und Streamer betrieben werden Sie wird in Abschnitt 7.3.4 beschrieben.

Centronics-Schnittstelle. Die Centronics-Schnittstelle wurde von der Firma Centronics als Parallelschnittstelle für ihre Drucker entwickelt. Heute gilt sie als Industriestandard und wird von fast allen Druckerherstellern wahlweise oder zusätzlich zur seriellen RS-232C-Schnittstelle angeboten [16, 22]. Die gängigen Übertragungsraten liegen, bei Verwendung von Flachbandkabeln, bei 1000 Zeichen (Bytes) pro Sekunde. Sehr viel höhere Übertragungsraten sind jedoch bei Entfernungen von bis zu 2 m und bei Verdrillung von Signalleitungen mit Erdleitungen möglich (Vermeidung des "Übersprechens"). Die Signalzustände sind durch die TTL-Pegel 0V und 5V festgelegt. Üblicherweise wird für die Verbindung mit dem Rechner ein 36poliger Centronics-Steckverbinder verwendet (daneben existiert auch ein 40poliger). Bei den einzelnen Druckerherstellern gibt es zum Teil unterschiedliche Signalbezeichnungen und es werden einige Steckeranschlüsse unterschiedlich genutzt.

Tabelle 6-1. Centronics-Schnittstelle. Signale mit ihren Funktionen und den Stiftbelegungen des 36poligen Centronics-Steckverbinders.

Stift-Nr.	Signal	Richtung	Funktion
1 (19)	$\overline{\text{STROBE}}$	E	Byteübernahmesignal für Drucker
2 (20)	DATA1	E	Datenleitung 1 (LSB)
:	:	:	:
9 (27)	DATA8	E	Datenleitung 8 (MSB)
10 (28)	$\overline{\text{ACKN}}$	A	Bytequittierung und Byteanforderung
11 (29)	BUSY	A	Drucker nicht empfangsbereit, z.B. Puffer voll
12	PE	A	Papierende (paper end)
13	SLCT	A	Drucker betriebsbereit
14	$\overline{\text{AUTO FEED XT}}$	E	automatischer Zeilenvorschub bei Wagenrücklauf
15			unbenutzt
16	0V		Signalerde
17	CHASSIS GND		Geräteerde
18	+5V		(für Prüfzwecke)
19-30	GND		Signalrückleitungen (ground)
31 (30)	$\overline{\text{PRIME}}$	E	Druckerinitialisierung
32	$\overline{\text{ERROR}}$	A	Fehleranzeige des Druckers
33	0V		Signalerde
34-36			unbenutzt

Tabelle 6-1 zeigt die Signale der Centronics-Schnittstelle mit ihren gängigen Bezeichnungen, einer Kurzangabe ihrer Funktionen und nach den Stiftbelegungen des Steckverbinders geordnet. Die Richtungsangaben E und A stehen für Eingang und Ausgang der Druckersignalanschlüsse. Im einzelnen gibt es acht Datenleitungen DATA1 bis DATA8, drei Synchronisationsleitungen $\overline{\text{STROBE}}$, $\overline{\text{ACKN}}$ und BUSY für die Bytesynchronisation und für die Steuerung des Datenflusses, zwei Steuerleitungen $\overline{\text{PRIME}}$ und $\overline{\text{AUTO FEED XT}}$ zur Druckerinitialisierung und für den automatischen Zeilenvorschub bei Aussenden des Wagenrücklaufzeichens CR (carriage return), drei Statusleitungen PE, SLCT und $\overline{\text{ERROR}}$ zur Anzeige des Druckerbetriebszustandes, eine Versorgungsleitung mit 5V für Testzwecke sowie mehrere Erdleitungen als Geräteerde und für Signalrückführungen. Bei verdrillter Rückführung ist die Zuordnung zu den signalführenden Leitungen entsprechend den in Tabelle 6-1 in Klammern stehenden Stiftnummern zu beachten.

Die Synchronisation einer Zeichenübertragung zeigt Bild 6-13. Der Rechner gibt ein Byte auf den Datenleitungen DATA1-8 aus und setzt nach einer vorgegebenen Verzögerungszeit sein $\overline{\text{STROBE}}$-Signal in den Aktivzustand, um anzuzeigen, daß die Datensignale gültig sind. Der Drucker benutzt dieses Signal zur Datenübernahme und zeigt gleichzeitig durch Setzen seines BUSY-Signals an, daß er vorerst für eine weitere Datenübernahme nicht bereit ist. Nach Verarbeitung des Bytes nimmt der Drucker sein BUSY-Signal zurück und quittiert die Übertragung durch Aktivieren seines $\overline{\text{ACKN}}$-Signals. Dieses wird vom Prozessor ausgewertet und wirkt als Anforderungssignal für die nächste Byteübertragung. (Das BUSY-Signal wird insbesondere auch zur Steuerung des Füllens eines Datenpufferspeichers im Drucker benutzt, so daß einerseits kein Pufferüberlauf auftritt und andererseits der Drucker immer rechtzeitig mit Daten versorgt wird.)

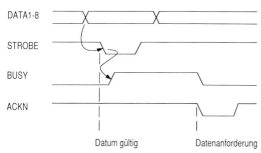

Bild 6-13. Centronics-Schnittstelle: Synchronisierung einer Byteübertragung.

IEC-Bus-Schnittstelle. Der IEC-Bus ist ein sog. Instrumentierungsbus, d.h. ein peripherer Bus, der den Datenaustausch zwischen Meß- und Anzeigegeräten erlaubt, wie dies z.B. bei Laborinstrumentierungen gebräuchlich ist. Die Busteilnehmer haben entweder Sprecherfunktion (talker, z.B. Meßgeräte), Hörerfunktion (listener, z.B. Signalgeneratoren und Drucker), oder sie haben beide Funktionen (z.B. Meßgeräte mit einstellbaren Meßbereichen). Die maximale Buslänge ist 20 m, die Übertragungsrate beträgt bei geringeren Entfernungen bis zu 1 Mbyte/s. - Um in der Schnittstellendefinition sich nicht an einen Geräteherstellern zu binden, wurde der Bus genormt: zum einen als IEEE-Standard 488-1978 [1] (Institute of Electronic and Electrical Engineers, USA), zum andern als IEC-Norm 66.22 (International Electrotechnical Commission, Europa). Beide Normen unterscheiden sich lediglich in den Steckverbindern. Der Bus wird auch als General-Purpose-Interface-Bus (GPIB) bezeichnet (siehe auch [12]).

Die IEC-Bus-Schnittstelle umfaßt acht bidirektionale Datenleitungen, die im Multiplexbetrieb auch als Adreßleitungen dienen, drei Handshake-Leitungen zur Steuerung der Datenübertragung und fünf allgemeine Steuerleitungen zur Bus- und Gerätesteuerung (Bild 6-14). Der Bus und die Gerätefunktionen werden von einer Steuereinheit (Controller) verwaltet, die gleichzeitig als Sprecher und Hörer arbeiten kann. Sie führt Initialisierungsaufgaben durch und legt jeweils fest, welche Busteilnehmer miteinander kommunizieren. Die Steuerfunktion wird häufig von einem Rechner wahrnommen, z.B. einem Mikroprozessorsystem; dadurch kann die Gerätebenutzung durch Programmierung komfortabel gestaltet werden. Der Busanschluß an diesen Rechner erfolgt über einen besonderen Interface-Baustein, einen sog. General-Purpose-Interface-Adapter (GPIA).

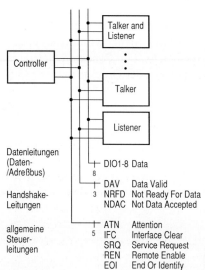

Bild 6-14. IEC-Bus: Bezeichnungen der Schnittstellensignale.

Während einer Datenübertragung, die aus einem oder mehreren aufeinanderfolgenden Bytes besteht, gibt es jeweils einen Sprecher und einen oder mehrere Hörer. Welche Funktion ein Gerät hat, wird durch die Steuereinheit festgelegt, die als Sprecher die teilnehmenden Geräte zuvor über den Datenbus adressiert und damit aktiviert. Die Benutzung des Datenbusses als Adreßbus wird dabei durch das Steuersignal ATN angezeigt. (Nicht angewählte Geräte nehmen an der dann folgenden Datenübertragung nicht teil.) Jeweils 31 Sprecher- und 31 Höreradressen sind durch bestimmte ASCII-Codewörter definiert; bei einem Gerät mit beiden Funktionen sind die beiden Adressen in den fünf niedrigerwertigen Bits identisch. Weitere Codewörter haben die Wirkung von Befehlen, die entweder einzelne Geräte betreffen (z.B. "Parallel-Poll-Configure" für das Festlegen von Geräten für eine gleichzeitige Statusabfrage) oder für alle Geräte bestimmt sind (z.B. "Device-Clear" zum Einstellen des Geräteausgangszustandes).

Das Übertragen von Adressen, Befehlen und Daten verläuft nach einem einheitlichen asynchronen Busprotokoll, bei dem der Sprecher sich nach dem langsamsten Busteilnehmer richtet. Die Synchronisation erfolgt durch einen Dreileitungs-Handshake-Betrieb (Bild 6-15). Im Bild sind die Signalnamen entsprechend der Norm, trotz negativer Logik, nichtnegiert angegeben.

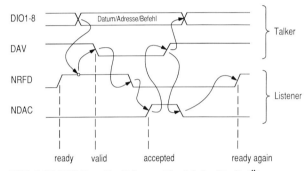

Bild 6-15. IEC-Bus: Dreileitungs-Handshake für die Übertragung eines Datenbytes, einer Adresse oder eines Befehls für einen Sprecher (Talker) und einen oder mehrere Hörer (Listener).

Der Sprecher gibt das zu übertragende Byte auf den Datenleitungen DIO1-8 aus und setzt, sobald die aktivierten Hörer für eine Datenübertragung bereit sind, sein Data-Valid-Signal in den Aktiv-Zustand (DAV = 0). Die Hörerbereitschaft wird durch den Aktiv-Zustand des aus den Einzelsignalen durch verdrahtetes UND (ODER-Funktion) gebildeten Not-Ready-For-Data-Signals angezeigt (NRFD = 1). Mit Setzen von DAV schalten die Hörer dann ihre NRFD-Signale in den Inaktivzustand um (NRFD = 0), womit sie anzeigen, daß sie vorerst für eine weitere Datenübertragung nicht bereit sind. Sie übernehmen danach das aktuelle Byte und signalisieren dies dem Sprecher durch den Aktivzustand des durch verdrahtetes UND (ODER-Funktion) gebildeten Not-Data-Accepted-Signals (NDAC = 1). Mit Erhalt dieses Signals setzt der Sprecher zunächst sein DAV-Signal und dann seine Datensignale zurück. Erst nachdem alle Hörer das übernommene Byte verarbeitet haben, zeigt das NRFD-Signal durch seinen Aktivzustand deren erneute Bereitschaft für eine Datenübertragung an. - Der Sprecher überträgt auf diese Weise ein oder mehrere Bytes und signalisiert das Ende der Gesamtübertragung durch ein bestimmtes ASCII-Zeichen oder mittels der Steuerleitung EOI.

Für eine ausführlichere Beschreibung der IEC-Bus-Funktionen und des Einsatzes eines GPIAs siehe [27].

6.3 Parallele Ein-/Ausgabe

Wie bereits in Abschnitt 6.2 erwähnt, werden bei der parallelen Ein-/Ausgabe jeweils mehrere Bits gleichzeitig übertragen. Dazu steht für jedes Bit eine eigene Leitung zur Verfügung. Man spricht deshalb auch von bitparalleler oder, wenn Zeichen (characters) übertragen werden, von zeichenserieller Ein-/Ausgabe. Die parallele Ein-/Ausgabe ermöglicht den Austausch von Daten-, Steuer- und Statusinformation bei unterschiedlichen Datenformaten und bietet damit ein weites Einsatzfeld, vor allem in der Steuerungs- und Regelungstechnik. - Eine andere Art der parallelen Ein-/Ausgabe ist bei der Datenfernübertragung gebräuchlich. Hier werden, zur Vermeidung hoher Leitungskosten, mehrere Bits, durch Modulationstechniken codiert, gleichzeitig über eine einzige Leitung übertragen. Diese Technik ist jedoch für die Ein-/Ausgabe mit prozessornaher Peripherie ohne Bedeutung, weshalb auf sie hier nicht weiter eingegangen wird.

6.3.1 Datendarstellung

Wie bereits ausgeführt, erfolgt der Datentransport auf dem Systemdatenbus bei einem 32-Bit-Mikroprozessor parallel mit 8, 16 und 32 Bits. Für die Busankopplung peripherer Einheiten mit paralleler Ein-/Ausgabe werden Parallel-Interface-Bausteine eingesetzt. Sie besitzen eine Systembusschnittstelle mit den zum Lesen und Laden der Bausteinregister erforderlichen Daten-, Adreß- und Steuerleitungen und eine Peripherieschnittstelle, die aus einem oder mehreren Ein-/Ausgabetoren (i/o ports) besteht. Die Schnittstelle zum Systemdatenbus wie auch die Anzahl der Datenleitungen der Ein-/Ausgabetore ist den Registerformaten des Interfaces angepaßt. Sie umfaßt üblicherweise 8 Bits. Werden breitere Datenwege zur Peripherie hin benötigt, so werden z.B. zwei 8-Bit-Ein-/Ausgabetore zusammengeschaltet. Die Anzahl der jeweils verwendeten peripheren Datenleitungen hängt von den zu übertragenden Datenformaten ab.

Zeichen im 7-Bit-ASCII-Code werden im 7-Bit- oder 8-Bit-Format übertragen. Bei acht Bits ist das höchstwertige Bit entweder mit Null oder mit Eins festgelegt, oder es dient als Paritätsbit (siehe 6.6.4). Peripheriegeräte, die ausschließlich mit Dezimalziffern arbeiten, übertragen diese in gepackter Darstellung als 4-Bit-BCD-Zeichen. Für dieses Datenformat (Halbbyte) reichen vier Datenleitungen aus, oder es werden, um einen 8-Bit-Port besser zu nutzen, zwei Zeichen gleichzeitig übertragen. Analoge Meßwerte, die über Analog-/Digital-Umsetzer eingegeben, und Stellgrößen, die über Digital-/Analog-Umsetzer ausgegeben werden, umfassen entsprechend der Genauigkeit von Analogwerten bis zu 16 Bits.

Neben den eigentlichen Daten werden binäre Informationen übertragen, mit denen bestimmte Zustände der Peripherie gesteuert und abgefragt werden können (control bzw. sense signals). Die Formate dieser Steuer- und Testdaten umfassen zwischen einem Bit und der durch die Ein-/Ausgabetore maximal vorgegebenen Bitanzahl. Parallel-Interfaces werden in diesem Zusammenhang auch als Vermittler für Interruptanforderungen eingesetzt.

6.3.2 Datenpufferung und Synchronisation

Einfache Parallel-Interfaces sehen pro Ein-/Ausgabetor nur ein einziges Datenregister zur Datenpufferung vor, das zudem nur in Richtung Ausgabe wirkt (Bild 6-16a). Bei der Eingabe erfolgt der Datenzugriff des Prozessors ebenfalls durch Adressieren dieses Pufferregisters. Da das Eingabedatum jedoch dort nicht gespeichert ist, sondern nur an den peripheren Datenleitungen anliegt, muß es von der Peripherie so lange gehalten werden, bis der Prozessor seine Übernahme durch ein Synchronisationssignal bestätigt hat. Als Erweiterung haben Ein-/Ausgabetore komplexerer Interface-Bausteine ein zusätzliches Pufferregister für die Eingabe, womit die Peripherie entlastet wird (Bild 6-16b). - Für periphere Einheiten mit Übertragungsgeschwindigkeiten, die denen des Prozessors nahekommen, gibt es Interfaces mit je zwei Pufferregistern pro Übertragungsrichtung. Diese Registerpaare werden nach dem Warteschlangenprinzip verwaltet: Das zuerst gespeicherte Datum wird auch als erstes Datum wieder ausgegeben (FIFO-Prinzip: first-in first-out). Dies ermöglicht den Zugriff des Prozessors auf das eine Register, während die Peripherie noch mit dem Laden (Eingabe) bzw. mit dem Lesen (Ausgabe) des anderen Registers beschäftigt ist.

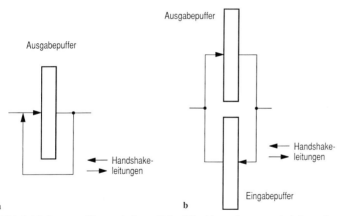

Bild 6-16. Datenpufferung bei paralleler Ein-/Ausgabe, **a** nur bei Ausgabe, **b** bei Ausgabe und Eingabe.

Zur Synchronisation der Datenübertragung auf dem peripheren Datenweg sieht jedes Tor zwei Steuerleitungen mit Handshake-Funktion vor (siehe auch 6.1.2). Die Wirkungsweise der Signale ist von der Übertragungsrichtung abhängig und muß im Baustein vor jedem Ein-/Ausgabevorgang entweder für die Eingabe oder für die Ausgabe festgelegt werden. Man spricht dabei auch von unidirektionaler Ein-/Ausgabe. Für die synchronisierte Übertragung von Daten in beiden Richtungen wird ein zusätzliches Handshake-Leitungspaar benötigt, das üblicherweise von einem anderen Tor des Bausteins für diese Betriebsart abgezogen wird. Man spricht dann von bidirektionaler Ein-/Ausgabe. Bei ihr ist es möglich, die Übertragungsrichtung dynamisch, d.h. während des Ein-/Ausgabevorgangs, durch die von der Peripherie kommenden Handshake-Signale zu bestimmen. - Den detaillierten Ablauf der Handshake-Synchronisation beschreibt der folgende Abschnitt.

Bei vielen Bausteinen brauchen die Datenleitungen eines Tores nicht unbedingt alle in derselben Richtung betrieben zu werden, sondern können jede für sich in ihrer Richtung programmiert werden. Dies ist vor allem für die Übertragung einzelner Bits in beiden Richtungen, z.B. bei der Übertragung von Steuer- und Statussignalen, nützlich.

6.3.3 Parallel-Interface-Baustein

Im folgenden werden der prinzipielle Aufbau und die Funktionsweise eines Parallel-Interface-Bausteins betrachtet. Wie andere Interface-Bausteine auch, ist er auf der Systembusseite mit acht Datenanschlüssen ausgestattet, d.h., die Datenübertragung zwischen Mikroprozessor und Interface erfolgt in Bytes entsprechend der byteorientierten Informationsstruktur der meisten peripheren Geräte. Auf der Peripherieseite sind zwei voneinander unabhängige Ein-/Ausgabetore mit je acht Datenleitungen vorgesehen. Der Baustein übernimmt die Datenpufferung und die Synchronisation des Datentransports. Ferner erlaubt er das Verwalten von Interruptanforderungen der Peripherie und bietet die Möglichkeit der Übertragungssteuerung durch einen DMA-Controller (siehe auch 7.1). - Eine Marktübersicht über die im Handel befindliche Parallel-Interface-Bausteine gibt [8, 9].

Blockstruktur. Bild 6-17 zeigt die Struktur des Parallel-Interface-Bausteins mit seinen beiden Ein-/Ausgabetoren A und B, wovon das Tor A durch Angabe des Datenflusses detaillierter dargestellt ist. Für jedes Tor besitzt der Baustein zwei Regi-

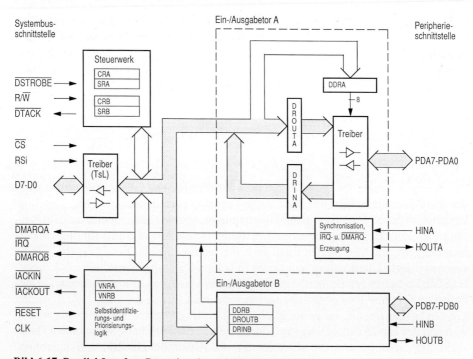

Bild 6-17. Parallel-Interface-Baustein mit zwei Ein-/Ausgabetoren.

ster DRIN und DROUT zur Datenpufferung in Eingabe- und Ausgaberichtung, die
für die Programmierung jedoch nur als ein einziges Register DR in Erscheinung
treten. Er besitzt weiterhin ein zentrales Steuerwerk und jeweils drei Register für jedes
der beiden Tore: ein Datenrichtungsregister DDR (data direction register) zur Rich-
tungsvorgabe für die einzelnen Datenleitungen, ein Steuerregister CR (control register) zur Programmierung der Betriebsart und ein Statusregister SR. Jedes Tor hat
außerdem eine Steuerlogik für die Synchronisation mit der Peripherie und zur Erzeu-
gung der Signale $\overline{\text{DMARQ}}$ (direct memory access request) und $\overline{\text{IRQ}}$ (interrupt
request). Hinzu kommen Einrichtungen für die Selbstidentifizierung der Tore als
Interruptquellen (Vektornummerregister VNR) und zur Priorisierung der Interruptanforderungen ($\overline{\text{IACK}}$-Verkettung als Daisy-Chain), die bei einfacheren Bausteinausführungen fehlen können.

Die Schnittstelle zum Systembus sieht folgende Anschlüsse vor: acht bidirektionale
Datenleitungen D7 bis D0 mit Tristate-Logik (TsL), über die die Bausteinregister beschrieben bzw. gelesen werden; einen Chip-Select-Eingang $\overline{\text{CS}}$ zur Bausteinanwahl;
mehrere Register-Select-Eingänge RSi zur Registeranwahl; ferner die für einen Bus-
zyklus notwendigen Anschlüsse $\overline{\text{DSTROBE}}$, R/$\overline{\text{W}}$ und $\overline{\text{DTACK}}$ (asynchroner Bus
vorausgesetzt). Hinzu kommen die Ausgänge $\overline{\text{DMARQA}}$ und $\overline{\text{DMARQB}}$ für Anforderungen an einen DMA-Controller sowie der für beide Tore gemeinsame Open-collec-
tor-Ausgang $\overline{\text{IRQ}}$ als Interruptleitung und die Anschlüsse $\overline{\text{IACKIN}}$ und $\overline{\text{IACKOUT}}$
für die Bausteinverkettung in der Daisy-Chain. Über den Eingang $\overline{\text{RESET}}$ wird der
Baustein in den Initialisierungszustand gebracht, über den CLK-Eingang wird er mit
dem Arbeitstakt versorgt.

Die Schnittstelle zur Peripherie sieht für jedes der beiden Tore acht bidirektionale
Datenleitungen PD7 bis PD0 sowie je zwei Steuerleitungen HIN und HOUT als
Handshake-Leitungen oder als voneinander unabhängige Steuereingänge vor. In ihrer
Handshake-Funktion entsprechen sie den in Abschnitt 6.1.2 verwendeten Signalen
READY und ACKN. Die Bezeichnungen sind hier deshalb allgemeiner gewählt, weil
die Wirkungen der Signale "Bereitschaft" und "Quittierung" zwischen Eingabe und
Ausgabe vertauscht werden.

Betriebsarten. Für jedes Tor wird durch dessen 8-Bit-Steuerregister CR seine
Betriebsart vorgegeben. Dazu wird es mit einem entsprechenden Steuerbyte geladen
(Bild 6-18). Das Steuerbit B/$\overline{\text{U}}$ unterscheidet die unidirektionale und die bidirektionale
Ein-/Ausgabe, wobei die bidirektionale Ein-/Ausgabe nur mit Tor A möglich ist. Die
Steuerleitungen von Tor A sind hierbei für die Synchronisation der Eingabe, die von
Tor B für die Synchronisation der Ausgabe festgelegt. Das Bit W/$\overline{\text{B}}$ gibt an, ob die
Übertragung im Byte- oder Wortformat durchgeführt wird. Bei der Übertragung im
Wortformat werden die Datenleitungen von Port B dem Port A als höherwertige
Datenleitungen zugeschlagen. Der Prozessor führt dementsprechend bei jedem Über-
tragungsvorgang zwei aufeinanderfolgende Bytezugriffe durch. Das Bit O/$\overline{\text{I}}$ legt die
Übertragungsrichtung bei unidirektionalem Betrieb fest. Dieses Bit ist bei bidirektio-
nalem Betrieb ohne Wirkung.

Mit dem Steuerbit CTRL können die Signalleitungen HIN und HOUT aktiviert wer-
den; ihre Funktion wird durch die Steuerbits CR3 bis CR0 bestimmt. Das Bit HS/$\overline{\text{IN}}$

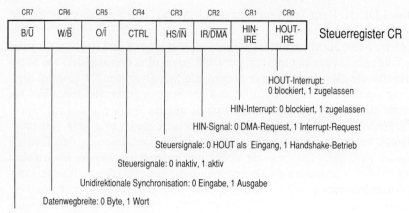

Bild 6-18. Steuerregister des Parallel-Interface-Bausteins.

gibt dazu an, ob sie als Eingang bzw. Ausgang dem Handshake-Betrieb dienen, oder ob sie als zwei voneinander unabhängige Eingänge für Steuerzwecke eingesetzt werden. Als Eingänge (für HIN gilt dies auch im Handshake-Betrieb) beeinflussen sie die Statusbits SR7 bzw. SR6. Dabei entscheiden die Interrupt-Enable-Steuerbits HIN-IRE und HOUT-IRE, ob das Setzen der Statusbits eine Interruptanforderung auslöst oder nicht (Synchronisation durch Programmunterbrechung oder durch Busy-Waiting, siehe 6.1.2). - Für das Zusammenwirken mit einem DMA-Controller kann das Beeinflussen des Statusbits SR7 durch den HIN-Eingang mittels des Steuerbits IR/$\overline{\text{DMA}}$ unterbunden werden. Das Eintreffen des HIN-Signals hat dann das Setzen des Anforderungssignals $\overline{\text{DMARQ}}$ zur Folge. - Die Signalleitungen HIN und HOUT wirken mit ihren negativen Flanken.

Die Festlegung der Übertragungsrichtung jeder einzelnen Datenanleitung der Peripherieschnittstelle eines Tores erfolgt durch die korrespondierenden Bits des torspezifischen Datenrichtungsregisters DDR. Mit dem Bit DDRi = 0 wird die Datenleitung i im Datenbustreiber auf Eingabe und mit DDRi = 1 auf Ausgabe geschaltet. Bei unidirektionalem Betrieb können einzelne Leitungen in der Synchronisationsrichtung (Vorzugsrichtung) und andere entgegen dieser Richtung programmiert sein. Werden die Steuerleitungen HIN und HOUT nicht als Handshake-Leitungen benutzt, so ist eine unsynchronisierte Einzelbit-Übertragung möglich.

Status. Der Status eines Tores wird in seinem Statusregister SR (Bild 6-19) angezeigt. Hierbei hat das Bit HIN die Funktion des in Abschnitt 6.1.2 beschriebenen Ready-Bits, d.h., es wird mit Eintreffen des HIN-Signals gesetzt, sofern dieses Signal nicht durch das Steuerbit CR2 für den DMA-Betrieb festgelegt ist. Das Bit HOUT hat die gleiche Funktion für das HOUT-Signal, wie HIN für das HIN-Signal, wenn die HOUT-Leitung als Eingang programmiert ist (CR3 = 0). Abhängig von CR1 (HIN-IRE) bzw. CR0 (HOUT-IRE) aktiviert der 1-Zustand des einen oder des anderen Statusbits die Interruptleitung $\overline{\text{IRQ}}$. Das Rücksetzen eines dieser Statusbits erfolgt durch einen Schreibzugriff auf das Statusregister mit einer Maske, die für die entsprechende Bitposition eine Eins aufweist. - Die Statusbits SR5 bis SR0 sind ohne Funktion und liefern beim Lesen die Zustände 0.

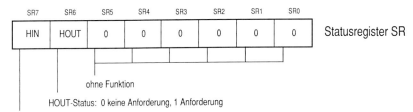

ohne Funktion

HOUT-Status: 0 keine Anforderung, 1 Anforderung

HIN-Status: 0 keine Anforderung, 1 Anforderung

Bild 6-19. Statusregister des Parallel-Interface-Bausteins.

Handshake-Synchronisation. Die Wirkungsweise der Handshake-Synchronisation zeigt Bild 6-20 an den Beispielen der unidirektionalen Eingabe und Ausgabe über das Tor A. - Bei der Eingabe signalisiert die Peripherie die Gültigkeit des Eingabedatums mit der fallenden Flanke von HIN, womit es in das Datenregister DRIN übernommen wird. Als Folge davon setzt das Interface das Statusbit SR7 (HIN) und zeigt damit dem Prozessor an, daß das Datum in DR bereitsteht. Außerdem signalisiert es mit dem Inaktivzustand von HOUT der Peripherie, daß es für eine weitere Eingabe nicht bereit ist. Der Prozessor wertet das Statusbit entweder durch Busy-Waiting oder als Interruptanforderung aus, setzt es zurück und liest den Inhalt von DRIN. (Das HIN-Signal wird nach einer bestimmten Zeit von der Peripherie wieder inaktiviert, d.h., es wirkt als Impuls.) - Der Abschluß des Lesevorgangs wird der Peripherie durch Aktivieren des HOUT-Signals (fallende Flanke) angezeigt; sie kann danach das nächste Datum übertragen.

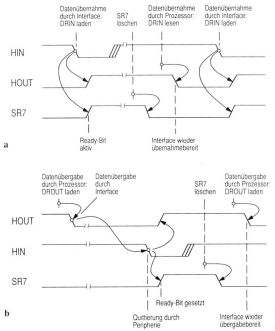

Bild 6-20. Handshake-Synchronisation. **a** Eingabe, **b** Ausgabe.

Bei der Ausgabe schreibt der Prozessor das Datum nach DROUT, was das Interface mit fallender Flanke von HOUT anzeigt. Diese Flanke wird von der Peripherie zur Datenübernahme ausgewertet. Sie quittiert ihrerseits die Übernahme mit fallender Flanke von HIN, woraufhin das Interface das Statusbit SR7 (HIN) setzt und das HOUT-Signal zurücksetzt. Der Prozessor wertet SR7 aus, löscht das Statusbit und schreibt das nächste Datum nach DROUT.

Beispiel 6.3. Datenausgabe über einen Parallel-Interface-Baustein. In Anlehnung an Beispiel 6.1, Abschnitt 6.1.2, sollen 128 Datenbytes über den oben beschriebenen Parallel-Interface-Baustein an ein Peripheriegerät ausgegeben werden (Bild 6-21). Die Datenübertragung soll über die acht Datenleitungen von Tor A und durch Handshaking mit Busy-Waiting erfolgen. Das Peripheriegerät wird zu Beginn durch Ausgeben einer Eins auf der Datenleitung PDB0 (Tor B) gestartet und nach Abschluß der Übertragung mit PDB0 = 0 wieder gestoppt.

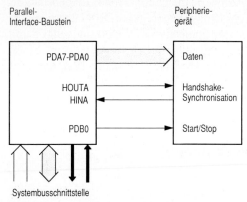

Bild 6-21. Anschluß eines Peripheriegeräts an den Parallel-Interface-Baustein für eine Datenausgabe mit Handshake-Synchronisation.

Bild 6-22 zeigt den Ablauf. Zur Initialisierung des Interfaces wird das Steuerregister von Tor A, CRA, mit $3C für die unidirektionale Ausgabe im Byteformat und für die Übertragungssynchronisation im Handshake-Betrieb mit Blockieren des SRA7-Interrupts geladen. Weiterhin werden für das Tor A alle Datenleitungen mittels des Datenrichtungsregisters DDRA mit $FF auf Ausgabe festgelegt. (Grundsätzlich könnten einzelne Leitungen, unabhängig von der Synchronisation, in Gegenrichtung betrieben werden.) Das Steuerregister von Tor B, CRB, wird für die Einzelbit-Übertragung mit $00 geladen; das Datenrichtungsregister DDRB schaltet mit $10 die Datenleitung PDB0 von Tor B auf Ausgabe.

Gestartet wird das Peripheriegerät durch Laden des Datenregisters DRB (Tor B) mit $01, womit die Datenleitung PDB0 auf Eins gesetzt wird. Das Gerät meldet daraufhin seine Bereitschaft durch Aktivieren des Signals HINA (Tor A) und setzt damit das Ready-Bit SRA7 auf Eins. Das Programm wartet in der Warteschleife WAIT, bis dieses Bit gesetzt ist (Busy-Waiting). Dann lädt es das erste Datenbyte in das Datenregister DRA und setzt außerdem SR7 durch Beschreiben des Statusregisters mit der Maske $80 zurück. Mit Abschluß des Ladens von DRA aktiviert das Interface das Signal HOUTA von Tor A; das Peripheriegerät übernimmt damit das Datum und quittiert dies durch erneutes Setzen des Signals HINA. Das Programm wartet auf dieses Signal wiederum in der Warteschleife WAIT (Busy-Waiting) und gibt dann das nächste Datenbyte aus. Nach Abschluß der Übertragung des letzten Datenbytes wird das Peripheriegerät durch Ausgeben einer Null auf der Datenleitung PDB0 gestoppt.

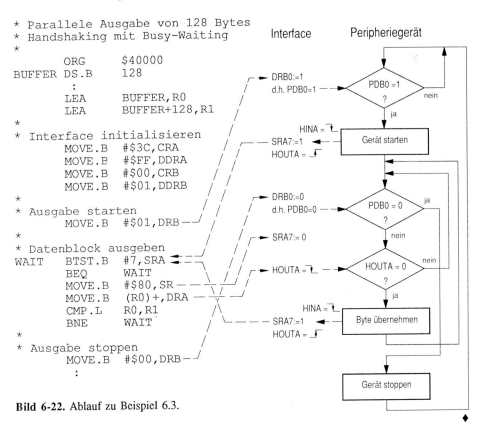

```
* Parallele Ausgabe von 128 Bytes
* Handshaking mit Busy-Waiting
*
          ORG       $40000
BUFFER DS.B        128
          :
          LEA       BUFFER,R0
          LEA       BUFFER+128,R1
*
* Interface initialisieren
          MOVE.B    #$3C,CRA
          MOVE.B    #$FF,DDRA
          MOVE.B    #$00,CRB
          MOVE.B    #$01,DDRB
*
* Ausgabe starten
          MOVE.B    #$01,DRB
*
* Datenblock ausgeben
WAIT      BTST.B    #7,SRA
          BEQ       WAIT
          MOVE.B    #$80,SR
          MOVE.B    (R0)+,DRA
          CMP.L     R0,R1
          BNE       WAIT
*
* Ausgabe stoppen
          MOVE.B    #$00,DRB
          :
```

Bild 6-22. Ablauf zu Beispiel 6.3.

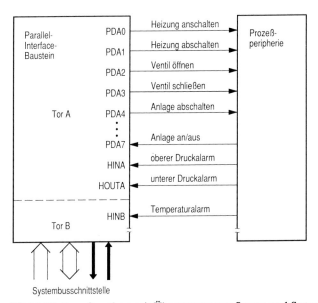

Bild 6-23. Prozeßregelung mit Übertragung von Steuer- und Statusinformation über den Parallel-Interface-Baustein.

Unsynchronisierte Einzelbit-Übertragung. Bild 6-23 zeigt als Anwendungs-beispiel für die Einzelbit-Übertragung die Steuerung eines industriellen Prozesses, durch die der Druck eines Kessels innerhalb eines bestimmten Druckbereichs über ein Heizaggregat und ein Überdruckventil geregelt werden soll. Zwei Alarmsignale zeigen das Verlassen des Druckbereichs, ein weiteres Alarmsignal das Überschreiten einer vorgegebenen Grenztemperatur an. Diese Signale werden als Interrupts über die Steuereingängen HIN und HOUT der beiden Tore ausgewertet. Zusätzlich werden fünf Steuersignal- und eine Statussignalleitung eingesetzt, für die die Datenausgänge PDA0 bis PDA4 und der Dateneingang PDA7 des Tores A genutzt werden. Die Fest-legung der Datenleitungen als Ausgänge bzw. als Eingang erfolgt über das Daten-richtungsregister DDRA. Initialisiert werden die Bausteinregister für dieses Beispiel wie folgt: CRA = \$17, CRB = \$16, DDRA = \$1F, DDRB = \$00.

6.4 Asynchron serielle Ein-/Ausgabe

Bei der seriellen Ein-/Ausgabe werden die Bits eines Zeichens nacheinander auf ein und derselben Datenleitung übertragen. Sie werden in einem festen Schrittakt gesen-det, auf den sich der Empfänger bei der Datenübernahme einstellt. Das gilt sowohl für die asynchron serielle als auch für die synchron serielle Ein-/Ausgabe. Bei der asyn-chron seriellen Ein-/Ausgabe können die Zeitabstände zwischen den einzelnen Zei-chen variieren (Bild 6-24a), d.h., der Empfänger synchronisiert sich mit dem Sender-schrittakt bei jedem Zeichen neu. Man bezeichnet dieses Verfahren deshalb auch als Start-Stop-Verfahren. Da hierbei die Synchronität für die Bitübertragung immer nur für die Dauer einer Zeichenübertragung aufrecht erhalten zu werden braucht, ist der technische Aufwand für die Sende- und Empfangseinrichtungen (im Vergleich zur synchron seriellen Übertragung) gering.

Der Nachteil der asynchron seriellen Ein-/Ausgabe ist durch die begrenzte Übertra-gungsrate von maximal 19200 bit/s gegeben. Deswegen wird diese Übertragungsart vorwiegend zum Anschluß von langsamen Peripheriegeräten verwendet, z.B. von Druckern ohne Pufferspeicher oder von zeichenweise arbeitenden Bildschirmtermi-nals mit Tastatur. Übertragungspartner kann aber auch ein zweites Mikroprozessor-system sein. Der Anschluß der Geräte erfolgt entweder direkt über asynchron serielle

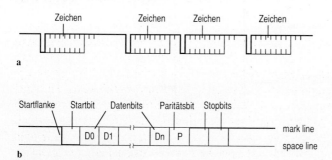

Bild 6-24. Asynchron serielle Ein-/Ausgabe. **a** Zeichenfolge mit variablem Zeichenabstand, **b** Darstellung eines Zeichens.

Interface-Bausteine oder über zusätzliche Übertragungseinrichtungen zur Datenfernübertragung (siehe 6.2, Bild 6-9).

6.4.1 Datendarstellung

Bild 6-24b zeigt die Darstellung eines Zeichens als zeitlichen Verlauf des Signalpegels auf der Übertragungsleitung. Der Wert 0 eines Bits wird durch die Space-Line (z.B. 0 V) und der Wert 1 durch die Mark-Line (z.B. +5 V) dargestellt. Bei einer Übertragung über eine V.24/V.28-Schnittstelle muß eine Pegelanpassung auf z.B. +12 V und −12 V vorgenommen werden.

Ein Zeichen umfaßt je nach Vereinbarung 5 bis 8 Datenbits und beginnt mit dem Bit niedrigster Wertigkeit D0. Es wird wahlweise durch ein Paritätsbit P für gerade oder ungerade Parität ergänzt (Querparität, siehe 6.6.4). Eingerahmt wird das Zeichen einschließlich Paritätsbit durch ein Startbit (space) und je nach Vereinbarung ein, eineinhalb oder zwei Stopbits (marks). Dieser Datenrahmen (frame) signalisiert dem Empfänger den Beginn und das Ende der Zeichenübertragung. Zwischen zwei Zeichenübertragungen gibt der Sender als Trennungssignal einen konstanten 1-Pegel aus. - Aufgrund der verschiedenen Vereinbarungsmöglichkeiten ergeben sich zahlreiche Varianten an Datenformaten unterschiedlicher Bitanzahl.

6.4.2 Takt- und Zeichensynchronisation

Zur Übernahme der einzelnen Bits benötigt der Empfänger ein Taktsignal, dessen Frequenz gleich der Senderfrequenz ist. Dieser Empfängertakt wird z.B. durch Frequenzteilung aus der 16- oder 64-fach höheren Frequenz eines Taktgenerators gewonnen. Die Synchronisation des Empfängertakts mit dem Sendertakt erfolgt jeweils zu Beginn einer Zeichenübertragung mit der fallenden Flanke des Startbits. Mit Hilfe der Frequenzteilung wird der Empfängertakt um die halbe Taktschrittdauer gegenüber der Startbitflanke verzögert, so daß die Datenübernahmeflanken des Empfängertakts gerade in die Mitte der Taktintervalle des Sendertakts fallen. Die zu diesen Zeitpunkten abgetasteten Signalpegel der einzelnen Datenbits werden nacheinander in ein Schieberegister gebracht, von wo das Zeichen in das Empfängerdatenregister übernommen wird.

Das Startbit legt somit sowohl den Bezugspunkt für die Bitübernahme (Taktsynchronisation) als auch den Beginn eines Zeichens fest (Zeichensynchronisation). Durch die Abfrage des Startbitpegels nach der halben Schrittdauer kann der Empfänger feststellen, ob die empfangene Flanke zu einem Startbit gehört oder lediglich die Flanke eines kurzen Störimpulses innerhalb einer Übertragungspause war. Durch Abfragen des bzw. der Stopbits überprüft er zusätzlich, ob die Übertragung des Zeichens korrekt abgeschlossen wurde. Die Stopbits gewähren darüber hinaus dem Empfänger eine "Erholungszeit" für das Speichern oder Verarbeiten des Zeichens. Außerdem gewährleistet der Stopbit-Pegel eine fallende Startbitflanke bei der nächsten Zeichenübertragung.

Die für die Taktversorgung benötigten Taktgeneratoren bezeichnet man, da sie die Baud-Rate für die Datenübertragung vorgeben, als Baud-Raten-Generatoren. Sie können entweder in die Interface-Bausteine integriert sein, oder sie werden als Zusatzbausteine zu diesen verwendet. Haben Sender und Empfänger je einen eigenen Baud-Raten-Generator, so erfolgt deren Synchronisation mittels der oben beschriebenen Frequenzteilung. Da die Synchronität beider Generatoren immer nur für die Dauer einer einzelnen Zeichenübertragung aufrechterhalten werden muß, braucht deren Frequenzstabilität nur gering zu sein. Steht für die Datenübertragung zusätzlich zur Datenleitung eine Taktleitung zur Verfügung, so genügt ein einziger Baud-Raten-Generator, z.B. auf der Senderseite. In diesem Fall wird meist der Schrittakt selbst übertragen (Frequenzteilungsverhältnis 1:1). Auf der Empfängerseite muß dabei gewährleistet sein, daß das Taktsignal für die Datenabtastung um die halbe Schrittweite gegenüber der Senderseite verzögert wird. - Gebräuchliche Baud-Raten sind 50, 75, 110, 134,5, 150, 300, 600, 1200, 1800, 2000, 2400, 3600, 4800, 7200, 9600 und 19200 bit/s.

Im Gegensatz zur parallelen Ein-/Ausgabe, bei der die Synchronisation der Datenübertragung zwischen Interface und Peripherie über eine oder zwei eigens dafür vorgesehene Steuerleitungen erfolgt (siehe 6.1.2), wird also bei der asynchron seriellen Ein-/Ausgabe die für die jeweilige Übertragungsrichtung erforderliche Steuerinformation auf der Datenleitung mit übertragen. Für die in der Gegenrichtung ggf. erforderliche Steuerinformation wird wiederum eine Steuerleitung verwendet (siehe im folgenden die Signale $\overline{\text{RTS}}$ und $\overline{\text{CTS}}$).

6.4.3 Asynchron serieller Interface-Baustein

Im folgenden wird ein asynchron serieller Interface-Baustein vorgestellt, der mit einer 8-Bit-Schnittstelle für den Systemdatenbus und zwei 1-Bit-Schnittstellen für die Peripherie ausgestattet ist. Er übernimmt die Parallel-Serien- und die Serien-Parallelumsetzung der zu übertragenden Zeichen, die Datensicherung und -überprüfung, die Takt- und Zeichensynchronisation sowie die Steuerung der Übertragung im Vollduplexbetrieb. Außerdem ermöglicht er die Vereinbarung verschiedener Datenformate. - Eine Marktübersicht über asynchron serielle Interface-Bausteine gibt [8, 9].

Blockstruktur. Bild 6-25 zeigt die Struktur des Bausteins mit einem Empfängerteil (receiver) und einem Senderteil (transmitter) auf der Peripherieseite (universal asynchronous receiver transmitter, UART). Neben den zentralen Registern TDR (transmit data register) und RDR (receive data register) zur Datenpufferung und den beiden Schieberegistern TSR (transmit shift register) und RSR (receive shift register) zur Parallel-Serien- bzw. Serien-Parallelumsetzung besitzt der Baustein ein Steuerwerk mit einem Modusregister MR, einem Steuerregister CR und einem Statusregister SR. Weiterhin sind im Steuerwerk eine Unterbrechungseinrichtung mit Selbstidentifizierung des Bausteins als Interruptquelle und eine Verkettungslogik für die Priorisierung des Bausteins nach dem Daisy-chain-Prinzip untergebracht, die bei einfacheren Bausteinausführungen fehlen können. Ein zusätzliches Übertragungssteuerwerk verwaltet drei Steuerleitungen für den Signalaustausch mit der Peripherie.

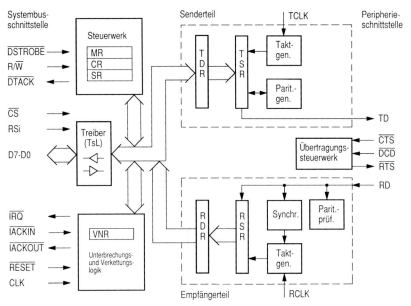

Bild 6-25. Asynchron serieller Interface-Baustein.

Die Schnittstelle zum Systembus ist wie beim Parallel-Interface-Baustein ausgeführt, d.h., der Datentransport zwischen Mikroprozessor und Interface wie auch innerhalb des Interface-Bausteins erfolgt byteweise bitparallel über die Datenanschlüsse D7 bis D0. - Die Schnittstelle zur Peripherie (Ein-/Ausgabegerät oder Modem) sieht für den Senderteil eine Senderdatenleitung TD (transmit data) und für den Empfängerteil eine Empfängerdatenleitung RD (receive data) zur bitseriellen Datenübertragung vor. Sender- und Empfängerteil haben außerdem je einen Takteingang TCLK (transmitter clock) bzw. RCLK (receiver clock). Aus den dort anliegenden Taktsignalen eines bausteinexternen Baud-Raten-Generators bildet der Baustein die beiden Schrittaktsignale durch Signalformung in Verbindung mit dem vorgegebenen Frequenzteilungsverhältnis 1:1 oder 1:16. Zur Steuerung der Datenübertragung mit der Peripherie gibt es einen Signalausgang $\overline{\text{RTS}}$ (request to send) sowie zwei Signaleingänge $\overline{\text{CTS}}$ (clear to send) und $\overline{\text{DCD}}$ (data carrier detect).

Funktionsweise. Das Senden eines Zeichens wird mit Abschluß des Schreibens des Zeichen in das 8-Bit-Senderdatenregister TDR ausgelöst. Das Zeichen wird unmittelbar in das 8-Bit-Schieberegister TSR übernommen und von dort bitweise im Schrittakt auf die Senderdatenleitung TD ausgegeben (Parallel-Serienumsetzung). Dabei werden die Datenbits mit den Start-, Paritäts- und Stopbits entsprechend dem im Modusregister MR vorgegebenen Datenformat versehen. Die Bereitschaft des Senders für die Übertragung des nächsten Zeichens wird im Statusregister SR angezeigt und kann vom Mikroprozessor entweder abgefragt werden, oder sie wird als Interruptanforderung ausgewertet (Ausgabe-Synchronisation).

Das Empfangen eines auf der Empfängerdatenleitung RD bitweise ankommenden Zeichens wird durch dessen Startbitflanke ausgelöst (Zeichensynchronisation). Ausge-

hend von der Startbitflanke verzögert der Empfänger seinen Schrittakt um eine halbe
Schrittaktweite und übernimmt die Datenbits in das 8-Bit-Schieberegister RSR. (Bei
Datenformaten mit weniger als 8 Datenbits werden die höherwerertigen Bitpositionen
des Registers mit 0-Bits aufgefüllt.) Von dort wird das Zeichen ohne Start- und
Stopbits in das 8-Bit-Empfängerdatenregister RDR übertragen (Serien-Parallelumsetzung). Während des Empfangs eines Zeichens wertet der Empfänger das Paritätsbit
und die Stopbits entsprechend den im Modusregister enthaltenen Vorgaben aus. Die
Verfügbarkeit des Datums in RDR wie auch Übertragungsfehler werden im Statusregister angezeigt. Die Statusinformation kann vom Mikroprozessor abgefragt werden, oder sie wird als Interruptanforderung ausgewertet (Eingabe-Synchronisation).

Die Übertragung zwischen Interface und Peripherie wird durch die Steuersignale
$\overline{\text{RTS}}$, $\overline{\text{CTS}}$ und $\overline{\text{DCD}}$ unterstützt. Das Eingangssignal $\overline{\text{DCD}}$ zeigt mit seinem Aktivpegel eine intakte Verbindung mit der Peripherie an. Ist es inaktiv, so hindert es den
Empfängerteil daran, Zeichen in das Schieberegister RSR zu übernehmen. Die
Signale $\overline{\text{RTS}}$ und $\overline{\text{CTS}}$ werden zur zeichenweisen Synchronisation der Übertragung
verwendet. So ist das Interface imstande, über seinen $\overline{\text{RTS}}$-Ausgang dem Peripheriegerät seine Empfangsbereitschaft anzuzeigen (Eingabe-Synchronisation). Dazu muß
das $\overline{\text{RTS}}$-Signal über das Steuerregister CR gesetzt bzw. rückgesetzt werden können.
In Gegenrichtung kann das Peripheriegerät seine Empfangsbereitschaft über den
$\overline{\text{CTS}}$-Eingang des Interfaces anzeigen (Ausgabe-Synchronisation); dazu muß der
Status des $\overline{\text{CTS}}$-Signals im Statusregister SR abgefragt werden können. Ist $\overline{\text{CTS}}$ inaktiv, so wird außerdem das Statusbit TDRE blockiert, wodurch Sendeanforderungen
an den Prozessor automatisch unterdrückt werden.

Bei der Datenausgabe an ein Gerät mit Pufferspeicher kann das $\overline{\text{CTS}}$-Signal auch im
Sinne einer X-ON-/X-OFF-Synchronisation verwendet werden (siehe 6.1.2). Desgleichen kann das Ausgangssignal $\overline{\text{RTS}}$, wenn es nicht für die Eingabe-Synchronisation benötigt wird, mit der Funktion "Data-Terminal-Ready" (DTR) belegt werden.
(Zu diesen Signalen siehe auch 6.2.2, V.24-/RS-232C-Schnittstelle.)

Betriebsarten und Übertragungssteuerung. Die Betriebsart des Interface-Bau-
steins wird über das 8-Bit-Modusregister MR (Bild 6-26) eingestellt, das bei der
Initialisierung des Mikroprozessorsystems entsprechend den Anforderungen der
Peripherie geladen wird. Die Modusbit MOD1 und MOD0 geben neben dem normalen

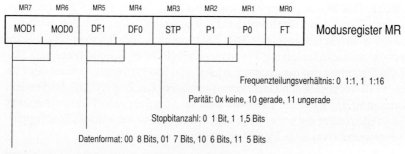

Bild 6-26. Modusregister des asynchron seriellen Interface-Bausteins.

Vollduplexbetrieb des voneinander unabhängigen Sendens und Empfangens drei weitere, spezielle Betriebsarten vor: (1.) Beim Echobetrieb wird ein empfangenes Zeichen sowohl in das Empfängerdatenregister RDR übernommen als auch auf der Senderdatenleitung TD als "Echo" automatisch wieder ausgegeben. Dabei ist der Sender von der Prozessorseite her nicht benutzbar. (2.) Beim "Local-loop-Betrieb" wird ein vom Prozessor ausgegebenes Zeichen nicht auf die Senderdatenleitung TD gegeben, sondern unmittelbar der Empfängerdatenleitung RD zugeführt. Diese Betriebsart erlaubt das Testen des Bausteins unabhängig vom Übertragungsweg. (3.) Beim "Remote-loop-Betrieb" wird ein auf der Empfängerdatenleitung RD eintreffendes Zeichen unmittelbar wieder auf der Senderdatenleitung TD ausgegeben, ohne im Empfängerdatenregister RDR gespeichert zu werden. Diese Betriebsart erlaubt das Testen des Übertragungsweges, ausgehend vom gegenüberliegenden Interface.

Die Modusbits DF1 und DF0 bestimmen das Datenformat, STP die Anzahl der Stopbits und P1 und P0 die Art der Datensicherung. Das Bit FT gibt das durch den externen Baud-Raten-Generator vorgegebene Frequenzteilungsverhältnis 1:1 bzw. 1:16 an. (Bei Bausteinen mit internem Baud-Raten-Generator wird die Schrittaktfrequenz über ein zweites Modusregister eingestellt.)

Die Steuerung eines Ein-/Ausgabevorgangs erfolgt durch Laden des 8-Bit-Steuerregisters CR (Bild 6-27). Mit den Bits TRE (transmitter enable) und REE (receiver enable) werden der Sender bzw. der Empfänger angeschaltet. TIRE (transmitter interrupt enable) und RIRE (receiver interrupt enable) entscheiden, ob die Statusbits TDRE (transmit data register empty) und RDRF (receive data register full) mit ihrem 1-Zustand einen Interrupt auslösen oder nicht (Synchronisation durch Programmunterbrechung bzw. Busy-Waiting). Mit RIRE wird außerdem festgelegt, ob die Statusanzeigen $\overline{DCD} = 1$ ($\overline{DCD}$-Signal inaktiv) und OVRN = 1 (overrun error) eine Interruptanforderung auslösen.

Mit dem RTS-Bit kann das Ausgangssignal $\overline{RTS}$ aktiviert oder inaktiviert werden. Das Setzen des BRK-Bits verursacht eine Unterbrechung der Übertragung, indem

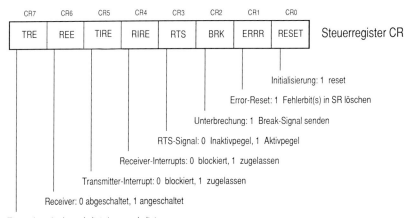

Bild 6-27. Steuerregister des asynchron seriellen Interface-Bausteins.

nach Ausgabe des zuletzt nach TDR geschriebenen Zeichens auf der Senderdatenleitung TD ein konstanter 0-Pegel erzeugt wird (Break-Signal). Der gegenüberliegende
Empfänger erkennt die Unterbrechung an der Anzeige eines Framing-Errors (Statusbit
FE) und dem Empfang eines Datenbytes $00. Mit dem Bit ERRR (error reset) können
die Fehlerbits im Statusregister zurückgesetzt werden, mit RESET können Sender-
und Empfängerteil sowie das Statusregister in ihren Initialisierungszustand gebracht
werden. Die Reset-Funktion wird auch beim Anlegen der Versorgungsspannung an
den Baustein wirksam (power-on reset). - Die Funktionen Break, Error-Reset und
Reset werden durch das Beschreiben der entsprechenden Registerbits mit einer 1 ausgelöst, ohne daß diese 1 jeweils gespeichert wird (Wirkung der Signale als Flanken).

Status. Der Zustand des Sender- und Empfängerteils wird im 8-Bit-Statusregister SR
angezeigt (Bild 6-28). TDRE (transmit data register empty) dient zur Synchronisation
der Ausgabe. Es zeigt dem Prozessor im gesetzten Zustand an, daß das Senderdatenregister TDR leer ist und er es also mit dem nächsten auszugebenden Zeichen
laden kann. Das Setzen des Bits hängt zusätzlich davon ab, ob das $\overline{CTS}$-Eingangs-
signal aktiv ist. Zurückgesetzt wird das Bit jeweils mit dem nächsten Schreibvorgang.
Das Bit RDRF (receive data register full) dient zur Synchronisation der Eingabe. Es
zeigt im gesetzten Zustand an, daß das Empfängerdatenregister RDR voll ist und gelesen werden kann. Mit dem Lesen von RDR wird das Bit zurückgesetzt. - Bei der
Initialisierung des Bausteins mit CR0 = 1 (Reset) wird TDRE gesetzt (Ausgabebereit-
schaft) und RDRF gelöscht.

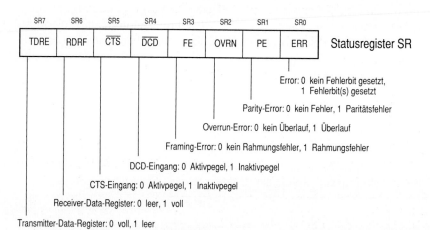

Bild 6-28. Statusregister des asynchron seriellen Interface-Bausteins.

Die Statusbits $\overline{CTS}$ und $\overline{DCD}$ zeigen die Pegel der Eingangssignale $\overline{CTS}$ und $\overline{DCD}$ an.
Die Bits FE, OVRN und PE dienen zur Fehleranzeige. Das FE-Bit (framing error)
zeigt fehlerhafte Start- oder Stopbits eines empfangenen Zeichens an. Das OVRN-Bit
(overrun error) wird gesetzt, wenn ein Zeichen in das Empfängerschieberegister RSR
übernommen wird, bevor das zuvor eingetroffene Zeichen aus dem Empfängerdatenregister RDR gelesen worden ist. Das PE-Bit (parity error) wird gesetzt, wenn das

empfangene Zeichen nicht die im Datenformat festgelegte Paritätsbedingung erfüllt. Zur Vereinfachung der Fehlerabfrage wirken die Bits $\overline{\text{DCD}}$, FE, OVRN und PE als ODER-Funktion auf das Statusbit ERR. Das Rücksetzen von FE, OVRN und PE erfolgt über das Steuerbit ERRR oder über die Reset-Funktion.

Sowohl der Empfänger als auch der Sender können Interrupts auslösen, sofern die entsprechenden Interrupt-Enable-Bits RIRE und TIRE im Steuerregister gesetzt sind. Unterbrechungsursachen sind im Empfängerteil die Übernahme eines Zeichens in das Empfängerdatenregister RDR (RDRF = 1), die Statusanzeige $\overline{\text{DCD}}$ = 1 und der Overrun-Error (OVRN = 1). Unterbrechungsursache im Senderteil ist der Leerzustand des Senderdatenregisters TDR, sofern das $\overline{\text{CTS}}$-Signal aktiv ist (TDRE = 1).

Beispiel 6.4. Dateneingabe und -ausgabe über einen asynchron seriellen Interface-Baustein. Ein alphanumerisches Terminal mit einer Tastatur und einem Bildschirm ist über einen asynchron seriellen Interface-Baustein an den Mikroprozessorsystembus angeschlossen (Bild 6-29). Die von der Tastatur kommenden ASCII-Zeichen werden über die Empfängerdatenleitung und die an den Bildschirm ausgegebenen ASCII-Zeichen über die Senderdatenleitung des Interfaces übertragen. Durch die $\overline{\text{RTS}}$-Leitung kann die Tastatur freigegeben ($\overline{\text{RTS}}$ = 0) oder gesperrt werden ($\overline{\text{RTS}}$ = 1). Die Signaleingänge $\overline{\text{CTS}}$ und $\overline{\text{DCD}}$ sind auf 0-Pegel festgelegt.

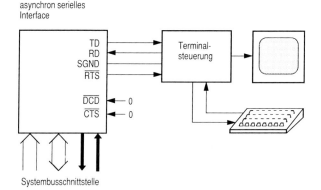

Bild 6-29. Anschluß eines Bildschirmterminals an den asynchron seriellen Interface-Baustein.

Für den Einsatz dieses Terminals ist ein Programm zu schreiben, das eine Textzeile mit ASCCI-Zeichen in einen Pufferbereich LINE des Hauptspeichers einliest und jedes dieser Zeichen als programmiertes Echo unmittelbar wieder an den Bildschirm ausgibt. Die Dateneingabe ist durch Programmunterbrechung, die Datenausgabe durch Busy-Waiting innerhalb des Interruptprogramms zu synchronisieren. Das Ende der Textzeile wird durch das Carriage-Return-Zeichen ($0D) oder, unabhängig davon, durch maximal 80 Zeichen vorgegeben. Es ist vom Interruptprogramm aus dem Hauptprogramm anzuzeigen, indem es einer zuvor mit $00 initialisierten Variablen STATUS den Wert $FF zuweist. Als Datenformat werden 7 Datenbits ohne Paritätsbit, als Datenrahmen 1,5 Stopbits vorgegeben. Der externe Baud-Raten-Generator arbeitet mit dem Frequenzteilungsverhältnis 1:16. - Zur Vereinfachung der Aufgabenstellung soll auf eine Fehlerauswertung verzichtet werden.

Bild 6-30 zeigt den Ablauf. Vor Beginn der Ein-/Ausgabe wird im Hauptprogramm zunächst die Variable STATUS mit $00 initialisiert und die Startadresse INOUT des Interruptprogramms an die erste verfügbare Adresse (256) der Vektor-Interrupts in der Vektortabelle geschrieben (siehe 2.3.1, Tabelle

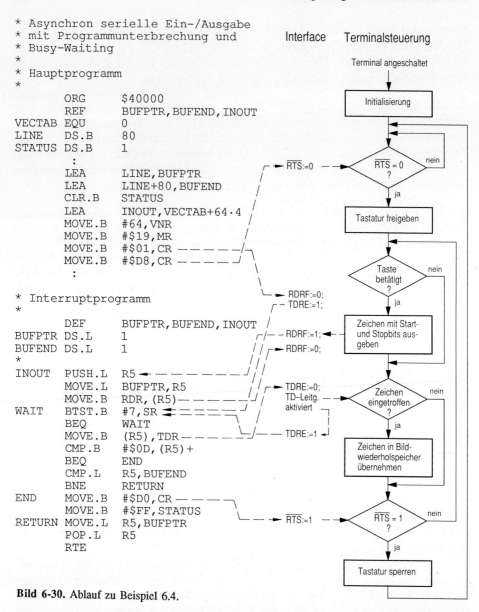

```
* Asynchron serielle Ein-/Ausgabe
* mit Programmunterbrechung und
* Busy-Waiting
*
* Hauptprogramm
*
        ORG     $40000
        REF     BUFPTR,BUFEND,INOUT
VECTAB  EQU     0
LINE    DS.B    80
STATUS  DS.B    1
        :
        LEA     LINE,BUFPTR
        LEA     LINE+80,BUFEND
        CLR.B   STATUS
        LEA     INOUT,VECTAB+64·4
        MOVE.B  #64,VNR
        MOVE.B  #$19,MR
        MOVE.B  #$01,CR
        MOVE.B  #$D8,CR
        :

* Interruptprogramm
*
        DEF     BUFPTR,BUFEND,INOUT
BUFPTR  DS.L    1
BUFEND  DS.L    1
*
INOUT   PUSH.L  R5
        MOVE.L  BUFPTR,R5
        MOVE.B  RDR,(R5)
WAIT    BTST.B  #7,SR
        BEQ     WAIT
        MOVE.B  (R5),TDR
        CMP.B   #$0D,(R5)+
        BEQ     END
        CMP.L   R5,BUFEND
        BNE     RETURN
END     MOVE.B  #$D0,CR
        MOVE.B  #$FF,STATUS
RETURN  MOVE.L  R5,BUFPTR
        POP.L   R5
        RTE
```

Interface   Terminalsteuerung

Terminal angeschaltet

Initialisierung

$\overline{RTS}:=0$

$\overline{RTS} = 0$?   nein   ja

Tastatur freigeben

Taste betätigt ?   nein   ja

RDRF:=0;
TDRE:=1;

Zeichen mit Start- und Stopbits ausgeben

RDRF:=1;
RDRF:=0;

Zeichen eingetroffen ?   nein   ja

TDRE:=0;
TD–Leitg. aktiviert

TDRE:=1

Zeichen in Bild- wiederholspeicher übernehmen

$\overline{RTS}:=1$

$\overline{RTS} = 1$?   nein   ja

Tastatur sperren

Bild 6-30. Ablauf zu Beispiel 6.4.

2-13); die Tabelle beginnt bei der Adresse 0. Die Initialisierung des Interfaces erfolgt (1.) durch Laden der Vektornummer 64 in das Vektornummerregister VNR, (2.) durch Laden des Modusregisters mit $19 zur Vorgabe des Normalmodus, des Datenformats, des Datenrahmens und des Frequenzteilungsverhältnisses, (3.) durch Laden des Steuerregisters mit $01, um den Sender, den Empfänger sowie das Statusregister zurückzusetzen (RDRF = 0, TDRE = 1) und schließlich (4.) durch Laden des Steuerregisters mit der eigentlichen Steuerinformatin $D8, um den Sender und den Empfänger anzuschalten, Interrupts bei der Eingabe zuzulassen, Interrupts bei der Ausgabe zu blockieren und die Tastatur über die $\overline{RTS}$-Leitung freizugeben.

Mit dem Anschlagen einer Taste wird ein Zeichen bitseriell an das Interface übertragen, wodurch das Interface-Statusbit RDRF gesetzt wird. Dieses löst die Ausführung des Interruptprogramms aus, während der das Zeichen aus dem Empfängerdatenregister RDR des Interfaces in einen über R5 registerindirekt adressierten Pufferbereich LINE gelesen wird. Die anschließende Ausgabe dieses Zeichens an das Senderdatenregister TDR zur Anzeige auf dem Bildschirm erfolgt mit der Anzeige von TDRE = 1 im Statusregister. Das Programm fragt dazu das TDRE-Bit in der Warteschleife WAIT ab. Der Ein-/Ausgabevorgang wird nach Empfang eines Carriage-Return-Zeichens oder, nachdem der Puffer gefüllt ist, beendet. Dazu wird das Steuerregister mit $D0 geladen, so daß die Tastatur über die $\overline{\text{RTS}}$-Leitung gesperrt wird. Zusätzlich wird dies dem Hauptprogramm durch Zuweisung von $FF an die Variable STATUS mitgeteilt. ♦

6.5 Synchron serielle Ein-/Ausgabe

Bei der synchron seriellen Ein-/Ausgabe werden im Gegensatz zur asynchron seriellen Ein-/Ausgabe nicht einzelne Zeichen, sondern ganze Datenblöcke als zusammenhängende Bitströme, d.h. lückenlose Bitfolgen übertragen (Bild 6-31). Die Bits werden in einem festen Schrittakt gesendet, auf den sich der Empfänger bei der Datenübernahme einstellt. Die Synchronisation von Sender- und Empfängertakt erfolgt dementsprechend nicht zeichenweise, sondern sie muß während des gesamten Übertragungsvorgangs aufrechterhalten werden. Bei den konventionellen, zeichenorientierten Übertragungsprotokollen (character oriented protocols, COPs) wird der Bitstrom aus einzelnen Zeichen einheitlicher Bitanzahl gebildet, bei den moderneren, bitorientierten Protokollen (bit oriented protocols, BOPs) wird er hingegen zeichenunabhängig gebildet.

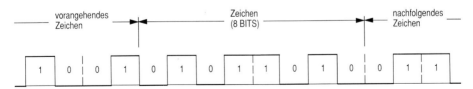

Bild 6-31. Synchron serielle Übertragung von 8-Bit-Zeichen.

Die synchron serielle Ein-/Ausgabe wird zur Kommunikation zwischen Rechnern und Geräten eingesetzt, die imstande sind, einen kontinuierlichen Bitstrom mit hoher Baud-Rate aufrechtzuerhalten. Das betrifft "schnelle" Ein-/Ausgabegeräte, wie Bildschirmterminals mit bildschirmorientierter Nutzung für Text und Graphik. Das betrifft insbesondere aber die Kommunikation zwischen Rechnern, z.B. in Rechnernetzen und bei der Datenfernübertragung. Bei diesen Anwendungen sind Übertragungsgeschwindigkeiten von einigen 10 kbit/s bis zu mehreren 100 Mbit/s gebräuchlich.

6.5.1 Takt- und Zeichensynchronisation

Für die Taktsynchronisation zwischen Sender und Empfänger gibt es verschiedene Möglichkeiten. So kann z.B. der Sendertakt über eine eigene Taktleitung an den Empfänger übertragen werden, was wegen des zusätzlichen Leitungsbedarfs jedoch nur bei Nahverbindungen wirtschaftlich ist. Bei der Datenfernübertragung werden aus Kostengründen keine Taktleitungen verwendet, und der Empfänger muß mit einem eigenen Taktgenerator ausgestattet sein. Ähnlich wie bei der asynchron seriellen Datenübertragung wird hierbei die Synchronisation des Empfängertakts mit dem Sendertakt anhand der Signalübergänge auf der Datenleitung durchgeführt. Zum Beispiel werden dazu bei zeichenorientierten Protokollen in größeren Abständen, etwa aller 100 Zeichen, spezielle Synchronisationszeichen in den Datenstrom eingefügt, oder es wird bei bitorientierten Protokollen die Synchronisation mit den Pegelübergängen der eigentlichen Daten durchgeführt. Im ersten Fall müssen die Frequenzen beider Taktgeneratoren aufgrund der großen Synchronisationsabstände gut stabilisiert sein. Im zweiten Fall ist es notwendig, daß im Datensignal durch eine geeignete Informationscodierung in bestimmten Abständen mit Sicherheit Pegelübergänge auftreten. Betragen die Abständen weniger als 100 Zeichen, so können die Anforderungen an die Frequenzstabilität der Taktgeneratoren entsprechend gesenkt werden.

Aufgrund des kontinuierlichen Bitstroms ist bei zeichenorientierten Protokollen zusätzlich zur Taktsynchronisation eine Zeichensynchronisation notwendig, die dem Empfänger den Beginn des ersten gültigen Zeichens im Bitstrom anzeigt. Hierzu werden zu Beginn eines Datenübertragungsblocks ein oder zwei 8-Bit-Synchronisationszeichen, z.B. das ASCII-Zeichen SYN, übertragen. Der Empfänger, der sich in einer Art Suchzustand (hunt mode) befindet, beginnt mit der eigentlichen Datenübernahme erst dann, wenn er 8 bzw. 16 aufeinanderfolgende Bits als Synchronisationszeichen erkannt hat. Diese Zeichen werden auch gleichzeitig zur Taktsynchronisation benutzt.

6.5.2 Protokolle

Als Protokoll bezeichnet man eine Sammlung von Regeln, die für einen eindeutigen Ablauf der Datenübertragung erforderlich ist [14, 15, 25, 28]. Solche Protokolle werden von der Industrie sowie von nationalen und internationalen Standardisierungsinstitutionen vorgeschlagen. Sie enthalten z.B. Vereinbarungen über die Art der Übertragung (synchron oder asynchron), über die Übertragungsgeschwindigkeit, über das Datenformat (Zeichencode) und über die Art der Datensicherung. Sie bestimmen darüber hinaus die Art der Übertragung zusammenhängender Übertragungsblöcke (transmission blocks) und legen die dafür erforderliche Übertragungssteuerung (flow control) in Form von Übertragungsprozeduren fest. Eine solche Prozedur beschreibt den Informationsaustausch zwischen Sender und Empfänger zur Einleitung, zur Durchführung und zur Beendigung einer Datenübertragung. Hierzu gehören z.B. auch das Zählen der übertragenen Blöcke, die Reklamation fehlerhaft übertragener Blöcke, die Fehlerkorrektur durch Blockwiederholung usw. Ein wesentliches Unterscheidungsmerkmal von Protokollen ist auch das Format, in dem ein Datenblock übertragen wird.

BISYNC-Protokoll. Bild 6-32 zeigt als Beispiel für ein zeichenorientiertes Protokoll den prinzipiellen Aufbau des Übertragungsformats für das BISYNC-Protokoll (binary synchronous communications BSC, IBM [6]). Die im Bild verwendeten Steuerzeichen sind als ASCII-Zeichen angegeben; die Verwendung anderer Zeichencodes ist möglich.

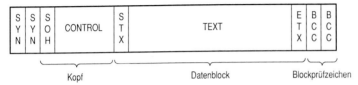

Bild 6-32. Übertragungsformat beim BISYNC-Protokoll.

Ein BISYNC-Übertragungsblock beginnt mit zwei Synchronisationszeichen SYN (synchronous idle), auf die wahlweise ein Informationskopf (Header) oder der Datenblock selbst folgt. Der Kopf ist durch das Zeichen SOH (start of heading) gekennzeichnet. Er enthält ein oder mehrere Zeichen (CONTROL), die zur Übertragungssteuerung des Blocks dienen (z.B. als Quell- oder Zieladreßangabe des Blocks oder zur Kennzeichnung des Blockinhalts als Daten oder als Steuerinformation). Der eigentliche Datenblock (TEXT) beginnt mit dem Zeichen STX (start of text) und endet mit dem Zeichen ETX (end of text). Abgeschlossen wird der Übertragungsblock durch zwei Blockprüfzeichen BCC (block check character) zur Datensicherung. Ein Sender, der nicht in der Lage ist, einen lückenlosen Zeichenstrom aufrechtzuerhalten, fügt zusätzliche SYN-Zeichen in den Zeichenstrom ein. Diese werden auf der Empfängerseite wieder aus dem Zeichenstrom entfernt und gleichzeitig zur Nachsynchronisation benutzt. Die beiden SYN-Zeichen am Blockanfang können entfallen, wenn die Synchronisation über eine gesonderte Synchronisationsleitung erfolgt. Abstrahiert betrachtet, besteht ein Übertragungsblock aus Text als der zu übertragenden Nutzinformation und aus einem diesen Text umgebenden Rahmen zur Übertragungssteuerung (frame).

Durch solche Vereinbarungen lassen sich Übertragungsformate mit unterschiedlichen Strukturen definieren, so auch Formate, die neben den Synchronisationszeichen lediglich ein oder zwei Steuerzeichen enthalten. Solche textlosen Formate werden zum Austausch von Steuerinformation zwischen Sender und Empfänger bei der Steuerung der Datenübertragung benutzt. - Bild 6-33 zeigt als Beispiel einer Übertragungssteuerung die Einleitung, Durchführung und Beendigung einer Datenübertragung. Der Sender und der Empfänger tauschen dazu Übertragungsblöcke im Handshake-Verfahren aus, die im Bild entsprechend ihrer zeitlichen Reihenfolge von links nach rechts angeordnet sind. Die Übertragung erfolgt im Halbduplexbetrieb, d.h., Sender und Empfänger wechseln sich in der Benutzung des Übertragungswegs ab. Die vom Sender ausgegebenen Blöcke sind in der oberen Bildhälfte, die vom Empfänger ausgegebenen Blöcke in der unteren Bildhälfte dargestellt und erläutert. Aus Platzgründen wurde auf die Angabe der SYN-Zeichen vor jedem Block verzichtet. Die zu übertragenden Daten sind zur besseren Datensicherung auf zwei Übertragungsblöcke verteilt. Im ersten Block ist dies durch das Zeichen ETB (end of transmission block) anstelle des Zeichens ETX für den Empfänger kenntlich gemacht.

Protokolle, bei denen die Felder des Übertragungsformats durch Steuerzeichen eines bestimmten Zeichencodes festgelegt sind, erfordern für ihre Implementierung wegen der notwendigen Interpretation dieser Steuerzeichen einen relativ hohen Aufwand. Außerdem müssen auch die Daten des Textfeldes in dem verwendeten Zeichencode

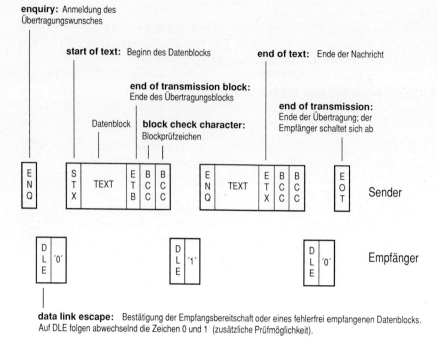

Bild 6-33. Übertragungssteuerung beim BISYNC-Protokoll.

bereitgestellt werden. Man bezeichnet diese Art der Datendarstellung, bei der bestimmte Datenbitmuster nicht vorkommen dürfen, weil sie als Steuerzeichen interpretiert werden, als nichttransparent. Um die Datendarstellung transparent zu machen, sind zusätzliche Maßnahmen erforderlich. Beim BISYNC-Protokoll werden dazu die Steuerzeichen für die Datenblockbegrenzung, STX und ETX, durch ein vorangestelltes DLE-Zeichen gekennzeichnet. Damit der Empfänger eine im Datenblock zufällig vorkommende Zeichenkombination DLE ETX nicht fälschlicherweise als Ende des Datenblocks interpretiert, ergänzt der Sender jedes Bitmuster im Datenblock, das mit dem DLE-Zeichen identisch ist, durch ein weiteres DLE-Zeichen (character stuffing). Dies wird vom Empfänger erkannt, der dieses Zeichen wieder entfernt [25].

Ein weiterer Nachteil zeichenorientierter Protokolle ist die Handhabung vieler unterschiedlicher Übertragungsformate für Daten, Steuer- und Quittungsinformation, wie in Bild 6-33 zu erkennen ist. Die genannten Nachteile entfallen bei den bitorientierten Protokollen.

SDLC- und HDLC-Protokoll. Bitorientierte Protokolle haben jeweils ein einheitliches Übertragungsformat, bei dem die einzelnen Felder durch ihre Bitpositionen im Übertragungsblock festgelegt sind. Diese Festlegung hat neben der einfacheren Interpretation den Vorteil einer transparenten Datendarstellung, d.h., als Daten können beliebige Bitmuster, z.B. BCD-Zeichen in gepackter Darstellung, Steuer- oder Textzeichen eines beliebigen Codes, der Maschinencode eines Programms oder eine zeichenunabhängige Bitfolge übertragen werden.

Bild 6-34 zeigt als Beispiel das Übertragungsformat des SDLC-Protokolls (synchronous data-link control, IBM) [28]. Wie bei allen bitorientierten Protokollen wird der Übertragungsblock durch zwei sog. Flag-Bytes (FLAG) mit dem Code 01111110 eingerahmt. Sie dienen zur Blockbegrenzung und zur Zeichensynchronisation. Auf das erste Flag-Byte folgt der Kopf (Header) mit einem 8-Bit-Adreßfeld (ADDRESS) und einem 8-Bit-Steuerfeld (CONTROL). Durch die Angabe einer Adresse kann ein Übertragungsblock gleichzeitig mehreren Empfängern angeboten werden (broadcasting). Jeder der angesprochenen Empfänger kann dann anhand der Adresse feststellen, ob der Block für ihn bestimmt ist oder nicht. Das Steuerfeld kennzeichnet den Inhalt des Übertragungsblocks als Daten oder Steuerinformation, gibt Auskunft über die Anzahl der übertragen bzw. der fehlerfrei empfangenen Datenblöcke und enthält Steuerkommandos. Nach dem Kopf folgt das eigentliche Datenfeld (INFORMATION FIELD), das beim SDLC-Protokoll ein Vielfaches von 8-Bit-Informationseinheiten umfassen kann. Abgeschlossen wird der Block durch zwei Blockprüfbytes (frame check sequence, FCS) und wiederum ein Flag-Byte. Eine Lücke zwischen zwei Übertragungsblöcken wird durch zusätzliche Flag-Bytes gefüllt; sie erhalten den Arbeitszustand der Verbindung aufrecht.

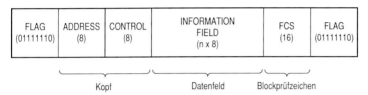

Bild 6-34. Übertragungsformat beim SDLC-Protokoll.

Ein dem SDLC-Protokoll ähnliches Format weist das HDLC-Protokoll auf (high-level data-link control, International Standards Organization ISO). Seine Adreß- und Steuerfelder können auf mehrere Bytes erweitert werden; sein Datenfeld läßt eine beliebige Anzahl von Datenbits zu und ist damit nicht mehr an die 8-Bit-Einheiten des SDLC-Protokolls gebunden [28].

Bei den genannten bitorientierten Protokollen gibt es lediglich drei verschiedene Bitmuster mit bestimmter Funktion, die außerhalb eines Übertragungsblocks auftreten können und vom Empfänger erkannt werden müssen: das Flag-Byte 01111110 und die Bitfolgen ABORT 01111111... (7 bis 14 Einsen) und IDLE 111111111111111... (15 oder mehr Einsen). ABORT beendet die Übertragung eines Blocks vorzeitig, und IDLE zeigt den Ruhezustand einer Verbindung an. Durch die Zusammensetzung dieser drei Bitmuster aus aufeinanderfolgenden Einsen läßt sich die Transparenz der Informationsdarstellung in einfacher Weise herstellen. Der Sender fügt dazu innerhalb des Übertragungsblocks nach jeweils fünf aufeinanderfolgenden Einsen ein Null-Bit in den Bitstrom ein, unabhängig vom Wert des folgenden Bits (bit stuffing). Damit können keine Bitfolgen auftreten, die der Empfänger als eines der drei genannten Bitmuster interpretieren würde. Der Empfänger zählt die aufeinanderfolgenden Einsen und entfernt jeweils das auf fünf Einsen folgende Bit, sofern es den Wert Null hat.

Hat es den Wert Eins, so handelt es sich um eines der Bitmuster FLAG, ABORT oder IDLE. Das Einfügen und Entfernen der Null-Bits übernimmt die Hardware, so daß die Software entlastet wird [25].

Verbindet man das Null-Einfügen mit der NRZI-Signalcodierung (non return to zero with interchange), so können die Signalübergänge im Bitstrom zur Synchronisation des Empfängertaktgenerators benutzt werden. Das ist ein weiterer Vorteil bitorientierter Protokolle. Bei der NRZI-Codierung wird eine Eins durch gleichbleibende Polarität und eine Null durch einen Wechsel der Polarität des Signals dargestellt. Durch das Null-Einfügen erfolgen solche Wechsel spätestens nach jedem fünften Bit.

6.5.3 Synchron serieller Interface-Baustein

Im folgenden wird ein synchron serieller Interface-Baustein beschrieben, der die Datenübertragung für bitorientierte Protokolle, wie das SDLC- und das HDLC-Protokoll, unterstützt. Er übernimmt die Parallel-Serien- und die Serien-Parallelumsetzung, das Erzeugen und Erkennen der Bitmuster FLAG, IDLE und ABORT, das Null-Einfügen und -Entfernen sowie die Blocksicherung durch zwei Blockprüfbytes. Die Beschreibung ist relativ grob, da die Details dieses Bausteins über den Rahmen dieses Buches hinausgehen. Deshalb sei auf die Datenblätter der Bausteinhersteller verwiesen. Eine Marktübersicht über synchron serielle Interface-Bausteine gibt [8, 9].

Blockstruktur. Bild 6-35 zeigt die Struktur des Bausteins. Er hat einen Sender- und einen Empfängerteil, die beide mit speziellen Einrichtungen für die oben genannten Aufgaben zur Realisierung bitorientierter Protokolle ausgestattet sind. Ein zusätzliches Übertragungssteuerwerk dient dem Austausch von Steuersignalen mit der Peripherie. Weiterhin besitzt er eine Unterbrechungseinrichtung mit Selbstidentifizierung und eine Verkettungslogik zur Priorisierung, die bei einfacheren Bausteinausführungen fehlen können. - Die Schnittstellen zum Systembus und zur Peripherie sind mit denen des asynchron seriellen Bausteins identisch.

Funktionsweise. Zur Aufrechterhaltung eines lückenlosen Datenbitstroms haben Sender- und Empfängerteil je einen Pufferspeicher mit drei 8-Bit-Datenregistern TDR1 bis TDR3 (transmit data registers) bzw. RDR1 bis RDR3 (receive data registers), die nach dem Warteschlangenprinzip verwaltet werden: Das zuerst in den Pufferspeicher eingegebene Byte wird als erstes wieder ausgegeben (first-in first-out, FIFO). Bei der Datenausgabe zum Beispiel übernimmt das 8-Bit-Schieberegister TSR (transmit shift register) des Senderteils das im Datenregister TDR3 stehendes Byte und übergibt es bitweise an die Senderdatenleitung TD (Parallel-Serienumsetzung). Hierbei rücken die Inhalte der Datenregister TDR2 und TDR1 in die jeweils nächsten Register vor. (Entsprechend rückt auch ein vom Prozessor in das Datenregister TDR1 geschriebenes Byte in das vorderste freie Datenregister vor.)

Vor Beginn des ersten Ausgabevorgangs wird der Senderteil entweder durch das RESET-Signal (power-on reset) oder durch Setzen eines Reset-Steuerbits normiert und dann durch Laden seiner Steuerregister initialisiert. Eines der Steuerbits entscheidet dabei, ob nach Rücksetzen des Reset-Bits die Bitfolge IDLE (inactive idle) oder

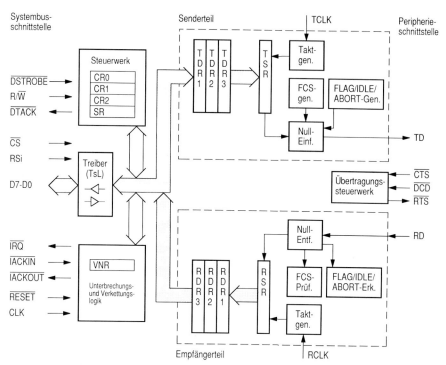

Bild 6-35. Synchron serieller Interface-Baustein für bitorientierte Protokolle.

ob Flag-Bytes (active idle) gesendet werden. In beiden Fällen beginnt die eigentliche Datenübertragung, sobald das TDR-FIFO vom Prozessor mit Datenbytes geladen wird. Bei "inactive idle" wird, um den Datenrahmen zu öffnen, vom Senderteil vor Übertragen des ersten Datenbytes ein Flag-Byte in den Bitstrom eingefügt; bei "active idle" ist dies nicht erforderlich. Um Beginn und Fortsetzung vom Ende des Datenblocks für den Senderteil unterscheidbar zu machen, stehen für das Laden des TDR-FIFO zwei verschiedene Adressen mit den unterschiedlichen Attributen "frame continue" und "frame terminate" zur Verfügung. Bei "frame terminate" wird im Unterschied zu "frame continue" nach Aussenden des Bytes ein abschließendes Flag-Byte gesendet, womit der Datenrahmen geschlossen wird.

Der Empfängerteil wird ebenfalls während des Reset-Zustandes initialisiert und mit dem Rücksetzen des Reset-Steuerbits aktiviert. Im Aktivzustand untersucht er den über die Empfängerdatenleitung RD eintreffenden Bitstrom nach den Bitmustern IDLE, FLAG und ABORT. Die auf ein Flag-Byte folgenden Bytes, die selbst keine Flag-Bytes und auch nicht Teil eines Idle- oder Abort-Bitmusters sind, überträgt er von seinem 8-Bit-Schieberegister RSR (receive shift register) in das Eingabedatenregister RDR1 (Serien-Parallelumsetzung). Nach dem FIFO-Prinzip rücken diese Bytes bis zum Datenregister RDR3 vor, von wo sie vom Prozessor gelesen werden können. Diese Datenübernahme wird mit dem Erkennen des nächsten Flag-Bytes beendet.

6.6 Rechnernetze

Rechner werden heute vielfach zu Netzen zusammengeschlossen, mit dem Ziel einer
flexiblen Kommunikation zwischen den Netzteilnehmern. Die Anwendungen sind
hierbei weit gestreut und reichen von der Bürokommunikation über die industrielle
Planung, Entwicklung und Fertigung bis zur weltweiten Kommunikation, z.B. bei
Buchungssystemen von Fluggesellschaften. Die Vorteile solcher Rechnernetze gegenüber der isolierten Benutzung von Rechnern liegen z.B. in den Möglichkeiten, Information an vielen Stellen verfügbar zu haben, Software, die auf anderen Rechnern
installiert ist, sowie teure Ein-/Ausgabegeräte und sog. File-Server-Rechner für die
Speicherung und Verwaltung von Dateien gemeinsam benutzen zu können. Hinzu
kommt die hohe Verfügbarkeit der Netzleistungen, die dadurch gegeben ist, daß bei
Ausfall eines Rechners Kopien von dessen Dateien auf anderen Rechnern des Netzes
existieren.

Wichtige Merkmale dieser Netze sind die verschiedenen Techniken der Übertragung
zwischen den Netzteilnehmern (insbesondere der Datenfernübertragung bei den sog.
Weitverkehrsnetzen), die für die Übertragung verwendeten Protokolle sowie das Erkennen und Korrigieren fehlerhafter Übertragungen durch Datensicherung.

6.6.1 Datenfernübertragung

Als Datenfernübertragung (DFÜ) bezeichnet man die Datenübertragung zwischen
sog. Datenendgeräten DEE (data terminal equipment, DTE; z.B. Rechner und Terminals) unter Benutzung von Übertragungs- und Vermittelungseinrichtungen der Fernmeldeinstitutionen eines Landes. Die Anpassung der Datenendgeräte an die Signaldarstellung und Übertragungsvorschriften dieser Einrichtungen erfordert an der Teilnehmerschnittstelle sog. Datenübertragungseinrichtungen DÜE (data circuit-termination
equipment, DCE), die bei analoger Übertragung als Modems und bei digitaler Übertragung als Datenanschlußgeräte bezeichnet werden (Bild 6-36, siehe auch 6.2).

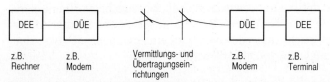

Bild 6-36. Datenfernübertragung zwischen zwei Datenendeinrichtungen (DEE) unter Verwendung
zweier Datenübertragungseinrichtungen (DÜE).

Datenübermittlungsdienste. Von der Deutschen Bundespost werden für die
Datenfernübertragung verschiedene Datenübermittlungsdienste unterschiedlicher Leistungsfähigkeit bereitgestellt. Hierzu gehört zunächst das Fernsprechnetz mit seiner
Analogübertragungstechnik und relativ geringen Übertragungsgeschwindigkeiten von
300 bis 4800 bit/s. Hinzu kommen spezielle Datennetze mit digitaler Übertragungs-

technik und Übertragungsgeschwindigkeiten von bis zu 48 kbit/s [18]. Unterschieden werden hierbei das Direktrufnetz für festgeschaltete Verbindungen, ein Netz für die Leitungsvermittlung (DATEX-L), bei dem wie beim Fernsprechen beiden Partnern eine Leitung für die Dauer der Übertragung fest zugeordnet ist, und ein Netz für die Paketvermittlung (DATEX-P), bei dem Datenblöcke auf einem sog. virtuellen Weg transportiert werden. Hierbei können die einzelnen Blöcke, weitergeleitet durch sog. Vermittlungsrechner, auf unterschiedlichen realen Wegen transportiert werden, um die Netzverbindungen optimal auszulasten.

Zur Zeit wird ein digitales Netz eingeführt, das mit ISDN (integrated services digital network, [7, 20]) bezeichnet wird. Es basiert auf Empfehlungen des CCITT und soll eine weltweite Verbreitung finden. ISDN vereinigt eine Vielzahl von Diensten für die Übertragung von Sprache, Daten, Text und Festbildern und wird die oben genannten Netze ablösen. Solche Dienste sind z.B. das Fernsprechen (Telefon), das Bürofernschreiben (Teletex), das Fernkopieren (Telefax), aber auch der Zugang zu Bildschirmtext (Btx) und zu sog. Mail-Diensten (elektronischer Schriftverkehr). Für jeden ISDN-Anschluß sind zwei Übertragungskanäle mit Übertragungsraten von je 64 kbit/s und ein Signalisierkanal mit 16 kbit/s vorgesehen, an die in der Art einer Busstruktur bis zu acht Datenendgeräte angeschlossen werden können.

Analoge und digitale Übertragungstechniken. Bei der Benutzung des mit Analogsignalen arbeitenden Fernsprechnetzes müssen die digitalen Daten in sinusförmige Analogsignale umgewandelt werden. Eine gebräuchliche Technik ist, die binären Größen 0 und 1 durch zwei ausgewählte Frequenzen aus dem für die Sprachübertragung vorgegebenen Frequenzbereich von 300 bis 3400 Hz darzustellen. Man bezeichnet diese Technik als Frequenzmodulation oder Frequenzumtastung (frequency shift keying, FSK). Eine andere gebräuchliche Technik ist die Phasenmodulation oder Phasenumtastung (phase modulation), bei der bis zu drei Bits durch den Phasenanschnitt eines Sinussignals codiert werden. In Kombination mit einer Amplitudenmodulation lassen sich mit ihr bis zu vier Bits pro Schrittakt übertragen. - Die Datenübertragung durch Modulation benötigt an den beiden Enden des Übertragungsweges je einen Modem (Modulator/Demodulator) als Datenübertragungseinrichtung. Der Modem auf der Senderseite erzeugt aus den Gleichspannungssignale für 0 und 1 je nach Modulation zwei unterschiedliche Wechselspannungssignale, der Modem auf der Empfängerseite erzeugt daraus wieder die Gleichspannungssignale.

In der Fernsprechtechnik sind heute neben analogen auch digitale Übertragungseinrichtungen im Einsatz, die für die Datenfernübertragung mitverwendet werden. Hierbei werden die vom Netzteilnehmer kommenden und durch den Modem erzeugten Analogsignale im Fernmeldeamt wieder digitalisiert. Gebräuchlich ist hierfür die Puls-Code-Modulation (PCM), bei der das analoge Signal mit 8 kHz abgetastet wird. Jeder Abtastwert wird dabei durch ein 8-Bit-Codewort dargestellt, so daß sich eine Übertragungsrate von 64 kbit/s ergibt. An den beiden Enden der Übertragungsstrecke ist dazu je ein sog. Codec (Codierer/Decodierer) erforderlich, der die Abtastung (Codierung) vornimmt bzw. der aus den Abtastwerten wieder ein Analogsignal (Decodierung) erzeugt. (Die Abtastfrequenz muß nach dem Nyquist-Theorem mindestens doppelt so hoch wie die höchste vorkommende Signalfrequenz sein. Bezugspunkt bei der Puls-Code-Modulation ist die oberhalb der Begrenzung des Fernsprechbandes liegende Frequenz von 4000 Hz.) - Zur besseren Nutzung der Übertragungswege werden z.B. 24 solcher "PCM-Kanäle" zusammengefaßt und im Zeitmultiplexverfahren übertragen. Damit erhält man einschließlich eines Steuerbits pro Schrittakt eine Übertragungsrate von 1,544 Mbit/s.

Bei ISDN-Anschlüssen ist bereits die Teilnehmerschnittstelle für eine digitale Übertragung ausgelegt, so daß die beschriebene Umwandlung in Analogsignale entfällt. Der Modem wird hier ersetzt durch ein sehr viel einfacheres Datenanschlußgerät. - Zu den analogen und digitalen Übertragungstechniken siehe auch [25].

Verbindungsarten. Übertragungswege für die Datenfernübertragung können durch Stand- oder Wählleitungen hergestellt werden. Bei den Wählleitungen (Fernsprechnetz, DATEX-L, DATEX-P und ISDN) wird die Verbindung wie im Telefonverkehr nach Bedarf durch Wählen hergestellt. Sie sind kostengünstig, wenn der Übertragungsweg nur zeitweilig benötigt wird. Die Verfügbarkeit ist jedoch geringer als bei Standleitungen, da der Übertragungsweg belegt sein kann; außerdem benötigt der Verbindungsaufbau eine gewisse Zeit. Bei Standleitungen hingegen ist den beiden Teilnehmern der Übertragungsweg fest zugeordnet und somit jederzeit verfügbar (Direktrufnetz). Sie verursachen höhere Kosten als Wählleitungen, bieten dafür aber eine hohe Verfügbarkeit und eine geringe Störanfälligkeit, da keine beweglichen Kontakte auf dem Übertragungsweg vorhanden und die Datenübertragungseinrichtungen auf den Übertragungsweg abgestimmt sind. Sie bieten vor allem aber die Sicherheit, unbefugte "Eindringlinge" aus solchen Verbindungen fernzuhalten, was z.B. beim Datenverkehr im Bankwesen unabdingbar ist.

6.6.2 Weitverkehrsnetze und lokale Netze

Ein Rechnernetz besteht aus sog. Wirtsrechnern (hosts) und Terminals als Netzteilnehmer sowie einer Übertragungseinrichtung, über die sie miteinander kommunizieren. Die Leistungsfähigkeit der Rechner reicht dabei vom Personal-Computer bis zu Großrechnern. Grundsätzlich unterscheidet man zwischen lokalen Netzen (inhouse nets, local area networks, LANs) und Weitverkehrsnetzen (long-haul networks, telecommunications networks, wide area networks, WANs). LANs sind Verbunde innerhalb von Gebäuden oder Grundstücken, die von privaten Nutzern (z.B. Firmen) betrieben werden. Bei WANs unterliegen die Hosts zwar meist privaten Nutzern, jedoch werden für die Datenfernübertragung die Übertragungseinrichtungen der Fernmeldeinstitutionen eines Landes benutzt. Sie überbrücken Entfernungen, die unter Einsatz von Satelliten auch Kontinente überschreiten.

Weitverkehrsnetze (WANs). Bild 6-37 zeigt einen Ausschnitt aus einem sog. Punkt-zu-Punkt-Netz als typische WAN-Struktur bei Paketvermittlung. Die Übertragungseinrichtung besteht aus den Übertragungswegen und aus Vermittlungsrechnern an deren Knotenpunkten. Man bezeichnet diesen Teil eines Weitverkehrsnetzes auch als Subnetz (subnet). Jeder Knoten erlaubt den Anschluß von einem oder mehreren Netzteilnehmern (Hosts, Terminals). Eine kostengünstige Nutzung eines solchen Anschlusses ergibt sich bei Verwendung eines Konzentrators, durch den die Daten der an ihn angeschlossenen Netzteilnehmer in der Reihenfolge ihres Eintreffens in das

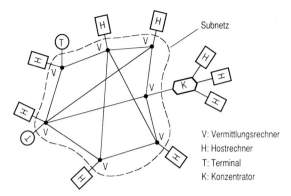

Bild 6-37. Punkt-zu-Punkt-Netzstruktur eines WANs.

Subnetz eingespeist bzw. an die Netzteilnehmer weitergegeben werden. Innerhalb des Subnetzes werden die Datenpakete abhängig von der Wegewahl (routing) durch die Vermittlungsrechner in einem oder mehreren der Knoten des Netzes zwischengespeichert und weitergereicht (store and forward network).

Den Punkt-zu-Punkt-Netzen stehen die sog. Broadcast-Netze gegenüber. Bei ihnen werden die Daten vom Sender gleichzeitig an alle Netzteilnehmer übertragen, und der eigentliche Empfänger erkennt an der mitgelieferten Adreßinformation, daß die Nachricht für ihn bestimmt ist. Das ist z.B. bei der Satellitenübertragung der Fall, wo mehrere Empfangsstationen im Sendebereich eines Satelliten liegen [25, 26].

Lokale Netze (LANs). Das Verbinden von Arbeitsplatzrechnern (workstations, personal computers) zu lokalen Netzen [19, 24], ggf. unter Einbeziehung leistungsfähigerer Host-Rechner, erlaubt es, teure Geräte gemeinsam zu benutzen (z.B. Plattenlaufwerke und Laserdrucker), auf im Netz vorhandene Datenbestände zuzugreifen (z.B. auf eine Datenbank oder ein Dokumentenarchiv) sowie die Software anderer Rechner mitzubenutzen (z.B. Compiler, Anwendungsprogramme). Typische Anwendungen liegen im technisch-naturwissenschaftlichen Bereich, in den computerunterstützten Ingenieurdisziplinen (z.B. computer-aided design, CAD; computer-aided engineering, CAE), in der industriellen Fertigung (computer-aided manufacturing, CAM), aber auch im Bürobereich (Bürokommunikation).

Aufgrund ihrer geringen räumlichen Ausdehnung mit Übertragungsstrecken von wenigen Kilometern erlauben LANs Übertragungsraten von 100 Mbit/s und mehr; sie liegen damit erheblich über denen von WANs. Als Übertragungsmedien werden verdrillte Zweidrahtleitungen, Koaxialkabel und Lichtleiter eingesetzt. Verdrillte Zweidrahtleitungen (Telefonkabel) sind kostengünstig, haben jedoch schlechte Hochfrequenzeigenschaften, so daß sie nur relativ geringe Übertragungsraten von bis zu wenigen Mbit/s zulassen. Schmalband-Koaxialkabel, wie sie für die digitale Übertragung eingesetzt werden, erlauben demgegenüber bei Leitungslängen bis zu 1 km Übertragungsraten von bis zu 10 Mbit/s. Bei Lichtleitern liegen die Übertragungsraten bei gleichen Entfernungen bei bis zu 1 Gbit/s.

In LANs werden zwei Übertragungverfahren benutzt: das Basisbandverfahren (base band) und das Breitbandverfahren (broad band). Beim Basisbandverfahren wird das digitale Signal unmoduliert, ggf. in einer bestimmten Signaldarstellung (z.B. Manchester-Code [25]), übertragen (digitale Übertragung). Beim Breitbandverfahren wird es einem hochfrequenten Trägersignal aufmoduliert (analoge Übertragung), so daß bei mehreren Trägern unterschiedlicher Frequenzen mehrere Informationen gleichzeitig übertragen werden können. Naturgemäß setzt das Breitbandverfahren breitbandige Übertragungsmedien, wie Breitband-Koaxialkabel oder Lichtleiter, voraus. Sie haben Grenzfrequenzen, die bei 500 MHz bzw. 100 GHz liegen [23, 25].

Lokale Netze haben im Gegensatz zu den Weitverkehrsnetzen üblicherweise keine Vermittlungsrechner. Stattdessen hat jeder Host eine Interface-Karte, die den Netzzugriff steuert. Die Übertragungseinrichtung besteht im einfachsten Fall aus nur einem Kabel. Die grundlegenden Netztopologien in LANs sind die Ring-, die Bus- und die Sternstruktur [5, 24].

Bei der Ringstruktur (Token-Ring) erfolgt die Kommunikation in fest vorgegebener Umlaufrichtung, wobei freie Übertragungskapazitäten durch eine oder mehrere umlaufende Marken (tokens) gekennzeichnet werden (Bild 6-38a). Der sendende Teilnehmer übergibt einem freien Token seine Nachricht zusammen mit seiner Adresse und der des Empfängers. Der sich mit der Empfängeradresse assoziierende Netzteilnehmer übernimmt die Nachricht und übergibt dem Token eine Empfangsbestätigung für den Sender, nach deren Empfang dieser das Token wieder freigibt. Die Ringstruktur erfordert einen geringen Aufwand, hat jedoch den Nachteil, daß bei Ausfall eines Ringteilnehmers der gesamte Ring funktionsunfähig ist (IEEE-Standard 802.5 [4]; Produktbeispiel: Token-Ring-Netzwerk von IBM, 4 Mbit/s). - Eine Marktübersicht über Token-Ring-Controller-Bausteine gibt [8].

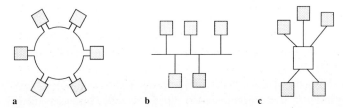

Bild 6-38. LAN-Topologien. **a** Ringstruktur, **b** Busstruktur, **c** Sternstruktur.

Bei der Busstruktur kommunizieren die Teilnehmer miteinander über einen Bus als passiven "Knoten" (Bild 6-38b). Das Übertragungsmedium ist z.B. ein Koaxialkabel, an das auch während des Betriebs des Netzes neue Teilnehmer angeschlossen werden können. Der Ausfall eines Teilnehmers beeinträchtigt die Funktionsfähigkeit des Netzes nicht. Die Möglichkeit des gleichzeitigen Zugriffs auf den allen Teilnehmern gemeinsamen Bus erfordert jedoch eine Strategie zur Vermeidung von Kollisionen. So muß ein Sender vor Sendebeginn anhand des Signalpegels auf dem Bus zunächst überprüfen, ob der Bus frei ist; und er muß mit Sendebeginn erneut prüfen, ob nicht gleichzeitig ein zweiter Sender mit Senden begonnen hat. Im Konfliktfall muß er seine

Übertragung aufschieben bzw. abbrechen, um sie z.B. nach einer zufallsgesteuerten Wartezeit erneut zu versuchen (CSMA/CD-Verfahren, carrier sense multiple access /collision detection; IEEE-Standard 802.3 [2]; Produktbeispiel: Ethernet von Xerox, 10 Mbit/s). - Eine Marktübersicht über CSMA/CD-Controller-Bausteine gibt [8].

Eine davon abweichende Organisationsform hat der Token-Bus, bei dem wie beim Token-Ring ein Token zyklisch von Teilnehmer zu Teilnehmer weitergereicht wird, womit sich eine feste Zuteilung der Sendeberechtigungen ergibt (IEEE-Standard 802.4 [3]; Produktbeispiel: Industrie-LAN von IBM). - Eine Marktübersicht über Token-Bus-Controller-Bausteine gibt [8].

Bei der Sternstruktur schließlich kommunizieren die Teilnehmer über einen Vermittlungsrechner als "Knoten" (Bild 6-38c). Da digitale Nebenstellenanlagen für die Telefonvermittlung (private branch exchange, PBX) dieselbe Struktur aufweisen, können sie als Rechnernetze mit Sternstruktur eingesetzt werden. Nachteilig ist, daß der zentrale Vermittlungsrechner bei starker Belastung zum Engpaß werden kann und daß von seiner Funktionsfähigkeit die des gesamten Netzes abhängt. Übliche Übertragungsraten sind 64 kbit/s.

Weitere Topologien ergeben sich als Mischformen aus diesen drei Grundstrukturen [11, 23]. Für die Übergänge zwischen gleichartigen Netzen gibt es sog. Bridges als physische Netzverbinder. Sie übernehmen die Anpassung für die ISO-Schichten 1 bis 3 (siehe 6.6.3). Für Übergänge zwischen unterschiedlichen Netzen und für Übergänge zu WANs werden sog. Gateways zur Protokollanpassung eingesetzt. Sie übernehmen die Anpassung für die ISO-Schichten 1 bis 7.

6.6.3 ISO-Referenzmodell

Die Kommunikation zwischen zwei Hosts bzw. zwischen den auf ihnen laufenden Anwenderprozessen umfaßt eine Vielzahl von Funktionen, die von den übertragungstechnischen Voraussetzungen bis zu den organisatorischen Vorgaben auf der Anwenderebene reichen. Hierzu gehören Aufbau, Aufrechterhaltung und Abbau einer Verbindung, Übertragen eines Bitstroms, Aufteilen eines Bitstroms in Übertragungsblöcke, Sichern der Datenübertragung und Fehlerbehandlung, Wegewahl im Netz, Synchronisieren der Übertragungspartner, Herstellen einer einheitlichen Datenrepräsentation, Aufteilen der zu übertragenden Information in logische und physikalische Abschnitte usw.

Zur Beherrschung der hiermit verbundenen Komplexität wurde von der International Standard Organization (ISO) das ISO-Referenzmodell entwickelt, das die Kommunikation in sieben hierarchischen Schichten (layers) unterschiedlicher Abstraktion beschreibt (Bild 6-39, [11, 25]). Hierbei stellt eine Schicht i Dienstleistungen für die darüberliegende Schicht i+1 zur Verfügung; sie selbst bezieht Dienstleistungen von der unter ihr liegenden Schicht i−1. Die für die Kommunikation innerhalb einer jeden Schicht erforderlichen Regeln und technischen Vorgaben werden in Protokollen festgelegt. Für sie gibt es Normungsvorschläge der ISO und des CCITT, mit denen eine internationale Standardisierung angestrebt wird. Die nach dem ISO-Standard arbei-

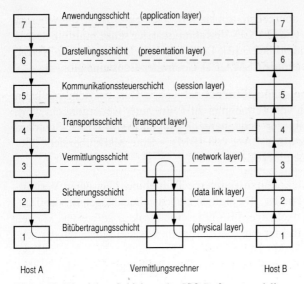

Bild 6-39. Die sieben Schichten des ISO-Referenzmodells.

tenden Systeme bezeichnet man wegen des vereinheitlichten Netzzugangs auch als offene Systeme (open systems interconnection, OSI). - Das Schichtenmodell wurde ursprünglich für WANs entwickelt, wird aber auch bei LANs angewandt.

Bild 6-40 zeigt ein Beispiel für die unteren Schichten des ISO-Referenzmodells aus der Sicht der Informationsdarstellung und -übertragung. Die gesamte aus Rahmen und Text bestehende Information eines Übertragungsblocks in einer Schicht wird in

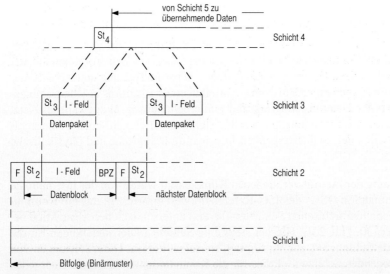

Bild 6-40. Bildung und Übertragung von Datenpaketen entsprechend der Empfehlung X.25 (nach [17]), I-Feld: Informationsfeld, St_2: Steuerinformation der Schicht 2, F: Blockbegrenzungsfeld, BPZ: Blockprüfzeichenfolge.

der nächst tieferen Schicht als Text angesehen, der wiederum durch einen Rahmen ergänzt wird. Der Rahmen auf der untersten Ebene enthält schließlich die Steuerinformation, die zur Übertragung der aus den Rahmen der höheren Protokollebenen und dem eigentlich zu übertragenden Text bestehenden Nachricht benötigt wird.

Die Schicht 1 (Bitübertragungsschicht: physical layer) als unterste Schicht beschreibt die elektrotechnischen, physikalischen und funktionellen Eigenschaften des Aufbaus, der Aufrechterhaltung und des Abbaus der Verbindung zwischen einer Datenendeinrichtung und einer Datenübertragungseinrichtung oder zwischen zwei Datenendeinrichtungen. Für WANs sind die Schnittstellenvereinbarungen in dieser Schicht z.B. durch V.24/V.28 (CCITT) oder RS-232C/RS-449 (EIA) für analoge Übertragung und X.21 (CCITT) für digitale Übertragung festgelegt (siehe 6.2.2). Weiterhin umfaßt die Schicht die Festlegung der Übertragung von Bitfolgen und der Übertragungsart synchron/asynchron.

Die Schicht 2 (Sicherungsschicht: data-link layer) als nächst höhere Schicht beschreibt die Übertragung von Nachrichten in der Form von Übertragungsblöcken zwischen zwei Knoten in einem Netz. Ihr zuzuordnen sind die in Abschnitt 6.5.2 beschriebenen Protokolle BISYNC, SDLC und HDLC mit der Festlegung der Übertragungsformate, der Zeichensynchronisation, der Datensicherung, der Betriebsarten halbduplex /vollduplex, des Auf- und Abbaus und der Übertragungssteuerung einer Datenverbindung. - Bei LANs werden die Schichten 1 und 2 z.B. durch einen der oben genannten IEEE-Standards 802.5 (Token-Ring), 802.4 (Token-Bus) oder 802.3 (CSMA/CD, Ethernet-Bus) gebildet.

Die Schicht 3 (Vermittlungsschicht: network layer) beschreibt die Übertragung von Datenpaketen im Datennetz. Sie umfaßt den Verbindungsaufbau über mehrere Knoten durch Adressierung des Empfängers, die Wegewahl im Netz sowie die Übertragungssteuerung und Fehlerbehandlung in dieser Ebene. Die Datenpakete enthalten die Information der Schicht 2 als Daten und zusätzlich die für die Schicht 3 erforderliche Steuerinformation. Mit jeder weiteren Schicht wird somit eine Abstraktion erreicht, die immer mehr von den technischen Gegebenheiten wegführt und schließlich rein anwendungsorientierte Betrachtungen der Datenübertragung erlaubt. Häufig verwendetes Protokoll der Schicht 3 ist die CCITT-Empfehlung X.25, die auf den Protokollen HDLC (Schicht 2) und X.21 (Schicht 1) aufbaut ([25, 26]).

6.6.4 Datensicherung

Transport und Speicherung von Daten sind Störungen unterworfen, die auf Übertragungsleitungen und Speicherzellen wirken. Dadurch hervorgerufene Änderungen einzelner Bits führen zu Fehlern in der Informationsdarstellung. Um solche Fehler erkennen und ggf. korrigieren zu können, muß die Nutzinformation durch Prüfinformation ergänzt werden (redundante Informationsdarstellung). Diese Codesicherung erfolgt entweder für einzelne Codewörter (Einzelsicherung) oder für Datenblöcke (Blocksicherung). Die Einzelsicherung ist typisch für die Übertragung einzelner Zeichen, z.B. zwischen Prozessor und einem Terminal, und für die Speicherung von Bytes in Halbleiterspeichern. Die Blocksicherung wird bei blockweiser Datenübertragung, z.B. bei der Datenfernübertragung in Rechnernetzen und bei blockweiser Speicherung, z.B. bei Magnetplatten- und Magnetbandspeichern, eingesetzt. Alle Sicherungsverfahren basieren darauf, daß die vom Sender erzeugte und mitgelieferte Prüfinformation mit der vom Empfänger seinerseits erzeugten Prüfinformation übereinstimmt.

Einzelsicherung. Ein Maß für die Anzahl der erkennbaren bzw. korrigierbaren Fehler in einem Codewort ist die Hammingdistanz h des redundanten Codes. Sie gibt an, wie viele Stellen eines Codewortes sich ändern müssen, damit ein neues, gültiges Codewort entsteht. Um n fehlerhafte Bits in einem Codewort zu erkennen, muß die Distanz h = n+1 sein; um n fehlerhafte Bits korrigieren zu können, muß sie h = 2n+1 sein. - Bei der einfachsten Codesicherung durch ein Paritätsbit ist h = 2, womit ein 1-Bit-Fehler erkannt, jedoch nicht korrigiert werden kann (Querparität). Der Wert des Paritätsbits wird so bestimmt, daß die Quersumme des redundanten Codewortes entweder gerade (even parity) oder ungerade (odd parity) ist. Bild 6-41 zeigt dazu zwei Beispiele mit je drei 7-Bit-ASCII-Zeichen, wobei jeweils das letzte Zeichen in der Bitposition 4 fehlerhaft übertragen wurde.

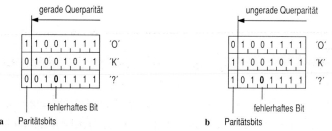

Bild 6-41. Datensicherung durch Paritätsbit. **a** Gerade Parität, **b** ungerade Parität.

Die Hammingdistanz h = 3 erreicht man bei acht Bits Nutzinformation durch vier zusätzliche Prüfbits in geeigneter Codierung. Sie erlaubt es, entweder zwei 1-Bit-Fehler zu erkennen oder einen 1-Bit-Fehler zu korrigieren. Die relativ aufwendige Sicherung mit h ≥ 3 wird bei Arbeitsspeichern in Halbleitertechnik verwendet und von der Hardware durch sog. EDAC-Bausteine (Error Detection and Correction) unterstützt [21].

Blocksicherung. Bei der Übertragung von Datenblöcken verwendet man nur dann fehlerkorrigierende Codes, wenn aufgrund einer Simplex-Verbindung im Fehlerfall keine Rückmeldung und damit keine Übertragungswiederholung (retransmission) möglich ist. In allen andern Fällen werden, um die Redundanz gering zu halten, bevorzugt fehlererkennende Blocksicherungsverfahren angewandt.

Im einfachsten Fall einer Blocksicherung wird an den Bitstrom insgesamt ein Paritätsbit angefügt, womit jedoch die Erkennung von Mehrbitfehlern nur eine Wahrscheinlichkeit von 0,5 hat. Ein bessere Sicherung bietet das Anfügen eines Blockprüfzeichens (block check character, BCC). Dieses wird bei zeichenorientierter Übertragung z.B. so gebildet, daß die Längssumme, d.h. die Summe aller Bits derselben

Bitposition der Codewörter, entweder gerade oder ungerade ist (Längssicherung). Bild 6-42a zeigt dazu als Beispiel einen Datenblock mit drei 7-Bit-ASCII-Textzeichen, die durch ein zusätzliches Null-Bit in der höchstwertigen Bitposition zu 8-Bit-Zeichen erweitert sind. Anfang und Ende des Blocks sind durch die ASCII-Steuerzeichen STX (start of text) und ETX (end of text) gekennzeichnet. Die Blocksicherung bezieht die Zeichen STX und ETX mit ein.

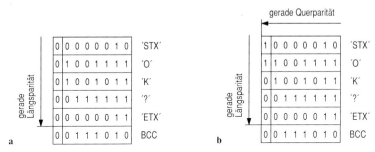

Bild 6-42. Blocksicherung. **a** Längssicherung, **b** Kreuzsicherung.

Eine weitere, bessere Möglichkeit bietet die sog. Kreuzsicherung, bei der sowohl die Querparität als auch die Längsparität gebildet wird. Bild 6-42b zeigt dazu die ASCII-Zeichenfolge von Bild 6-42a, bei der jeweils das achte Bit eines Codewortes für die Querparität genutzt wird.

Ein wesentlich wirksameres Verfahren als die bisher beschriebenen ist die Blocksicherung mit zyklischen Codes (cyclic redundancy check, CRC). Hierbei werden die Bits der aufeinanderfolgenden Codewörter als Koeffizienten eines Polynoms betrachtet und durch ein fest vorgegebenes sog. Generatorpolynom dividiert. Die binären Koeffizienten des dabei entstehenden Restpolynoms bilden die Prüfinformation, üblicherweise zwei Bytes, die an den Datenblock angefügt wird. Bei Fehlerfreiheit läßt sich der redundante Code ohne Rest durch das Generatorpolynom dividieren. Tritt ein Rest (Fehlerpolynom) auf, so kann daraus auf die Fehlerart geschlossen werden. Durch geeignete Wahl des Generatorpolynoms kann das Prüfverfahren auf die Erkennung bestimmter Fehlerarten zugeschnitten werden. Die Division der Polynome läßt sich leicht in Hardware durch ein rückgekoppeltes Schieberegister realisieren [25].

6.7 Übungsaufgaben

Aufgabe 6.1. Handshake-Synchronisation. Der Nachrichtentransport zwischen einem Sender und einem Empfänger über ein diesen beiden Funktionseinheiten zugängliches Register R ist in Bild 6-43 durch zwei miteinander kommunizierende, gleichzeitig ablaufende Vorgänge (parallele Prozesse) dargestellt. - Mit den in Abschnitt 6.1.2 eingeführten Bezeichnungen für die Synchronisation durch Handshaking sind zwei Paare von miteinander in Wechselwirkung stehenden Flußdiagrammen (a) für die Eingabe (Datenübertragung Peripherie/Interface/Prozessor) und (b) für die Ausgabe (Datenüber-

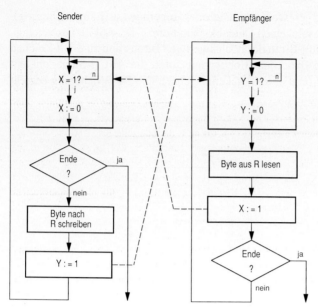

Bild 6-43. Zusammenwirken eines Nachrichtensenders und eines Nachrichtenempfängers in Flußdiagrammdarstellung.

tragung Prozessor/Interface/Peripherie) zu entwickeln und mit dem vorgegebenen Diagramm unter der Initialisierungsvoraussetzung $X = 1$, $Y = 0$ in Beziehung zu setzen. Welchen Handshake-Signalen entsprechen die im vorgegebenen Diagramm verwendeten Zustandsvariablen X und Y? Versuchen Sie, die Flußdiagramme bezüglich des in Abschnitt 6.1.2 zum Teil nicht beschriebenen Rücksetzens der Synchronisationssignale zu vervollständigen.

Bei dieser Aufgabe handelt es sich um Varianten eines sehr allgemeinen, in unterschiedlichen Anwendungen vorkommenden Problems, das als Erzeuger-/Verbraucher-Problem (producer consumer problem) bezeichnet wird.

Aufgabe 6.2. Parallele Datenübertragung. Der in Abschnitt 6.3.3 beschriebene Parallel-Interface-Baustein soll zur Übertragung von Datenbytes zwischen zwei peripheren Einheiten eingesetzt werden. Die Eingabe erfolge über Port A und werde im Handshake-Betrieb (a) durch Busy-Waiting und (b) durch Programmunterbrechung (Vektornummer 64) synchronisiert. Die Ausgabe erfolge über Port B durch Handshaking mit Busy-Waiting. Geben Sie jeweils die Befehlsfolgen für die Initialisierung des Bausteins und für eine einzelne Byteübertragung an. Die Übertragungssequenz soll erst nach Abschluß der Ausgabe verlassen werden.

Aufgabe 6.3. Asynchron serielle Datenausgabe. Mit dem in Abschnitt 6.4.3 beschriebenen asynchron seriellen Interface-Baustein (UART) soll die Ausgabe eines Strings von ASCII-Zeichen in einen Pufferspeicher eines Peripheriegeräts, z.B. eines Druckers, programmiert werden. Die Anfangsadresse des Strings ist im Prozessorregister R0 vorgegeben; der String ist für das Programm mit dem Steuerzeichen EOT (end of text) abgeschlossen. Die Verbindung mit dem Gerät sieht eine Datenverbindung für die X-ON-/X-OFF-Synchronisation vor (siehe 6.1.2). Mit dem Empfang des X-OFF-Zeichens im Receive-Data-Register des UART ist die Übertragung zu unterbrechen, mit dem Empfang des X-ON-Zeichens ist sie wiederaufzunehmen. Bei fehlerhaftem Empfang eines Zeichens ist auf eine nicht weiter auszuführende Fehlerbehandlung zu verzweigen. Die Synchronisation der

Byteübertragung soll für beide Richtungen durch Busy-Waiting erfolgen. Nach Abschluß der Übertragung sind Sender und Emfänger zu inaktivieren. Das Datenformat umfasse 7 Datenbits, ein Paritätsbit für gerade Parität und 1,5 Stopbits; das Frequenzteilungsverhältnis sei 1:16.

Aufgabe 6.4. Asynchron serielle Ein-/Ausgabe. Mit zwei asynchron seriellen Interface-Bausteinen entsprechend Abschnitt 6.4.3 sollen zwei Bildschirmterminals betrieben werden. Beide Bausteine sollen die in Beispiel 6.4 definierte Aufgabe mit je einem Datenpuffer ausführen. Zum Anschluß der Bausteine an einen Prozessor mit sieben Interrupt-Prioritätenebenen (siehe 2.3.1 und 4.5.1) sollen folgende Ebenen benutzt werden: (a) nur Ebene 1, die Bausteine sollen sich nicht selbst identifizieren, (b) nur Ebene 1, die Bausteine sollen sich selbst identifizieren (Vektor-Interrupts), (c) Ebenen 2 und 1 (Autovektor-Interrupts). - Skizzieren Sie für diese drei verschiedenen Möglichkeiten der Interruptorganisation die jeweiligen Systembilder und Programme. In welchen der Fälle a bis c können sich die beiden als Interruptquellen fungierenden Bausteine gegenseitig nicht unterbrechen; durch welche Maßnahmen kann die Nichtunterbrechbarkeit aufgehoben werden? In welchen Fällen können sich die Bausteine unterbrechen; wie kann das unterbunden werden?

Aufgabe 6.5. Bit-Stuffing. Die untenstehende 0/1-Folge stellt einen Ausschnitt aus einem Bitstrom dar, der von einem synchron seriellen Interface-Baustein als Sender im Rahmen eines SDLC-Protokolls an einen Empfänger ausgegeben wird. Die Nutzinformation bestehe aus ASCII-Zeichen, die mit je einem führenden 1-Bit zu 8-Bit-Zeichen erweitert sind. Um eine transparente Zeichenübertragung zu ermöglichen, verwenden Sender und Empfänger die Methode des Bit-Stuffing (siehe 6.5.2). - Geben Sie den vom Empfänger "bereinigten" Bitstrom als 0/1-Folge und im Klartext an.

    111100111110101001101111101110000011111010111110001011111110

Aufgabe 6.6. Erzeugen und Auswerten der Querparität. Bei der asynchronen Übertragung von 7-Bit-ASCII-Zeichen mit einem Interface-Baustein entsprechend Bild 6-25 wird schrittweise folgende Information auf die Senderdatenleitung TD geschaltet: 1. 0 (Startbit), 2. bis 8. TSR$<0>$ (Datenbyte), 9. P = 0/1 (Paritätsbit für gerade Querparität), 10. und 11. 1 (2 Stopbits). - (a) Es ist ein Zustandsdiagramm zur Erzeugung des Paritätsbits im Sender zu zeichnen, das im Schritt 1 mit 0 initialisiert wird und im Schritt 9 den Zustand des Paritätsbits (P = 0/1) enthält. (b) Es ist weiterhin ein Zustandsdiagramm zur Auswertung des Paritätsbits der auf der Empfängerdatenleitung RD ankommenden Information im Empfänger zu zeichnen, das ebenfalls im Schritt 1 mit 0 initialisiert wird und nach den Schritten 2 bis 9 im Zustand 1 ist, wenn ein Paritätsfehler bei der Datenübertragung entstanden ist. - Kennen Sie ein elektronisches Bauelement, das diese Funktionen ausführt?

7 Ein-/Ausgabesteuereinheiten und Peripheriegeräte

In Kapitel 6 wurde davon ausgegangen, daß die Übertragung der Daten zwischen Speicher und Interface und die dazu notwendigen Organisationsaufgaben, z.B. die Adreßfortschaltung und die Bytezählung, vom Mikroprozessor durchgeführt werden. Das kann für den Prozessor sehr zeitraubend sein, insbesondere bei einer Datenübertragung mit Busy-Waiting. Aber auch wenn die Übertragung der einzelnen Daten durch Interrupts synchronisiert wird, beanspruchen das Statusretten, das Ausführen des Interruptprogramms und das abschließende Statusladen immer noch ein Vielfaches der eigentlichen Datenübertragungszeit. Das macht sich vor allem bei hohen Übertragungsgeschwindigkeiten nachteilig bemerkbar, z.B. bei der Datenübertragung mit einem Floppy-Disk- oder Plattenspeicher. Dieser Engpaß kann durch zusätzliche Hardwareunterstützung in Form von Ein-/Ausgabesteuereinheiten, wie DMA-Controller, Ein-/Ausgabeprozessoren oder Ein-/Ausgabecomputer, behoben werden.

Auf der anderen Seite gibt es bei komplexeren Ein-/Ausgabegeräten ebenfalls Steuereinheiten, sog. Device-Controller. Sie erlauben es dem Programmierer, diese Geräte auf einer relativ hohen Ebene, z.B. in Form von Kommandos, anzusprechen und verdecken damit die Details der eigentlichen Gerätesteuerung. Häufig umfassen diese Gerätesteuereinheiten auch die Interface-Funktionen und sind damit direkt an den Systembus ankoppelbar. Typische Beispiele sind Steuereinheiten für Floppy-Disk- und Plattenspeicher sowie für Bildschirmterminals.

In diesem Kapitel werden zunächst drei grundsätzliche Möglichkeiten der prozessorunabhängigen Ein-/Ausgabe behandelt: in Abschnitt 7.1 die Ein-/Ausgabe mit Direktspeicherzugriff durch einen DMA-Controller, in Abschnitt 7.2 die Ein-/Ausgabe durch einen Ein-/Ausgabeprozessor und ebenfalls in diesem Abschnitt die Ein-/Ausgabe durch einen Ein-/Ausgabecomputer. In Abschnitt 7.3 werden dann der Aufbau, die Informationsdarstellung und die Steuerung der gebräuchlichsten Hintergrundspeicher beschrieben. Das sind der Floppy-Disk-Speicher, die Festplatten- und Wechselplattenspeicher sowie der Streamer-Tape-Speicher. Dieser Abschnitt gibt außerdem einen Einblick in die Funktionsweise des SCSI-Busses, der für den Anschluß solcher Speichereinheiten an den Systembus konzipiert ist. Abschnitt 7.4 gibt schließlich einen Einblick in die Funktionsweise der wichtigsten Ein-/Ausgabegeräte, wie alphanumerische und graphische Datensichtgeräte, Tastatur, Maus sowie Nadel-, Tintenstrahl- und Laserdrucker.

7.1 Direktspeicherzugriff (DMA)

Bei der Ein-/Ausgabe mit Direktspeicherzugriff (direct memory access, DMA) übernimmt eine spezielle Steuereinheit, der DMA-Controller (DMAC), die Steuerung der Übertragung von Datenblöcken zwischen Speicher und Interface. Zu seinen Aufgaben gehören das Adressieren des Speichers einschließlich der Adreßfortschaltung, das Adressieren des Interface- oder Device-Controller-Datenregisters, die Steuerung der Buszyklen für die Lese- bzw. Schreibvorgänge und das Zählen der übertragenen Bytes. In einer erweiterten Betriebsart ist er in der Lage, mehrere aufeinanderfolgende Blockübertragungen durchzuführen, wobei die Speicherbereiche der Blöcke nicht zusammenhängend sein müssen.

7.1.1 Systemstruktur und Betriebsarten

Vor Beginn einer Datenübertragung wird der DMA-Controller vom Mikroprozessor durch Laden seiner Steuerregister initialisiert. Während dieser Phase wirkt der Controller als Slave. Sobald er jedoch mit der Übertragung der Daten beginnt, führt er eigenständig Buszyklen durch, d.h., dann arbeitet er wie der Prozessor als Master und teilt sich mit ihm den Systembus. Als Datenformat stehen dabei das Byte, das Wort oder das Doppelwort zur Verfügung.

Direkte und indirekte Übertragung. Die Übertragung der Daten erfolgt je nach Betriebsart des Controllers entweder direkt zwischen Speicher und Interface oder indirekt über ein für den Programmierer nicht sichtbares Pufferregister des DMA-Controllers (Bild 7-1). Bei der direkten Übertragung benötigt der DMA-Controller pro Datum nur einen Buszyklus, indem er den Speicher über den Adreßbus und gleichzeitig das Interface-Datenregister über eine Steuerleitung adressiert (single address mode). Bei indirekter Übertragung führt der DMA-Controller zunächst einen Lesezugriff durch und speichert das Datum in seinem Pufferregister zwischen. In einem nachfolgenden Schreibzugriff transportiert er es dann zum Zielort. Speicher wie Interface werden dabei über den Adreßbus angewählt (dual address mode). Die indirekte Übertragung ist wegen der beiden Lese- und Schreibzugriffe langsamer als die direkte Übertragung, weist ihr gegenüber jedoch folgende Vorteile auf:

- Bei Data-Misalignment von Wort- und Doppelwortoperanden im Speicher werden diese bei der Übernahme in das Pufferregister des DMA-Controllers ausgerichtet

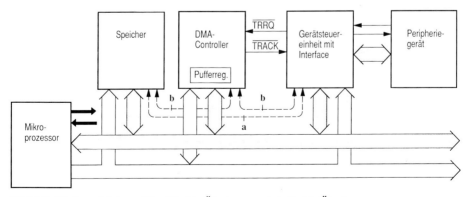

Bild 7-1. Direktspeicherzugriff. **a** Direkte Übertragung, **b** indirekte Übertragung.

bzw. bei der Weitergabe aus dem Pufferregister mit Misalignment in den Speicher geschrieben (siehe auch 2.1.2 und 4.2.3). Das Pufferregister übernimmt hierbei das Sammeln von Bytes oder Wörtern (Assembly-Funktion) bzw. das Verteilen von Bytes oder Wörtern (Disassembly-Funktion).

- Unterschiedliche Torbreiten (port sizes) von Speicher und Interface können über die Assembly- und Disassembly-Funktion des Pufferregisters ausgeglichen werden (siehe auch 4.2.3).

- Speicher-zu-Speicher-Übertragungen sind möglich, womit z.B. Datenblöcke im Speicher verschoben, kopiert oder bei festgehaltener Quelladresse mit einem einheitlichen Wert initialisiert oder durchsucht werden können.

Synchronisation und Übertragungssteuerung. Die Zeitpunkte der einzelnen Datentransporte werden üblicherweise von der Gerätesteuereinheit des Peripheriegeräts festgelegt und dem DMA-Controller (unmittelbar oder über einen Interface-Baustein) als Anforderungssignale $\overline{\text{TRRQ}}$ (transfer request) übermittelt (Bild 7-1). Diese Art der Anforderung ist z.B. bei Floppy-Disk- und Platten-Controllern üblich. Für die Synchronisation von Speicher-zu-Speicher-Übertragungen und bei Geräten, die keine Anforderungssignale liefern, benutzt der DMA-Controller hingegen einen internen Taktgenerator (auto request).

Bei der direkten Übertragung zeigt der DMA-Controller den Beginn eines Buszyklus durch eine Art Quittungssignal $\overline{\text{TRACK}}$ (transfer acknowledge) an. Dieses wird in der Interface-Ansteuerlogik dazu genutzt, das Chip-select- und die Register-select-Signale für das Interface-Datenregister zu bilden. Bei der indirekten Übertragung ist diese besondere Art der Registeransteuerung nicht nötig.

Die Synchronisation zwischen Mikroprozessor und DMA-Controller, d.h. die Synchronisation auf Blockebene, erfolgt über das Statusregister des Controllers. Dieses zeigt das Blockende durch Setzen eines Bits an, das entweder vom Prozessor abgefragt oder als Interruptanforderung ausgewertet wird. Der Prozessorzugriff auf das Statusregister und auch auf die anderen Register des Controllers ist während einer Blockübertragung immer dann möglich, wenn der Prozessor im Besitz des Busses und der DMA-Controller somit als Slave ansprechbar ist. Auf diese Weise kann der Prozessor auch den Ablauf des DMA-Controllers beeinflussen, z.B. vorzeitig abbrechen, indem er die Inhalte der Steuerregister verändert.

Zugriffsarten. Abhängig von der Zeitspanne, in der der Mikroprozessor durch den DMA-Vorgang am Systembuszugriff gehindert wird, unterscheidet man zwei Arten des Direktspeicherzugriffs.

- Beim Vorrangmodus (cycle-steal mode) belegt der DMA-Controller den Systembus jeweils für die Zeit der Übertragung eines einzelnen Datums, indem er dem Mikroprozessor sozusagen einen Buszyklus stiehlt. In Wirklichkeit ist die Zeit um einige Maschinentakte länger, um die Busanforderung und die Busfreigabe mit dem Mikroprozessor zu synchronisieren. Der Cycle-steal-Modus wird bei relativ langsamen Datenübertragungen angewendet.

- Beim Blockmodus (burst mode) belegt der DMA-Controller den Systembus für die Gesamtdauer der Übertragung eines Datenblocks, wodurch der Mikroprozessor für einen längeren Zeitraum an der Benutzung des Systembusses gehindert wird. Der Blockmodus wird bei schnellen Datenübertragungen eingesetzt.

DMA-Kanäle. DMA-Controller können meist mehrere DMA-Vorgänge quasigleichzeitig bearbeiten. Sie haben dazu bis zu acht DMA-Kanäle, d.h. bis zu acht gleichartige Registersätze und Peripherieschnittstellen bei einem gemeinsamen Steuerwerk für die Datenübertragung. Wegen des gemeinsamen Steuerwerks ist eine Abstufung der Kanäle nach Prioritäten erforderlich. Sie erfolgt durch aufeinanderfolgende Kanalnummern, wobei z.B. derjenige Kanal, der die niedrigste Priorität haben soll, über ein Steuerregister festgelegt wird. Um eine faire, d.h. gleichmäßige Zuteilung des Steuerwerks und damit des Buszugriffs an die Kanäle zu erreichen, können die Prioritäten auch automatisch verändert werden. Dabei tauscht der DMA-Controller die Prioritäten nach jeder Kanalaktivierung zyklisch aus und weist dem jeweils zuletzt aktiven Kanal die niedrigste Priorität zu (rotating priority).

Blockverkettung. Bei der einfachen Blockübertragung muß der DMA-Controller für jeden Block vom Prozessor neu initialisiert werden. Bei der Verkettung von Blöcken hingegen werden für den DMA-Controller von vornherein die Basisadressen und Blocklängen mehrerer aufeinanderfolgend zu übertragenen Blöcke bereitgestellt. Diese Information wird entweder in einer Liste im Speicher abgelegt, deren Adresse und Länge bei der Initialisierung in zwei Register des DMA-Controllers geladen werden (array chaining), oder die Einzelblockinformation wird an den jeweiligen Vorgängerblock angehängt und der letzte Block mit einer Endeinformation versehen (linked chaining). In beiden Fällen liest der Controller nach Abschluß einer Blockübertragung die jeweilige Adreß- und Längenangabe des nächsten Blocks selbst. - In einer weiteren Betriebsart führt der DMA-Controller wiederholte Blockübertragungen mit ein und demselben Speicherbereich durch, z.B. mit einem festen Ein-/Ausgabepufferbereich.

7.1.2 DMA-Controller-Baustein

Im folgenden werden der prinzipielle Aufbau und die Funktionsweise eines DMA-Controller-Bausteins betrachtet, wobei wir uns, um die Darstellung übersichtlich zu halten, auf die wesentlichen Betriebsmerkmale beschränken. Für einen Einblick in weitere Details sei auf die Datenblätter der Bausteinhersteller verwiesen. Einen Überblick über verfügbare DMA-Controller-Bausteine gibt [1, 2].

Blockstruktur. Bild 7-2 zeigt das Blockschaltbild des DMA-Bausteins mit zwei Kanälen A und B. Jeder Kanal hat zwei 8-Bit-Steuerregister CR1 und CR2 und ein 8-Bit-Statusregister SR, ferner zwei 32-Bit-Adreßregister MAR (memory address register) und IAR (interface address register) zur Speicher- bzw. Interface-Adressierung, ein 32-Bit-Bytezählregister BCR (byte count register) für die Blockverwaltung und ein nicht explizit adressierbares 32-Bit-Pufferregister PR für die Zwischenspeicherung von bis zu vier Bytes, zwei Wörtern oder eines Doppelwortes.

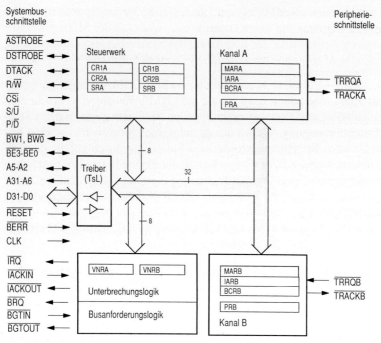

Bild 7-2. DMA-Controller-Baustein mit zwei Kanälen.

Beide Kanäle haben eine gemeinsame Unterbrechungseinrichtung zur Erzeugung eines Interruptsignals $\overline{\text{IRQ}}$ mit Selbstidentifizierung der Kanäle (Vektornummer-register VNR) sowie zur Priorisierung der Interruptanforderungen ($\overline{\text{IACK}}$-Verkettung als Daisy-Chain). Hinzu kommt eine Einrichtung zur Erzeugung des Busanforde-rungssignals $\overline{\text{BRQ}}$ und zur Priorisierung der Busanforderung des Bausteins im System ($\overline{\text{BGT}}$-Verkettung in einer Daisy-Chain). Bezüglich der Interruptbehandlung und der Buszuteilung hat Kanal A durch interne Festlegung höhere Priorität als Kanal B.

Die Systembusschnittstelle umfaßt einen 32-Bit-Datenbusanschluß, einen 32-Bit-Adreßbusanschluß (A1 und A0 sind in $\overline{\text{BE3}}$ bis $\overline{\text{BE0}}$ enthalten) und die für den Zu-griff auf seine Register (Slave-Funktion) und zur Steuerung seiner eigenen Buszyklen (Master-Funktion) erforderlichen Steuersignale (siehe auch 4.2 und 4.3). Aufgrund der Master-/Slave-Funktion sind ein Teil dieser Signalanschlüsse wie auch die Adreß-anschlüsse A5 bis A2 und die Bus-Enable-Anschlüsse $\overline{\text{BE3}}$ bis $\overline{\text{BE0}}$ bidirektional ausgelegt. Die Schnittstelle umfaßt außerdem die für die Interruptverarbeitung und für die Busarbitration erforderlichen Anschlüsse sowie einen Initialisierungseingang $\overline{\text{RESET}}$, einen Bus-Error-Eingang $\overline{\text{BERR}}$ (den der DMA-Controller ebenso wie der Prozessor in seiner Funktion als Master auswertet) und einen Takteingang CLK für die bausteininternen Steuerungsabläufe und den Auto-Request-Taktgenerator.

Die peripheren Schnittstellen beider Kanäle haben je einen Signaleingang $\overline{\text{TRRQ}}$ (transfer request) zur Entgegennahme von Übertragungsanforderungen und einen

Signalausgang $\overline{\text{TRACK}}$ (transfer acknowledge) zur Anwahl des Interface-Datenregisters bei direkter Übertragung.

Funktionsweise. Der DMA-Controller führt die blockweise Datenübertragung wahlweise indirekt oder direkt sowie im Cycle-steal- oder Blockmodus durch. Die einzelnen Datentransporte werden dabei entweder über den $\overline{\text{TRRQ}}$-Eingang oder durch den internen Taktgenerator ausgelöst. Bei indirekter Übertragung werden die Quelladresse und die Zieladresse von den beiden Adreßregistern MAR und IAR sowie die Transportrichtung durch ein Steuerbit vorgegeben; bei direkter Übertragung ist IAR ohne Funktion. - Der Datentransport erfolgt abhängig von zwei weiteren Steuerbits byte-, wort- oder doppelwortweise, wobei die indirekte Übertragung für Quelle und Ziel Torbreiten zuläßt, die von diesen Datenformaten unabhängig sind. Die in MAR stehende Speicheradresse wird mit jedem Datentransport in Abhängigkeit des Datenformats um Eins, Zwei oder Vier erhöht oder vermindert. Die in IAR stehende Speicheradresse kann in gleichen Schritten hochgezählt werden, sie kann aber auch festgehalten werden.

Die Blockverwaltung und die Synchronisation des Prozessors mit dem DMA-Controller geschieht durch Bytezählung im Bytezählregister BCR. Dieses wird bei der Initialisierung mit der Anzahl der zu übertragenden Bytes geladen; mit jedem Datentransport wird sein Inhalt abhängig vom Datenformat um Eins, Zwei bzw. Vier vermindert. Erreicht der Bytezähler den Wert Null (Blockende), so wird ein Statusbit gesetzt. Dieses Bit wirkt entweder als Interruptsignal, oder es wird vom Mikroprozessor abgefragt.

Bild 7-3 zeigt das 8-Bit-Steuerregister CR1 mit der Funktion der einzelnen Bits. Mit dem Steuerbit START wird der Controller gestartet, mit ABORT kann die Übertragung vorzeitig abgebrochen werden. O/$\overline{\text{I}}$ gibt die Richtung der Übertragung vor. Daraus abgeleitet werden die R/$\overline{\text{W}}$-Signale für die Speicher- und die Interface-Ansteuerung. Mit den Steuerbits D/$\overline{\text{I}}$ und C/$\overline{\text{B}}$ werden die direkte oder indirekte Übertragung bzw. die Zugriffsart Cycle-steal- oder Blockmodus ausgewählt. Das Bit AREQ legt

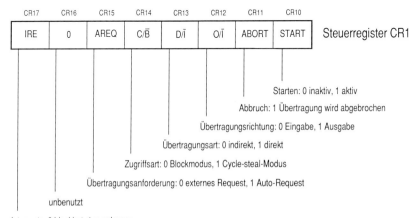

Bild 7-3. Steuerregister 1 des DMA-Controllers.

fest, ob die Übertragungsanforderungen durch den internen Taktgenerator (auto request) oder über den $\overline{\text{TRRQ}}$-Eingang erzeugt werden. Das Interrupt-Enable-Bit IRE erlaubt das Sperren bzw. Freigeben von Interrupts, die durch die Bits BE und ERR im Statusregister ausgelöst werden.

Bild 7-4 zeigt das 8-Bit-Steuerregister CR2. Die Steuerbits DF1 und DF0 bestimmen das Datenformat Byte, Wort oder Doppelwort. $MU/\overline{D}$ legt die Speicheradressierung durch das Adreßregister MAR als aufwärts- oder abwärtszählend fest; $IU/\overline{F}$ gibt für das Interface-Adreßregister IAR eine aufwärtszählende oder feste Adressierung vor. Die restlichen vier Steuerbits bestimmen die Zugriffsattribute Supervisor/User und Program/Data für die in MAR und IAR stehenden Adressen (siehe auch 5.2.4). Sie werden vom DMA-Controller während der Speicher- und Interface-Zugriffe als Statussignale $S/\overline{U}$ und $P/\overline{D}$ an den Systembus ausgegeben.

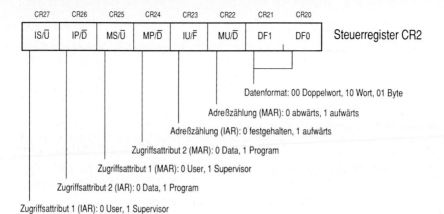

Bild 7-4. Steuerregister 2 des DMA-Controllers.

Bild 7-5 zeigt das 8-Bit-Statusregister SR, in dem lediglich drei Bits mit Funktionen belegt sind; die restlichen Bits sind beim Lesen des Statusbytes auf Null festgelegt. Das Blockendebit BE wird gesetzt, wenn das Bytezählregister den Wert Null erreicht hat. Das Fehlerstatusbit ERR zeigt eine fehlerhafte Datenübertragung an, so z.B. das Ausbleiben des Signals $\overline{\text{DTACK}}$, was durch den Bus-Error-Eingang $\overline{\text{BERR}}$ signali-

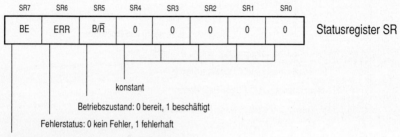

Bild 7-5. Statusregister des DMA-Controllers.

siert wird, oder das vorzeitige Abbrechen einer Übertragung durch Setzen des Steuerbits ABORT. BE und ERR wirken, sofern das Interrupt-Enable-Bit im Steuerregister
gesetzt ist, als Interruptanforderungen. Sie werden zurückgesetzt, indem das Statusregister mit einer Maske beschrieben wird, die an der entsprechenden Bitposition eine
Eins aufweist. Das B/$\overline{\text{R}}$-Bit zeigt an, ob der DMA-Kanal gerade mit einer Blockübertragung beschäftigt ist (busy), oder ob er für eine neue Blockübertragung bereit ist
(ready).

Beispiel 7.1. Datenausgabe mit Direktspeicherzugriff. In Anlehnung an Beispiel 6.3,
Abschnitt 6.3.3, sollen 128 Datenbytes von einem DMA-Controller über ein Parallel-Interface aus
einem Speicherbereich BUFFER (user data) an ein Peripheriegerät (supervisor data) ausgegeben werden. Das Peripheriegerät ist zuvor über die Datenleitung PDB0 des Interfaces zu starten (PDB0 = 1);
die Übertragung ist indirekt und im Cycle-steal-Modus bei aufwärtszählender Speicheradresse durchzuführen. Mit Abschluß der Datenausgabe soll der DMA-Controller eine Programmunterbrechung
auslösen. Im Interruptprogramm sind das Peripheriegerät zu stoppen (PDB0 = 0), das Interface und der
DMA-Controller zu inaktivieren, der Fehlerstatus im DMA-Controller abzufragen und die Interruptbits im DMA-Controller zurückzusetzen.

Bild 7-6 zeigt den Schaltungsaufbau mit dem oben beschriebenen DMA-Controller und einem
Parallel-Interface-Baustein entsprechend Abschnitt 6.3.3. Die Synchronisation für die byteweise Übertragung zwischen Interface und Peripheriegerät erfolgt wie im Beispiel 6.3 durch die Handshake-
Signale HOUTA und HINA. Das HIN-Signal hat jetzt jedoch die Funktion, den $\overline{\text{DMARQA}}$-Ausgang
zu aktivieren. Dieser wirkt auf den $\overline{\text{TRRQ}}$-Eingang von Kanal A des DMA-Controllers. - Der DMA-
Controller teilt sich den Buszugriff mit dem Mikroprozessor, dem die Busarbitration obliegt. (Da
keine weiteren Busmaster im System vorhanden sind, ist eine prozessorexterne Busarbiterlogik nicht
erforderlich.) Interruptanforderungen des DMA-Controllers werden dem Prozessor über einen Prioritätencodierer zugeführt (siehe 4.5.1).

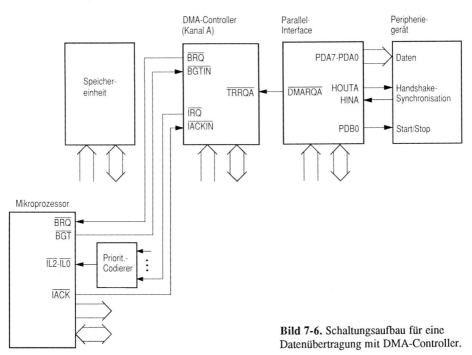

Bild 7-6. Schaltungsaufbau für eine
Datenübertragung mit DMA-Controller.

Bild 7-7 zeigt die Initialisierung der Datenübertragung und das Interruptprogramm. Zur Initialisierung lädt der Mikroprozessor die Register des DMA-Kanals A: das Speicheradreßregister MARDMA mit der Bereichsadresse BUFFER, das Interface-Adreßregister IARDMA mit der Adresse des Interface-Datenregisters DRA, das Bytezählregister BCRDMA mit der Byteanzahl 128, das Vektornummer-register VNRDMA mit der Vektornummer 65 und die beiden Steuerregister CR2DMA und CR1DMA mit den Steuerbytes $85 und $95 für die indirekte Ausgabe von Bytes im Cycle-steal-Modus bei auf-wärtszählender Speicheradressierung und festgehaltener Interface-Adresse. Darüber hinaus werden die Zugriffsattribute für die Speicher- und Interface-Zugriffe vorgegeben und das Auto-Request-Bit AREQ auf Null gesetzt, so daß der DMA-Controller von der Peripherie über den $\overline{\text{DMARQA}}$-Ausgang des Interfaces aktiviert werden kann. Außerdem wird das Interrupt-Enable-Bit IRE gesetzt, um den Block-ende- und den Fehler-Interrupt freizugeben, und das START-Bit gesetzt, um den Controller für die Übertragung zu starten.

```
* Parallele Ausgabe von 128 Bytes mit einem DMA-Controller
* Programmunterbrechung bei Blockende
* Hauptprogramm
*
        ORG     $40000
BUFFER  DS.B    128                     Ausgabepuffer
VECTAB  EQU     0                       Vektortabellenbasis
        LEA     IOEND,VECTAB+4·65       Vektortabelleneintrag
*
* Initialisieren des DMA-Controllers
        LEA     BUFFER,MARDMA           Speicheradresse
        LEA     DRA,IARDMA              Interface-Adresse
        MOVE.L  #128,BCRDMA             Byteanzahl
        MOVE.B  #$85,CR2DMA             Steuerbyte 2
        MOVE.B  #$95,CR1DMA             Steuerbyte 1
        MOVE.B  #65,VNRDMA              Vektornummer
*
* Initialisieren des Parallel-Interfaces und
* Starten des Peripheriegeräts
        MOVE.B  #$38,CRA                Steuerbyte Port A
        MOVE.B  #$FF,DDRA               Richtung Port A
        MOVE.B  #$00,CRB                Steuerbyte Port B
        MOVE.B  #$01,DDRB               Richtung Port B
        MOVE.B  #$01,DRB                Gerät starten
        :

* Datenausgabe beendet oder abgebrochen
* Interruptprogramm
*
IOEND   MOVE.B  #$00,DRB                Gerät stoppen
        MOVE.B  #$00,CRA                Parallel-Interface inaktivieren
        MOVE.B  #$00,CR1DMA             DMA-Controller inaktivieren
        BTST.B  #6,SRDMA                Fehlerstatus in DMAC abfragen
        BEQ     RETURN
* Fehlerbehandlung
        :
RETURN  MOVE.B  #$C0,SRDMA              Interruptbits in DMAC rücksetzen
        RTE
```

Bild 7-7. Programm zu Beispiel 7.1.

Nach dem DMA-Controller wird das Interface gemäß Beispiel 6.3 initialisiert, wobei hier HINA für den DMA-Betrieb festgelegt wird. Danach wird die Datenausgabe durch Starten des Peripheriegeräts eingeleitet. Der Prozessor lädt dazu das Interface-Datenregister DRB mit $01 und setzt so den Datenausgang PDB0 auf Eins. Das Peripheriegeräts zeigt seine Bereitschaft durch Aktivieren des HINA-Signals an und löst damit über den $\overline{\text{TRRQ}}$-Eingang im DMA-Controller die erste Byteübertragung aus.

Der DMA-Controller aktiviert vor jeder Byteübertragung seinen BRQ-Ausgang und fordert damit den Systembus vom Mikroprozessor an. Der Mikroprozessor beendet zunächst seinen gegenwärtigen Buszyklus, schaltet dann seine Tristate-Ausgänge in den hochohmigen Zustand und zeigt die Busfreigabe durch Setzen des $\overline{\text{BGT}}$-Signals am $\overline{\text{BGTIN}}$-Eingang des DMA-Controllers an (siehe auch 4.4.1). Der DMA-Controller übernimmt daraufhin den Bus und führt einen Lesezyklus mit dem Speicher aus. Er speichert das Datenbyte in seinem Pufferregister und überträgt es in einem anschließenden Schreibzyklus in das Datenregister DRA des Interfaces. Speicher und Interface werden dabei mit den Inhalten der Adreßregister des Kanals A adressiert.

Mit Abschluß der Byteübertragung setzt der DMA-Controller sein $\overline{\text{BRQ}}$-Signal zurück, worauf der Mikroprozessor das $\overline{\text{BGT}}$-Signal inaktiviert und seinerseits den Systembus wieder übernimmt. Gleichzeitig erhöht der Controller den Inhalt seines Speicheradreßregisters um Eins und vermindert den Bytezählerstand um Eins. Wird schließlich im Bytezählregister der Wert Null erreicht, so setzt der DMA-Controller das BE-Bit in seinem Statusregister und löst damit den Blockende-Interrupt aus.

Im zugehörigen Interruptprogramm wird die Datenübertragung abgeschlossen. Dazu stoppt der Prozessor zunächst das Peripheriegerät, indem er $00 in das Interface-Datenregister DRB schreibt (PDB0 = 0), und lädt dann die Steuerregister des Interfaces und des DMA-Controllers ebenfalls mit $00, womit er beide Bausteine inaktiviert. Da auch das Fehlerstatusbit ERR des DMA-Controllers zu einer Programmunterbrechung geführt haben kann, wird es abgefragt und gegebenenfalls eine Fehlerbehandlung durchgeführt. Vor Verlassen des Interruptprogramms werden die beiden Statusbits BE und ERR in einem Schreibzugriff durch die Maske $C0 angesprochen und, sofern sie gesetzt sind, zurückgesetzt. ♦

7.2 Ein-/Ausgabeprozessor und -computer

Steuerbausteine, wie die in Abschnitt 7.1 beschriebenen DMA-Controller, übernehmen einen großen Teil der für die Ein-/Ausgabe erforderlichen Übertragungsorganisation, so z.B. die Adreßfortschaltung, die Bytezählung und die Steuerung der einzelnen Datentransporte. Andere, je nach Anwendungsfall variierende Aufgaben müssen jedoch programmiert werden und belasten damit nach wie vor den Mikroprozessor. Zu diesen Aufgaben gehören das Initialisieren von Interfaces und Gerätesteuereinheiten, das Starten und Stoppen von Peripheriegeräten, das Ausführen spezieller Gerätefunktionen, das Auswerten des Gerätestatus nach Abschluß einer Übertragung und gegebenenfalls eine Fehlerbehandlung. Hinzu kommen die Datenvor- und -nachbearbeitung, z.B. das Formatieren und Umcodieren von Daten. Zur Entlastung des Zentralprozessors von diesen Aufgaben werden Mikroprozessorsysteme durch Ein-/Ausgabeprozessoren und -computer zu Mehrprozessor- bzw. Mehrrechnersystemen erweitert.

Diese Systeme sind dadurch gekennzeichnet, daß die Prozessoren und Computer räumlich nah beieinander liegen, z.B. in einem Baugruppenträger. Sie kommunizieren über Systembusse mit paralleler Datenübertragung und dementsprechend hohen Übertragungsraten. Somit unterscheiden sie sich in ihrem Aufbau von Rechnernetzen, bei denen die Kommunikation zwischen den Rechnern über größere Entfernungen und durch serielle Übertragung erfolgt.

7.2.1 Ein-/Ausgabeprozessor

Ein-/Ausgabeprozessoren, häufig auch als Ein-/Ausgabekanäle bezeichnet, sind in der Lage, ein im Speicher bereitgestelltes Ein-/Ausgabeprogramm (Kanalprogramm) abzurufen und auszuführen. Bei einfacheren Ein-/Ausgabeprozessoren besteht ein solches Programm aus speziellen Kommandowörtern, mit denen Interfaces und Gerätesteuereinheiten initialisiert, gerätespezifische Steueroperationen ausgeführt, der Status dieser Einheiten abgefragt und Datenübertragungen durch den Prozessor gesteuert werden können. Unter Verwendung von Verzweigungsbefehlen können dabei Statusbedingungen ausgewertet und so z.B. Abläufe wiederholt werden. Heutige universelle Ein-/Ausgabeprozessoren sehen darüber hinausgehend Befehlssätze vor, die in ihrem Befehlsvorrat und den verfügbaren Adressierungsarten den universellen Mikroprozessoren nahekommen, so daß sie auch universell programmiert werden können.

Systemstruktur. Bild 7-8 zeigt die Struktur eines Mehrprozessorsystems mit einem Mikroprozessor für die zentralen Verarbeitungsaufgaben und einem Ein-/Ausgabeprozessor mit den oben genannten universellen Fähigkeiten. In diesem System teilt sich der Ein-/Ausgabeprozessor den Systembus mit dem Mikroprozessor und hat damit wie dieser Zugriff auf die an den Bus angeschlossenen Funktionseinheiten, d.h. auf den Speicher und die Ein-/Ausgabeeinheiten. Die Benutzung dieser gemeinsamen Betriebsmittel (Ressourcen) erfordert eine Synchronisation der Zugriffe beider Prozessoren. Für den Buszugriff erfolgt sie über die Busarbitration, d.h. durch die Hardware (siehe 4.4), für den Zugriff auf gemeinsam benutzte Speicherbereiche (Ein-/Ausgabedatenpuffer, Kanalprogrammbereiche) erfolgt sie über Synchronisationsvariablen, sog. Semaphore, d.h. durch die Software. Die Verwaltung von Semaphoren wird durch spezielle Mikroprozessorbefehle, wie TAS und CAS, unterstützt (siehe 2.2.9 und Beispiel 7.2).

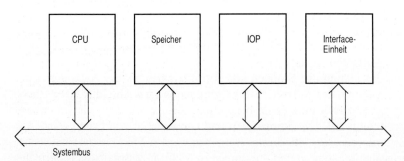

Bild 7-8. Mehrprozessorsystem mit einem Mikroprozessor als Zentralprozessor (CPU) und einem Ein-/Ausgabeprozessor (IOP).

Prozessorstruktur. Ein-/Ausgabeprozessoren, die in der Mikroprozessortechnik als Ein-chip-Prozessoren gebräuchlich sind, bestehen aus dem eigentlichen Prozessor und meist mehreren Unterkanälen. Der Prozessor führt die Befehle des Kanalprogramms einschließlich arithmetisch-logischer Operationen aus. Die Unterkanäle, die

als DMA-Kanäle mit eigenem Registersatz und oft auch eigener Steuereinheit ausgelegt sind, übernehmen die Datenübertragung im System. Als Beispiel zeigt Bild 7-9
den Ein-/Ausgabeprozessor Intel 8089 [4, 8, 17], dessen Funktionsweise im folgenden grob skizziert wird.

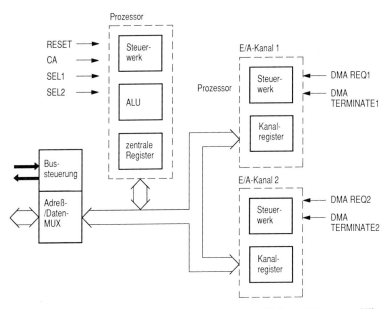

Bild 7-9. Struktur des Ein-/Ausgabeprozessors Intel 8089 (in Anlehnung an [4]).

Funktionsweise. In einer Vorbereitungsphase stellt der Mikroprozessor mehrere
sog. Control-Blöcke im Speicher für den Ein-/Ausgabeprozessor bereit (Bild 7-10).
Das sind je ein Channel-Task-Block mit dem auszuführenden Kanalprogamm sowie
je ein zugehöriger Channel-Parameter-Block für die Variablen des Kanalprogramms
und die Parameterübergabe zwischen Mikroprozessor und Ein-/Ausgabeprozessor.
Desweiteren gibt es einen gemeinsamen Channel-Control-Block, der für jeden Kanal
ein Steuerwort (channel command word, CCW) enthält. Dieses Steuerwort gibt einem
Kanal seine jeweilige Aufgabe vor, z.B. sein Programm zu starten oder zu stoppen
oder Interruptanforderungen zurückzusetzen. Der Channel-Control-Block enthält
darüber hinaus für jeden Kanal eine Statusinformation BUSY, mit der der Kanal anzeigt, ob er gerade beschäftigt oder verfügbar ist.

Wie Bild 7-10 zeigt, sind die Blöcke beider Kanäle durch Adreßbezüge miteinander
verkettet, wobei der Channel-Control-Block den gemeinsamen Ausgangspunkt darstellt. Da es bei unterschiedlichen Ein-/Ausgabevorgängen für jeden Kanal mehrere
Task- und Parameter-Blöcke geben kann, wird diese Verkettung vom Mikroprozessor
jeweils aktuell vor dem Starten eines Kanals vorgenommen.

Nach dem Einschalten des Gesamtsystems (power-on reset) oder nach Betätigen der
Reset-Taste durchläuft der Ein-/Ausgabeprozessor zunächst eine interne Initialisie-

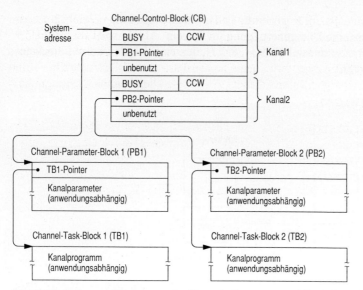

Bild 7-10. Aufbau und Verkettung der Channel-, Parameter- und Task-Control-Blöcke des Ein-/Ausgabeprozessors Intel 8089 [17].

rung, in der er unter einer fest vorgegebenen Systemadresse die Basisadresse des Channel-Control-Blocks liest und sie in ein internes Register lädt. Er geht dann in einen Wartezustand, wonach der Mikroprozessor einen oder beide Kanäle starten kann.

Das Starten eines Kanals erfolgt durch zwei Steuersignale Channel-Attention (CA) und Channel-Select (SEL), die durch einen Schreibzugriff auf eine dem Kanal zugeordnete Ein-/Ausgabeadresse bausteinextern erzeugt werden. Ausgehend von der Blockverkettung lädt der Ein-/Ausgabeprozessor daraufhin die Adreßzeiger des Parameter- und des Task-Blocks in zwei Pointer-Register des Kanals, von denen das Task-Pointer-Register als Befehlszähler für die Verarbeitung des Kanalprogramms fungiert. Danach interpretiert der Kanal das Channel-Command-Word und beginnt, wenn es z.B. von diesem so vorgegeben wird, mit der Ausführung des Kanalprogramms. Gleichzeitig setzt er seinen BUSY-Status im Channel-Control-Block, um dem Mikroprozessor anzuzeigen, daß er mit einem Ein-/Ausgabevorgang beschäftigt ist. Der Mikroprozessor muß, bevor er diesen Kanal für den nächsten Ein-/Ausgabevorgang erneut startet, warten, bis der Kanal seinen BUSY-Status wieder zurückgesetzt hat. Erzeugt er die Signale CA und SEL vor dem Zurücksetzen des BUSY-Bits, so wird das Kanalprogramm gestoppt.

Der Ein-/Ausgabeprozessor beginnt bei Ausführen eines Kanalprogramms mit der Parameterübernahme aus dem Channel-Parameter-Block und benutzt dessen Angaben, um die Register des Kanals und die Register des am Ein-/Ausgabevorgang beteiligten Interface-Bausteins mit Steuerwörtern und Adressen zu laden. Nachdem die Datenübertragung auf diese Weise vorbereitet ist, aktiviert der Ein-/Ausgabeprozessor die DMA-Steuerung des Kanals. Dies geschieht durch den speziellen Befehl XFER. Der Kanal arbeitet danach wie ein DMA-Controller. (Die Übertragung könnte unabhängig von der DMA-Fähigkeit des Kanals auch programmgesteuert durch das Kanalprogramm erfolgen.) Nach Abschluß der Übertragung wird das Kanalprogramm fortgesetzt, das dann z.B. den Fehlerstatus des Kanals und des Interfaces auswertet und Ergebnisparameter in den Channel-Parameter-Block schreibt. - Sind beide Kanäle gleichzeitig aktiv, so arbeitet die Zentraleinheit beide Kanalprogramme im Zeitmultiplexbetrieb ab.

Mit Abschluß seines Programms setzt der Kanal sein BUSY-Bit im Channel-Control-Block zurück und signalisiert dies ggf. dem Mikroprozessor durch eine Interruptanforderung. Der Prozessor, der nach Auslösen des CA-Signals für andere Verarbeitungsvorgänge frei war, kann nun die Ergebnisparameter aus dem Channel-Parameter-Block übernehmen und gegebenenfalls den nächsten Ein-/Ausgabevorgang starten.

7.2.2 Ein-/Ausgabecomputer

Bei der in Bild 7-8 dargestellten Mehrprozessorstruktur teilen sich der Mikroprozessor und der Ein-/Ausgabeprozessor den Systembus bei allen Zugriffen auf den Speicher und die Interface-Einheiten. Hierbei stellt der gemeinsame Bus (shared bus) einen Engpaß dar, wodurch es zu Buskonflikten kommen kann. Eine Entlastung des Busses erreicht man durch Aufbau eines eigenen Busses für den Ein-/Ausgabeprozessor mit einem eigenen Speicher und den von ihm bedienten Interface-Einheiten (Bild 7-11a). Das Ein-/Ausgabesystem wird auf diese Weise zum selbständigen Ein-/Ausgabecomputer. Der Ein-/Ausgabeprozessor führt jetzt seine Programmspeicher- und Interface-Zugriffe lokal durch und belastet mit diesen den Systembus nicht. Buskonflikte sind jedoch nach wie vor beim Zugriff auf den am Systembus angeschlossenen, gemeinsam benutzten Speicher (shared memory) möglich, der neben den Programmen und Daten des Mikroprozessors auch die für beide Prozessoren gemeinsamen Ein-/Ausgabedatenbereiche enthält. - Man bezeichnet den Bus und die Funktionseinheiten, die genau einem Prozessor zugeordneten sind, auch als "lokal" und die von mehreren Prozessoren gemeinsam benutzten Funktionseinheiten und Busse als "global".

Bild 7-11b zeigt eine Erweiterung dieser Struktur, in der auch der Mikroprozessor einen lokalen Bus mit lokalem Programm- und Datenspeicher sowie z.B. eigenen Interfaces hat. Der globale Speicher dient jetzt ausschließlich dem Daten- und Informationsaustausch zwischen beiden Teilsystemen, wodurch das Problem des Buskonfliktes weiter reduziert wird.

Bei Mehrrechnersystemen hat der Mikroprozessor, da er für das Betriebssystem zuständig ist und damit die Kontrolle über das Gesamtsystem hat, üblicherweise Zugriff auf alle Einheiten des Systems. Hingegen sind die Zugriffe des Ein-/Ausgabeprozessors aus Gründen der Systemsicherheit auf seine lokalen Einheiten und auf die Ein-/Ausgabebereiche im globalen Speicher begrenzt. Dies wird durch Aufteilen seines Adreßraums in lokale und globale Bereiche und entsprechende Adreßdecodierung erreicht. Die Adreßdecodierer stellen damit auch den jeweiligen Buszugang her (siehe Busschalter in den Bildern 7-11a und 7-11b).

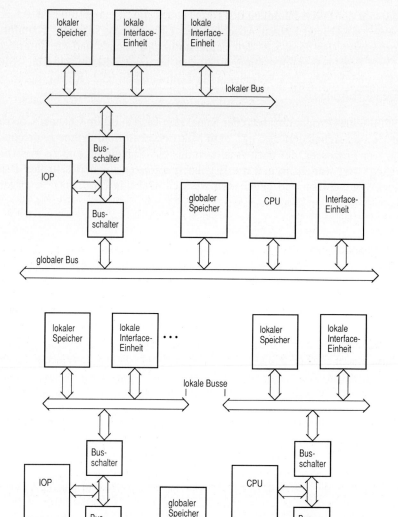

Bild 7-11. Mehrrechnersysteme, **a** mit lokalem Bus für den Ein-/Ausgabeprozessor, **b** mit jeweils lokalem Bus für den Ein-/Ausgabeprozessor und den Mikroprozessor.

Mehrrechnersysteme können aufgrund der vielseitigen Möglichkeiten, lokale und globale Busse einzusetzen und ihnen Funktionseinheiten zuzuordnen, sehr unterschiedliche Strukturen aufweisen. Diese Vielseitigkeit erlaubt es, die Struktur eines Mehrrechnersystems hinsichtlich eines möglichst großen Datendurchsatzes für bestimmte Aufgabenprofile zu optimieren.

Beispiel 7.2. Synchronisation von Prozessorzugriffen. In einem Mehrprozessor- oder einem Mehrrechnersystem entsprechend den Bildern 7-8 bzw. 7-11, erweitert um einen zweiten Mikroprozessor, sind im Auftrag von einem der beiden Mikroprozessoren von Kanal 1 des Ein-/Ausgabeprozessors mehrere Datenblöcke in den gemeinsamen Speicher einzulesen. Der verfügbare Eingabepuffer im Speicher hat dabei gerade die Größe eines Blocks, d.h., er wird wiederholt gefüllt. Um dabei keine Daten zu überschreiben, ist er nach jedem Füllvorgang vom auftraggebenden Mikroprozessor zu leeren. Der zweite Mikroprozessor ist während des gesamten Ein-/Ausgabevorgangs vom Zugriff auf den Kanal 1 und damit auf den Eingabepuffer auszuschließen. Generell soll jedoch auch er die Möglichkeit haben, Ein-/Ausgabevorgänge mit jedem der beiden Kanäle durchzuführen; er muß dazu in der Lage sein, seinerseits den anderen Prozessor vom Zugriff ausschließen zu können.

Der gegenseitige Ausschluß (mutual exclusion) und die Synchronisation der wechselnden Zugriffe auf den Eingabepuffer werden durch Semaphore realisiert. Als Semaphor bezeichnet man eine Variable mit Signalfunktion, auf die die Operationen "Sperre Semaphor" und "Entsperre Semaphor" anwendbar sind. Dargestellt wird ein Semaphor z.B. durch das höchstwertige Bit einer Bytevariablen, deren symbolische Adresse die Semaphorvariable bezeichnet.

Die Operation "Entsperre S" setzt das Bit 7 der Semaphorvariablen S auf Null und gibt damit das dem Semaphor zugeordnete Betriebsmittel frei (hier z.B. den Eingabepuffer). Die Operation "Sperre S" fragt das Bit 7 der Semaphorvariablen ab: hat es den Wert Eins (Zugriff blockiert), so wird die Abfrage wiederholt; hat es den Wert Null (Zugriff erlaubt), so wird der Zugriff für andere Anfrager blockiert, indem der Semaphor auf Eins gesetzt wird. Voraussetzung für das Funktionieren der Sperre-Operation ist, daß das Lesen, das Verändern und das Rückschreiben des Semaphors in einer nicht unterbrechbaren Folge ausgeführt wird. Auf der Maschinenebene wird das durch den im Abschnitt 2.2.9 beschriebenen TAS-Befehl gewährleistet (Bild 7-12).

Entsperre S:		CLR.B	S		$S<7> := 0$
Sperre S:	WAIT	TAS.B	S		WAIT: if $S<7> = 1$ then $N := 1$
		BMI	WAIT		else $N := 0$; $S<7> := 1$;
					if $N = 1$ then goto WAIT

Bild 7-12. Assemblerdarstellung und Wirkung der Semaphor-Operationen "Entsperre S" und "Sperre S".

Bild 7-13 zeigt den Eingabevorgang als Flußdiagramm. Der gegenseitige Ausschluß der beiden Mikroprozessoren für den Kanal 1 erfolgt über die Semaphorvariable EXCL1. Sie wird vom auftraggebenden Mikroprozessor vor Beginn des Eingabevorgangs gesetzt (sofern oder sobald sie entsperrt ist) und wird mit dessen Abschluß wieder zurückgesetzt. Für die Synchronisation des Zugriffs auf den Eingabepuffer werden die beiden Variablen EMPTY und FULL verwendet. Mit "Entsperre EMPTY" signalisiert der Mikroprozessor, daß der Puffer leer ist und er den Zugriff darauf freigibt; entsprechend meldet der Ein-/Ausgabeprozessor mit "Entsperre FULL", daß der Puffer voll ist und geleert werden kann. Die zugehörigen Sperre-Operationen werden, anders als bei EXCL, vom jeweiligen Synchronisationspartner ausgeführt. Dadurch entsteht eine gegenseitige Abhängigkeit, die die Reihenfolge der beiden Vorgänge festlegt (Handshake-Synchronisation). - Zur Darstellung der Sperre-Operation wird in Bild 7-13 das Abfragesymbol verwendet. Dabei ist zu beachten, daß die Operation neben dem Abfragen auch das Setzen des Semaphorbits enthält. Im Bild wird außerdem vorausgesetzt, daß die beiden Variablen EMPTY und FULL zuvor durch die Operation "Sperre" initialisiert wurden.

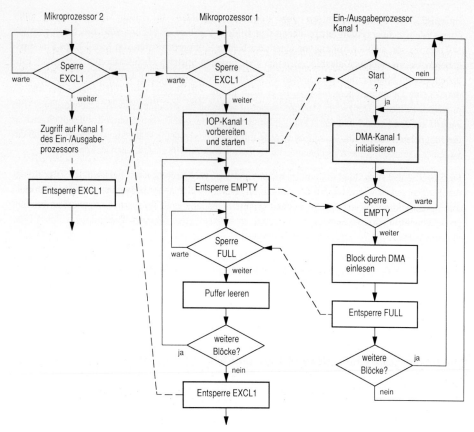

Bild 7-13. Synchronisation zwischen zwei Mikroprozessoren und einem Ein-/Ausgabeprozessor bei einem Eingabevorgang mit mehrfachem Füllen und Leeren eines Eingabepuffers.   ◆

7.3 Hintergrundspeicher

Hintergrundspeicher dienen zur Speicherung von Dateien (files), d.h. von Programmen, Daten- und Textbeständen, die von der Betriebssoftware eines Rechners mittels symbolischer Dateinamen und Dateiverzeichnisse (directories) verwaltet werden. Sie halten zum einen Dateien bereit, die für die aktuelle Bearbeitung in den Hauptspeicher geladen werden müssen, und dienen zum andern zur Sicherung (back up) und zur Archivierung von Dateien. In der Mikroprozessortechnik werden als Hintergrundspeicher vorwiegend Floppy-Disk-, Festplatten-, Wechselplatten- und Streamer-Tape-Speicher eingesetzt, wobei sich Festplatten- und Wechselplattenspeicher aufgrund ihrer relativ geringen Zugriffszeiten insbesondere für die Bereithaltung eignen und Streamer-Tape-, aber auch Wechselplattenspeicher, zur Sicherung und Archivierung dienen. Floppy-Disk-Speicher sind als "billige" Geräte mit eingeschränkter Leistungsfähigkeit für alle drei Funktionen verwendbar.

Eine weitere Art von Hintergrundspeichern, die hier nur erwähnt werden soll, sind die optischen Plattenspeicher (optical disks, [11, 20]). Sie arbeiten nach dem Prinzip der Audio-Compact-Disk, d.h. mit Laserlicht. Es gibt sie derzeit als sog. OROMs (optical read only memories) und WORMs (write-once, read-many memories). In der Bauart mit dem Plattendurchmesser einer Compact-Disk werden sie auch als CD-ROMs bzw. CD-WORMs bezeichnet. Löschbare und wiederbeschreibbare optische Speicher sind in der Entwicklung. Solche Speicher dienen in Rechnersystemen als Ergänzung von Festplattenspeichern, z.B. zur Bereithaltung von Software oder als Informationsspeicher mit festen Einträgen (encyclopedias).

Die genannten Hintergrundspeicher haben gegenüber dem Hauptspeicher, der üblicherweise in Halbleitertechnik aufgebaut ist, den Vorteil, daß bei ihnen die gespeicherte Information beim Abschalten der Stromversorgung nicht verlorengeht. Man bezeichnet sie deshalb auch als "nichtflüchtige" Speicher. Gegenüber Halbleiterspeichern haben sie außerdem den Vorteil großer Speicherkapazitäten bei geringen Kosten pro Bit, jedoch den Nachteil der größeren Zugriffszeiten (Tabelle 7-1).

Tabelle 7-1. Typische Werte für Speicherkapazitäten, Übertragungsraten und mittlere Zugriffszeiten bei Hintergrundspeichern.

Speichergerät	Kapazität in Mbyte	mittlere Zugriffszeit	Übertragungsrate
Floppy-Disk-Speicher	0,36 bis 10	80 ms	500 kbit/s
Plattenspeicher	20 bis 600	15 bis 80 ms	5 bis 32 Mbit/s
Streamer	30 bis 560	Minuten	$\geq$ 160 Kbyte/s

Die Speicherung von Dateien erfolgt grundsätzlich blockweise in festen Aufzeichnungsformaten. Die Steuerung der Formatierungs-, Schreib- und Lesevorgänge obliegt gerätespezifischen Steuereinheiten, sog. Device-Controllern. In der Mikroprozessortechnik sind das komplexe Steuerbausteine, die entweder die Gerätesteuerfunktion mit einem Systembus-Interface in sich vereinen und somit unmittelbar an den Systembus ankoppelbar sind oder die mit einer Schnittstelle für einen für mehrere Geräte und Gerätetypen gemeinsamen Ein-/Ausgabebus ausgelegt sind. Unabhängig von diesen beiden Möglichkeiten wird der Datentransport zwischen Hauptspeicher und Controller wahlweise programmgesteuert oder von einem DMA-Controller oder Ein-/Ausgabeprozessor durchgeführt.

7.3.1 Floppy-Disk-Speicher

Ein Floppy-Disk-Speicher ist ein kostengünstiger Magnetplattenspeicher relativ kleiner Bauart mit auswechselbarem Datenträger. Dieser Datenträger ist eine biegsame Kunststoffscheibe (Diskette) mit einem Durchmesser von 3,5 oder 5,25 Zoll und einer magnetisierbaren Oberflächenbeschichtung. Die Aufzeichnung der Information erfolgt bei rotierender Scheibe bitseriell in konzentrischen Spuren (tracks), wobei abhängig vom Gerätetyp nur eine Oberfläche (single sided) oder beide Oberflächen (double sided) nutzbar sind. Der Zugriff auf die Spuren einer Oberfläche erfolgt mit einem Schreib-/Lesekopf, der auf einem radial bewegbaren Arm montiert ist. Für den Zugriff wird er wegen der Flexibilität der Diskette bis auf ihre Oberfläche abgesenkt; der Diskettenzugriff ist somit nicht verschleißfrei.

Die wesentlichen Bestandteile eines Floppy-Disk-Speichers sind das mechanische Laufwerk (disk drive) mit der Schreib-/Leseeinrichtung sowie eine Steuerelektronik zur Umsetzung von Steuersignalen in Bewegungsabläufe, von Datensignalen in Magnetisierungen (und umgekehrt) und zur Erzeugung von Statusinformation. Der Anschluß an ein Mikroprozessorsystem erfolgt über einen Floppy-Disk-Controller (FDC), dessen wesentliche Aufgaben die Erzeugung von Steuer- und Datensignalen, die Auswertung von Daten- und Statussignalen und die Erzeugung und Auswertung von Adressierungsangaben sind.

Formatieren einer Diskette. Die Datenspeicherung erfolgt für jede Diskettenoberfläche in üblicherweise 80 Spuren, die in Sektoren gleicher Größe unterteilt sind. Die Anzahl der Sektoren pro Spur hängt von der Datenblockgröße und der Schreibdichte ab (siehe später). Gebräuchlich ist eine Anzahl zwischen 10 und 32 Sektoren bei Datenblockgrößen zwischen 1 Kbyte und 128 Bytes. Bild 7-14 zeigt den Aufbau eines solchen Sektors, bestehend aus einem Identifikationsfeld zur Adressierung des Sektors und dem eigentliche Datenfeld.

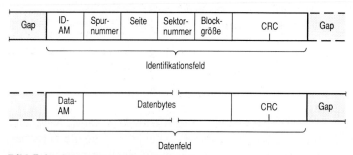

Bild 7-14. Sektorformat einer Diskette.

Das Identifikationsfeld beginnt mit einem Identifikationsbyte als Anfangsmarkierung (identification address mark, ID-AM), das zur Zeichensynchronisation dient. Es umfaßt weiterhin je ein Byte zur Angabe der Spurnummer, der Diskettenseite (oben /unten), der Sektornummer und der Datenblockgröße in codierter Form. Hinzu kommen zwei Sicherungsbytes als zyklischer Redundanzcode (CRC-Bytes). Das Datenfeld beginnt ebenfalls mit einem Identifikationsbyte (data address mark, Data-AM), gefolgt von dem eigentlichen Datenblock und von zwei Blocksicherungsbytes. Zwischen beiden Feldern wie auch zwischen den einzelnen Sektoren einer Spur existieren Lücken von mehreren Bytes bestimmter Codierung (gaps). Durch sie können beim Beschreiben von Datenfeldern kleinere Verschiebungen der Feldgrenzen, bedingt durch Laufzeitschwankungen des Motorantriebs, aufgefangen werden. Jede Spur hat darüber hinaus ein Gap am Spuranfang, das ein Markierungsbyte (index mark) mit einschließt, und ein Gap am Spurende. Der Spuranfang selbst wird durch ein Loch (index hole) auf der Diskette festgelegt, das vom Laufwerk optoelektrisch abgefragt wird.

Vor der ersten Nutzung einer Diskette müssen sämtliche Spuren mit ihren Identifikationsfeldern, Datenfeldern (mit beliebigen Datenbytes) und den Gaps beschrieben werden. Man bezeichnet diesen Vorgang auch als Formatieren. Das Betriebssystem stellt dazu ein Formatierungsprogramm bereit, das den Floppy-Disk-Controller mit dem Beschreiben der Spuren beauftragt (Write-Track-Kommando) und ihn mit den Formatierungsdaten versorgt.

Datenzugriff. Der Zugriff auf ein Datenfeld geschieht durch Positionieren des Zugriffsarms über der gewünschten Spur und durch Vergleich der vorgegebenen Spurnummer, Seitenangabe und Sektornummer mit den Inhalten aufeinanderfolgender Identifikationsfelder dieser Spur, bis vom Floppy-Disk-Controller eine Übereinstimmung der Angaben festgestellt wird. Der Vergleich der Spurnummern dient dabei zur Überprüfung der korrekten Spurposition des Zugriffsarms. Die eigentliche Datenübertragung erfolgt für alle Bytes eines Blocks gemeinsam, d.h. sektorweise. Die Adressierung der gespeicherten Daten ist dementsprechend für die Spur- und Sektoranwahl direkt (wahlfrei) und für die Bytes innerhalb eines Sektors sequentiell. - Die Zugriffszeit auf ein Datenfeld hängt im wesentlichen von der Einstellzeit des Zugriffsarms ab; hinzu kommt die Zeit zum Auffinden des Sektors, die maximal einer Plattenumdrehung entspricht. Aufgrund der unterschiedlichen Ausgangspositionen wird die Zugriffszeit eines Floppy-Disk-Speichers als Mittelwert angegeben.

Informationsdarstellung. Die Datenaufzeichnung geschieht, wie bereits erwähnt, bitseriell. Die Werte der einzelnen Bits werden dabei durch zwei entgegengesetzte Magnetisierungsrichtungen auf der Diskettenoberfläche dargestellt. Bei der Aufzeichnung wird das Datensignal mit dem Schreibtakt moduliert, wobei unterschiedliche Modulationstechniken für normale und hohe Schreibdichte gebräuchlich sind.

Bild 7-15a zeigt die Signaldarstellung bei normaler Schreibdichte (normal/single density) mit Frequenzmodulation (FM). Die Modulationsfrequenz beträgt 1 MHz, das entspricht einer Schrittweite von 1 µs. Datenbits und Taktimpulse wechseln sich ab und sind dabei durch jeweils einen Modulationstaktschritt mit dem Pegel 0 voneinander getrennt. Für die Aufzeichnung eines Datenbits ergibt sich damit ein Zeitfenster von 4 µs, was einer Übertragungsrate von 250 kbit/s entspricht. Beim Lesen des aufgezeichneten Signals werden Daten- und Taktinformation wieder voneinander getrennt. Das über eine sog. PLL-Schaltung (phase-locked loop) zurückgewonnene Taktsignal wird zur Abtastung der Datenbitpegel verwendet. Die PLL-Schaltung ist meist sowohl in der Laufwerkselektronik als auch im Controller vorgesehen und kann wahlweise benutzt werden.

Bild 7-15b zeigt die Signaldarstellung bei hoher Schreibdichte (high/double density) mit sog. modifizierter Frequenzmodulation (MFM). Bei ihr werden Taktimpulse nur dann geschrieben, wenn zwei oder mehr Null-Datenbits aufeinanderfolgen. Dadurch ergibt sich bei gleicher Taktfrequenz von 1 MHz ein Zeitfenster von 2 µs, d.h. eine Übertragungsrate von 500 kbit/s. Die Unterscheidung von Takt- und Datenimpulsen beim Lesen ist aufgrund der unterschiedlichen Impulsabstände möglich.

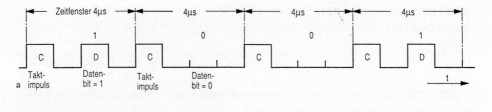

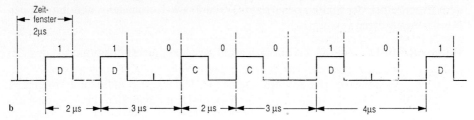

Bild 7-15. Datenaufzeichnung, **a** mit normaler Schreibdichte (FM), **b** mit hoher Schreibdichte (MFM).

Floppy-Disk-Controller-Baustein. Bild 7-16 zeigt den prinzipiellen Aufbau eines Floppy-Disk-Controller-Bausteins und dessen Datenwege. Die zwischen Hauptspeicher und Laufwerk zu übertragenden Bytes werden in einem Datenregister DR zwischengespeichert. Dieses kann vom Mikroprozessor oder DMA-Controller über die Systembusschnittstelle beschrieben und gelesen werden. Aufgrund der bit-seriellen Datenspeicherung führt der Controller bei der Ausgabe eine Parallel-Serien-umsetzung und bei der Eingabe eine Serien-Parallelumsetzung durch. Er benutzt dazu das Schieberegister SHIFT. Ein Spurnummerregister TNR und ein Sektornummer-register SNR dienen zur Aufnahme der zur Adressierung eines Sektors erforderlichen Spur- bzw. Sektornummer. Die Auswahl einer Controller-Operation erfolgt durch Laden eines Steuerbytes in das Kommandoregister CR; das Statusregister SR zeigt den Zustand des Controllers an.

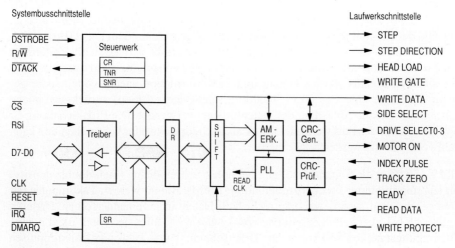

Bild 7-16. Floppy-Disk-Controller.

Kommandos. Die wichtigsten Kommandos sind:

- WRITE TRACK. Die unter dem Schreib-/Lesekopf befindliche Spur wird mit all ihren Bytes (auch den Gap-Bytes) beschrieben und damit formatiert, wobei das Format vom Benutzer gewählt werden kann.

- READ TRACK AND VERIFY. Alle Bytes der unter dem Schreib-/Lesekopf befindlichen Spur werden gelesen und dabei die CRC-Überprüfung für die Identifikations- und die Datenfelder durchgeführt (verify).

- SEEK TRACK ZERO. Der Schreib-/Lesekopf wird über der äußersten Spur positioniert (Spur 0) und das Spurnummerregister mit Null geladen.

- STEP IN, STEP OUT. Der Schreib-/Lesekopf wird um eine Spur nach innen in Richtung Spur 79 bzw. um eine Spur nach außen in Richtung Spur 0 bewegt. Der Inhalt des Spurnummerregisters wird entsprechend um Eins erhöht oder vermindert.

- SEEK TRACK. Der Schreib-/Lesekopf wird über derjenigen Spur positioniert, deren Nummer im Datenregister vorgegeben ist. Der Controller bewegt dazu den Schreib-/Lesekopf, bis die dabei im Spurnummerregister aktualisierte Spurnummer mit dem Datenregisterinhalt übereinstimmt.

- SINGLE SECTOR READ. Die Datenbytes eines durch die Spurnummer und die Sektornummer adressierten Sektors der aktuellen Spur werden gelesen. Dabei wird wahlweise die Blocksicherungsprüfung durchgeführt (verify). Stimmen die im Spurnummer- und im Sektornummerregister vorgegebenen Adressierungsangaben nicht mit den Angaben eines der Identifikationsblöcke der Spur überein, so wird die Kommandoausführung als fehlerhaft abgebrochen.

- SINGLE SECTOR WRITE. Die Bytes eines Datenblocks werden in den mit der Sektornummer adressierten Sektor der aktuellen Spur geschrieben. Dabei werden die Blockprüfbytes generiert und an den Datenblock angefügt. Wie beim Lesekommando wird eine Überprüfung der Spurnummer durchgeführt.

- READ SECTOR MULTIPLE, WRITE SECTOR MULTIPLE. Diese beiden Kommandos erlauben das Lesen bzw. Schreiben mehrerer aufeinanderfolgender Sektoren, wobei die Adresse des ersten Sektors im Sektornummerregister und die Sektoranzahl in einem in Bild 7-16 nicht angegebenen Zählregister vorgegeben werden.

Synchronisation und Status. Die Synchronisation der einzelnen Byteübertragungen erfolgt mittels der Anforderung "Data Request". Sie wird im Statusregister des Controllers angezeigt und kann wahlweise dort abgefragt werden, oder sie wird als Interruptanforderung oder als DMA-Anforderung ausgewertet. Der Floppy-Disk-Controller erzeugt diese Anforderungen in festen Zeitabständen, abhängig von der Übertragungsrate. Wird nach einer solchen Anforderung das Datenregister bei der Ausgabe nicht rechtzeitig geladen bzw. bei der Eingabe nicht rechtzeitig gelesen, so wird das in der Ausführung befindliche Kommando abgebrochen und im Statusregister der Fehlerzustand "Lost Data" angezeigt.

Die Synchronisation auf der Kommandoebene geschieht durch das Controller-Status-bit "Busy", das während einer Kommandoausführung gesetzt ist und mit Abschluß des Kommandos zurückgesetzt wird. Das Rücksetzen kann wahlweise abgefragt werden, oder es wird als Interruptanforderung benutzt. - Weitere Statusangaben sind "Not Ready" (Laufwerk nicht bereit), "Seek Error" (Spur nicht gefunden), "Record Not Found" (Sektor nicht gefunden), "CRC-Error" (Fehleranzeige beim Lesen) und "Write Protect" (Diskette ist schreibgeschützt).

Schnittstellen. Der Floppy-Disk-Controller stellt die Verbindung zwischen dem Systembus und einem Floppy-Disk-Laufwerk her und hat dementsprechend Signal-anschlüsse für beide Schnittstellen (Bild 7-16). Auf der Systembusseite sind das die bekannten Anschlüssen für die Anwahl eines Bausteins und den Zugriff auf dessen Register, hier ergänzt um eine Signalleitung $\overline{DMARQ}$ für DMA-Anforderungen. Auf der Laufwerksseite sind das die durch den "Shugart"-Firmenstandard definierten Signalleitungen. (Shugart ist ein bekannter Hersteller von Floppy-Disk-Laufwerken.) Zu diesen Signalleitungen gehören die Ausgänge

- WRITE DATA für die bitserielle Datenausgabe,

- STEP zum Weitersetzen des Schreib-/Lesekopfes um eine Spur,

- STEP DIRECTION zur Vorgabe der Bewegungsrichtung von STEP,

- HEAD LOAD zur Absenkung des Schreib-/Lesekopfes auf die Diskettenoberfläche für den Schreib- oder Lesezugriff,

- WRITE GATE zur Angabe der Datenflußrichtung Lesen bzw. Schreiben,

- SIDE SELECT zur Anwahl der Diskettenseite,

- DRIVE SELECTi zur Anwahl eines von mehreren angeschlossenen Laufwerken und

- MOTOR ON zum Anschalten des Motors

sowie die Eingänge

- READ DATA für die bitserielle Dateneingabe,

- INDEX PULSE zur Anzeige des Index-Lochs,

- TRACK ZERO zur Anzeige, ob der Schreib-/Lesekopf über der Spur 0 steht,

- READY zur Anzeige der Bereitschaft des Laufwerks für eine Übertragung (Dis-kette ist eingelegt, Motor hat Nenndrehzahl erreicht, siehe auch Statusbit Ready) und

- WRITE PROTECT zur Anzeige, ob die Diskette mit einer Schreibschutzmarke versehen ist (siehe auch Statusbit Write-Protect).

Eine ausführliche Beschreibung von Floppy-Disk-Speichern befindet sich in [12], eine tabellarische Übersicht über Floppy-Disk-Controller in [1, 2, 21].

7.3.2 Fest- und Wechselplattenspeicher.

Festplatten- und Wechselplattenspeicher, auch Winchester-Disks oder Hard-Disks genannt, haben im Unterschied zu Floppy-Disk-Speichern starre Magnetplatten, die es erlauben, die Schreib-/Leseköpfe beim Datenzugriff mit einem geringen Luftspalt, d.h. verschleißfrei über den Plattenoberflächen zu führen. Dadurch können diese Plattenspeicher mit höheren Umdrehungszahlen als Floppy-Disk-Laufwerke arbeiten, weshalb sich größere Übertragungsraten und Schreibdichten realisieren lassen. Diese Technik erfordert dafür aber eine größere Präzision in der Mechanik, die entsprechend höhere Gerätekosten zur Folge hat. - Bei Wechselplattenspeichern ist der Datenträger einschließlich Antrieb und Zugriffsvorrichtung als steckbare Einheit auswechselbar, bei Festplattenspeichern nicht. Plattenspeicher gibt es in den gleichen kompakten Baugrößen wie Floppy-Disk-Speicher, d.h. mit Plattendurchmessern von 3,5 und 5,25 Zoll.

Datenspeicherung und Formatierung. Der Datenträger eines Festplatten- oder Wechselplattenspeichers ist ein Plattenstapel, bestehend aus bis zu acht übereinander angeordneten Magnetplatten, die jeweils von beiden Seiten nutzbar sind [13]. Für jede Plattenoberfläche gibt es einen eigenen Schreib-/Lesekopf; die zugehörigen Arme sind zu einem Schreib-/Lesekamm miteinander verbunden und werden gemeinsam bewegt (Bild 7-17). Der Plattenstapel bietet neben der insgesamt größeren Speicherkapazität den Vorteil, daß nach Positionieren des Kamms ein ganzer "Zylinder", d.h. mehrere übereinanderliegende Spuren, ohne weitere Armbewegung erreichbar ist. Entsprechend werden die Datenblöcke einer Datei zylinderweise gespeichert, um die Zugriffszeiten zu minimieren.

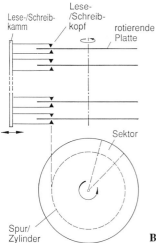

Bild 7-17. Aufbau eines Plattenspeichers (aus [3]).

Die Formatierung des Datenträgers erfolgt nach dem gleichen Prinzip wie bei einer Floppy-Disk durch Aufteilen einer Spur in Sektoren, d.h. in Identifikations- und Datenfelder mit dazwischenliegenden Gaps bei jedoch höheren Schreibdichten. Üb-

lich ist es hierbei, Sektoren mit aufeinanderfolgenden Sektornummern versetzt anzu-
ordnen (sector interleaving), so daß es trotz der hohen Umdrehungsgeschwindigkeit
möglich ist, auf diese Sektoren aufeinanderfolgend zuzugreifen, ohne jeweils eine
volle Umdrehung abwarten zu müssen. - Die Adressierungsinformation eines Sektors
besteht jetzt aus einer Zylindernummer (bisher Spurnummer), einer Kopfnummer
(bisher Oberflächenangabe) und der Sektornummer. Zusätzlich können Datenfelder,
die aufgrund eines Defektes der Magnetisierungsschicht nicht mehr benutzbar sind, in
ihrem Identifikationsfeld als sog. "Bad Blocks" gekennzeichnet werden.

Schnittstellen. Plattenlaufwerke werden mit verschiedenen Schnittstellen unterschiedlicher Leistungsfähigkeit angeboten. Die bekannteste Schnittstelle ist der
Firmenstandard ST506/412 (Seagate). Er wurde aus der seriellen Shugart-Schnitt-
stelle für Floppy-Disk-Laufwerke entwickelt und benötigt wie diese einen Controller
für den Anschluß von Laufwerken an den Systembus. Ein solcher Hard-Disk-Con-
troller ist einem Floppy-Disk-Controller sehr ähnlich. Er ist den oben beschriebenen
Merkmalen angepaßt und hat aber etwas komfortablere Kommandos. So kann z.B.
das Suchen eines Sektors implizit mit dem READ-SECTOR- oder WRITE-SECTOR-
Kommando vorgegeben werden. - Abhängig vom Aufzeichnungsverfahren und der
damit verbundenen Aufzeichnungsdichte erlaubt die ST506/412-Schnittstelle Übertragungsraten von 5 Mbit/s (MFM) oder 7,5 Mbit/s (RLL, Run Length Limited).

Höhere Aufzeichnungsdichten und Übertragungsraten von 10 bis 15 Mbit/s werden
mit der seriellen ESDI-Schnittstelle erreicht (Enhanced Small Device Interface, [6]).
Sie verlagert einen Teil der Controller-Funktion in die Laufwerkselektronik, z.B. die
PLL-Schaltung zur Trennung von Daten- und Taktsignal, wodurch die Fehlerrate gegenüber der ST506/412-Schnittstelle verringet wird. Sie ermöglicht darüber hinaus
die Kopplung von bis zu sieben Laufwerken. - An Bedeutung gewinnt jedoch immer
mehr die 8-Bit-parallele SCSI-Schnittstelle (Small Computer System Interface), bei
der der Controller vollständig in das Laufwerk integriert ist (embedded controller) und
die den Zusammenschluß von bis zu acht SCSI-Einheiten an einem SCSI-Bus ermöglicht (siehe 7.3.4). Sie erlaubt Übertragungsraten von 1,5 Mbyte/s (asynchron)
und 4 Mbyte/s (synchron), d.h. von 12 Mbit/s bzw. 32 Mbit/s. - Eine vergleichende
Beschreibung der Schnittstellen ESDI und SCSI gibt [10], eine tabellarische Übersicht über Hard-Disk-Controller-Bausteine [1, 2, 21].

7.3.3 Streamer

Streamer-Tape-Speicher, kurz Streamer, sind Magnetbandspeicher, bei denen im Gegensatz zu den herkömmlichen Magnetbandgeräten, den sog. Langbandgeräten, das
Magnetband nicht auf einer offenen Spule, sondern in einer Kassette untergebracht
ist. Es besteht aus einer flexiblen Kunststoffolie von 0,25 Zoll Breite (Langband dagegen 0,5 Zoll), die auf einer Seite eine magnetisierbare Schicht trägt und die zum
Beschreiben und Lesen an einem Schreib-/Lesekopf mit Kopfberührung vorbeigezo-
gen wird. Die Informationsdarstellung erfolgt in neun nebeneinanderliegenden Spuren, so daß ein Byte mit Paritätsbit in einem sog. Rahmen (frame) gespeichert werden
kann (Bild 7-18). Bei Streamern werden Bytes aufeinanderfolgend in Blöcken fester
Blockgröße abgelegt. Zur Blocktrennung dienen unbeschriebene Lücken (gaps).

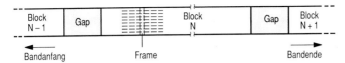

Bild 7-18. Datenaufzeichnung bei einem Streamer.

Streamer vs. Langbandgerät. Um die Arbeitsweise und die Einsatzmöglichkeiten eines Streamers zu verstehen, folgt zunächst eine kurze Beschreibung der Funktionsweise von Langbandgeräten, die auch deren Nachteile aufzeigt [13, 22]. Die Datenspeicherung geschieht bei ihnen in Blöcken meist variabler Größe mit dazwischenliegenden Gaps. Typisch für sie ist, daß beim Schreiben und Lesen aufeinanderfolgender Blöcke das Band an jedem Blockende gestoppt und anschließend neu gestartet wird (Start-Stop-Verfahren). Da das Band beim Stillstand wegen möglicher Vorwärts- und Rückwärtsbewegung von der Gap-Mitte aus gestartet werden muß, sind dazu große Gaps erforderlich, wodurch vor allem bei kleinen Blöcken ein verhältnismäßig großer Anteil der Bandkapazität verlorengeht. Das Start-Stop-Verfahren erfordert außerdem aufgrund seiner hohen Bandbeschleunigungen und -verzögerungen eine aufwendige Technik zur Entlastung des Bandzuges (Pneumatik), die sich nachteilig auf die Gerätekosten und die Gerätebaugröße auswirkt. Darüber hinaus wird durch das Stoppen und Starten die mittlere Übertragungsgeschwindigkeit gegenüber der eigentlichen Übertragungsrate eines Blocks erheblich reduziert.

Beim Streamer hingegen erfolgt das Schreiben und Lesen von Dateien mit einem kontinuierlichen Datenstrom (stream), wobei das Band zwischen den Blöcken nicht angehalten wird und deshalb auch nur kurze Lücken zwischen den Blöcken erzeugt werden [7, 22]. Um diesen Datenstrom aufrecht erhalten zu können, sind Streamer üblicherweise mit Pufferspeichern ausgestattet, in die mehrere Blöcke gleichzeitig aufgenommen werden können. Die Übertragungsgeschwindigkeit wird dadurch gegenüber Langbandgeräten ungefähr um das Zehnfache erhöht. Übertragen werden auf diese Weise vor allem größere Bereiche von Plattenspeichern (Back-Up), z.B. sämtliche in einer Directory zusammengefaßten Dateien, aber auch einzelne Dateien.

Repositionieren des Bandes. Gestoppt wird das Band nur dann, wenn der Datenstrom während eines Übertragungsvorgangs nicht aufrechterhalten werden kann oder wenn der Übertragungsvorgang abgeschlossen ist. Muß der Bandzugriff danach an der Unterbrechungsstelle wieder aufgenommen werden, z.B. um den Übertragungsvorgang fortzusetzen oder um weitere Dateien anzufügen oder zu lesen, so muß das Band zuvor in besonderer Weise repositioniert werden. Diesen Vorgang zeigt Bild 7-19 am Beispiel des Bandbeschreibens. Es wird davon ausgegangen, daß der für den Übertragungsvorgang zuständige Prozessor den Datenblock N+5 nicht rechtzeitig im Pufferspeicher des Streamers bereitgestellt hat. Der Streamer erzeugt daraufhin eine größere Lücke als sonst und bremst zum Zeitpunkt A das Band bis zum Stillstand in Punkt B ab. Sobald der Puffer dann mit dem Block N+5 gefüllt ist, wird das Band in Rückwärtsrichtung bewegt, läuft dabei mit den zuletzt geschriebenen Blöcken am Schreib-/Lesekopf vorbei und wird am Punkt E wieder gestoppt. Anschließend wird es in Vorwärtsrichtung beschleunigt, wobei der Streamer nach Erreichen der regulären Bandgeschwindigkeit ab Punkt F die bereits geschriebenen Blöcke liest, um

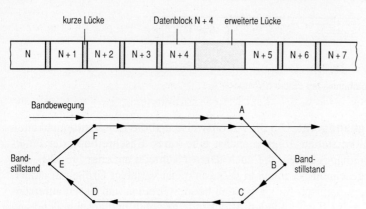

Bild 7-19. Repositionieren des Bandes (Darstellung nach [7]).

den erweiterten Gap-Bereich zu lokalisieren und um an diesen unmittelbar anschließend die Blöcke N+5 und folgende zu schreiben.

Da das Repositionieren beim Streamer sehr viel zeitaufwendiger als das Stoppen und Starten bei Langbandgeräten ist, ist es erforderlich, daß der für die Datenübertragung zuständige Prozessor die Datenblöcke rechtzeitig bereitstellt bzw. übernimmt. (Dadurch braucht das Band nicht unnötig gestoppt und repositioniert zu werden.) Diese Technik erlaubt den Verzicht auf die aufwendige Pneumatik der Langbandgeräte, so daß es möglich ist, preisgünstige und kompakte Magnetbandspeicher mit gleichzeitig besserer Bandausnutzung und höheren Übertragungsgeschwindigkeiten herzustellen.

Datenblockformat. Die Datenblöcke bestehen aus einem Datenrahmen und dem eigentlichen Datenfeld mit z.B. 256, 512 oder 1024 Bytes. Bild 7-20 zeigt dazu ein Beispiel eines Blockformats mit einem Vorspann von 13 Gap-Bytes der Codierung $FF. Sie dienen der PLL-Schaltung der Leseeinheit zur Synchronisation mit dem Datenstrom (Bitsynchronisation für jede Spur). Ein darauf folgendes einzelnes Synchronisationsbyte (Sync) zeigt den Beginn des eigentlichen Datenfeldes an (Zeichensynchronisation); das Datenfeld selbst umfaßt 512 Bytes. Abgeschlossen wird der Block durch vier Bytes zur Angabe einer Blockadresse (Blocknummer) und zur Angabe von Steuerinformation sowie durch zwei CRC-Bytes zur Blocksicherung.

Dateizugriff. Um einzelne Dateien oder die aus mehreren Dateien bestehenden logischen Einheiten beim Lesen wieder lokalisieren und identifizieren zu können, wird mit jedem Abschluß eines Schreibvorgangs eine sog. Dateimarke (file mark) auf das Band geschrieben. Sie besteht z.B. aus einem Datenblock mit besonderer Codierung. Neue Dateien können wie beim Langband immer nur hinten angefügt werden. - Der Zugriff auf Bandinhalte, d.h. auf Blöcke und Dateien ist wegen des Bandcharakters

13 Gap – Bytes	1 Sync	512 Datenbytes	4 Adreß- und Steuerbytes	2 CRC-Bytes

Bild 7-20. Datenblockformat für ein Streamer-Tape (nach [7]).

nur sequentiell möglich und damit wesentlich zeitaufwendiger als z.B. bei Magnet-plattenspeichern.

Streamer-Controller. Die Steuerung von Streamern geschieht durch Controller, die die durchzuführenden Operationen vom zuständigen Prozessor in Form von Kommandos übermittelt bekommen. Typische Kommandos sind "Rewind to Beginning of Tape" zur Positionierung des Bandes am Bandanfang, "Write Tape Block" und "Read Tape Block" zur Übertragung von Datenblöcken, "Write File Mark" zur Kennzeichnung von Dateien und größeren logischen Einheiten durch Dateimarken, "Read File Marks" zum Vorwärtsbewegen des Bandes um eine bestimmte Anzahl von Dateimarken, "Find End of Data" zur Positionierung des Bands am Ende des bereits beschriebenen Bandbereichs und "Erase Tape", um das Band zu löschen.

Streamer-Controller werden entweder in Form von gerätespezifischen Steckkarten an den Systembus eines Rechners angeschlossen, oder sie sind mit geräteunabhängigen Schnittstellen für einen Ein-/Ausgabebus ausgestattet, wie dies z.B. bei den SCSI-Controllern der Fall ist (siehe 7.3.4). Eine Übersicht über Streamer-Controller-Bausteine gibt [1, 2].

7.3.4 SCSI-Bus

Periphere Speichereinheiten mit hohen Übertragungsraten und großem Datendurchsatz, wie die oben beschriebenen Plattenspeicher und Streamer, werden nicht immer gesondert jeder für sich über einen Controller an den Systembus angeschlossen. Stattdessen werden sie oftmals - zusammen mit anderen Ein-/Ausgabegeräten mit großem Datendurchsatz, wie Laserdrucker und Scanner - über einen Ein-/Ausgabebus betrieben, der seinerseits über einen Controller, einen sog. Host-Adapter, mit dem Systembus verbunden ist. Der Vorteil eines solchen Busses liegt zum einen in der einfachen technischen Erweiterbarkeit eines Rechnersystems durch periphere Geräte, sofern diese anstelle ihrer gerätespezifischen Schnittstelle (z.B. ST506/412) den erforderlichen Controller integriert haben, d.h. eine genormte Busschnittstelle aufweisen. Zum andern liegt er in der einfacheren, logischen Ansteuerung dieser Geräte durch einen für jeden Gerätetyp einheitlichen Satz von Kommandos. Letzteres vereinfacht im besonderen das nachträgliche Einbinden eines solchen Geräts in die Betriebssoftware.

Beispiel für einen solchen Ein-/Ausgabebus ist der 8-Bit-parallele SCSI-Bus (Small Computer System Interface), der relativ hohe Übertragungsraten von bis zu 1,5 Mbyte/s bei asynchroner Übertragung und 4 Mbyte/s bei synchroner Übertragung erlaubt [16, 18]. Bei ihm besteht der Host-Adapter aus einem hochintegrierten Controller-Baustein, ergänzt durch einen Treiberbaustein zur Gewährleistung der elektrotechnischen Busdaten. Da außerdem die meisten auf dem Markt befindlichen Speichergeräte mit nur geringfügig höheren Kosten mit einer integrierten SCSI-Schnittstelle angeboten werden (embedded controller), ermöglicht er dem Anwender einen verhältnismäßig einfachen Systemaufbau. - Ein weiteres Beispiel eines Ein-/Ausgabebusses ist der in Abschnitt 6.2.3 beschriebene IEC-Bus, der jedoch aufgrund seiner geringeren Übertragungsrate von maximal 1 Mbyte/s nicht für den Anschluß der oben genannten Geräte verwendet wird, sondern für z.B. Meß- und Anzeigegeräte in Laboren.

Busstruktur. Der SCSI-Bus wurde aus dem SASI-Bus (Shugart Associates System Interface), einem Firmenstandard, entwickelt und 1982 durch das ANSI genormt (American National Standards Institute, ANSI X3T9.2). Grundsätzlich unterscheidet er sich gegenüber dem für den Single-Master-Betrieb ausgelegten SASI-Bus durch seine Erweiterung für den Multi-Master-Betrieb. Bild 7-21 zeigt dazu als Beispiel eine Konfiguration, bei der die Prozessoren zweier Rechnersysteme A und B über jeweils einen eigenen Host-Adapter sowie ein Magnetplattenlaufwerk und ein Streamer an den SCSI-Bus angeschlossen sind. Der SCSI-Bus erlaubt hierbei sowohl den Zugriff beider Systeme auf diese Geräte als auch den Datentransfer zwischen den beiden Systemen (Rechnerkopplung). Darüber hinaus kann z.B. ein Back-up-Vorgang zwischen dem Plattenspeicher und dem Streamer über diesen Bus autonom durchgeführt werden, nachdem der Vorgang von einem der Prozessoren gestartet worden ist. Insgesamt können bis zu acht Teilnehmer an den Bus angeschlossen sein. - Eine Weiterentwicklung des SCSI-Busses mit der Bezeichnung SCSIplus läßt bis zu 64 Teilnehmer bei einer Übertragungsrate von bis zu 10 Mbyte/s und 16-Bit-paralleler Übertragung zu.

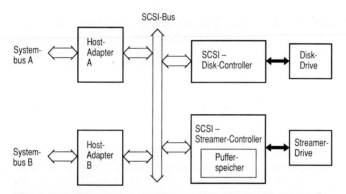

Bild 7-21. SCSI-Bus mit zwei Mastern und zwei Hintergrundspeichern.

Buskommunikation. Die Busverbindung selbst besteht beim SCSI-Bus aus einem 50poligen Flachbandkabel von maximal 6 m Länge. Sie sieht für die Datenübertragung acht bidirektionale Datenleitungen und eine Paritätsleitung vor; ferner insgesamt neun zum Teil bidirektionale Signalleitungen für die Steuerung der Buskommunikation. Diese Steuerung obliegt den SCSI-Controllern in den Host-Adaptern und in den angeschlossenen Geräten. Jeder dieser Controller kann sowohl Auslöser (initiator) als auch Ziel (target) einer Kommunikation sein. Initiator ist meist der Host-Adapter; Initiator kann aber auch z.B. der SCSI-Controller eines Streamers bei einem Back-up-Vorgang sein. Sobald ein Target vom Initiator angewählt ist, geht die Steuerung an dieses über. (Von den neun Steuersignalen treten hierbei nur sieben in Funktion.)

Der Ablauf einer Kommunikation zwischen Initiator und Target umfaßt mehrere sog. Bus-Phasen, die mittels der Steuersignale verwaltet werden. Bild 7-22 zeigt dazu eine Datenausgabe an einen Streamer, wobei sieben solcher Bus-Phasen durchlaufen werden. Initiator ist hierbei der Host-Adapter, der Streamer fungiert als Target.

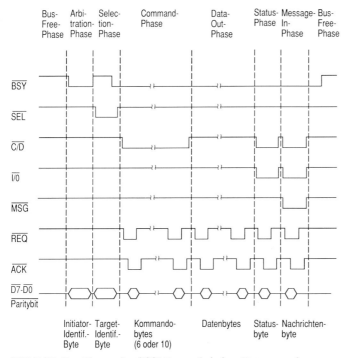

Bild 7-22. Bus-Phasen des SCSI-Busses bei einer Datenausgabe.

Ausgangspunkt für die Datenausgabe ist die Bus-Free-Phase, die dadurch angezeigt wird, daß alle Steuersignale inaktiv sind. Von diesem Zustand ausgehend, fordert der Host-Adapter den Bus an. Sind mehrere Initiatoren am Bus vorhanden, so muß er eine Busarbitrationsphase durchlaufen. Hierzu legt er ein Identifikationsbyte auf die Datenleitungen und aktiviert das Signal $\overline{BSY}$ (Busy). Dieses Byte gibt mit einem 1-aus-8-Code die Adresse und die Buspriorität an. Zeigt der Zustand des Datenbusses dem Host-Adapter an, daß er von allen konkurrierenden Initiatoren die höchste Priorität hat, so leitet er eine Selektionsphase ein. Dazu legt er das Identifikationsbyte des Streamers auf die Datenbusleitungen, inaktiviert $\overline{BSY}$ und aktiviert $\overline{SEL}$ (Select). Der Streamer-Controller quittiert diese Anwahl, indem er seinerseits $\overline{BSY}$ aktiviert, worauf der Host-Adapter die Selektionsphase durch Inaktivieren von $\overline{SEL}$ abschließt.

Für die dann folgenden Phasen übernimmt der Streamer-Controller als Target die Steuerung. Er leitet zunächst eine Kommandophase ein, indem er $\overline{C/D}$ (Control/Data) aktiviert und $\overline{I/O}$ (Input/Output) und $\overline{MSG}$ (Message) inaktiv läßt. Der Host-Adapter überträgt daraufhin mehrere Kommandobytes zur Spezifikation des Ausgabevorgangs. Synchronisiert werden diese Byteübertragungen durch die Handshake-Signale

$\overline{\text{REQ}}$ (Request, Target) und $\overline{\text{ACK}}$ (Acknowledge, Initiator). Abgeschlossen wird die Kommandophase, sobald der Streamer-Controller $\overline{\text{C/D}}$ inaktiviert. Damit beginnt die Übertragung der Datenbytes an den Streamer, wiederum synchronisiert durch $\overline{\text{REQ}}$ und $\overline{\text{ACK}}$.

Der Abschluß dieser Data-Out-Phase wird vom Streamer-Controller durch Aktivieren von $\overline{\text{C/D}}$ und $\overline{\text{I/O}}$ angezeigt, womit er gleichzeitig eine Statusphase einleitet. In dieser sendet er ein Statusbyte, das dem Host-Adapter z.B. die erfolgreich abgeschlossene Datenübertragung meldet. Im Anschluß daran kann der Streamer-Controller zusätzlich zu $\overline{\text{C/D}}$ und $\overline{\text{I/O}}$ noch $\overline{\text{MSG}}$ aktivieren und damit eine Message-In-Phase einleiten. In dieser Phase hat er die Möglichkeit, ein oder mehrere Nachrichtenbytes an den Initiator zu übertragen, z.B. um ihm mitzuteilen, ob die Verbindung für eine weitere Übetragung aufrechterhalten bleiben soll oder nicht. Mit dem Inaktivieren von $\overline{\text{BSY}}$ gibt der Streamer-Controller schließlich den Bus wieder frei.

Ein Target kann sich während der Kommunikation vom Bus abkoppeln (Disconnect-Zustand), um sich dann später in einer Reselection-Phase über das $\overline{\text{SEL}}$-Signal mit dem Initiator wieder in Verbindung zu setzen. Mit dem Abkoppeln wird zwar die physikalische Verbindung unterbrochen, jedoch die logische Verbindung aufrechterhalten. Üblich ist das z.B. während des Positionierens eines Plattenarms oder eines Streamer-Tapes, um den Bus zwischenzeitlich für andere Übertragungen nutzen zu können.

Kommandos. Bild 6-23 zeigt das Standardformat eines SCSI-Kommandos, bestehend aus sechs Bytes. Es unterscheidet acht Kommandogruppen (Gruppencode) mit jeweils bis zu 32 Kommandos innerhalb einer Gruppe (Operationscode). Weiterhin können bis zu acht Busteilnehmer als sog. logische Einheiten über eine 3-Bit-Adresse (logical unit number, LUN) angewählt werden. Eine 21-Bit-Blockadresse bestimmt die Blocknummer, ab der eine Übertragung stattfinden soll; eine 8-Bit-Blockanzahl gibt die Anzahl der zu übertragenden Blöcke an. Zwei Steuerbits Link und Flag zeigen dem Target an, ob es nach Beendigung des Kommandos ein weiteres Kommando ausführen soll (linked commands), bzw. ob es den Host-Adapter zwischen zwei solchen Kommandoausführungen unterbrechen soll. Die restlichen Bits im letzten Byte stehen dem Benutzer frei zur Verfügung bzw. sind für eine spätere Festlegung reserviert.

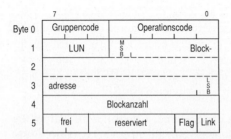

Bild 7-23. SCSI-Kommandoformat.

Durch den Gruppencode werden zusätzlich zu dem beschriebenen Format Kommandos mit 10 und 12 Bytes unterschieden. Sie sehen u.a. eine 32-Bit-Blockadresse und eine 16-Bit-Blockanzahl vor. Bei einer Blockgröße von z.B. 256 Bytes können damit Übertragungen mit bis zu 16 Mbyte bei einem Adreßraum von bis zu 1024 Gbyte durchgeführt werden, was bei Back-up-Vorgängen genutzt wird.

7.4 Ein-/Ausgabegeräte

Die interaktive Mensch-Maschine-Kommunikation mit Mikroprozessorsystemen erfolgt bevorzugt über Bildschirmterminals. Diese bestehen aus einer Tastatur zur Dateneingabe (keyboard) und einem Datensichtgerät zur Datenanzeige (display). Bezüglich des Aufbaus und der Funktionsweise unterscheidet man zwei Typen: alphanumerische Terminals für die Darstellung von Text, d.h. von Buchstaben, Ziffern und Sonderzeichen, und graphische Terminals für die Darstellung von Zeichnungen, graphischen Objekten und dergleichen (sowie auch von Text). Ergänzt werden Terminals häufig durch ein Eingabegerät zur Positionierung einer Markierung auf dem Bildschirm des Sichtgeräts, das als Maus bezeichnet wird. Die Ausgabe sowohl von Text als auch von Graphik auf Papier erfolgt überwiegend über Nadeldrucker, Tintenstrahldrucker und Laserdrucker.

Darüber hinaus gibt es ein Vielzahl von Eingabe- und Ausgabegeräten für bestimmte Anwendungen, auf die hier nicht weiter eingegangen wird. Zu ihnen zählen z.B. Tabletts und Plotter, die als Eingabe- bzw. Ausgabegeräte wie ein Zeichenbrett wirken, Scanner, die als Eingabegeräte eine Bildvorlage photoelektrisch abtasten und digitalisieren, sowie Spracheingabe- und Sprachausgabesysteme. Eine Beschreibung dieser Geräte geben [5, 14].

7.4.1 Alphanumerische Datensichtgeräte

Datensichtgeräte haben als Bildschirm (Monitor) üblicherweise eine Kathodenstrahlröhre (cathode ray tube, CRT), die wie eine Fernsehröhre nach dem Raster-Scan-Verfahren arbeitet. Bei Schwarz-/Weiß-Monitoren (monochrome monitor) wird zum Schreiben des Bildes ein Elektronenstrahl zeilenweise von links nach rechts über den Bildschirm geführt und entsprechend den auf dem Schirm darzustellenden Bildpunkten hell oder dunkel getastet. Der Schirm, der mit einer Phosphorschicht versehen ist, leuchtet dabei an denjenigen Punkten auf, auf die der hell getastete Strahl trifft. Am Zeilenende erfolgt eine dunkel getastete horizontale Strahlrückführung zum nächsten Zeilenanfang und am Bildende eine dunkel getastete vertikale Strahlrückführung zum Bildanfang. Durch das Nachleuchten der Phosphorschicht bleiben helle Bildpunkte bis zum Wiedereintreffen des Strahls sichtbar. Gesteuert wird der Elektronenstrahl durch ein Videosignal, das sich aus Impulsen zur Hell-/Dunkel-Steuerung der einzelnen Bildpunkte und Synchronisationsimpulsen für die horizontale und vertikale Strahlrückführung zusammensetzt. Bild 7-24 zeigt ausschnittweise die Form dieses Signals für das Schreiben einer Bildzeile.

Farbmonitore haben anstelle des einen Elektronenstrahls von Schwarz-/Weiß-Monitoren drei Elektronenstrahlen für die drei Grundfarben Rot, Grün und Blau. Diese wer-

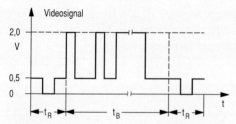

Bild 7-24. Videosignal. t_R: Zeit zur horizontalen Strahlrückführung, t_B: Zeit zur Generierung einer Bildzeile.

den gemeinsam abgelenkt und treffen über eine metallene Loch- oder Schlitzmaske auf punkt- bzw. streifenförmige Phosphorbereiche des Bildschirms auf. Bei einfachen Farbmonitoren für alphanumerische und graphische Anwendungen werden diese Strahlen ebenfalls hell/dunkel getastet, wobei der hell getastete Strahl die ihm zugeordnete Farbe aufleuchten läßt (TTL-Monitor). Werden zwei oder alle drei Farbanteile eines Bildpunktes zum Leuchten gebracht, so entsteht der Gesamtfarbeindruck durch die additive Farbmischung. Aufwendigere Farbmonitore, wie sie für graphische Anwendungen eingesetzt werden, erlauben ein sehr viel größeres Farbspektrum, indem bei ihnen die Elektronenstrahlen in ihrer Intensität beeinflußt werden (RGB-Monitor). Das Steuern der Intensität wird auch bei graphischen Schwarz-/Weiß-Monitoren angewendet, womit sich ein breites Spektrum an Graustufen erzeugen läßt (siehe auch 7.4.2).

Bilddarstellung. Zur Darstellung eines Bildes stehen nach der europäischen Fernsehnorm insgesamt 625 Bildschirmzeilen zur Verfügung (USA: 525 Zeilen). Beim sog. Non-Interlace-Mode wird für den Bildaufbau nur die halbe Zeilenanzahl genutzt, indem nur jede zweite Bildschirmzeile beschrieben wird. Beim Interlace-Mode hingegen werden, um eine höhere Bildauflösung zu erreichen, zwei solcher Halbbilder nacheinander geschrieben. Hierbei liegen die Zeilen des einen Halbbildes zwischen denen des anderen. Diese Technik ist auch bei der Darstellung von Fernsehbildern gebräuchlich. Sie hat jedoch den Nachteil, daß sich die Bildwiederholfrequenz gegenüber dem Non-Interlace-Mode halbiert, womit das Bild verstärkt flimmert. Dies macht sich vor allem beim stillstehenden Bild eines Monitors störend bemerkbar, verstärkt dadurch, daß der Betrachter aufgrund der kleinen Textsymbole einen relativ geringen Abstand zum Bild einnehmen muß. - Im Non-Interlace-Mode liegen die Bildwiederholfrequenzen im Bereich von 50 bis 60 Hz.

Video-Controller. Bild 7-25 zeigt den Schaltungsaufbau der Steuereinheit eines alphanumerischen Datensichtgeräts. Die wesentlichen Bestandteile dieses sog. Video-Controllers sind ein CRT-Controller als zentraler Steuerbaustein, der von einem Mikroprozessor mit Steuerinformation versorgt wird, ein Bildspeicher zur Speicherung der als Bildinhalt auszugebenden Zeichen, ein Zeichengenerator und ein Schieberegister zur Erzeugung der darzustellenden Zeichen sowie ein Videosignalgenerator zur Erzeugung des für die Ansteuerung eines Schwarz-/Weiß-Monitors erforderlichen Videosignals. Bei einem Farbmonitor werden zur Darstellung der drei Farben drei Videosignale erzeugt. Als Monitor kann z.B. ein handelsüblicher Fernsehmonitor verwendet werden.

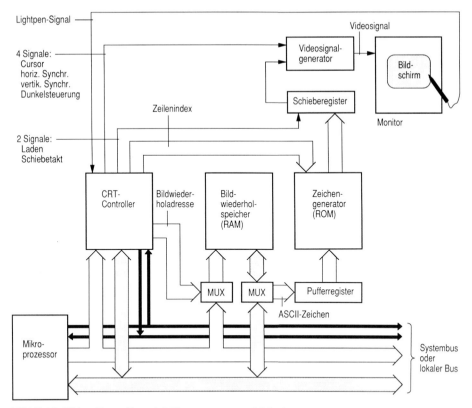

Bild 7-25. Video-Controller mit Mikroprozessor und Monitor.

Der Video-Controller ist entweder als Controller-Karte aufgebaut, die unmittelbar an den Systembus des Mikroprozessorsystems gesteckt wird, oder er ist im Gehäuse des Monitors untergebracht und bildet mit diesem ein eigenständiges Datensichtgerät. Im ersten Fall ist der in Bild 7-25 gezeigte Bus der Systembus und der Mikroprozessor der zentrale Prozessor des Gesamtsystems. Die Verbindung zu einem Schwarz-/Weiß-Monitor ist dann ein Kabel, das entweder das Videosignal oder dessen Bestandteile, d.h. die Signale für die Hell-/Dunkel-Steuerung und für die Synchronisation der horizontalen und vertikalen Strahlablenkung, überträgt. Bei Farbmonitoren sind es entsprechend drei Videosignale, wobei die Information für die Synchronisation zusammen mit dem Grün-Signal oder getrennt von diesem übertragen wird.

Im zweiten Fall ist der gezeigte Mikroprozessor ein lokaler Prozessor des Controllers und der gezeigte Bus ein lokaler Bus, der mit dem Systembus üblicherweise über ein asynchron serielles Interface, d.h. über eine V.24- bzw. RS-232C-Schnittstelle verbunden ist. (Dieses Interface wie auch der für das Steuerprogramm erforderliche zusätzliche lokale Programm- und Datenspeicher sind in Bild 7-25 nicht dargestellt.)

Zeichengenerator. Textzeichen werden vom Zeichengenerator als Punktmatrizen mit einem Raster von üblicherweise 5x7, 7x9 oder 9x13 Bildpunkten erzeugt. Im Falle einer 5x7-Matrix werden dabei in 7 aufeinanderfolgenden Bildzeilen je 5 neben-

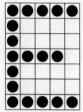

Bild 7-26. 5x7-Punktmatrix mit Darstellung des Zeichens E.

einanderliegende Punkte als zusammenhängendes Zeichen abgebildet (Bild 7-26). Als Zeichengenerator dient ein Festwertspeicher (ROM), in dem die Zeilen der Punktmatrizen der einzelnen Zeichen als Bits gespeichert sind (0: kein Punkt, 1: Punkt). Zur Anwahl einer Matrixzeile wird er mit dem 7- oder 8-Bit-Code des Zeichens (z.B. im ASCII-Code) und dem Zeilenindex der Zeichenmatrix adressiert (Bild 7-27). Die Matrixzeile, die 5, 7 bzw. 9 Bits entsprechend der Größe der Bildpunktmatrix enthält, wird in das Schieberegister gelesen und bitweise dem Videosignalgenerator zugeführt, der daraus die Hell-/Dunkel-Impulse erzeugt. Zur Vorgabe des Zeichenabstandes innerhalb einer Zeile wird das Schieberegister um die entsprechende Bitanzahl erweitert und in den äußeren Bitpositionen mit Nullen aufgefüllt.

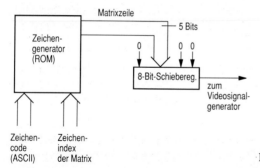

Bild 7-27. Zeichengenerierung.

Abhängig von der Größe der Punktmatrix, der Anzahl der Bildpunkte pro Zeile und der Anzahl der Zeilen pro Bild haben Monitore unterschiedliche Bildformate für die Textdarstellung. So ergibt sich z.B. bei einer für alphanumerische Datensichtgeräte guten Bildauflösung von 720 Bildpunkten pro Zeile und 348 Zeilen und einer 9x14-Punktmatrix (einschließlich der Zeichen- und Zeilentrennpunkte) ein Bildformat mit 25 Textzeilen mit jeweils bis zu 80 Zeichen pro Zeile.

Bildspeicher. Der auf dem Bildschirm darzustellende Text wird im Bildspeicher (refresh memory) des in Bild 7-25 dargestellten Video-Controllers z.B. als ASCII-Zeichenfolge gespeichert. Um eine Textzeile auf den Bildschirm zu schreiben, wird dieser Speicher so adressiert, daß die Zeichen der Zeile wiederholt ausgelesen werden, und zwar so oft, wie die Punktmatrix Zeilen hat. Hierbei wird vom CRT-Controller jedesmal der Zeilenindex für den Zeichengenerator, beginnend bei Null, um Eins erhöht. Zur Trennung von zwei Textzeilen wird das Videosignal je nach Art des gewählten Hintergrunds während mehrerer Elektronenstrahlablenkungen hell oder dunkel gesteuert.

Als Bildspeicher kann, wenn der Video-Controller direkt am Systembus angeschlossen ist, ein Teil des Hauptspeichers des Mikroprozessorsystems benutzt werden. Wie die folgende Rechnung zeigt, erfordert dies jedoch für die Bildwiederholung einen DMA-Controller und einen genügend schnellen Hauptspeicher: Bei einem Halbbild von 312 Zeilen und einer Bildwiederholfrequenz von 50 Hz stehen für das Schreiben einer Bildzeile und für die Strahlablenkung rund 64 µs zur Verfügung. Bei einer typischen Anzahl von 64 Zeichen pro Zeile mit je acht Bildpunkten (5x7-Matrix, je drei Leerpunkte zur Zeichentrennung) und einer der Fernsehnorm entsprechenden Punkttaktfrequenz von 10 MHz ergeben sich 512 Bildpunkte pro Zeile und eine Schreibzeit von 51,2 µs. Für das Lesen eines Zeichens aus dem Bildspeicher stehen somit ca. 0,8 µs zur Verfügung.

Um den DMA-Zugriff und die damit verbundene Beeinträchtigung der Programmverarbeitung im Mikroprozessor zu vermeiden, wird der Video-Controller häufig, wie bei der Struktur mit lokalem Bus, mit einem eigenen Bildspeicher und direktem Speicherzugriff für die Bilddarstellung ausgestattet. Die für die Bilderzeugung notwendigen Schreibzugriffe des Mikroprozessors auf den Bildspeicher werden dabei durch eine Multiplexerschaltung ermöglicht. Sie werden durch eine Hardwaresteuerung auf den Zeitraum der Strahlablenkung außerhalb der 512 Zeilenbildpunkte eingeschränkt, womit Konflikte mit den Lesezugriffen des CRT-Controllers bei der Bilddarstellung vermieden werden (vgl. Bild 7-25). Der Bildspeicher belegt einen Teil des Adreßraums des Mikroprozessors.

CRT-Controller. Die Steuerung des in Bild 7-25 gezeigten Video-Controllers unterliegt dem CRT-Controller, der seinerseits vom Mikroprozessor durch Laden seiner Register mit Steuerinformation versorgt wird. Seine wichtigsten Aufgaben sind:

- das Adressieren des Bildspeichers in Abhängigkeit von der Bilddarstellung (Interlace-/Non-Interlace-Mode), der Zeichenanzahl pro Zeile und der Anzahl der Textzeilen pro Bild,

- das Generieren des Zeilenindex für den Zeichengenerator in Abhängigkeit von der Zeilenanzahl der Punktmatrix,

- das Generieren eines Ladesignals für die Übernahme einer Matrixzeile des Zeichengenerators in das Schieberegister sowie das Bereitstellen eines Taktsignals, mit dem die Bits des Schieberegisters dem Videosignalgenerator zugeführt werden,

- das Generieren der Zeitpunkte und Impulsbreiten für die Horizontal- und Vertikalsynchronisation,

- das Generieren eines Cursor-Signals (Form des Cursors, blinken/nicht blinken) und

- das Reagieren auf ein Lightpen-Signal.

Cursor und Lightpen. Als Cursor bezeichnet man ein Markierungszeichen, das auf dem Bildschirm den Ort anzeigt, an dem ein über die Tastatur eingegebenes Zeichen dargestellt wird. Die Form der Cursors kann z.B. als Bildpunktfläche mit vorgebbarer Matrixzeilenanzahl und Vertikalposition innerhalb der Punktmatrix festgelegt werden. Hierzu werden zwei Register im CRT-Controller mit dem Anfangszeilenindex und dem Endzeilenindex geladen. Die Positionierung des Cursors auf dem Bildschirm geschieht über ein Adreßregister des CRT-Controllers. Dessen Inhalt wird beim Auslesen des Bildspeichers, d.h. während der Bilddarstellung, mit der aktuellen Speicheradresse verglichen. Bei Übereinstimmung beider Adressen sendet der CRT-Controller das Cursor-Signal aus, das dem aktuellen Videosignal überlagert wird. Die Hervorhebung des Cursors kann durch Blinken unterstützt werden.

Ein Lightpen (Lichtgriffel) ist ein stabförmiges Eingabegerät mit einem Lichtsensor an der Spitze. Setzt man ihn wie einen Schreibstift auf eine beliebige Stelle des Bildschirms, so liefert er beim Durchgang des Elektronenstrahls durch diesen Punkt ein Signal. Dieses Signal wird dem CRT-Controller zugeführt, der daraufhin die momentane Bildspeicheradresse in einem Register festhält. Der Registerinhalt kann durch den Prozessor des Video-Controllers ausgewertet werden.

Steuerkommandos. Die an den Video-Controller übertragenen Zeichen sind zum einen Steuerzeichen, die vom Mikroprozessor des Controllers als Kommandos interpretiert werden, und zum andern die darzustellenden Zeichen, die in den Bildspeicher geschrieben werden. Beim 7-Bit-ASCII-Code (siehe 1.1.2, Tabelle 1-1) sind dies die Zeichen in den Spalten 0 und 1 bzw. 2 bis 7. Eine Erweiterung dieses Codes auf acht Bits ermöglicht eine Verdopplung der Anzahl der beiden Zeichenarten. Damit können zusätzliche Steuerzeichen zur Bildschirmsteuerung und Symbole, die nicht zum Schriftzeichensatz gehören (z.B. graphische Symbole), definiert werden.

Die vom Mikroprozessor interpretierten Kommandos werden von diesem wiederum in Steuerinformation für den CRT-Controller umgesetzt. Typische Kommandos sind das Positionieren des Cursors an einer durch Zeilen- und Zeichenposition vorgegeben Stelle, das Verschieben des Bildschirminhaltes nach oben oder nach unten (scrolling) und das Austauschen eines Bildschirminhalts (paging), sofern die Kapazität des Bildspeichers für die Aufnahme mehrerer Bildschirminhalte ausgelegt ist. Editierfunktionen, wie das Löschen und Einfügen von Zeichen und Zeilen und das Setzen von Tabulatoren ergänzen den Kommandosatz (siehe auch 7.4.3).

Je nach Gerätetyp sind die Bildschirmoperationen in Art und Anzahl unterschiedlich. Damit verbunden sind individuelle Kommandosätze und entsprechend unterschiedliche Anforderungen an die für die Ansteuerung benötigte Treibersoftware. Eine gewisse Vereinheitlichung wird jedoch durch Firmenstandards erreicht, die unter Bezeichnungen wie VT52, VT100, VT220 und VT320 bekannt sind (Digital Equipment). Bei Datensichtgeräten, die für einen höheren Leistungstandard ausgelegt sind, ist es außerdem möglich, Kommandosätze von Geräten geringeren Leistungsstandards durch den Mikroprozessor des Video-Controllers zu interpretieren. Hierbei kann auch Kommandos Rechnung getragen werden, die - wie vielfach üblich - aus Zeichenfolgen bestehen. Man bezeichnet diese Anpassung durch die Betriebssoftware des Video-Controllers auch als Emulation/Simulation eines bestimmten Gerätetyps.

Zur Ergänzung dieser Ausführungen siehe auch [9, 14, 15]; einen tabellarischen Überblick über CRT-Controller-Bausteine gibt [1, 2].

7.4.2 Graphische Datensichtgeräte

Graphische Datensichtgeräte haben als Bildschirm eine Kathodenstrahlröhre. Die Bilddarstellung erfolgt entweder nach dem in Abschnitt 7.4.1 beschriebenen Raster-Scan-Verfahren (Rasterdisplay) oder nach einem Vektorverfahren, bei dem der Elektronenstrahl entsprechend den Linienzügen des Bildes im Sinne der Vektordarstellung individuell abgelenkt wird (vektorkalligraphisches Display, Vektordisplay). Vektordisplays zeichneten sich in der Vergangenheit gegenüber Rasterdisplays durch eine hohe Genauigkeit und die Fähigkeit der Echtzeit-Bilddarstellung aus. Diese Leistungsmerkmale werden inzwischen aber auch von Rasterdisplays erreicht, zum einen durch eine hohe Bildauflösung mit derzeit bis zu 2048x2048 Bildpunkten bei Farbmonitoren und 4096x4096 Bildpunkten bei Schwarz-/Weiß-Monitoren, zum andern durch hochintegrierte Prozessor- und Speicherbausteine, mit denen Bildberechnungen schnell und kostengünstig durchgeführt werden können. Vektordisplays haben dadurch an Bedeutung verloren, weshalb wir im folgenden nicht weiter auf sie eingehen.

Video-Controller. Video-Controller in Rasterdisplays ähneln denen in alphanumerischen Sichtgeräten. Zentrale Bestandteile sind ein graphischer CRT-Controller, ein Bildspeicher und ein Videosignalgenerator zur Ansteuerung eines Schwarz-/Weiß- oder Farbmonitors. Darüber hinaus enthalten sie entweder einen lokalen Mikroprozessor mit Programm- und Datenspeicher, oder sie werden vom zentralen Mikroprozessor gesteuert. Bild 7-28 zeigt dazu ein Beispiel, auf dessen wichtigsten Teil, die Bildspeicherstruktur, später Bezug genommen wird.

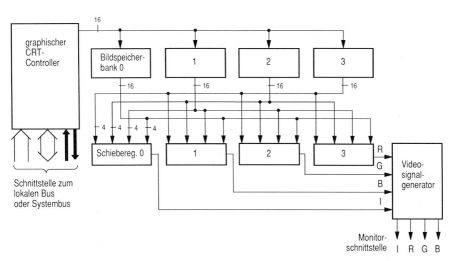

Bild 7-28. Datenfluß in einem Video-Controller für einen TTL-Monitor mit einer Pixelcodierung nach Bild 7-29a.

Der Mikroprozessor dient zur Umsetzung von Bildbeschreibungen höherer Abstraktion in Kommandos an den CRT-Controller, der seinerseits anhand einer Kommandofolge das Bild im Bildspeicher aus Bildelementen zusammensetzt. Solche Bildelemente sind z.B. Punkt, Linie, offener und geschlossener Linienzug, Kreis, Ellipse, Kreis- und Ellipsenbogen, aber auch Schriftzeichen. Der Bildaufbau erfolgt dabei nicht wie bei alphanumerischen Sichtgeräten durch Punktmatrizen, sondern einzelpunktweise. Der Bildspeicher wird dementsprechend nicht mit ASCII-Zeichen, sondern mit einzeln codierten Bildpunktangaben beschrieben (picture elements, pixels). Die graphischen Bildelemente werden vom CRT-Controller unmittelbar erzeugt; für die Darstellung alphanumerischer Zeichen wird der verfügbare Zeichensatz in Punktform in einem Speicherbereich bereitgestellt, aus dem der CRT-Controller nach Bedarf Zeichen in den Bildspeicher kopiert.

Der CRT-Controller hat neben dem Bildaufbau im Bildspeicher die Aufgabe, den Bildspeicher zyklisch auszulesen, um den Videosignalgenerator mit Pixelwerten zu versorgen. Das Lesen aus dem Bildspeicher (Display-Phase) und das Schreiben in den Bildspeicher (Drawing-Phase) müssen von ihm so koordiniert werden, daß die zyklische Bildausgabe ohne Informationsverlust gewährleistet ist.

Pixelcodierung. Die Bildinformation im Bildspeicher (bit map) sieht für jedes Pixel ein oder mehrere Bits zur Beschreibung eines Bildpunktes vor. Bild 7-29 zeigt dazu zwei Beispiele: (a) eine 4-Bit-Darstellung für einen TTL-Monitor mit je einem Bit für die drei Grundfarben und einem Bit zur Unterscheidung zweier Intensitätsstufen und (b) eine 12-Bit-Darstellung für einen RGB-Monitor mit 3x4 Bits zur Unterscheidung von 16 Intensitätsstufen für jede der drei Grundfarben. Als Erweiterung der Darstellung nach Bild 7-29b sind Pixelcodierungen mit bis zu 16 Bits für jede Grundfarbe, d.h. mit bis zu 48 Bits pro Pixel üblich. - Farbcodierungen werden durch sog. Digital-/Analogwandler in Videosignale entsprechender Amplituden umgesetzt. Auf gleiche Weise werden die Grauwerte bei graphischen Schwarz-/Weiß-Monitoren erzeugt.

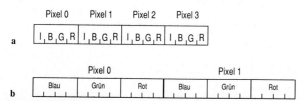

Bild 7-29. Pixelcodierung. **a** 4-Bit-Darstellung für einen TTL-Monitor, **b** 3x4-Bit-Darstellung für einen RGB-Monitor.

Bildspeicher. Die aus der punktweisen Bildbeschreibung resultierende große Datenmenge für ein Bild erfordert zum einen große Kapazitäten für den Bildspeicher und zum andern Organisationsformen, die eine hohe Übertragungsrate beim Auslesen des Bildinhaltes ermöglichen. Deshalb werden für den Bildspeicher dynamische RAM-Bausteine mit ihren großen Speicherkapazitäten eingesetzt. Abhängig vom Bausteintyp wird der Zugriff auf sie im Nibble- oder Page-Mode, d.h. für aufeinanderfolgend gespeicherte Bits durchgeführt (siehe auch 4.3.3). Ein weiterer Bausteintyp, der speziell für diese Anwendung entwickelt wurde, ist das sog. Video-RAM. Ein Video-RAM ist ebenfalls ein dynamischer Speicher, hat jedoch bausteinintern ein Schieberegister, in das beim Adressieren mit einer Zeilenadresse die gesamte Speichermatrixzeile von z.B. 512 oder 1024 Bits übernommen wird. Die Bits dieser Zeile können dann mittels eines Schiebetakts seriell ausgelesen werden, wobei, im Gegensatz zum Page-Mode, keine Spaltenadressierung für die einzelnen Bits erforderlich ist. In einer Modifizierung dieses Prinzips kann durch Vorgabe einer Spaltenadresse zusätzlich die Position des ersten auszugebenden Bits der Zeile bestimmt werden.

Einen schnellen Pixelzugriff, unabhängig vom Bausteintyp, erreicht man durch Verschränken mehrerer Speicherbänke (interleaving) und durch parallelen Zugriff auf diese. Bild 7-28 enthält eine solche Struktur für vier Bänke mit einer Speicherbankbreite von 16 Bits. Bei einem Pixelformat für einen TTL-Monitor nach Bild 7-28a können auf diese Weise 16 Pixels gleichzeitig ausgelesen werden. Die binären Farb- und Intensitätsanteile eines jeden Pixels werden dabei über entsprechende Datenwege auf vier Schieberegister verteilt, deren serielle Ausgänge zur Erzeugung der vier Videosignale für Rot, Grün, Blau und die Intensität dienen.

Zur Ergänzung dieser Ausführungen siehe auch [9, 14]

Anmerkung. Neben der Kathodenstrahlröhre mit ihren relativ großen Abmessungen gibt es flache Bildschirme mit geringem Platz- und Energiebedarf, die für alphanumerische und für graphische Darstellungen verwendet werden [5, 9]. Ihre Leuchteigenschaften basieren z.B. auf chemischen Substanzen, die unter Einfluß eines elektrischen Feldes entweder Licht absorbieren, wie bei Flüssigkristall-Displays (liquid crystal display, LCD), oder Licht emittieren, wie bei Elektroluminiszens-Displays. Einen weiteren Typ flacher Bildschirme stellen die Plasma-Displays dar. Bei ihnen werden die Bildpunkte durch Gasentladung in einem zwischen zwei Glasscheiben eingeschlossenen Gas mittels einer ansteuerbaren Lochmaske erzeugt. Sie haben gegenüber den vorgenannten Bildschirmen den Vorteil, flimmerfrei zu sein. - Typische Daten für Flachbildschirme sind eine Auflösung von 640x480 Bildpunkten und bis zu 16 Graustufen. Da ihr Preis/Leistungsverhältnis jedoch schlechter als bei der Kathodenstrahlröhre ist, beschränkt sich ihr Einsatz als Bildschirmterminals z.Z. im wesentlichen auf tragbare Personal Computer, auf sog. Laptops.

7.4.3 Tastatur

Eine Tastatur (keyboard) ist ein Eingabegerät zur Übertragung von Text- und Steuerinformation an ein Rechnersystem. Sie hat ein Tastenfeld ähnlich dem einer Schreibmaschine, das bei Betätigen einer oder im Sonderfall auch mehrerer Tasten einen 7-Bit- oder 8-Bit-Zeichencode erzeugt. In der Mikroprozessortechnik wird hierfür der ASCII-Code verwendet, der häufig durch ein achtes Bit erweitert wird. Die Codeerzeugung wie auch die Kommunikation mit dem Prozessor werden von einem Keyboard-Controller gesteuert. - Im folgenden werden die wichtigsten Tastenfunktionen und die Wirkungsweise eines Keyboard-Controllers skizziert; siehe dazu auch [12, 15].

Tastenfunktionen. Zentraler Teil einer Tastatur ist das Schriftzeichenfeld mit Tasten für Buchstaben, Ziffern und Sonderzeichen, ergänzt um einige Tasten mit Steuerfunktion. Üblich sind in Deutschland der amerikanische ASCII-Zeichensatz

(USASCII) und der deutsche ASCII-Zeichensatz mit Codierungen für die Umlaute und für andere landesspezifische Zeichen (siehe 1.1.2, Tabelle 1-1). Je nach Tastatur gibt es neben diesem zentralen Tastenfeld ein Numerikfeld (numeric pad) zur Unterstützung der numerischen Datenerfassung mit Tasten für die zehn Ziffern und für arithmetische Operatorzeichen, ein Bildschirmfeld für Bildschirmoperationen (CRT control keys) und ein Funktionsfeld mit Tasten, deren Funktion durch die Software festgelegt werden kann (function keys). - Bild 7-30 zeigt eine Tastatur für den deutschen Zeichensatz. Die Auswahl und Anordnung der Tasten außerhalb des Schriftzeichenfeldes ist hersteller- und anwendungsabhängig; Varianten gibt es allerdings auch in der Anordnung der Sonderzeichen innerhalb des Schriftzeichenfeldes.

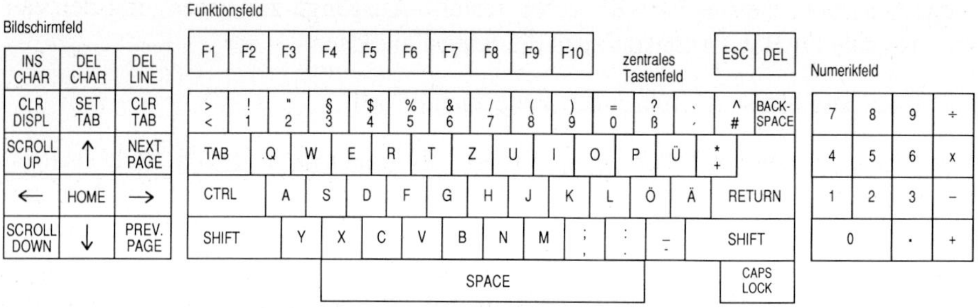

Bild 7-30. Tastatur für den deutschen Zeichensatz mit zusätzlichem Numerikfeld, Bildschirmfeld und Funktionsfeld.

Das zentrale Tastenfeld repräsentiert die Spalten 2 bis 7 der ASCII-Tabelle, sieht jedoch weniger Tasten als die dort definierten Zeichen vor. Um dennoch sämtliche Codierungen zu ermöglichen, gibt es zwei Steuertasten SHIFT und CAPS LOCK mit Umschaltfunktion, wobei die SHIFT-Taste zur besseren Handhabung zweimal vorhanden ist. Im Normalbetrieb, d.h. ohne Umschaltung, erzeugen die Buchstabentasten die Codes für die Kleinschreibung (Spalten 6 und 7). Wird jedoch zusammen mit einer Buchstabentaste die SHIFT-Taste betätigt, so erfolgt eine Umschaltung auf die Großschreibung (Spalten 4 und 5). Die SHIFT-Taste bewirkt darüber hinaus eine Umschaltung zwischen Sonderzeichen und zwischen Ziffern und Sonderzeichen (Spalten 2 und 3). Die CAPS-LOCK-Taste hat ausschließlich Umschaltfunktion für die Groß- und Kleinschreibung. Im Gegensatz zur SHIFT-Taste wird die eingestellte Funktion so lange festgehalten, bis die Taste erneut betätigt wird. - Zu erwähnen sind hier auch die Tasten für das SP-Zeichen (space, Leerzeichen), das einen Zwischenraum erzeugt, und für das Löschungszeichen DEL (delete). Diese Zeichen gehören, obwohl sie in den Spalten 2 und 7 stehen, nicht zu den Schriftzeichen, sondern sind Steuerzeichen.

Eine weitere Taste mit Umschaltfunktion ist die CTRL-Taste (control). Sie erlaubt es, Steuercodes der Spalten 0 und 1 zu erzeugen. Dazu wird die Taste zusammen mit einem der korrespondierenden Zeichen der Spalten 6 und 7 betätigt. Die so erzeugten Steuercodes dienen vorwiegend zur Texteditierung und zur Kommunikation mit dem Prozessor. Für die gebräuchlichsten von ihnen gibt es zur einfacheren Handhabung eigene Tasten, die wie die CTRL-Taste dem zentralen Tastenfeld zugeordnet sind, z.b. BACKSPACE für das Zurückgehen um ein Zeichen, TAB für das Vorrücken auf die nächste Tabulatormarke in der Zeile und ESC als Steuerzeichen für eine Umschaltung auf der Softwareebene (z.b. um nachfolgende Schriftzeichen als Steuerzeichen auszuweisen). Hinzu kommt die Taste RETURN (häufig auch als ENTER-Taste bezeichnet), die die Steuercodes CR (carriage return) für das Zurückgehen an den Zeilenanfang und LF (line feed) für das Weitergehen um eine Zeile erzeugt.

Bei einem Bildschirmterminal werden die über die Tastatur eingegebenen Zeichen vom Prozessor unmittelbar wieder auf dem Bildschirm des Datensichtgeräts angezeigt. Hierbei kommen auch die beschriebenen Editierfunktionen zur Wirkung. Ergänzt werden diese durch Bildschirm- und Editieroperationen, die das Bildschirmfeld bereitstellt, z.b. Bewegen des Cursors nach oben, unten, links oder rechts ($\uparrow$, $\downarrow$, $\leftarrow$, $\rightarrow$), Rücksetzen des Cursors in die linke obere Ecke des Bildschirms (HOME), Verschieben des Bildschirminhaltes (SCROLL UP, SCROLL DOWN), Austauschen des Bildschirminhalts (NEXT PAGE, PREVious PAGE), Löschen des gesamten Bildschirms (CLEAR DISPLay), Setzen und Rücksetzen von Tabulatormarken (SET TAB, CLR TAB), Einfügen und Löschen eines Zeichens an der aktuellen Cursor-Position (INS CHAR, DEL CHAR) sowie Löschen einer Zeile (DEL LINE).

Das Betätigen einer Taste des Bildschirmfeldes löst eine für sie spezifische Escape-Sequenz aus. Escape-Sequenzen beginnen mit dem Zeichen ESC, auf das eines oder mehrere ASCII-Zeichen folgen. (Im einfachsten Fall von nur einem nachfolgenden Zeichen kann diese Escape-Sequenz auch mittels der ESC-Taste und der entsprechenden Zeichentaste erzeugt werden.) Escape-Sequenzen werden auch bei Betätigen der frei programmierbaren Funktionstasten F1 bis F10 erzeugt.

Keyboard-Controller. Tastaturen sind, um den Prozessor zu entlasten, mit einem Keyboard-Controller ausgestattet, der das Abfragen der Tasten übernimmt und der dem Prozessor bei Erkennen einer betätigten Taste ein dieser Taste zugeordnetes Codewort übermittelt. Dieses Codewort wird vom Prozessor entweder als Zeichencode ausgewertet, oder er benutzt es für den Zugriff auf eine im Speicher stehende Codetabelle, die einen beliebigen Zeichencode enthält, z.b. den ASCII- oder den EBCDI-Code. Bei umfangreichen Tastaturen benutzt man, um nicht für jede Taste eine eigene Abfrageleitung zu benötigen (Bild 7-31a), eine matrixförmige Anordnung von Signalleitungen, wobei jedem Kreuzungspunkt eine Taste zugeordnet ist (Bild 7-31b). Bei Drücken einer Taste werden die beiden sich kreuzenden Leitungen miteinander verbunden. Bestimmte Tasten, wie SHIFT und CTRL, sind von dieser Matrixanordnung ausgenommen. Sie erhalten wegen ihrer Umschaltfunktion eigene Leitungen.

Das Auswerten einer solchen Matrix geschieht zyklisch durch zeilenweises Abfragen ihrer Kreuzungspunkte. Dazu muß jede Spalte, wie in Bild 7-31b gezeigt, über einen Widerstand mit der Versorgungsspannung verbunden sein. An die abzufragende Zeile wird das Abfragesignal 0V, und an die restlichen Zeilen wird die Versorgungsspannung 5V angelegt. Bei einer gedrückten Taste in der abgefragten Zeile zeigt die zugehörige Spalte den 0V-Pegel des Zeilensignals, bei einer nicht gedrückten Taste den 5V-Pegel der Versorgungsspannung an. Eine betätigte Taste in einer anderen Zeile

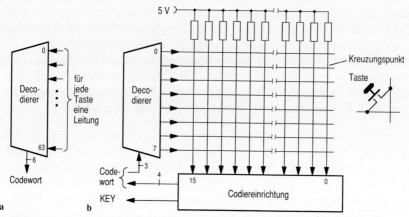

Bild 7-31. Tastenabfrage, **a** durch 64 Einzelleitungen, **b** durch eine 8x16-Schaltermatrix.

beeinflußt das Abfrageergebnis nicht. - Für die Zeilenanwahl wird häufig ein Decodierer und für die Spaltenanzeige eine Codiereinrichtung verwendet. Die Codiereinrichtung zeigt durch ein Signal KEY zusätzlich an, ob bei der Abfrage einer Zeile eine
gedrückte Taste erkannt wurde.

Bild 7-32 zeigt den prinzipiellen Aufbau eines Keyboard-Controllers. Seine wesentlichen Bestandteile sind eine zentrale Steuereinheit mit Steuer-, Status- und Datenregister, eine Matrixsteuerung für die codierte Anwahl der Zeilen und die codierte
Auswertung der Spalten der Tastaturmatrix, ein Codespeicher, aus dem der Controller
bei Erkennen einer betätigten Taste das dieser Taste zugeordnete Zeichencodewort
liest, um es im Datenregister für die Übertragung bereitzustellen, eine Systembusschnittstelle für die 8-Bit-parallele Übertragung des Zeichens an den Prozessor, eine
serielle Schnittstelle für eine wahlweise asynchron serielle Übertragung des Zeichens
sowie eine Unterbrechungseinrichtung, die die Synchronisation der Übertragung
durch Programmunterbrechung erlaubt.

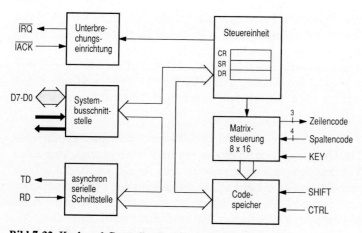

Bild 7-32. Keyboard-Controller für eine 8x16-Schaltermatrix.

Der Codespeicher ist entweder ein ROM mit festem Zeichencode, oder er ist ein RAM, in das bei der Initialisierung der Tastatur ein beliebiger Zeichencode geladen werden kann. Wie Bild 7-32 zeigt, werden bei seiner Adressierung zusätzlich zu den Matrixsignalen die Signale der Tasten SHIFT und CTRL ausgewertet, womit deren Umschaltfunktion berücksichtigt wird. (Um das Prellen mechanischer Schalter abzufangen, akzeptiert der Controller den gedrückten Zustand einer Taste erst dann, wenn der ihr zugehörige Schalter nach einer bestimmten Zeit, z.B. beim nächsten Abfragezyklus, immer noch geschlossen ist.)

7.4.4 Maus

Als Maus bezeichnet man ein handgroßes Eingabegerät, das auf einer Unterlage bewegt wird und dessen Positionsänderungen als x,y-Koordinatenwerte an den Mikroprozessor übertragen werden. Dieser erzeugt daraus Bewegungsinformation für ein auf dem Bildschirm eines Datensichtgeräts dargestelltes Symbol, z.B. einen Pfeil. Die Bewegungsaufnahme erfolgt entweder optisch durch Abtasten einer gerasterten Unterlage oder mechanisch durch eine Rollkugel, deren Bewegung ebenfalls optisch erfaßt wird. Eine Maus hat außerdem zwei oder drei Tasten, mit denen in Abhängigkeit von der Position des Pfeils und im Zusammenwirken mit der sie unterstützenden Software bestimmte Funktionen ausgelöst werden können. Typische Funktionen sind das Auswählen von Feldern in menuegesteuerten Benutzeroberflächen, das Markieren von Textteilen zur Unterstützung von Texteditoren (Textsystemen) sowie das Fixieren von Bezugspunkten graphischer Objekte und das Zeichnen von Linien bei graphischen Editoren.

Das Übertragen der Koordinatenwerte und der Tastenzustände an den Prozessor geschieht asynchron seriell über eine V.24-/RS-232C-Schnittstelle. Üblich ist eine Übertragungsrate von 1200 bit/s, es sind aber auch Übertragungsraten von bis zu 9600 bit/s gebräuchlich. Übertragen werden Informationsblöcke, deren Datenformat vom verwendeten Protokoll abhängt. Bild 7-33 zeigt dazu ein Beispiel mit drei 7-Bit-Daten pro Informationsblock. Zur Unterscheidung aufeinanderfolgender Blöcke ist das höchstwertige Bit des ersten Datums mit 1 und das der beiden folgenden Daten mit 0 festgelegt. Zwei weitere Bits T1 und T2 im ersten Datum geben die Stellung von zwei Maustasten an. Werden beide Tasten als gleichzeitig betätigt angezeigt (T1=T2=1), so wird dies der Wirkung einer dritten Taste gleichgesetzt. Die restlichen Bits des Informationsblocks geben die Positionsänderung in Form zweier 8-Bit-Distanzwerte X und Y an. Sie sind im 2-Komplement codiert, wobei mit positiven Werten für X und Y Positionsänderungen nach rechts bzw. oben und mit negativen Werten Änderungen nach links bzw. unten angegeben werden.

	D6	D5	D4	D3	D2	D1	D0
1. Datum	1	T1	T2	Y7	Y6	X7	X6
2. Datum	0	X5	X4	X3	X2	X1	X0
3. Datum	0	Y5	Y4	Y3	Y2	Y1	Y0

Bild 7-33. Datenformat eines Übertragungsprotokolls für eine Maus.

7.4.5 Nadel-, Tintenstrahl- und Laserdrucker

Drucker dienen zur Ausgabe von Text und Graphik auf Papier, so daß die Information als sog. Hard-Copy permanent zur Verfügung steht. Unterschieden werden Geräte, die eine Zeile über einen horizontal bewegten Druckkopf Zeichen für Zeichen drucken (Zeichendrucker, character printer), z.B. Typenrad-, Nadel- und Tintenstrahldrucker, Geräte, die eine Zeile parallel drucken (Zeilendrucker, line printer), z.B. Kettendrucker, und Geräte, die eine ganze Seite auf einmal drucken (Seitendrucker, page printer), z.B. Laserdrucker. Für graphische Ausgaben werden darüber hinaus Zeichenmaschinen eingesetzt, sog. Plotter. Bei ihnen wird ein Schreibstift nach dem Vektorprinzip in einem x,y-Koordinatensystem auf einer Schreibunterlage bewegt, z.B. auf Papier. - Die folgenden Betrachtungen beziehen sich auf Drucker, die in der Mikroprozessortechnik und bei Kleinrechnern bevorzugt eingesetzt werden. Das sind Nadel-, Tintenstrahl- und Laserdrucker [5, 14, 15, 19]. Zur Funktionsweise von Plottern siehe [5].

Nadeldrucker. Nadeldrucker, auch Nadel-Matrixdrucker genannt, arbeiten nach dem Prinzip der matrixförmigen Zeichendarstellung. Sie haben einen horizontal bewegten Druckkopf mit mehreren übereinander angeordneten Nadeln, die einzeln ansteuerbar sind und über Magnete bewegt werden können. Eine aktivierte Nadel schlägt auf ein Farbband, womit ein punktförmiger Abdruck auf dem durch eine Druckwalze geführten Papier erzeugt wird. Wie bei einer Schreibmaschine lassen sich mit dieser Technik zusätzlich zum Original auch Durchschläge herstellen. Nadeldrucker haben jedoch den Nachteil, laute Druckgeräusche zu erzeugen.

Nadeldrucker gibt es als Schwarz-/Weiß- und als Farb-Nadeldrucker. Farb-Nadeldrucker arbeiten mit einem 4-Spur-Farbband, das zusätzlich zu Schwarz die drei Primärfarben Rot, Grün und Blau aufweist. Die Anwahl der Farben erfolgt durch Umschalten des Farbbandes auf die gewünschte Farbspur. Werden in einer Druckzeile mehrere Farben benötigt, so wird die Zeile in entsprechend mehreren Durchläufen gedruckt.

Einfache Drucker mit üblicherweise neun Nadeln haben eine relativ grob gerasterte Zeichendarstellung, z.B. in einer 7x9-Matrix, wie sie auch bei Datensichtgeräten gebräuchlich ist. Höher auflösende Nadeldrucker arbeiten z.Z. überwiegend mit 24 Nadeln, die in zwei Spalten nebeneinander angeordnet und außerdem in der Vertikalen um den halben Nadelabstand gegeneinander versetzt sind. Durch Übereinanderdrucken ergeben sich damit pro Spalte einer Schriftzeile 24 sich überlappende Punkte. Neuere Drucker arbeiten mit 48 Nadeln, die in vier vertikal versetzten Spalten angeordnet sind. Sie ermöglichen eine noch stärkere Überlappung der Punkte und dementsprechend noch besser geglättete Linienkanten.

Mit hochauflösenden Nadeldruckern lassen sich unterschiedliche Schrifttypen sowie Graphiken in guter Bildqualität darstellen. Bei den Schrifttypen unterscheidet man nach sog. Festbreitenschriften, d.h. nach Schriften, bei denen die Zeichen ein festes horizontales Raster haben (z.B. Courier, Letter Gothic), und nach Proportionalschriften, d.h. nach Schriften, bei denen jedes Zeichen Platz entsprechend seiner Breite erhält (z.B. Times, Helvetica). Bei Festbreitenschriften kann die Zeichendichte als Anzahl der Zeichen pro Zoll (characters per inch, cpi) gewählt werden. Gebräuchliche Werte sind 10, 12, 15, 17 und 20 cpi. Die Zeichengröße, auch als Schriftgrad bezeichnet, wird nach typographischen Punkten gemessen (1 Punkt = 0,376 mm, 1 point = 0,351 mm). Bevorzugte Schriftgrade für Lesetexte sind 10 und 12 Punkte, für Titel 14 und 16 Punkte. Weitere Schriftcharaktere sind die Normalschrift, die Schmalschrift, die Breitschrift, die Schattenschrift, die Kursivschrift (italic), die Fettschrift und die Unterstreichung. Bei der Fettschrift z.B. wird das Zeichen horizontal versetzt zweimal gedruckt, wodurch die vertikalen Linien verbreitert werden. - Die Darstellung eines Zeichensatzes für einen bestimmten Schrifttyp bezeichnet man auch als "Font". Im allgemeinen stehen für einen Schrifttyp unterschiedliche Zeichensätze zur Auswahl, mit denen den landesspezifischen Zeichen Rechnung getragen wird (siehe auch 1.1.2, Tabelle 1-1).

Hinsichtlich der Druckgeschwindigkeit unterscheidet man den Schnelldruck (draft), der bei EDV-Ausdrucken zur Anwendung kommt, und den langsameren Schöndruck (letter quality, LQ), der für Textausdrucke verwendet wird. Beim Schnelldruck wird eine relativ grobe Zeilenrasterung der Zeichen gewählt; der Schöndruck hingegen sieht eine hohe Zeilenauflösung vor. Auch bei der Darstellung von Graphiken sind unterschiedliche Auflösungen üblich, was ebenfalls zu unterschiedlichen Druckgeschwindigkeiten führt. So wird z.B. bei einem 24-Nadel-Drucker zur Erreichung einer hohen Druckgeschwindigkeit nur jede dritte Nadel angesteuert, wodurch sich die Auflösung entsprechend verringert. - Typische Werte für die Druckgeschwindigkeit sind 75 bis 300 Zeichen/s. Die Auflösung im Graphikmodus beträgt bis zu 360×360 Punkte/Zoll^2 (dots per inch, dpi); sie wird beim 48-Nadel-Drucker mit einem, beim 24-Nadel-Drucker mit zwei Druckdurchgängen erreicht.

Zur Durchführung eines Druckvorgangs müssen dem Drucker die gewählte Betriebsart (Schriftmodus oder Graphikmodus) sowie die Druckparameter (z.B. Schrifttyp, Zeichendichte, Schriftgrad, Schriftcharakter, Tabulatoren, Zeichenanzahl pro Zeile, Zeilenabstand, seitlicher Randabstand, usw.) mitgeteilt werden. Dies geschieht z.B. durch Escape-Sequenzen, d.h. durch Zeichenfolgen, die durch ein vorangehendes ESC-Zeichen als Steuerinformation gekennzeichnet sind. Bei Schriftausdrucken werden dann die ASCII-Codierungen der Schriftzeichen, aber auch Steuerzeichen, wie CR und LF, übertragen. Die Schriftzeichencodes werden zur Anwahl eines druckerinternen Speichers benutzt, der für jedes Zeichen die zur Ansteuerung der Nadeln benötigte Matrixinformation bereitstellt. Dieser Speicher besteht häufig aus einem ROM-Anteil für fest installierte Schrifttypen (interne Fonts) und einem RAM-Anteil für ladbare Schrifttypen (externe Fonts). - Bei Graphikausdrucken werden anstelle von ASCII-Zeichen Datenbytes zur direkten Ansteuerung der Nadeln übertragen. Bei einem Drucker mit 24 Nadeln und hochauflösender Darstellung sind das drei Bytes pro Spalte einer Zeile. Die erforderliche Informationsmenge ist dementsprechend im Graphikmodus wesentlich größer als im Schriftmodus, der nur ein Byte für eine vollständige Zeichenmatrix benötigt.

Drucker mit mehreren Schrifttypen, Zeichendichten, Schriftgraden, usw. und mit Graphikmodus erfordern einen hohen Steuerungsaufwand, wofür üblicherweise ein Mikroprozessor eingesetzt wird. Sie sind zusätzlich mit einem Pufferspeicher ausgerüstet, der im einfachsten Fall die Zeichen zweier Druckzeilen, meist aber mehrere

Druckseiten aufnehmen kann. Das erlaubt neben einer Entlastung des Rechners eine Optimierung der Druckwege, da nicht nur von links nach rechts, sondern auch von rechts nach links gedruckt werden kann und da der Druckkopf bei Leerzeichen am linken oder rechten Zeilenrand auf dem kürzesten Weg positioniert werden kann. Das Übertragen von Druck- und Steuerinformation in den Puffer erfolgt entweder seriell, z.B. über eine V.24-/RS-232C-Schnittstelle (siehe 6.2.2), oder parallel, z.B. über eine Centronics-Schnittstelle (siehe 6.2.3). Das Füllen und Leeren des Puffers wird z.B. durch das X-ON-/X-OFF-Protokoll synchronisiert (siehe 6.1.2).

Tintenstrahldrucker. Tintenstrahldrucker sind nichtmechanische Matrixdrucker, die wie Nadeldrucker zur Darstellung von Schriftzeichen und von Graphik eingesetzt werden. Anstelle des Nadelkopfes haben sie einen Tintenkopf mit bis zu 24 oder 48 feinen Düsen, über die Tintentröpfchen auf Papier gespritzt werden. Tintenstrahldrucker verursachen dementsprechend keine Druckgeräusche und haben einen sehr geringen Verschleiß; sie erlauben jedoch nicht das Anfertigen von Durchschlägen.

Die Farbfähigkeit wird durch vier gleichartige Tintenköpfe mit unterschiedlichen Tintenfarben erreicht. Diese können während eines Zeilendurchgangs gleichzeitig aktiviert werden, wodurch sich eine hohe Druckgeschwindigkeit und eine gute Farbmischung in den noch feuchten Tintentropfen ergeben. - Die Druckgeschwindigkeit, die wie beim Nadeldrucker u.a. vom Schöndruck bzw. Schnelldruck abhängig ist, liegt bei 150 bis 500 Zeichen/s, die Auflösung bei bis zu 360x360 Punkten/Zoll^2.

Laserdrucker. Laserdrucker arbeiten nach dem xerographischen Aufzeichnungsverfahren, nach dem auch die meisten Kopiergeräte arbeiten. Sie haben eine rotierende Trommel mit einer photoleitfähigen Oberfläche, auf die die Information einer gesamten Seite punktweise aufgebracht wird. Dazu wird die Trommeloberfläche zunächst einheitlich positiv aufgeladen, um die Ladung an denjenigen Stellen wieder ableiten zu können, die auf dem zu bedruckenden Papier schwarz erscheinen sollen. Das geschieht durch einen zeilenweise abgelenkten Laserstrahl, der, gesteuert durch die Druckinformation, auf die Trommel trifft oder nicht. Die danach negativ geladenen Stellen der Trommeloberfläche ziehen wiederum positiv geladene Tonerpartikel an, die anschließend mittels eines elektrischen Feldes auf Papier übertragen und dort eingebrannt werden.

Die punktweise Beschreibung einer Druckseite kann bis zu 1 Mbyte und mehr an Daten umfassen. Um die an den Drucker zu übertragende Datenmenge zu reduzieren, wird üblicherweise nicht die Punkt-Information, sondern eine programmiersprachliche Druckbildbeschreibung übertragen, z.B. in PostScript-Notation. Diese Beschreibung wird in einem Pufferspeicher abgelegt und von der Steuereinheit des Laserdruckers, die dazu als Rechnersystem ausgelegt ist, interpretiert und in die zur Ansteuerung des Laserstrahls erforderliche Punktdarstellung umgesetzt. Durch die sprachliche Bildbeschreibung ergeben sich nahezu unbegrenzte Möglichkeiten zur Gestaltung von Graphik und Schrift. So können z.B. die Schriftzeichen eines vorhandenen Fonts durch Vorgabe eines Skalierungsfaktors in beliebige Größe gebracht werden.

Bei Laserdruckern, die als Tischgeräte angeboten werden, beträgt die Auflösung 300x300 Punkte/Zoll^2, und die Druckgeschwindigkeit liegt bei 6 bis 10 Seiten/min.

Gegenüber Nadeldruckern gleicher Auflösung haben sie aufgrund der größeren Druckpräzision und der gleichmäßigeren Punktschwärzung eine wesentlich bessere Bildqualität. Aufwendige Laserdrucker großer Bauart arbeiten mit einer Auflösung von 600x600 Punkten/Zoll^2 und erreichen Druckgeschwindigkeiten von bis zu 150 Seiten/min.

7.5 Übungsaufgaben

Aufgabe 7.1. Prozessor- und DMAC-gesteuerte Datenübertragung. Für die Übertragung eines Datenblocks zwischen dem Hauptspeicher und dem Datenregister DR eines Interface-Bausteins wird (a) der Prozessor zur Ausführung einer Programmschleife und (b) ein DMA-Controller eingesetzt. - Geben Sie für den Transport eines Datums die Anzahl und die Art der Buszyklen einschließlich der Quelle und des Ziels an: (a) für einen in der Programmschleife ausgeführten Befehl MOVE.B (R0)+,DR und (b) für die Datenübertragung durch den DMA-Controller.

Aufgabe 7.2. Speicher-zu-Speicher-Übertragung. Ein Speicherbereich (supervisor data) mit der Anfangsadresse $10000 und einer Länge von 4 Kbyte (aufwärtszählend) soll unter Verwendung des in Abschnitt 7.1.2 beschriebenen DMA-Controllers mit dem konstanten Wert $F0 beschrieben werden. Die Übertragung soll im Blockmodus, die Synchronisation des Prozessors mit dem DMA-Controller durch Busy-Waiting erfolgen. Vor dem Starten des Controllers ist dessen Bereitschaft zu prüfen. - Geben Sie das für die Initialisierung des DMA-Controllers und für die Durchführung der Übertragung erforderliche und im Supervisor-Modus auszuführende Programm an.

Aufgabe 7.3. Aufbau einer verketteten Liste durch zwei parallel laufende Prozesse. In einem Mehrprozessorsystem greifen zwei Prozesse, die auf unterschiedlichen Prozessoren laufen, auf einen gemeinsamen Speicher zu. In diesem Speicher stellen sie Datensegmente variabler Byteanzahl bereit, die von einem weiteren Prozeß verarbeitet werden sollen. Die Datensegmente werden dazu als verkettete Liste aneinandergereiht, wobei neue Segmente jeweils am Kopf der Liste hinzugefügt und dazu am Segmentende mit einem Verkettungszeiger "Next" versehen werden (Bild 7-34). - Geben Sie die Befehlsfolge an, die jeder der beiden Prozesse durchlaufen muß, um ein Datensegment als neues Element der Liste hinzuzufügen. Der für alle Prozesse gemeinsame Kopfzeiger stehe als 32-Bit-Adresse in der Speicherzelle HEAD; die Basisadresse des neuen Datensegmentes stehe im Register R0 des betreffenden Prozessors und die Distanz für den Ort des Verkettungszeigers in R1. Verwenden Sie, um die Konsistenz der Adreßzeiger zu gewährleisten, beim Zugriff auf HEAD für den gegenseitigen Ausschluß den in Abschnitt 2.2.9 beschriebenen CAS-Befehl.

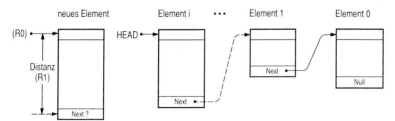

Bild 7-34. Verkettete Liste von Datensegmenten mit einem neu hinzuzufügenden Listenelement.

Aufgabe 7.4. Lesen einer Diskette. Ein Mikroprozessorsystem sei mit einem Floppy-Disk-Laufwerk ausgestattet, das mit dem in Abschnitt 7.3.1 beschriebenen Floppy-Disk-Controller angesteuert wird. (a) Beschreiben Sie in groben Zügen die für das Lesen eines Sektors mit der Sektornummer S und der Spurnummer T erforderlichen Ablaufschritte des Leseprogramms. Geben Sie dabei an, wie sich der Prozessor mit dem Floppy-Disk-Controller synchronisiert. (b) Wie ändert sich der Ablauf, wenn die Datentransfersteuerung von einem DMA-Controller entsprechend Abschnitt 7.1.2 übernommen wird und wenn dieser mit direkter Übertragung arbeitet?

Aufgabe 7.5. Auswerten einer Tastaturmatrix. Bei einer Keyboard-Tastatur entsprechend Bild 7-31b sei der Tastenschalter am Kreuzungspunkt von Zeile 4 und Spalte 5 geschlossen. Geben Sie die Codewörter im Dualcode an, die beim Abfragen der Matrix, beginnend bei der Zeile 0, bis zum Auffinden der betätigten Taste erzeugt werden. Wie wird generell während einer Zeilenanwahl unterschieden zwischen "Taste betätigt" und "keine Taste betätigt"?

8 16-, 16/32- und 32-Bit-Mikroprozessoren der Firmen Motorola, Intel und National Semiconductor

Diesem Buch liegen im wesentlichen die 16-, 16/32- und 32-Bit-Mikroprozessoren der Firmen Motorola, Intel und National Semiconductor zugrunde. Ihre wichtigsten Strukturmerkmale sind im folgenden in Kurzform beschrieben. Das Hauptgewicht liegt dabei auf dem jeweils neuesten auf dem Markt erhältlichen universellen Prozessor; bei Motorola ist das der MC68040, bei Intel der i486 und bei National Semiconductor der NS32532. Die Schwerpunkte der Beschreibungen dieser Prozessoren bilden ihr Programmiermodell, d.h. die Registerstruktur, die Datendarstellung, die Adressierungsarten, die Befehlsformate, die Befehlsgruppen, die Betriebsarten und die Ausnahmeverarbeitung. Hinzu kommen besondere Ausstattungsmerkmale wie Cache, Gleitkomma-Arithmetikeinheit, Speicherverwaltungseinheit, Busprotokoll und ggf. Coprozessoranschluß.

Im Anschluß an die jeweilige Beschreibung eines Prozessors werden dessen Merkmale seinen wichtigsten Vorgängern tabellarisch gegenübergestellt. Die Tabellen tragen der jeweiligen Prozessorreihe Rechnung; sie eignen sich deshalb nicht in jedem Fall für vergleichende Betrachtungen zwischen den Reihen. Unabhängig von den erwähnten Merkmalen sind die Prozessoren innerhalb einer Reihe durch steigende Leistungsfähigkeit gekennzeichnet, bedingt durch verbesserte Technologien und den damit verbundenen höheren Taktfrequenzen sowie durch strukturelle Maßnahmen für die überlappende Ausführung interner Abläufe. - Zur Vertiefung der Betrachtungen sei auf die Handbücher der Hersteller verwiesen.

8.1 Motorola MC68040

Der MC68040 ist ein 32-Bit-Mikroprozessor, der als Mitglied der MC68000-Prozessorfamilie mit seinen Vorgängern maschinencode-kompatibel ist. Er besitzt zwei Verarbeitungswerke für 32-Bit-Festkomma- und 80-Bit-Gleitkommaarithmetik mit Befehlsausführung im Pipeline-Betrieb, einen Registersatz mit 32-Bit- bzw. 80-Bit-Registerformaten, zwei interne Bussysteme mit je einem Cache und einer Speicherverwaltungseinheit für voneinander unabhängige Zugriffe auf Befehle und Daten (getrennte Programm- und Datenspeicherung) und eine leistungsfähige Bussteuereinheit, die diese beiden Busse mit dem externen Bus verbindet (Bild 8-1). Diese Einheiten arbeiten weitgehend parallel. - Der externe Bus sieht 32 Daten- und 32 Adreßleitungen vor; er erlaubt den Zugriff auf einen linearen Adreßraum von 4 Gbyte [1].

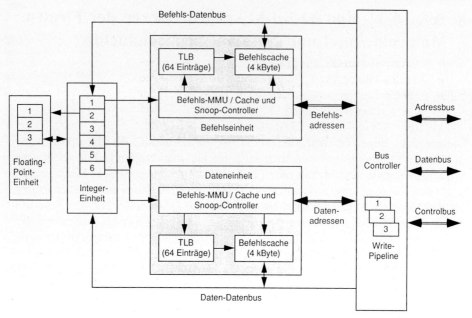

Bild 8-1. Blockschaltbild des MC68040 (Bild Motorola).

8.1.1 Registersatz

Der Registersatz besteht aus zwei Registergruppen, deren Zugriff von den beiden Betriebsarten User und Supervisor abhängt. Bild 8-2 zeigt die Register der ersten Gruppe, auf die die User-Zugriffe beschränkt sind. Diese besteht aus acht 32-Bit-Datenregistern D0 bis D7, acht 32-Bit-Adreßregistern A0 bis A7 mit A7 als Stackpointerregister USP, einem 32-Bit-Befehlszählregister PC und einem 8-Bit-Condition-Code-Register CCR. Hinzu kommen acht 80-Bit-Gleitkommadatenregister FP0 bis FP7 und drei zur Gleitkomma-Arithmetikeinheit gehörende Steuer-, Status- und Adreßregister.

Die Datenregister dienen als Quell- und Zielregister für Bit-, Bitfeld-, Byte-, Wort-, Doppelwort- und Vierfachwortoperationen, wobei sich Byte- und Wortzugriffe jeweils auf das niedrigstwertige Byte bzw. Wort im Register beziehen. Die Adreßregister dienen als Basisadreßregister, zur registerindirekten Speicheradressierung und als Stackpointerregister. Die Stackpointerfunktion von A7 wird automatisch beim Unterprogrammaufruf und bei speziellen Stackbefehlen wirksam. Alle 16 Daten- und Adreßregister können auch als Indexregister benutzt werden. - Die Gleitkommadatenregister dienen als Quell- und Zielregister für Gleitkommaoperationen. Ihre Inhalte werden als 80-Bit-Gleitkommazahlen (extended precission) dargestellt (siehe 8.1.2).

Bild 8-3 zeigt die zweite Registergruppe, die nur im Supervisor-Modus zugänglich ist. Sie enthält zwei 32-Bit-Adreßregister A7' (ISP) und A7"(MSP) als Stackpointerregister für einen Interrupt- bzw. einen Masterstack, ein 16-Bit-Statusregister SR, dessen niedrigerwertiger Teil mit dem CCR-Register der ersten Gruppe identisch ist,

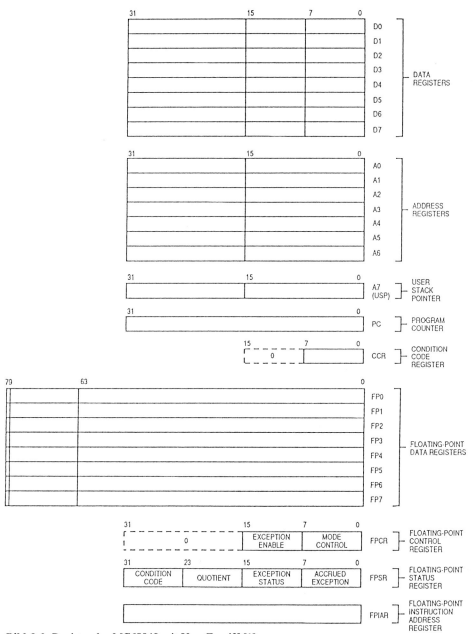

Bild 8-2. Register des MC68040 mit User-Zugriff [1].

ein 32-Bit-Vectorbase-Register VBR, dessen Inhalt auf die für die Ausnahmeverarbeitung erforderliche Vektortabelle im Speicher zeigt, sowie zwei 3-Bit-Function-Code-Register SFC und DFC, mit denen für bestimmte Befehle der Zugriffsstatus für die Quell- und Zielgrößen unabhängig vom momentanen Prozessorstatus festgelegt werden kann. Die restlichen Register in Bild 8-3 dienen zur Cache-Steuerung und zur Speicherverwaltung (siehe 8.1.6).

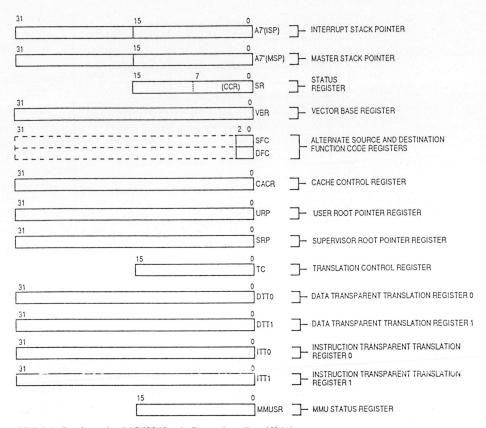

Bild 8-3. Register des MC68040 mit Supervisor-Zugriff [1].

Das Statusregister SR besteht aus einem Systembyte mit den Modusbits und einem
Userbyte mit den Bedingungsbits (Bild 8-4). Die Modusbits T1 und T0 (trace) ermöglichen eine automatische Programmunterbrechung, entweder nach jeder Befehlsausführung oder nur bei programmverzweigenden Befehlen, das S-Bit gibt eine der
beiden Betriebsarten Supervisor oder User vor, das M-Bit bestimmt eines der beiden

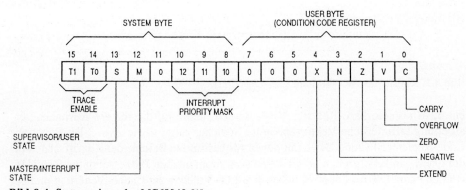

Bild 8-4. Statusregister des MC68040 [1].

Register A7' (Interrupt) oder A7" (Master) als aktuelles implizites Stackpointer-register des Supervisor-Modus, wobei der Prozessor bei der Interruptbehandlung automatisch A7' aktiviert. Die 3-Bit-Interruptmaske dient zur Maskierung in dem vom Prozessor unterstützten 7-Ebenen-Interruptsystem.

Das Userbyte umfaßt neben den üblichen Bedingungsbits Negative N, Zero Z, Over-flow O und Carry C ein Extendbit X, das wie das Carrybit C den Übertrag für Dual-zahlen anzeigt, aber bei Vergleichsbefehlen nicht beeinflußt wird. Das vereinfacht die Programmierung arithmetischer Operationen für Operanden mit Wortlängen, die die eingebauten Datenformate überschreiten.

8.1.2 Datenformate und Datenzugriff

Die von der Festkomma-Arithmetikeinheit (Integer Unit) vorgegebenen Standard-datenformate sind das Byte, das Wort und das Doppelwort (long word), die mit teil-weiser Einschränkung auf nur ein oder zwei dieser Formate bei allen operandenverar-beitenden Befehlen zugelassen sind. Hinzu kommen das Einzelbit, das Bitfeld mit bis zu 32 Bits sowie das bei Multiplikations- und Divisionsoperationen auftretende Vier-fachwort (quad word). Die Verarbeitung von BCD-Zahlen erfolgt in gepackter Dar-stellung im Byteformat. Prozessorintern werden diese Operanden in den Daten-registern gespeichert, wobei Byte- und Wortoperanden an der jeweils niedrigstwerti-gen Position im Register stehen und Vierfachwörter zwei beliebige Datenregister be-legen. Die prozessorexterne Speicherung von Operanden ist an beliebigen Byteadres-sen möglich (Data-Misalignment). Die Adresse bezieht sich immer auf das höchst-wertige Byte eines Operanden. - Als weiteres Datenformat gibt es den 16-Byte-Block für schnelle Blocktransporte mit dem Speicher. Es setzt ein Alignment an Vielfachen von 16 Bytes voraus.

Die nach dem IEEE-Standard 754-1985 arbeitende Gleitkomma-Arithmetikeinheit (Floating-Point Unit, FPU) sieht Gleitkommadarstellungen mit einfacher und dop-pelter Genauigkeit (siehe 1.1.5) sowie die Datenformate Byte, Wort und Doppelwort für Festkommazahlen in 2-Komplement-Darstellung vor (mixed mode arithmetic). Zur Verarbeitung dieser fünf Formate werden die von ihnen repräsentierten Werte in eine erweiterte Gleitkommadarstellung von 80 Bits umgesetzt (1-Bit-Vorzeichen der Mantisse, 15-Bit-Biased-Exponent, 64-Bit-Mantisse mit Darstellung der führenden Eins). Die Umsetzung erfolgt mit dem Laden der Gleitkommadatenregister. - Die FPU unterstützt den am häufigsten benutzten Subset des Befehlssatzes der Floating-Point-Coprozessoren MC68881 und MC68882. Die restlichen Befehle werden über Traps emuliert.

8.1.3 Adressierungsarten

Tabelle 8-1 zeigt die 18 Adressierungsarten des MC68040. Indexwerte und Dis-placements werden bei der Adreßrechnung als 2-Komplement-Zahlen interpretiert, d.h., Distanzangaben können auch negativ sein. Indexregisterinhalte können mit ei-nem Faktor 1, 2, 4 oder 8 skaliert werden. Absolute Adressen und Indexwerte im

Tabelle 8-1. Adressierungsarten des MC68040 [1].

Addressing Modes	Syntax

Register Direct
    Data Register Direct
    Address Register Direct
	
	Dn
	An

Register Indirect
    Address Register Indirect
    Address Register Indirect with Postincrement
    Address Register Indirect with Predecrement
    Address Register Indirect with Displacement
	
	(An)
	(An) +
	– (An)
	(d_{16},An)

Register Indirect with Index
    Address Register Indirect with Index (8-Bit Displacement)
    Address Register Indirect with Index (Base Displacement)
	
	(d_8,An,Xn)
	(bd,An,Xn)

Memory Indirect
    Memory Indirect Postindexed
    Memory Indirect Preindexed
	
	([bd,An],Xn,od)
	([bd,An,Xn],od)

Program Counter Indirect with Displacement	(d_{16},PC)

Porgram Counter Indirect with Index
    PC Indirect with Index (8-Bit Displacement)
    PC Indirect with Index (Base Displacement)
	
	(d_8,PC,Xn)
	(bd,PC,Xn)

Program Counter Memory Indirect
    PC Memory Indirect Postindexed
    PC Memory Indirect Preindexed
	
	([bd,PC],Xn,od)
	([bd,PC,Xn],od)

Absolute
    Absolute Short
    Absolute Long
	
	xxx.W
	xxx.L

Immediate	#<data>

NOTES:

      Dn = Data Register, D7–D0

      An = Address Register, A7–A0

  d_8, d_{16} = A twos-complement or sign-extended displacement; added as port of the effective address calculation; size is 8 (d_8) or 16 (d_{16}) bits; when omitted, assemblers use a value of zero.

      Xn = Address or data register used as an index register; form is Xn.SIZE SCALE, where SIZE is .W or .L (indicates index register size) and SCALE is 1, 2, 4, or 8 (index register is multiplied by SCALE); use of SIZE and/or SCALE is optional.

      bd = A twos-complement base displacement; when present, size can be 16 or 32 bits.

      od = Outer displacement, added as part of effectie address calculation after any memory indirection; use is optional with size of 16 or 32 bits.

      PC = Program Counter

  <data> = Immediate value of 8, 16, or 32 bits.

     ( ) = Effective Address

     [ ] = Used as indirect access to long-word address.

Wortformat und Displacements im Byte- und Wortformat werden vom Prozessor durch Sign-Extension auf 32 Bits erweitert. Bei allen Adressierungsarten mit Base-Displacement (bd) ist jede der Adreßkomponenten wahlfrei. - Die Adressierung der Gleitkommadatenregister sowie der speziellen Steuer-, Status- und Adreßregister des Registersatzes ist in Tabelle 8-1 nicht angegeben.

8.1.4 Befehlsformate und Befehlsgruppen

Die Befehlsformate des MC68040 haben Wortstruktur und umfassen abhängig von der Operation und der Operandenadressierung ein bis elf Wörter. Die Standardbefehle für zweistellige Operationen sind Zweiadreßbefehle. Als Beispiel für deren Aufbau zeigt Bild 8-5 das erste Befehlswort des ADD-Befehls der Festkomma-Arithmetikeinheit. Das Register-Feld gibt mit einer 3-Bit-Adresse den Speicherort eines Registeroperanden an. Der zweite Operand wird als Register-, Speicher- oder Direktoperand durch das Effective-Address-Feld bestimmt. Es beschreibt die Adressierungsart entweder durch drei Mode-Bits und eine 3-Bit-Registeradresse oder durch sechs Mode-Bits. Die Vorgabe des Datenformats Byte, Wort oder Doppelwort und die Festlegung, welche der beiden Adressen die Quelladresse bzw. die Zieladresse ist, erfolgt im OpMode-Feld. Bei indizierter und speicherindirekter Quell- oder Zieladressierung wird das erste Befehlswort durch je ein Erweiterungswort ergänzt. Speicheradressen belegen innerhalb eines Befehls entweder ein Wort (absolute short address) oder zwei Wörter (absolute long address), Displacements entweder ein Byte, ein Wort oder ein Doppelwort.

15	14	13	12	11	10	9	8	7	6	5	4	3	2	1	0
1	1	0	1	REGISTER			OPMODE			EFFECTIVE ADDRESS					
										MODE			REGISTER		

Bild 8-5. Befehlsformat des ADD-Befehls des MC68040 [2].

Der Befehlssatz ist in 13 Gruppen unterteilt:
- Data Movement
- Integer Arithmetic
- Floating-Point Arithmetic
- Binary Coded Decimal Arithmetic
- Logical
- Shift and Rotate
- Bit Manipulation
- Bit Field
- Program Control
- System Control
- Memory Management
- Cache
- Multiprocessor

8.1.5 Ausnahmeverarbeitung

Das Trap- und Interruptsystem des MC68040 sieht insgesamt 237 unterscheidbare Programmunterbrechungen vor, deren Unterbrechungsbedingungen in Tabelle 8-2 zusammengestellt sind. Interruptanforderungen erfolgen mit Ausnahme der speziellen Interrupts Reset und Access-Fault, für die zwei eigene Signaleingänge zur Verfügung

Tabelle 8-2. Unterbrechungsbedingungen des MC68040 [1].

Vector Number(s)	Vector Offset (Hex)	Assignment
0	000	Reset Initial Interrupt Stack Pointer
1	004	Reset Initial Program Counter
2	008	Access Fault
3	00C	Address Error
4	010	Illegal Instruction
5	014	Integer Divide by Zero
6	018	CHK, CHK2 Instruction
7	01C	FTRAPcc, TRAPcc, TRAPV Instructions
8	020	Privilege Violation
9	024	Trace
10	028	Line 1010 Emulator (Unimplemented A-Line Opcode)
11	02C	Line 1111 Emulator (Unimplemented F-Line Opcode)
12	030	(Unassigned, Reserved)
13	034	Defined for MC68020 and MC68030, not used by MC68040
14	038	Format Error
15	03C	Uninitialized Interrupt
16–23	040–05C	(Unassigned, Reserved)
24	060	Spurious Interrpt
25	064	Level 1 Interrupt Autovector
26	068	Level 2 Interrupt Autovector
27	06C	Level 3 Interrupt Autovector
28	070	Level 4 Interrupt Autovector
29	074	Level 5 Interrupt Autovector
30	078	Level 6 Interrupt Autovector
31	07C	Level 7 Interrupt Autovector
32–47	080–0BC	TRAP #0–15 Instruction Vectors
48	0C0	FP Branch or Set on Unordered Condition
49	0C4	FP Inexact Result
50	0C8	FP Divide by Zero
51	0CC	FP Underflow
52	0D0	FP Operand Error
53	0D4	FP Overflow
54	0D8	FP Signaling NAN
55	0DC	FP Unimplemented Data Type
56	0E0	Defined for MC68030 and MC68851, not used by MC68040
57	0E4	Defined for MC68851, not used by MC68040
58	0E8	Defined for MC68851, not used by MC68040
59–63	0EC–0FC	(Unassigned, Reserved)
64–255	100–3FC	User Defined Vectors (192)

stehen, in codierter Form über drei Interrupteingänge. Hierbei werden in Verbindung mit der 3-Bit-Interruptmaske im Statusregister sieben Interruptebenen unterschiedlicher Prioritäten unterschieden. Interrupts der Ebene 7 sind als Interrupts höchster Priorität nicht maskierbar. Die Anwahl eines Interruptprogramms erfolgt entweder über einen der Ebene zugeordneten Autovektor oder über einen von 192 User-Interruptvektoren, der durch eine über den Datenbus eingelesene 8-Bit-Vektornummer ausgewählt wird. Die Unterscheidung beider Möglichkeiten erfolgt durch ein Steuer-signal, das prozessorextern erzeugt wird. Die Vektortabelle mit den Startadressen der Unterbrechungsroutinen wird durch das Vektorbase-Register VBR adressiert und ist somit im Speicher beliebig positionierbar, was auch einen schnellen Tabellenwechsel ermöglicht.

Eine Programmunterbrechung versetzt den Prozessor in den Supervisor-Modus und veranlaßt ihn, den Prozessorstatus, bestehend aus Befehlszählerstand und Statusre-gisterinhalt, sowie die Unterbrechungsbedingung und abhängig von ihr ggf. zusätz-liche Statusinformation auf den durch das M-Bit des Statusregisters vorgegeben Master- oder Interruptstack zu schreiben. Bei Interrupts wird automatisch der Inter-ruptstack angewählt.

8.1.6 Caches und Speicherverwaltung

Caches. Der MC68040 besitzt einen Befehls- und einen Daten-Cache, die beide als Four-way-set-asssociative-Caches ausgelegt sind. Ihre Speicherkapazitäten betragen je 4 Kbyte, unterteilt in je 64 Sätze zu je vier Rahmen (lines) zu je vier Doppelwörtern (Bild 8-6). Adressiert werden die Caches mit physikalischen (realen) Adressen unter Einbeziehung des Statusbits S (Supervisor/User-Mode). Für die Satzanwahl werden die von den On-chip-MMUs nicht beeinflußten niedrigerwertigen Adreßbits benutzt; sie erfolgt dementsprechend parallel zu deren Adreßumsetzung.

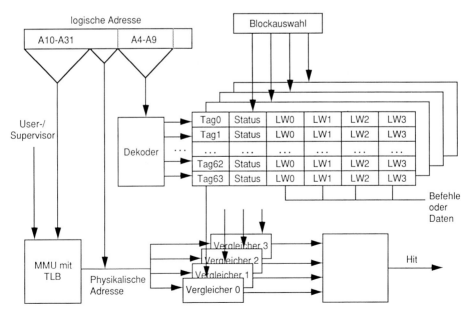

Bild 8-6. Struktur des On-chip-data- und des On-chip-instruction-Caches des MC68040 (Bild Motorola).

Das Laden der Caches mit Hauptspeicherinhalten erfolgt blockweise, und zwar entweder durch einzelne Doppelworttransporte (single mode) oder, wenn der Speicher dafür ausgelegt ist, durch Blocktransporte (burst mode). Der Burst-Mode hat aufgrund eines speziellen Protokolls kürzere Übertragungszeiten. Die dabei erforderliche Adreßzählung (A3, A2) muß prozessorextern durchgeführt werden, z.B. hochzählend bis zum Blockende oder umlaufend innerhalb des Blocks (wrap around). - Schreibzugriffe auf den Daten-Cache unterliegen den Zugriffsarten "cachable, write-through", "cachable, copy-back" und "non-cachable". Die gewünschte Zugriffsart kann für jede einzelne Seite über die MMU vorgegeben werden.

Zur Aufrechterhaltung der Datenkonsistenz zwischen Cache und Hauptspeicher in einem MC68040-Rechnersystem mit einem oder mehreren zusätzlichen ohne Cache arbeitenden Mastern (z.B. DMA-Controllern) hat jeder der beiden Caches einen sog. Bus-Snooper ("Schnüffel-Einrichtung"). Durch ihn werden diejenigen Speicherzugriffe eines externen Masters ermittelt, die sich auf Cache-Inhalte beziehen. Handelt es sich dabei um Lesezugriffe, so kann der MC68040 die Information aus seinem Cache bereitstellen; handelt es sich um Schreibzugriffe, so können sowohl der Hauptspeicher als auch der Daten-Cache aktualisiert werden. (In einem Mehrprozessorsystem mit mehreren Cache-benutzenden MC68040-Prozessoren wird die Datenkonsistenz durch das Write-through-Verfahren hergestellt.) - Beide Caches können über das Steuerregister CACR der Supervisor-Gruppe des Registersatzes (Bild 8-3) unabhängig voneinander mit "cache enable" bzw. "cache disable" aktiviert oder abgeschaltet werden.

Speicherverwaltungseinheiten (MMUs). Zwei On-chip-MMUs gleichen Aufbaus unterstützen die virtuelle Speicherverwaltung für Befehls- und Datenzugriffe. Ausgehend von einem durch die Betriebsart Supervisor oder User ausgewählten und für beide MMUs jeweils gemeinsamen Root-Pointer-Register erfolgt die Umsetzung virtueller 32-Bit-Adressen in physikalische 32-Bit-Adressen in einer Drei-Ebenen-Hierarchie (Bild 8-7). Die den drei Ebenen zugeordneten Deskriptortabellen werden den MMUs im Hauptspeicher zur Verfügung gestellt; sie müssen jedoch nur für jene Programm- und Datenbereiche resident sein, die selbst im Hauptspeicher stehen. Zur Beschleunigung der Adreßumsetzung und der Zugriffsschutzüberprüfung hat jede der beiden MMUs einen Address-Translation-Cache (ATC), der als Four-way-set-associative-Cache organisiert ist und 64 Einträge aufnehmen kann. Bei einem Cache-Miss wird er von der betroffenen MMU mit der fehlenden Abbildungsinformation aus den Tabellen im Hauptspeicher aktualisiert.

Beide MMUs arbeiten nach dem Prinzip der Seitenverwaltung mit Demand-Paging. Zwei mögliche Seitengrößen von 8 Kbyte und 4 Kbyte stehen zur Auswahl. Bei einem Page-Fault kann die auslösende Zugriffsoperation nach der Ausnahmebehandlung wiederholt werden. - Zur Steuerung der beiden MMUs sieht die Supervisor-Gruppe des Registersatzes neben den beiden Root-Pointer-Registern ein Steuer- und ein Statusregister sowie für jede MMU ein sog. Transparent-Translation-Registerpaar vor (Bild 8-3). Die beiden Registerpaare erlauben es, bei Daten- bzw. Befehlszugriffen je einen virtuellen Adreßraum von 16 Mbyte oder größer von der Adreßumsetzung auszuschließen, d.h. die betroffenen virtuellen Adressen als physikalische Adressen unmittelbar auszuwerten.

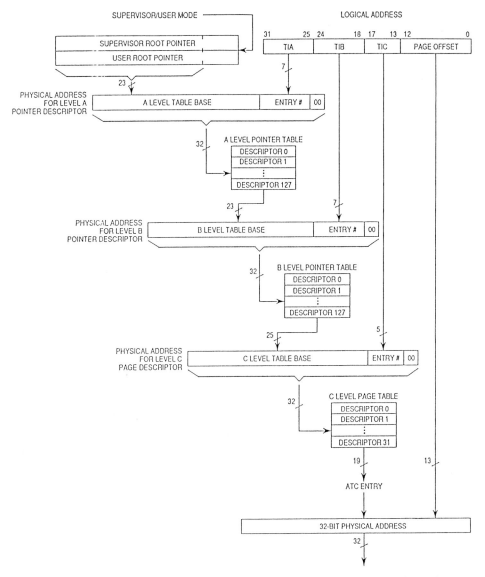

Bild 8-7. Adreßabbildung durch die On-chip-MMUs des MC68040 am Beispiel der Seitengröße von 8 Kbyte [1].

8.1.7 Busprotokoll

Der MC68040 erlaubt den 8-, 16- und 32-Bit-Datentransfer mit 32-Bit-Ports und Data-Misalignment. (Bei Ports mit 16- oder 8-Bit-Torbreite muß die Adressierung in Zweier- bzw. Viererschritten erfolgen, d.h., im Gegensatz zum MC68020 und zum MC68030 ist kein Dynamic-Bus-Sizing vorgesehen.) Die Bussteuerung für diese Übertragungen ist synchron, wobei der kürzest mögliche Buszyklus zwei Bustakte (vier Prozessortakte) benötigt. Zur Übertragung von 16-Byte-Blöcken, ausgelöst durch einen speziellen MOVE-Befehl oder durch das Laden oder Lesen von Rahmen des Befehls- oder Daten-Caches, gibt es einen Burst-Mode-Buszyklus mit insgesamt fünf Bustakten. Transportiert werden vier Doppelwörter, wobei die Speichereinheit die Adreßzählung durchzuführen hat. Ist diese dazu nicht fähig, so werden die Doppelworttransporte in herkömmlicher Weise durchgeführt und benötigen dementsprechend acht Bustakte. Daneben gibt es weitere Protokolle, z.B. Protokolle für die Interruptbehandlung oder Protokolle mit nichtunterbrechbarem Buszyklus (read-modify-write-cycle) für den Zugriff auf Semaphore. - Einen Überblick über die Bussignalgruppen des MC68040 gibt Bild 8-8.

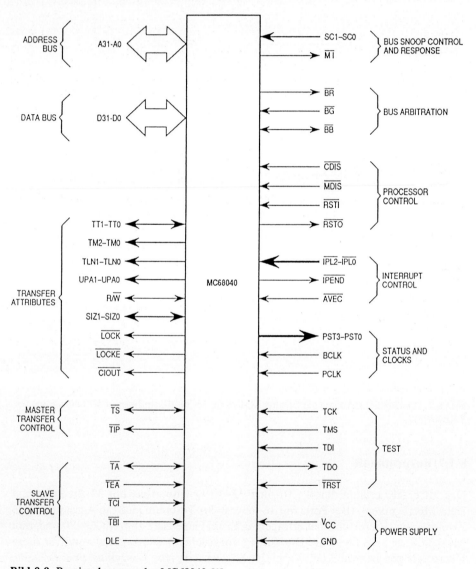

Bild 8-8. Bussignalgruppen des MC68040 [1].

8.1.8 Coprozessoranschluß

Im Gegensatz zu seinen Vorgängern MC68020 und MC68030, sieht der MC68040 keine Coprozessorschnittstelle vor. Bei ihm sind dafür die am häufigsten benutzten Coprozessortypen, die Gleitkomma-Arithmetikeinheit und die Speicherverwaltungseinheit, mit auf dem Prozessor-Chip integriert.

8.1.9 Vorgänger des MC68040

Die wichstigsten Mitglieder der 68000-Prozessorfamilie sind in Tabelle 8-3 aufgeführt. Ausgangspunkt ist der MC68000 als erster Mikroprozessor von Motorola mit interner 32-Bit-Verarbeitung, jedoch einem externen 16-Bit-Datenbus [3]. (In einer Variante mit externem 8-Bit-Datenbus hat er die Bezeichnung MC68008 [4].) Sein Nachfolgeprozessor MC68010 unterstützt die virtuelle Speicherverwaltung durch seine Unterbrechbarkeit bei Zugriffen auf virtuelle Segmente/Seiten, die nicht im Hauptspeicher geladen sind [5]. Hierbei wird die Ausführung des zugreifenden Befehls durch ein von einer externen Speicherverwaltungseinheit ausgelöstes Bus-Error-

Tabelle 8-3. Ausstattungsmerkmale der Prozessoren MC68000, MC68010, MC68020, MC68030 und MC68040.

Prozessor	MC68000	MC68010	MC68020	MC68030	MC68040
Datenbus in Bits	16	16	32	32	32
Adreßbus in Bits	24	24	32	32	32
Verarbeitung in Bits	32	32	32	32	32
Bitfeldbefehle	-	-	ja	ja	ja
Speicherindirekte Adressierung	-	-	ja	ja	ja
Daten-Cache	-	-	-	256 Bytes	4 Kbyte
Befehls-Cache	-	3 Wörter	128 Wörter	256 Bytes	4 Kbyte
Cache-Snooper	-	-	-	-	ja
Unterstützung für Demand-Paging	-	ja	ja	ja	ja
On-chip-MMU	-	-	-	1	2
Betriebsebenen	2	2	2	2	2
Dynamic-Bus-Sizing: Port-Sizes in Bits	-	-	8, 16, 32	8, 16, 32	-
Data-Misalignment	-	-	ja	ja	ja
Asynchroner Buszyklus	ja	ja	ja	ja	-
Synchroner Buszyklus	-	-	-	ja	ja
Burst-Mode-Zyklus	-	-	-	ja	ja
Coprozessor-schnittstelle	-	-	ja	ja	-
On-chip-FPU	-	-	-	-	ja

Signal gestoppt und eine Trap-Routine zur Ausnahmebehandlung aufgerufen. Der für die Fortsetzung der Befehlsausführung erforderliche Status wird bei der Unterbrechung auf den Supervisor-Stack gerettet und mit Abschluß der Trap-Routine durch den Return-from-Exception-Befehl wieder geladen; er umfaßt 29 Wörter. Der MC68010 sieht außerdem einen 3-Wort-Befehlspuffer vor, der es erlaubt, eine Vielzahl von String-Operationen, die als 3-Wort-Programmschleifen aus dem bedingten Sprungbefehl DBcc und einer vorangestellten Operation gebildet werden, effizient auszuführen.

Der MC68020 ist der erste 32-Bit-Prozessor der MC68000-Familie, d.h. der erste Prozessor mit 32 Bits sowohl für den externen Datenbus als auch den Adreßbus [6]. Er hat u.a. einen Befehls-Cache, Adressierungsarten mit speicherindirekter Adressierung, einen erweiterten Befehlssatz mit verbesserten Befehlsausführungszeiten und eine universelle Coprozessorschnittstelle. In Erweiterung dieser Struktur hat sein Nachfolger, der MC68030, neben dem Befehls-Cache einen Daten-Cache mit für beide Caches eigenen Daten- und Adreßbussen, um prozessorinterne Zugriffe überlappend ausführen zu können [7]. Hinzu kommt bei ihm eine On-chip-MMU mit einer Seitenverwaltung mit wahlweise bis zu fünf Adreßabbildungsstufen, wählbaren Tabellengrößen und wählbarer Seitengröße.

8.2 Intel i486

Der i486-Prozessor ist ein 32-Bit-Mikroprozessor, der mit seinen 16- und 32-Bit-Vorgängern 8086, 80286 bzw. i386, abhängig von zwei wählbaren Arbeitsmodi, maschinencode-kompatibel ist [8, 9]. Er besitzt zwei Verarbeitungseinheiten für 32-Bit-Festkomma- und 80-Bit-Gleitkommaarithmetik, einen Registersatz mit 32-Bit- bzw. 80-Bit-Registerformaten, eine Befehlspipeline für das überlappende Holen, Decodieren und Ausführen von Befehlen, einen Befehls- und Daten-Cache, je eine Speicherverwaltungseinheit für die Verwaltung von Segmenten und Seiten sowie eine leistungsfähige Bussteuereinheit (Bild 8-9). Diese Einheiten arbeiten weitgehend parallel. - Der i486-Busanschluß sieht 32 Datenleitungen und 32 Adreßleitungen vor; er erlaubt den Zugriff auf einen linearen Adreßraum von 4 Gbyte.

Die beiden Arbeitsmodi des i486 sind der "Real-Mode" und der "Protected-Mode". Im "Real-Mode" arbeitet der i486 wie ein schneller 8086-Prozessor. Er sieht dabei die 8086-Segmentverwaltung mit 20-Bit-Segmentbasisadressen und Segmentgrößen von bis zu 64 Kbyte vor. Im "Protected-Mode", dem eigentlichen i486-Modus, benutzt er eine sehr viel leistungsfähigere Speicherverwaltungseinheit. Sie unterstützt zum einen eine Segmentverwaltung durch Deskriptoren mit Segmentgrößen von bis zu 4 Gbyte (32-Bit-Adressen) unter Einbeziehung von Speicherschutzattributen. (Bei der Ausführung von 80286-Programmen in diesem Modus, erkennbar an den Deskriptoren, werden die Segmentbasisadressen auf 24 Bits und die Segmentgrößen auf 64 Kbyte begrenzt.) Zum andern sieht sie eine Seitenverwaltung vor, mit der Segmente für eine bessere Speichernutzung in Seiten unterteilt werden können. - Der "Protected-Mode" erlaubt auch die Ausführung von 8086-Programmen, die als sog. virtuelle 8086-Tasks aufgerufen werden, wozu der Prozessor innerhalb des "Protected-Mode" in den "Virtual-8086-Mode" umgeschaltet wird.

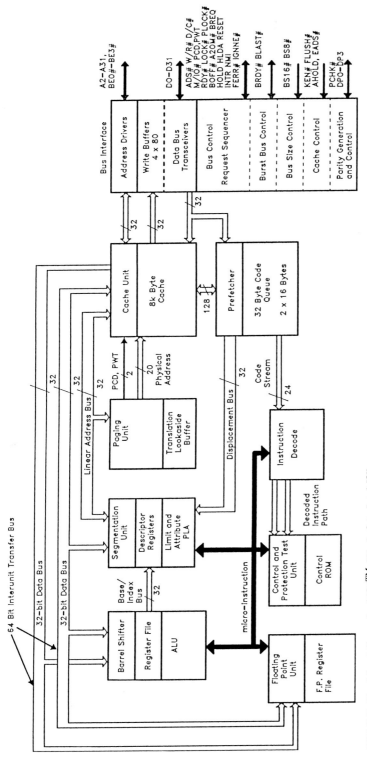

Bild 8-9. Blockdarstellung des i486™ (Werksfoto Intel [8]).

Zur Verwaltung von Tasks in einer Multitask-Umgebung werden die Segment-deskriptoren in unterschiedlichen Deskriptortabellen im Speicher bereitgestellt. Das sind für jede Task eine lokale Deskriptortabelle (LDT) und für das Betriebssystem eine globale Deskriptortabelle (GDT). Die LDT unterstützt Zugriffe auf die Code-, Daten- und Stacksegmente einer Task sowie das Aufrufen von Prozeduren (call gates) und anderer Tasks (task gates). Die GDT unterstützt Zugriffe auf die Segmente des Betriebssystems sowie auf die lokalen Deskriptortabellen und auf sog. Task-State-Segemente. Jeder Task ist ein solches Task-State-Segement zugeordnet; es nimmt deren Statusinformation bei einem Task-Wechsel auf. Die GDT enthält darüber hinaus auch Deskriptoren von Segmenten, die für alle Tasks zugänglichen sind. - Weiterhin gibt es eine Interrupt-Deskriptortabelle (IDT) mit Deskriptoren für die Anwahl der Trap- und Interruptroutinen.

Zur Unterstützung der Task-Verwaltung sieht der Prozessor außerdem vier Betriebs-ebenen mit unterschiedlichen Privilegien vor. Tasks und Prozeduren haben durch ihre Segmentdeskriptoren eine feste Zuordnung zu jeweils einer dieser Ebenen. Aufrufe von Tasks und Prozeduren, die einen Wechsel in eine höherprivilegierte Ebene zur Folge haben, erfolgen über sog. "Task-" bzw. "Call-Gate-Deskriptoren" und werden von der Segmentverwaltungseinheit auf ihre Zulässigkeit hin überprüft. (Trap- und Interruptroutinen werden über denselben Mechanismus aufgerufen.) - Diese Privi-legienebenen gewährleisten im Zusammenwirken mit der Deskriptortechnik den Zu-griffsschutz zwischen den verschiedenen Benutzer-Tasks und für die Betriebs-systemsoftware.

8.2.1 Registersatz

Die programmierbaren Register des i486 sind in vier Gruppen unterteilt. Bild 8-10 zeigt die erste Registergruppe mit acht allgemeinen 32-Bit-Registern, sechs 16-Bit-Segmentregistern der Speicherverwaltungseinheit, ergänzt um je ein Cache-Register für den jeweils aktuellen Segmentdeskriptor (im Bild nicht dargestellt), sowie einem 32-Bit-Befehlszählregister (EIP) und einem 32-Bit-Statusregister (EFLAGS).

Die acht allgemeinen Register dienen zur Speicherung von Operanden für die arithme-tischen und logischen Operationen der Festkomma-Arithmetikeinheit und von Adres-sen und Indexwerten (außer ESP). Jedes dieser Register ist mit seinem niedrigerwer-tigen Teil als 16-Bit-Register ansprechbar, die ersten vier dieser 16-Bit-Register sind außerdem im Byteformat adressierbar. Die letzten vier Register haben zusätzlich im-plizite Funktionen, und zwar als Indexregister zur Adressierung von Quell- und Ziel-operanden bei Stringbefehlen (ESI, SI bzw. EDI, DI), als Basisadreßregister (EBP, BP) und als Stackpointerregister (ESP, SP). In ihren 16-Bit-Formaten sind die acht allgemeinen Register mit den Registersätzen der 16-Bit-Prozessoren 8086 und 80286 identisch. - Die sechs Segmentregister dienen der Speicherverwaltungseinheit zur Anwahl oder zur Bildung von Segmentdeskriptoren (siehe 8.2.6).

Der Inhalt des Befehlszählregisters EIP gibt die Distanz des aktuellen Befehls zur Basisadresse des Codesegmentes an. Das Statusregister (Bild 8-11) enthält neben den gebräuchlichen Bedingungsbits/-flags Carry CF, Zero ZF, Sign SF und Overflow OF

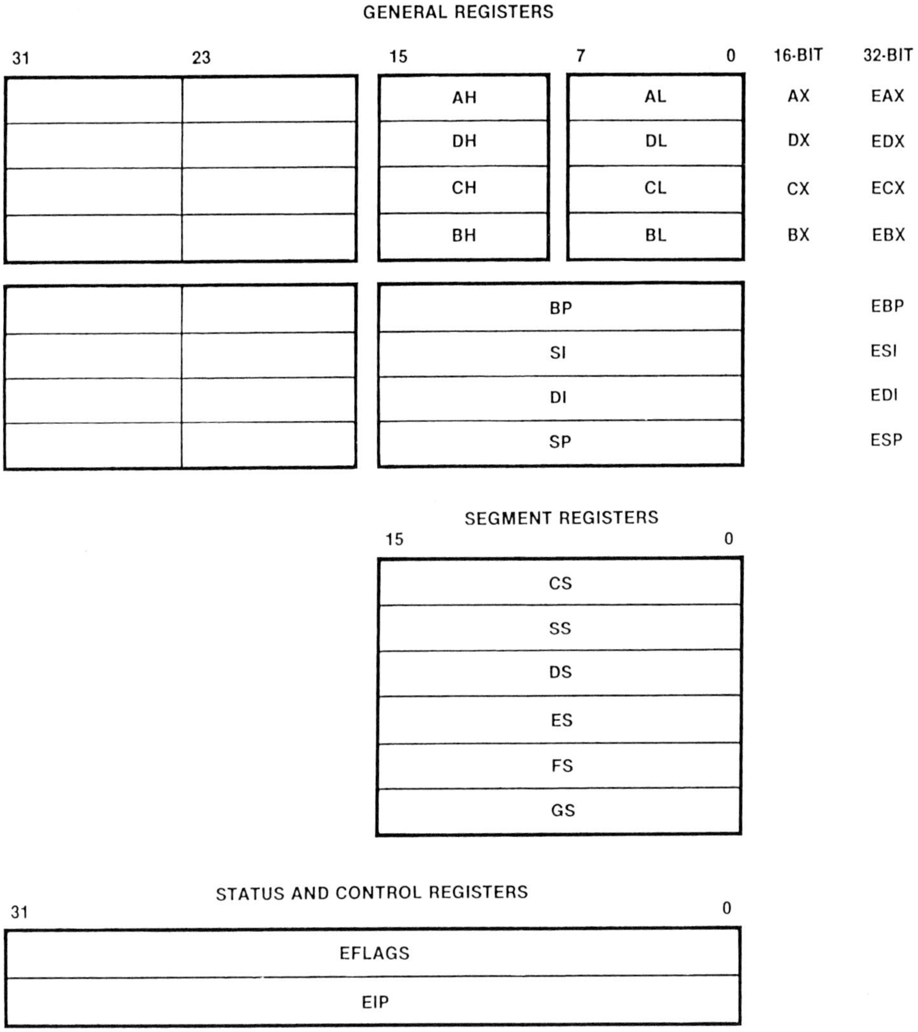

GENERAL REGISTERS

31	23		15	7	0	16-BIT	32-BIT
			AH	AL		AX	EAX
			DH	DL		DX	EDX
			CH	CL		CX	ECX
			BH	BL		BX	EBX
			BP				EBP
			SI				ESI
			DI				EDI
			SP				ESP

SEGMENT REGISTERS

15	0
CS	
SS	
DS	
ES	
FS	
GS	

STATUS AND CONTROL REGISTERS

31	0
EFLAGS	
EIP	

Bild 8-10. Elementarer Registersatz des i486™ (Werksfoto Intel [9]).

ein Parity-Flag PF sowie ein Auxiliary-Carry-Flag AF als Halbbyte-Übertrag für die BCD-Verarbeitung. Die Modusbits/-flags umfassen das Trap-Flag TF, das den Prozessor in den Einzelschritt-Modus versetzt, das Interrupt-Enable-Flag IF zur Maskierung des Interrupt-Eingangs INTR, das Direction-Flag DF, das die Adreßzählrichtung bei String-Operationen vorgibt (Autoinkrement- oder Autodekrement-Adressierung), die beiden I/O-Privilege-Level-Flags IOPL, mit denen eine Zugriffsbeschränkung für Ein-/Ausgabeoperationen vorgegeben werden kann, das Nested-Task-Flag NT, mit dem der Prozessor das Schachteln von Interrupt- und Task-Aufrufen kontrolliert, das Resume-Flag RF, das die Verwaltung von Breakpoints unterstützt, das Virtual-8086-Mode-Flag VM, mit dem der "Virtual-8086-Mode" angewählt wird, und das Alignment-Check-Flag AC, das, wenn es gesetzt ist, eine Programmunterbrechung bei Speicherzugriffen mit Misalignment auslöst.

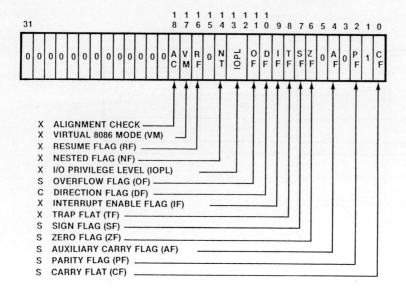

S INDICATES A STATUS FLAG
C INDICATES A CONTROL FLAG
X INDICATES A SYSTEM FLAG

BIT POSITIONS SHOWN AS 0 OR 1 ARE INTEL RESERVED
DO NOT USE. ALWAYS SET THEM TO THE VALUE PREVIOUSLY READ.

Bild 8-11. Statusregister des i486™ (Werksfoto Intel [9]).

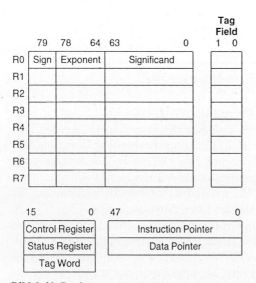

Bild 8-12. Registersatz der Gleitkomma-Arithmetikeinheit des i486™ (Werksfoto Intel [8]).

Bild 8-12 zeigt die zweite Registergruppe mit den Arbeitsregistern der Gleitkomma-
Arithmetikeinheit (Floating-Point Unit, FPU). Sie umfaßt acht 80-Bit-Gleikomm-
datenregister mit je einem Kennungsfeld (Tag) sowie mehrere Register mit Steuer-
und Statusfunktionen. Die acht Datenregister sind sowohl einzeln als auch als Stack
adressierbar. (Die Arbeitsweise der On-chip-FPU ist die gleich wie die des Floating-
Point-Coprozessors i387 [10]. Sie entspricht dem IEEE-Standard 754-1985.)

Eine dritte Registergruppe, die "System-Level-Register" (ohne Bild), dient zur Steue-
rung des Caches, der FPU, der Segment- und der Seitenverwaltung. Sie umfaßt drei
Steuerregister sowie vier Basisregister für die Segmentierung, deren Inhalte auf die
drei aktuellen Deskriptortabellen (GDT, LDT und IDT) und auf das aktuelle Task-
State-Segment zeigen. Das Laden dieser Register ist nur in der höchstprivilegierten
Betriebsebene des Prozessors möglich. Eine vierte Registergruppe (ebenfalls ohne
Bild) umfaßt sechs sog. Debug-Register für die Verwaltung von Breakpoints und
fünf Register zum Testen des Befehls- und Daten-Caches und des Caches der Seiten-
verwaltungseinheit.

8.2.2 Datenformate und Datenzugriff

Die von der Festkomma-Arithmetikeinheit vorgegebenen Standarddatenformate für
arithmetische, logische und Transportoperationen sind das Byte, das Wort und das
Doppelwort. Darüber hinaus erlaubt der Befehlssatz die Verarbeitung von Einzelbits,
von Bitfeldern (bis zu 32 Bits), von Byte-, Wort- und Doppelwortstrings (bis zu
4 Gbyte), von Bitstrings (bis zu 4 Gbit) und von 8-Bit-BCD-Zahlen in gepackter und
ungepackter Darstellung. Prozessorintern werden Operanden in den acht allgemeinen
Registern gespeichert, wobei Byte- und Wortoperanden entsprechend Bild 8-10 positioniert werden können. Die prozessorexterne Speicherung von Operanden ist an beliebigen Byteadressen möglich (Data-Misalignment), und die Speichereinheiten können Zugriffbreiten von 32, 16 oder 8 Bits haben (Dynamic-Bus-Sizing). Die Adresse
bezieht sich immer auf das niedrigstwertige Byte eines Operanden.

Die Gleitkomma-Arithmetikeinheit sieht Gleitkommadarstellungen mit einfacher und
doppelter Genauigkeit vor (siehe 1.1.5), die zur Verarbeitung auf ein 80-Bit-Gleit-
kommadatenformat erweitert werden (1-Bit-Vorzeichen der Mantisse, 15-Bit-Biased-
Exponent, 64-Bit-Mantisse mit Darstellung der führenden Eins). Sie verarbeitet
außerdem 2-Komplement-Zahlen in Wort-, Doppelwort- und Vierfachwort-Darstel-
lung und 80-Bit-BCD-Strings in gepackter Darstellung (18 BCD-Ziffern und Vorzei-
chen).

8.2.3 Adressierungsarten

Die Adresse (Offset) eines Speicheroperanden innerhalb eines Segments ergibt sich
durch Addition von drei Adreßkomponenten: eines Basisregisterinhaltes, eines Index-
registerinhaltes, der wahlweise mit einem Faktor (1, 2, 4 oder 8) skaliert werden
kann, und eines Displacements als Befehlsbestandteil (Bild 8-13). Jede dieser Komponenten kann positiv, negativ oder Null sein. Als Basisregister oder Indexregister

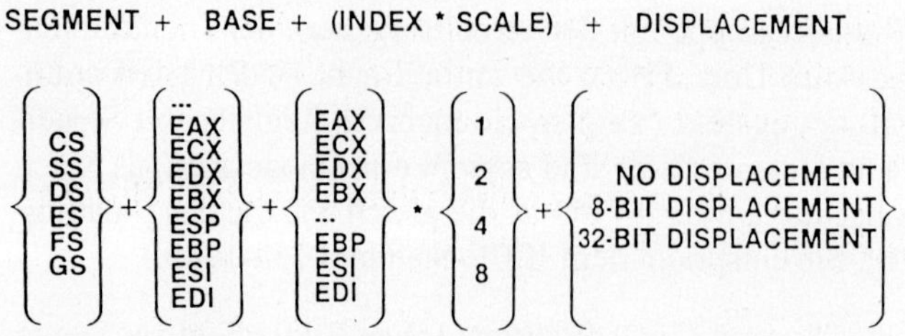

SEGMENT + BASE + (INDEX * SCALE) + DISPLACEMENT

$$\begin{Bmatrix} CS \\ SS \\ DS \\ ES \\ FS \\ GS \end{Bmatrix} + \begin{Bmatrix} \cdots \\ EAX \\ ECX \\ EDX \\ EBX \\ ESP \\ EBP \\ ESI \\ EDI \end{Bmatrix} + \begin{Bmatrix} EAX \\ ECX \\ EDX \\ EBX \\ \cdots \\ EBP \\ ESI \\ EDI \end{Bmatrix} * \begin{Bmatrix} 1 \\ 2 \\ 4 \\ 8 \end{Bmatrix} + \begin{Bmatrix} \text{NO DISPLACEMENT} \\ \text{8-BIT DISPLACEMENT} \\ \text{32-BIT DISPLACEMENT} \end{Bmatrix}$$

Bild 8-13. Adreßrechnung durch den i486[TM] (Werksfoto Intel [9]).

kann - mit Ausnahme von ESP als Indexregister - jedes der acht allgemeinen Prozessorregister fungieren. Zur Bildung der eigentlichen Speicheradresse (linear address) wird dieser Offset (effective address) zu der über das angewählte Segmentregister bestimmten Segmentbasisadresse addiert (siehe 8.2.6). Die Anwahl eines Segmentregisters erfolgt implizit, abhängig vom Zugriff auf Code-, Daten- und Stackbereiche. Sie kann jedoch bis auf einige Einschränkungen durch einen sog. Befehlsvorsatz (segment override prefix) durchbrochen werden. - Als weitere Adressierungsarten sind die Direktoperand-Adressierung und die Adressierung der Prozessorregister zu nennen.

8.2.4 Befehlsformate und Befehlsgruppen

Die Befehle des i486 haben Bytestruktur. Das allgemeine Befehlsformat umfaßt ein oder zwei Bytes für den Operationscode, wahlweise ein oder zwei Bytes (mod r/m und sib, scaled index-base) zur Spezifizierung einer Adresse, wahlweise ein Displacement mit bis zu vier Bytes und ggf. einen Direktoperanden mit ebenfalls bis zu vier Bytes (Bild 8-14). Dem Operationscode können darüber hinaus bis zu vier sog. Präfix-Bytes vorangestellt sein. Das Instruction-Präfix bewirkt die wiederholte Ausführung bei Stringbefehlen unter Vorgabe einer Abbruchbedingung (Rep-Präfixe) oder die Nichtunterbrechbarkeit einer Befehlsausführung durch den Busarbiter, z.B. für Semaphorzugriffe (Lock-Präfix). Die beiden Präfixe Address-Size und Operand-Size dienen dazu, die mit den Betriebsarten Protected-Mode und Real-Mode vorgege-

INSTRUCTION PREFIX	ADDRESS-SIZE PREFIX	OPERAND-SIZE PREFIX	SEGMENT OVERRIDE
0 OR 1	0 OR 1	0 OR 1	0 OR 1
NUMBER OF BYTES			

OPCODE	MODR/M	SIB	DISPLACEMENT	IMMEDIATE
1 OR 2	0 OR 1	0 OR 1	0,1,2 OR 4	0,1,2 OR 4
NUMBER OF BYTES				

Bild 8-14. Allgemeines Befehlsformat des i486[TM] (Werksfoto Intel [9])

benen Adreß- und Datenbreiten von 32 und 16 Bits für einzelne Befehle zu verändern. Das Präfix Segment-Override schließlich erlaubt es, die implizite Segmentregisterzuordnung aufzuheben und für einen Befehl neu festzulegen.

Der Befehlssatz ist in 14 Gruppen mit Untergruppen für die Integer- und die Floating-Point-Befehlsgruppen unterteilt.

- Integer Operations
    General Data Transfer
    Arithmetic
    Logic
- Control Transfers (within segment)
- Multiple Segment Instructions
- Bit Manipulation
- String Instructions
- Repeated String Instructions
- Flag Control
- Decimal Arithmetic
- Processor Control Instructions
- Prefix Bytes
- Protection Control
- Interrupt Instructions
- I/O Instructions
- Floating-Point Operations
    Data Transfer
    Comparison Instructions
    Arithmetic
    Transcendental
    Processor Control

8.2.5 Ausnahmeverarbeitung

Der i486 sieht insgesamt 256 unterscheidbare Programmunterbrechungen vor, deren Bedingungen in Tabelle 8-4 zusammen mit ihren Vektornummern (Interrupt Number) aufgelistet sind. Er unterscheidet zwischen "Exceptions" als den von Befehlsausführungen ausgelösten Unterbrechungen (Fault, Trap, Abort) - zu ihnen zählen u.a. die durch die Interruptbefehle INT, INT n, INTO und BOUND ausgelösten sog. Software-Interrupts - und "Interrupts" als den durch die Interrupteingänge NMI (nichtmaskierbar) und INTR (maskierbar) ausgelösten Unterbrechungen (Vektornummern 2 bzw. 33 bis 255). Die Deskriptoren der Unterbrechungsroutinen sind in der Interrupt-Deskriptortabelle (IDT) untergebracht, deren Lage im Hauptspeicher durch eines der vier Basisregister der Gruppe der "System-Level-Register" vorgegeben wird. - Die Priorisierung von Interruptanforderungen, die über den INTR-Eingang gestellt werden, erfolgt prozessorextern durch einen oder mehrere Interrupt-Controller, die auch die zur Identifizierung erforderliche 8-Bit-Vektornummer bereitstellen.

Tabelle 8-4. Unterbrechungsbedingungen des i486™ (Werksfoto Intel [8]).

Function	Interrupt Number	Instruction Which Can Cause Exception	Return Address Points to Faulting Instruction	Type
Divide Error	0	DIV, IDIV	YES	FAULT
Debug Exception	1	Any Instruction	YES	TRAP*
NMI Interrupt	2	INT 2 or NMI	NO	NMI
One Byte Interrupt	3	INT	NO	TRAP
Interrupt on Overflow	4	INTO	NO	TRAP
Array Bounds Check	5	BOUND	YES	FAULT
Invalid OP-Code	6	Any Illegal Instruction	YES	FAULT
Device Not Available	7	ESC, WAIT	YES	FAULT
Double Fault	8	Any Instruction That Can Generate an Exception		ABORT
Intel Reserved	9			
Invalid TSS	10	JMP, CALL, IRET, INT	YES	FAULT
Segment Not Present	11	Segment Register Instructions	YES	FAULT
Stack Fault	12	Stack References	YES	FAULT
General Protection Fault	13	Any Memory Reference	YES	FAULT
Page Fault	14	Any Memory Access or Code Fetch	YES	FAULT
Intel Reserved	15			
Floating Point Error	16	Floating Point, WAIT	YES	FAULT
Alignment Check Interrupt	17	Unaligned Memory Access	YES	FAULT
Intel Reserved	18–32			
Two Byte Interrupt	0–255	INT n	NO	TRAP

*Some debug exceptions may report both traps on the previous instruction, and faults on the next instruction.

8.2.6 Cache und Speicherverwaltung

Cache. Der i486 hat einen Four-way-set-associative-Cache zur Speicherung von Befehlen und Daten. Seine Speicherkapazität beträgt 8 Kbyte, unterteilt in 128 Sätze zu je vier Rahmen (lines) zu je 16 Bytes. Adressiert wird der Cache mit pysikalischen (realen) Adressen. Das Laden des Caches erfolgt blockweise, entweder durch vier einzelne Doppelworttransporte oder, wenn der Speicher dafür ausgelegt ist, durch einen schnellen Blocktransport (Burst-Zyklus). Die dabei erforderliche Adreßzählung führt der Prozessor selbst durch, und zwar umlaufend innerhalb eines Blocks (wrap around). - Werden Speicher mit 16- oder 8-Bit-Zugriffsbreite eingesetzt (Dynamic-Bus-Sizing), so erhöht sich die Anzahl der Buszyklen pro Block entsprechend.

Schreibzugriffe auf den Cache erfolgen bei einem Write-Hit nach dem Write-through-Verfahren; bei einem Write-Miss wird der Cache nicht nachgeladen. Speicherzugriffe können im Rahmen der prozessorinternen Speicherverwaltung oder durch ein externes Steuersignal als "non-cachable" gekennzeichnet werden. - Der Cache kann über ein Steuerregister der Gruppe der "System-Level-Register" mit "cache enable" bzw. "cache disable" aktiviert oder abgeschaltet werden.

Speicherverwaltungseinheit (MMU). Die Speicherverwaltung des i486 sieht im "Protected-Mode" eine Segmentverwaltung und darauf aufbauend wahlweise eine Seitenverwaltung vor. Die Wirkungsweise der Segmentverwaltung zeigt Bild 8-15. Der Inhalt des bei einem Speicherzugriff angesprochenen Segmentregisters hat hier die Funktion eines Segmentselektors, der als Tabellenindex auf den eigentlichen Segmentdeskriptor in einer der im Hauptspeicher stehenden Deskriptortabellen zeigt. Beim Laden des Segmentregisters (Multiple-Segment-Instructions), d.h. vor dem ersten Zugriff auf das Segment, wird dieser Deskriptor, der eine 32-Bit-Segmentbasisadresse, eine 32-Bit-Segmentlängenangabe und Segmentzugriffsattribute enthält, von der MMU gelesen, in der für den Programmierer unsichtbaren Erweiterung des betreffenden Segmentregisters (Cache-Register) gespeichert und für die nachfolgenden Segmentzugriffe benutzt.

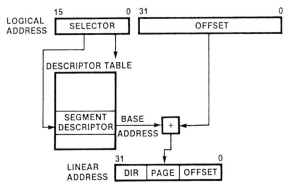

Bild 8-15. Segmentverwaltung durch die On-chip-MMU des i486^{TM} (Werksfoto Intel [9]).

Bei der Adreßumsetzung wird zu der 32-Bit-Segmentbasisadresse der durch die Adreßrechnung gebildete Segment-Offset addiert. (Selektor und Segment-Offset bilden somit die virtuelle Adresse von 48 Bits.) Das Resultat ist eine lineare 32-Bit-Adresse, die entweder unmittelbar zur Speicheradressierung verwendet wird oder die der Seitenverwaltung zugeführt wird. Bei der Adreßumsetzung werden auch die im Deskriptor angegebenen Zugriffsattribute des Segments und die Segmentlängenangabe als Speicherschutzvorgaben überprüft.

Die Seitenverwaltung wertet die höherwertigen zehn Bits der linearen Adresse als Index einer "Page-Directory" aus, die mit ihren Einträgen auf bis zu 1024 "Page-Tables" verweist (Bild 8-16). Die mittleren zehn Adreßbits wählen als Index in einer dieser Seitentabellen die Basisadresse der aktuellen Seite aus. Die Adressierung innerhalb der Seite erfolgt durch die niedrigerwertigen 12 Adreßbits als Page-Offset. Die Seitengröße beträgt dementsprechend 4 Kbyte. Ausgangspunkt für die Adreß-

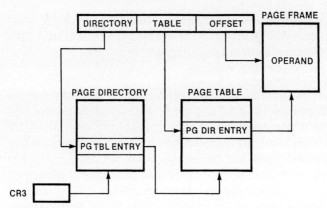

Bild 8-16. Seitenverwaltung durch die On-chip-MMU des i486™ (Werksfoto Intel [9]).

umsetzung ist eines der Steuerregister der Gruppe der "System-Level-Register", das die Basisadresse der aktuellen "Page-Directory" enthält. Zur Beschleunigung der Adreßumsetzung werden die zuletzt benutzten 32 Abbildungsinformationen in einem Four-way-set-associative-Cache (Translation Lookaside Buffer) bereitgestellt. - Die Seitenverwaltungseinheit unterstützt das Demand-Paging. Bei einem Page-Fault kann der die Programmunterbrechung auslösende Befehl nach der Ausnahmebehandlung erneut gestartet werden.

Im "Real-Mode" arbeitet die MMU mit einer vereinfachten Segmentverwaltung und ohne Seitenverwaltung. Hier wird die Segmentbasisadresse unmittelbar aus dem 16-Bit-Selektor gebildet, indem dieser durch vier niedrigerwertige Null-Bits auf 20 Bits erweitert wird. Die Segment-Offsets sind auf 16 Bits beschränkt, so daß die Segmente maximal 64 Kbyte umfassen (Segmentverwaltung des 8086).

8.2.7 Busprotokoll

Der i486 erlaubt den 8-, 16- und 32-Bit-Datentransfer mit Speicherung der Daten an beliebigen Byteadressen (Data-Misalignment). Die Speichereinheiten können Torbreiten von 8, 16 und 32 Bits haben (Dynamic-Bus-Sizing), wobei die korrekte Bytezuordnung zwischen Speichereinheit und Datenbus jedoch prozessorextern erfolgen muß. Die Bussteuerung für diese Übertragungen ist synchron, und der kürzest mögliche Buszyklus benötigt zwei Bustakte. - Speicherzugriffsbefehle nutzen die gesamte Adreßlänge von 32 Bits; für Zugriffe durch die Ein-/Ausgabebefehle steht ein zusätzlicher Adreßraum mit 16-Bit-Adressierung zur Verfügung.

Für das Laden des Caches gibt es einen Burst-Zyklus, der vier Doppelwörter in minimal fünf Bustakten überträgt, Data-Alignment vorausgesetzt. (Auch andere Zugriffe, die sich auf Datenformate mit mehr als 32 Bits beziehen, z.B. auf Gleitkommadaten in 64-Bit-Darstellung, nutzen den Burst-Zyklus.) Daneben gibt es weitere Busprotokolle, z.B. Protokolle für die Interruptverarbeitung und Protokolle für den Zugriff auf Semaphore. Bei Semaphorzugriffen wird die Nichtunterbrechbarkeit aufeinanderfolgender Buszyklen durch das Bussteuersignal $\overline{\text{LOCK}}$ erreicht, das durch den Lock-Befehlspräfix für die Dauer einer Befehlsausführung aktiviert wird.

Als Besonderheit hat der i486 vier bidirektionale 1-Bit-Anschlüsse, die für Paritätsleitungen der vier Datenbusbytes vorgesehen sind. Der Prozessor benutzt sie für die Übertragungssicherung mit gerader Parität. Ein Paritätsfehler führt nicht unmittelbar zu einer Beeinflussung der Programmausführung des Prozessors, er wird lediglich durch ein Statussignal prozessorextern angezeigt. - Einen Überblick über die Bussignalgruppen des i486 gibt Bild 8-17.

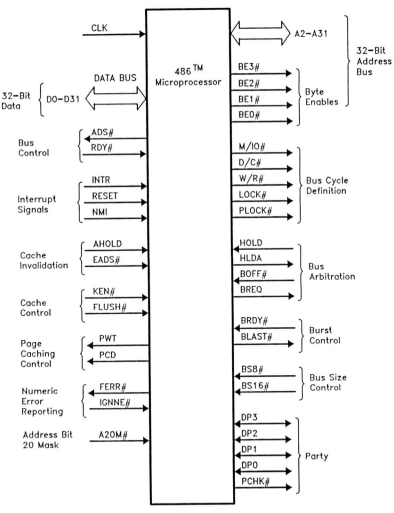

Bild 8-17. Bussignalgruppen des i486^{TM} (Werksfoto Intel [8])

8.2.8 Coprozessoranschluß

Im Gegensatz zu seinen 16- und 32-Bit-Vorgängern 8086, 80286 bzw. i386 hat der i486 keine Coprozessorschnittstelle. Er sieht stattdessen den am häufigsten benutzten Coprozessor, die Gleitkomma-Arithmetikeinheit, als On-chip-Einheit vor.

8.2.9 Vorgänger des i486

Die wichtigsten Vertreter der 16- und 32-Bit-Mikroprozessorreihe von Intel sind in Tabelle 8-5 aufgeführt. Ausgangspunkt dieser Reihe ist der 8086, der als erster 16-Bit-Prozessor von Intel gegenüber seinen Nachfolgern noch den relativ geringen Adreßraum von 1 Mbyte aufweist [11]. Die Adreßbreite von 20 Bits wird durch eine interne Segmentierung erreicht, der vier 16-Bit-Segmentregister zugrunde liegen (siehe auch 8.2.6, "Real-Mode"). Die eigentlichen Programmadressen umfassen 16 Bits und wirken als Offsets innerhalb der Segmente von bis zu 64 Kbyte. Der 8086

Tabelle 8-5. Ausstattungsmerkmale der Prozessoren 8086, 80286, i386 und i486.

Prozessor	8086	80286	i386	i486
Datenbus in Bits	16	16	32	32
Adreßbus in Bits	20	24	32	32
Verarbeitung in Bits	16	16	32	32
String-Befehle	ja	ja	ja	ja
Befehls-/Daten-Cache	-	-	-	8 Kbyte
Instruction-Queue	6 Bytes	6 Bytes	16 Bytes	32 Bytes
Unterstützung für Demand-Paging	-	ja	ja	ja
On-chip-MMU	4 Segmente: 20-Bit-Basis	4 Segmente: a) 20-Bit-Basis b) 24-Bit-Basis durch Deskriptoren	1) 6 Segmente: a) 20-Bit-Basis b) 32-Bit-Basis durch Deskriptoren 2) wahlweise zusätzlich Seitenverwaltung	
Betriebsebenen	1	4	4	4
Deskriptorverwaltung für Multitasking	-	ja	ja	ja
Dynamic-Bus-Sizing: Port-Sizes in Bits	-	-	16, 32	8, 16, 32
Data-Misalignment	ja	ja	ja	ja
Burst-Zyklus	-	-	-	ja
Address-Pipelining	-	ja	ja	-
Coprozessor-schnittstelle	ja	ja	ja	-
On-chip-FPU	-	-	-	ja

unterscheidet zwar noch nicht mehrere Privilegienebenen (weshalb die Unterscheidung privilegierter und nichtprivilegierter Zugriffe entfällt), er hat jedoch bereits einen umfangreichen Befehlssatz, so auch String-Befehle, und eine Vielzahl von Adressierungsarten. Außerdem unterstützt er den Anschluß des numerischen Coprozessors 8087, wobei das Erkennen von Coprozessorbefehlen dem Coprozessor selbst unterliegt. - In einer Variante mit externem 8-Bit-Datenbus hat der Prozessor die Bezeichnung 8088.

In Tabelle 8-5 nicht aufgeführt ist der Prozessor 80186 (iAPX 186, [12]), der aufgrund seiner Zusatzfunktionen in erster Linie als Ein-/Ausgabeprozessor eingesetzt wird. In Erweiterung der 8086-Struktur hat er u.a. folgende Ausstattungsmerkmale: zwei integrierte DMA-Kanäle, drei voneinander unabhängige Timer, einen integrierten Interrupt-Controller mit insgesamt zehn Ebenen (für die beiden DMA-Kanäle, die drei Timer und für fünf externe Interrupt-Quellen) sowie 13 interne Adreßdecoder mit je einem Chip-select-Ausgang zur Anwahl von sechs Speicherbereichen und sieben Peripherieeinheiten. - In einer Variante mit externem 8-Bit-Datenbus hat er die Bezeichnung 80188 bzw. iAPX 188.

Der 80286 (iAPX 286, [13]) ist ebenfalls ein 16-Bit-Prozessor, jedoch mit gegenüber dem 8086 erweitertem Befehlssatz und beschleunigter Verarbeitung durch Überlappung der internen Funktionsabläufe sowie der Möglichkeit des Address-Pipelining. Sein Einsatzschwerpunkt liegt in der Unterstützung von Systemen mit virtuellem Speicher und mit Multitasking. Er hat dazu neben der relativ einfachen Segmentverwaltung des 8086 (20-Bit-Adressen, keine Speicherschutzattribute) eine erweiterte Segmentverwaltung mit Segmentdeskriptoren und 24-Bit-Adressen. Bei Zugriffen auf nichtgeladene Segmente können bestimmte Zugriffsbefehle nach einer Ausnahmebehandlung neu gestartet werden. Desweiteren besitzt der Prozessor vier Betriebsebenen unterschiedlicher Privilegien, die zusammen mit der Deskriptortechnik das Multitasking unterstützen. Im Gegensatz zum 8086 übernimmt der 80286 das Erkennen von Coprozessorbefehlen und deren Weiterleitung an den Coprozessor 80287 selbst.

Der i386 ist der erste 32-Bit-Prozessor in dieser Prozessorreihe [14, 15]. Er sieht einen 32-Bit-Datenbus und eine Adressierung mit 32 Bits vor. Der Datenbus erlaubt außerdem das Dynamic-Bus-Sizing für den Anschluß von 16-Bit-Speichereinheiten. In Erweiterung der Segmentverwaltung des 80286 verfügt der i386 über insgesamt sechs Segmentregister und über Deskriptoren, die die 32-Bit-Adressierung nutzen. Darüber hinaus sieht er eine Seitenverwaltung vor, die wahlweise aktiviert werden kann und die der Segmentverwaltung nachgeschaltet ist.

8.3 National Semiconductor NS32532

Der NS32532 ist ein 32-Bit-Mikroprozessor, der mit seinen Vorgängern in der NS32000-Prozessorserie aufgrund gleicher Befehlssätze softwarekompatibel ist [16]. Neben seiner 32-Bit-Verarbeitungseinheit mit einem 32-Bit-Registersatz besitzt er eine vierstufige Befehlspipeline für das überlappende Holen, Decodieren und Ausführen

von Befehlen, einen Befehls-Cache, einen Daten-Cache, eine Speicherverwaltungseinheit und eine leistungsfähige Bussteuereinheit (Bild 8-18). Darüber hinaus unterstützt er die Verwaltung von Programmoduln durch ein Deskriptorkonzept, wie es in
Abschnitt 3.3.4 beschrieben ist. - Mit seiner Umgebung ist der NS32532 durch einen
32-Bit-Datenbus und einen 32-Bit-Adreßbus, der einen linearen Adreßraum von
4 Gbyte zur Verfügung stellt, verbunden. Der NS32532 hat außerdem eine universelle Coprozessorschnittstelle, die z.B. für den Anschluß der nach dem IEEE-Standard arbeitenden Floating-Point-Unit NS32381 benutzt werden kann [17].

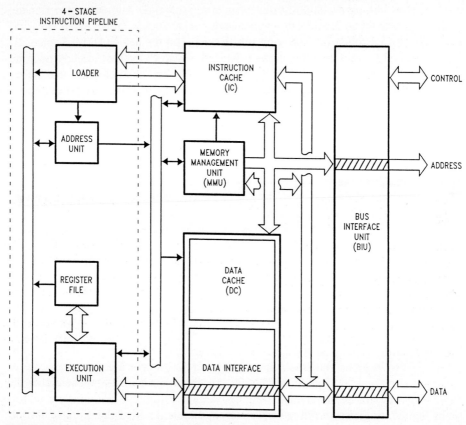

Bild 8-18. Blockdarstellung des NS32532 [17].

8.3.1 Registersatz

Bild 8-19 zeigt den Registersatz des NS32532. Er umfaßt acht allgemeine Register,
sieben Adreßregister, ein Statusregister (PSR) und 12 Steuerregister. Mit Ausnahme
der 16-Bit-Register MOD und PSR sind alle Register 32 Bits breit. Die acht allgemeinen Register R0 bis R7 dienen als Quell- und Zielregister für Bit-, Bitfeld-, Byte-,
Wort-, Doppelwortoperationen, wobei sich Byte- und Wortzugriffe jeweils auf das

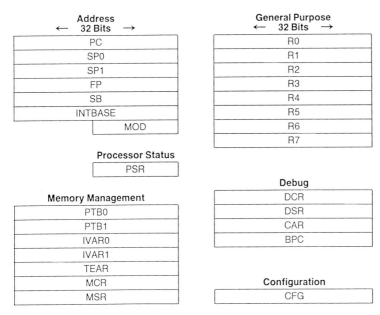

Bild 8-19. Registersatz des NS32532 [17].

niedrigstwertige Byte bzw. Wort im Register beziehen. In ihnen werden Operanden, Adressen und Indexwerte gespeichert.

Die Adreßregister haben spezielle Funktionen: PC dient als Befehlszählregister, SP0 und SP1 als Interrupt- bzw. User-Stackpointerregister für implizite Stackzugriffe, wobei abhängig vom Modusbit S im Statusregister immer nur eines der beiden Register aktiviert ist; FP dient als Framepointer-Register für die Stackverwaltung bei Prozeduraufrufen, SB (static base) als Basisadreßregister für die statischen Variablen eines Moduls, INTBASE (interrupt base) als Basisadreßregister für die Vektortabelle (interrupt dispatch table) und MOD (module) als Pointerregister zur Anwahl des aktuellen Moduldeskriptors.

Das Statusregister PSR besteht aus einem höherwertigen Byte mit Modusbits, die nur im Supervisor-Mode veränderbar sind, und einem niedrigerwertigen Byte mit den Bedingungsbits, die in beiden Betriebsarten zugänglich sind (Bild 8-20). Bei den Modusbits werden durch U die beiden Betriebsarten Supervisor und User unterschieden, S wählt eines der beiden Stackpointerregister SP0 oder SP1 an und wird bei Trap- und Interruptbehandlungen automatisch gelöscht (Anwahl von SP0), P zeigt eine Trace-Anforderung an, die ggf. erst nach der Behandlung anderer Trap- oder Interruptanforderungen zum Tragen kommt (trace pending), und I wirkt als Maskenbit für maskierbare Interruptanforderungen.

15									8	7								0
				I	P	S	U			N	Z	F	V			L	T	C

Bild 8-20. Statusregister des NS32532 [17].

Bei den Bedingungsbits dient C als Übertragsbit (carry, borrow; z.B. ausgewertbar mit den Befehlen Add- bzw. Subtract-with-Carry), T als Trace-Enable-Bit, das nach jeder Befehlsausführung wirksam wird, L zur Anzeige der Bedingung "kleiner als" beim Vergleich vorzeichenloser Zahlen, V als Trap-Enable-Bit für Bereichsüberschreitungen bei arithmetischen Operationen, F zur Anzeige solcher Bereichsüberschreitungen, Z zur Anzeige der Bedingung "gleich" bei Vergleichsoperationen und N zur Anzeige der Bedingung "kleiner als" beim Vergleich von 2-Komplement-Zahlen.

Die Steuerregister, deren Zugriff mit wenigen Ausnahmen dem Supervisor-Mode unterliegt, dienen zur Programmierung der Speicherverwaltungseinheit, zum Testen des Programmablaufs (debugging) und zur Konfigurierung des Prozessors. Die Debug-Register bieten dabei die Möglichkeit, eine vorgebbare Adresse unter verschiedenen Bedingungen mit Adreßinformation des Prozessors und des Prozessorbusses zu vergleichen und bei Gleichheit einen Trap auszulösen. Das Configuration-Register dient u.a. zur Steuerung der On-chip-Caches, zur Vorgabe, ob die maskierbaren Interrupts als Vektorinterrupts zu behandeln sind, und zur Vorgabe, ob eine Floating-point-Unit und eine sog. Custom-Unit als Coprozessoren im System vorhanden sind. Ist eine der beiden Einheiten als nicht vorhanden gekennzeichnet, so lösen die zugehörigen Befehle einen Trap aus, so daß die Operationen emuliert werden können. - Gegebenenfalls stellt ein Floating-point-Coprozessor acht 32-Bit-Datenregister zur Speicherung von Gleitkommadaten mit einfacher und doppelter Genauigkeit (Registerpaar) zur Verfügung.

8.3.2 Datenformate und Datenzugriff

Die drei Standarddatenformate sind das Byte, das Wort und das Doppelwort, die uneingeschränkt bei allen operandenverarbeitenden Befehlen zugelassen sind. Darüber hinaus erlaubt der Befehlssatz die Verarbeitung von Einzelbits und von Bitfeldern mit bis zu 32 Bits. Bei den Multiplikations- und Divisionsbefehlen mit erweiterter Zahlendarstellung wie auch bei Gleitkommaoperationen doppelter Genauigkeit gibt es außerdem das Vierfachwort.

Prozessorintern werden Operanden - mit Ausnahme der Gleitkommaoperanden - in den allgemeinen Registern R0 bis R7 gespeichert, wobei Byte- und Wortoperanden an der jeweils niedrigsten Position im Register stehen und Vierfachwörter zwei aufeinanderfolgende Register belegen. Die prozessorexterne Speicherung von Operanden ist an beliebigen Byteadressen möglich (Data-Misalignment), und die Speichereinheiten können Zugriffsbreiten von 32, 16 oder 8 Bits haben (Dynamic-Bus-Sizing/Configuration). Die Adresse bezieht sich immer auf das niedrigstwertige Byte eines Operanden.

8.3.3 Adressierungsarten

Tabelle 8-6 beschreibt die neun Gruppen von Adressierungsarten, von denen die Gruppe Scaled Index mit allen andern Gruppen außer mit Immediate und mit sich

Tabelle 8-6. Adressierungsarten des NS32532 [16].

MODE	SYNTAX	ENCODING	EFFECTIVE ADDRESS
Register			
Register 0	R0 or F0	00000	None: operand is in the
Register 1	R1 or F1	00001	specified register.
Register 2	R2 or F2	00010	
Register 3	R3 or F3	00011	
Register 4	R4 or F4	00100	
Register 5	R5 or F5	00101	
Register 6	R6 or F6	00110	
Register 7	R7 or F7	00111	
Register-Relative			
R0 Relative	disp(R0)	01000	disp + register
R1 Relative	disp(R1)	01001	
R2 Relative	disp(R2)	01010	
R3 Relative	disp(R3)	01011	
R4 Relative	disp(R4)	01100	
R5 Relative	disp(R5)	01101	
R6 Relative	disp(R6)	01110	
R7 Relative	disp(R7)	01111	
Memory Space			
Frame	disp(FP)	11000	disp + register
Stack	disp(SP)	11001	
Static	disp(SB)	11010	
Program	* + disp	11011	
Memory Relative			
Frame	disp2(disp1(FP))	10000	disp2 + pointer;
Stack	disp2(disp1(SP))	10001	pointer found at address
Static	disp2(disp1(SB))	10010	disp1 + register.
Top-of-Stack	TOS	10111	Top-of-Stack, with push/pop.
External	EXT(disp1)+disp2	10110	disp2 + pointer; pointer found in Link table entry number disp1.
Immediate	value	10100	None: literal value.
Absolute	@disp	10101	disp
Scaled Indexing			
Byte	basemode[Rn:B]	11100	E.A. from basemode, plus
Word	basemode[Rn:W]	11101	scaled contents of any GP
Double-Word	basemode[Rn:D]	11110	register Rn.
Quad-Word	basemode[Rn:Q]	11111	Scale: B=1, W=2, D=4, Q=8

selbst kombiniert werden kann. Die Skalierung mit den Faktoren 1, 2, 4 und 8 erlaubt Zugriffe auf die Datenformate Byte, Wort, Doppelwort und Vierfachwort. Indexwerte und Displacements sind als 2-Komplement-Zahlen dargestellt. Displacements werden mit 7, 14 oder 30 Bits codiert; die verbleibenden 1 bzw. 2 Bits dienen zur Unterscheidung dieser Formate.

8.3.4 Befehlsformate und Befehlsgruppen

Die Befehle des NS32532 haben Bytestruktur. Sie bestehen aus einem elementaren Befehlsteil von einem, zwei oder drei Bytes (basic instruction) und einer wahlweisen

Befehlserweiterung, deren Byteanzahl von den Adreßangaben abhängt. Bild 8-21 zeigt dazu die Befehlsdarstellung für Zweiadreßbefehle. Der Basisbefehlsteil umfaßt hier ein Operationscodefeld und zwei 5-Bit-Felder zur Vorgabe von zwei Adreßangaben beliebiger Adressierungsart (siehe auch Tabelle 8-6, Spalte "Encoding"). Die Befehlserweiterung enthält die zur Adressierung erforderlichen Displacements oder den Operanden selbst. Bei indizierter Adressierung sieht sie zusätzlich ein Indexbyte vor, das die mit der Indizierung kombinierte Adressierungsart und die Adresse Ri des Indexregisters enthält. - Die universelle Verwendung der Adressierungsarten gilt für alle Befehle des Befehlssatzes, der dadurch sehr regelmäßig ist.

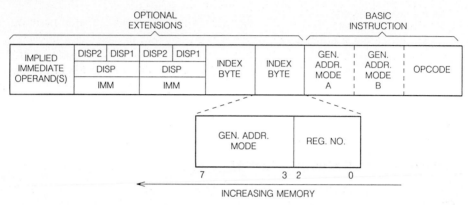

Bild 8-21. Allgemeines Befehlsformat des NS32532 [16].

Der Befehlssatz ist in 16 Befehlsgruppen unterteilt, von denen sich die Gruppen "Floating-Point" und "Custom Slave" auf die entsprechenden Coprozessoren beziehen.

- Moves
- Integer Arithmetic
- Packed Decimal (BCD) Arithmetic
- Integer Comparison
- Logical and Boolean
- Shifts
- Bits
- Bit Fields
- Arrays
- Strings
- Jumps and Linkage
- CPU Register Manipulation
- Floating Point

- Memory Management
- Miscellaneous
- Custom Slave

8.3.5 Ausnahmeverarbeitung

Der NS32532 sieht insgesamt 256 unterscheidbare Programmunterbrechungen durch Traps und Interrupts mit den in Bild 8-22 gezeigten Unterbrechungsbedingungen vor. Interruptanforderungen erfolgen über zwei Interruptleitungen, und zwar nichtmaskierbar oder maskierbar. Maskierbare Interrupts können über das Configuration-Register CFG als nichtvektorisiert oder vektorisiert festgelegt werden. Vektorisierte Interrupts werden prozessorextern durch eine Interruptsteuereinheit in bis zu 16 Ebenen priorisiert. Sind mehr als 16 Ebenen erforderlich, so kann jede dieser Ebenen durch eine weitere Steuereinheit weiter nach Prioritäten unterteilt werden (Kaska-

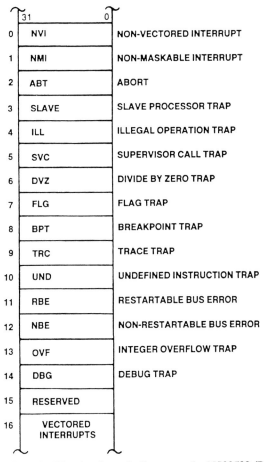

Bild 8-22. Unterbrechungsbedingungen des NS32532 (Dispatch Table, [17]).

dierung). - Die Basisadresse der Vektortabelle (interrupt dispatch table) wird im Register INTBASE vorgegeben.

Eine Programmunterbrechung versetzt den Prozessor in den Supervisor-Modus und veranlaßt ihn, den Prozessorstatus unter Verwendung von SP0 als Stackpointerregister auf den Interruptstack zu schreiben und über die Vektortabelle eine Unterbrechungsroutine zu starten. Dabei werden zwei Arbeitsmodi unterschieden, die im Register CFG vorgegeben werden können. Im Modus Direct-Exception-Enabled werden als Statusinformation die Inhalte der Register PSR und PC auf den Stack geschrieben, und der in der Vektortabelle stehende Eintrag wird als Startadresse der Unterbrechungsroutine nach PC geladen. Im Modus Direct-Exception-Disabled wird hingegen das Modulkonzept aktiviert. Als Teil des Status wird dabei der Inhalt des Registers MOD auf den Stack geschrieben und der in der Vektortabelle stehende Eintrag als sog. externer Prozedurdeskriptor ausgewertet. Über diesen Deskriptor werden die Register MOD, SB und PC geladen (siehe auch 3.3.4). - Die über einen Reset-Eingang auslösbare Reset-Funktion weicht von dem oben beschriebenen Ablauf ab und weist keinen Eintrag in der Vektortabelle auf. Die Reset-Routine wird immer mit der Adresse 0 gestartet.

8.3.6 Caches und Speicherverwaltung

Caches. Der NS32532 besitzt einen Befehls-Cache und einen Daten-Cache mit Speicherkapazitäten von 512 Bytes bzw. 1 Kbyte. Der Befehls-Cache ist in 32 Rahmen zu je 16 Bytes unterteilt und wird mit den physikalischen (realen) Adressen "direct-mapped" adressiert (Bild 8-23). Ihm zugeordnet ist ein 16-Byte Befehlspuffer, über den

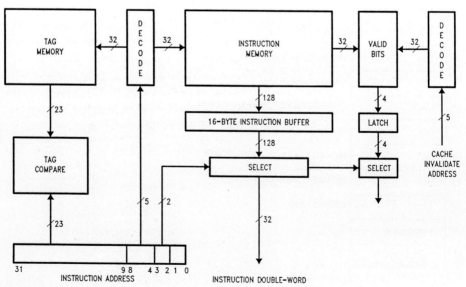

Bild 8-23. On-chip-instruction-Cache des NS32532 [17].

beim Cache- oder Speicherzugriff eine 8-Byte-Instruction-Queue versorgt wird. Der Daten-Cache ist ein Two-way-set-associative-Cache mit 32 Sets zu je 2 Rahmen mit je 4 Doppelwörtern (Bild 8-24). Er wird ebenfalls mit physikalischen Adressen adressiert. Bei einem Write-Miss wird das Datum sowohl in den Cache als auch in den Hauptspeicher geschrieben (Write-through-Verfahren). - Vorgaben, wie "cache enable" und "cache disable", erfolgen über das Configuration-Register CFG.

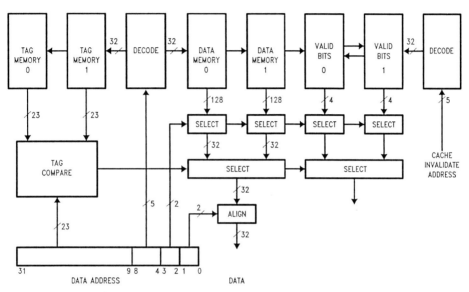

Bild 8-24. On-chip-data-Cache des NS32532 [17].

Speicherverwaltungseinheit (MMU). Die On-chip-MMU unterstützt die virtuelle Speicherverwaltung durch Umsetzung virtueller 32-Bit-Adressen in physikalische 32-Bit-Adressen mit Hilfe von Abbildungstabellen, die im Hauptspeicher stehen. Zur Beschleunigung der Adreßumsetzung hält sie die zuletzt benutzten 64 Adreßabbildungen in einem vollassoziativen Cache (Translation Look-aside Buffer, TLB). Bei einem Cache-Miss holt sie sich die fehlende Abbildungsinformation aus dem Hauptspeicher und lädt sie nach der FIFO-Ersetzungsstrategie in den Cache.

Die MMU arbeitet nach dem Prinzip der Seitenverwaltung mit Demand-Paging und mit einer Seitengröße von 4 Kbyte. Die Adreßabbildung geschieht über zwei Stufen (Bild 8-25), und zwar mittels einer übergeordneten Tabelle (Level 1) mit 1024 32-Bit-Einträgen für die Segmentadressierung, die auf bis zu 1024 untergeordnete Tabellen (Level 2) mit ebenfalls 1024 32-Bit-Einträgen für die Seitenadressierung verweist. Abhängig von der Initialisierung der MMU stehen für Supervisor- und User-Zugriffe entweder ein gemeinsamer Adreßraum oder jeweils ein eigener Adreßraum zur Verfügung. Davon abhängig wird die Basisadresse der aktuellen Level-1-Tabelle durch eines der beiden Prozessorregister PTB0 oder PTB1 vorgegeben. Während die aktuelle Level-1-Tabelle immer im Hauptspeicher präsent sein muß, können die Level-2-

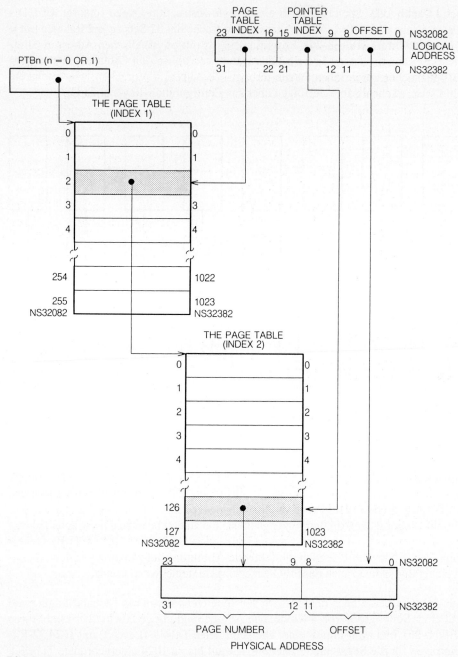

Bild 8-25. Seitenverwaltung des NS32532 [16].

Tabellen nach Bedarf auch von einem Hintergrundspeicher nachgeladen werden (swapping). - Zur Steuerung der MMU sieht der Registersatz des Prozessors sieben Register vor (siehe Bild 8-19).

8.3.7 Busprotokoll

Der NS32532 sieht mehrere Busprotokolle für synchrone Übertragung vor. Einzel-transfers sind für 8-, 16- und 32-Bit-Daten mit 8-, 16- und 32-Bit-Ports (Dynamic-Bus-Sizing) bei Data-Misalignment möglich, wobei der kürzest mögliche Buszyklus zwei Bustakte benötigt. Burst-Mode-Übertragungen, die vier Doppelwörter umfassen und z.B. zum Laden des Befehls- und des Daten-Caches benutzt werden, erfolgen mit Data-Alignment und setzen einen 32-Bit-Port voraus. Dabei benötigt der erste Trans-fer zwei Bustakte und die drei weiteren Transfers je einen Bustakt, sofern keine War-tezyklen erforderlich sind. Die Adressierung der Doppelwörter erfolgt umlaufend in-nerhalb eines 16-Byte-Blocks (wrap around), wobei der Prozessor die Adreßfort-schaltung übernimmt. Daneben gibt es weitere Protokolle, z.B. für die Interruptver-arbeitung, für die Übertragung mit Coprozessoren sowie für den Zugriff auf Sema-phore (nichtunterbrechbarer Buszyklus, read-modify-write-cycle). - Einen Überblick über die Bussignalgruppen des NS32532 gibt Bild 8-26.

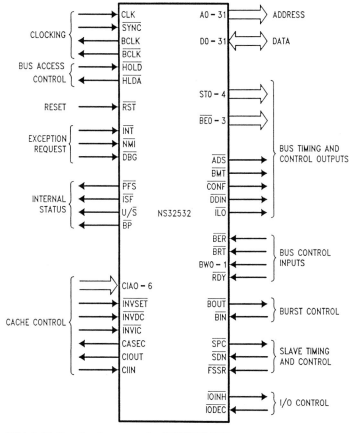

Bild 8-26. Bussignalgruppen des NS32532 [17].

8.3.8 Coprozessoranschluß

Die Verarbeitung von Coprozessorbefehlen erfolgt sequentiell mit den Mikroprozessorbefehlen. Sie werden wie diese vom Mikroprozessor aus dem Speicher abgerufen, der dann über ein spezielles Protokoll mit dem Coprozessor zusammenarbeitet. - Bild 8-27 zeigt als Beispiel für den Befehlsaufbau eines Coprozessors die drei Befehlsformate der Floating-Point-Unit NS32381 [17]. Jedes dieser Formate umfaßt ein Identifikationsbyte (ID), das den Befehl als Coprozessorbefehl kennzeichnet und das den zugehörigen Coprozessor sowie das Befehlsformat angibt, und ein Operationswort, bestehend aus dem eigentlichen Operationscode (op), Datentypangaben (i für Integer und f für Floating-Point) und zwei Adreßfeldern (gen1, gen2) für die Ermittlung der Operandenadressen.

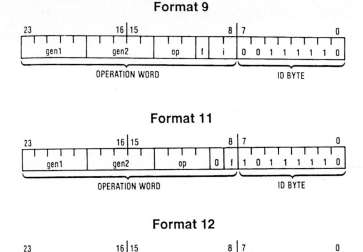

Bild 8-27. Befehlsformate der Floating-Point-Unit NS32381 [17].

Hat der Mikroprozessor einen Coprozessorbefehl entschlüsselt, so sendet er diesen in einem sog. Broadcast-Buszyklus an alle am Bus angeschlossenen Coprozessoren. Diese decodieren das ID-Byte, und der zugehörige Coprozessor aktiviert sich. Der Mikroprozessor führt dann die Adreßrechnungen für die im Befehl angegebenen Quelloperanden durch und überträgt die Operanden aus dem Hauptspeicher oder aus seinen allgemeinen Prozessorregistern an den Coprozessor. Der Coprozessor führt die Operation aus und meldet ihren Abschluß durch eines von zwei Steuersignalen als fehlerfrei oder als fehlerbehaftet. Bei Fehlerfreiheit übernimmt der Prozessor, falls erforderlich, einen Resultatoperanden und schreibt ihn in den Hauptspeicher oder in seinen Registersatz. Danach führt er den nächsten Befehlsabruf durch. Im Fehlerfall liest er das Coprozessorstatusregister und führt z.B. einen Error-Trap durch.

8.3.9 Vorgänger des NS32532

Die wichtigsten Mitglieder der 16- und 32-Bit-Mikroprozessorserie von National Semiconductor sind in Tabelle 8-7 aufgeführt (siehe auch [17]). Sie haben alle denselben Befehlssatz, wodurch die Prozessoren zueinander softwarekompatibel sind. Der Befehlssatz zeichnet sich durch seine Orthogonalität hinsichtlich des Einsatzes der Adressierungsarten für die Quell- und Zieladressierung aus. Der NS32016 mit externem 16-Bit-Datenbus und der NS32032 mit externem 32-Bit-Datenbus haben den gleichen internen Aufbau. Ihre externen Adreßbusse umfassen 24 Bits. - Eine weitere Variante gleicher Struktur, jedoch mit einem externen 8-Bit-Datenbus, hat die Bezeichnung NS32008 [17].

Tabelle 8-7. Ausstattungsmerkmale der Prozessoren NS32016, NS32032, NS32332 und NS32532.

Prozessor	NS32016	NS32032	NS32332	NS32532
Datenbus in Bits	16	32	32	32
Adreßbus in Bits	24	24	32	32
Verarbeitung in Bits	32	32	32	32
Daten-Cache	-	-	-	1 Kbyte
Prefetch-Queue	8 Bytes	8 Bytes	20 Bytes	8 Bytes
Befehls-Cache	-	-	-	512 Bytes
Unterstützung für Demand-Paging	ja	ja	ja	ja
On-chip-MMU	-	-	-	ja
Betriebsebenen	2	2	2	2
Deskriptorverwaltung für Moduln	ja	ja	ja	ja
Dynamic-Bus-Sizing: Port-Sizes in Bits	-	-	8, 16, 32	8, 16, 32
Data-Misalignment	ja	ja	ja	ja
Burst-Mode-Zyklus	-	-	ja	ja
Coprozessor- schnittstelle	ja	ja	ja	ja

Der NS32332 ist der erste Prozessor dieser Serie mit einem externen 32-Bit-Adreßbus, womit er einen Adreßraum von 4 Gbyte zur Verfügung stellt. Er sieht außerdem das Dynamic-Bus-Sizing für die Datenübertragung mit prozessorexternen 8-, 16- und 32-Bit-Einheiten vor. Sein Nachfolger, der NS32532, hat neben der auch bei seinen Vorgängern vorhanden Prefetch-Queue für die Befehlsspeicherung einen Befehls-Cache sowie einen Daten-Cache. Weiterhin besitzt er eine On-chip-MMU mit zweistufiger Seitenverwaltung, die nach dem Prinzip des Demand-Paging arbeitet. - Eine neuere Prozessorvariante mit weitgehend identischen Ausstattungsmerkmalen, der NS32GX32, hat diese MMU nicht [18].

9 Lösungen der Übungsaufgaben

Lösung zu Aufgabe 1.1. Die vorliegende ASCII-Zeichenkette wird mit Hilfe der Tabelle 1-1 entschlüsselt. Unter Berücksichtigung der Steuerzeichen für Wagenrücklauf (0D) und Zeilenvorschub (0A) ergibt sich einschließlich der folgenden Leerzeile

```
Viel
 Spaß
  beim
   Lösen
    der
     Aufgaben!
```

Lösung zu Aufgabe 1.2. Die alternativen Schreibweisen der ASCII-Zeichenkette 34 38 31 32 sind 4812_{10}, 1001011001100_2, $12CC_{16}$, 11314_8 und 0100 1000 0001 0010_{BCD}; die 8-Bit-2-Komplement-Darstellung von -113 ist 10001111.

Lösung zu Aufgabe 1.3. In Anlehnung an Bild 1-2 ergeben sich für die Operationen im Wortformat folgende Resultate: (a) 8000_{16}, C = 0 (kein Übertrag), V = 1 (Überlauf für 2-Komplement-Zahlen), (b) $FFFF_{16}$, C = 1 (Übertrag, d.h. Bereichsüberschreitung für Dualzahlen), V = 0 (kein Überlauf).

Lösung zu Aufgabe 1.4. In Anlehnung an Tabelle 1-6 ergeben sich die folgenden Gleitkommadarstellungen:

	s	e	f	Wert
(a)	0	10000100	000000......0	$= +1,0 \cdot 2^5$
(b)	1	10000101	001011110..0	$= -1,00101111 \cdot 2^6$
(c)	0	01111101	1001010.....0	$= +1,100101 \cdot 2^{-2}$

Lösung zu Aufgabe 1.5. Beim Register-Register-Befehl (Bild 9-1a) ändert sich der Befehlszyklus nach Taktschritt 4, beim Speicher-Speicher-Befehl (Bild 9-1b) nach Taktschritt 8.

Lösung zu Aufgabe 1.6. Wir wählen R0 und R1 zur Speicherung der Konstanten 0 und 1 sowie R3 zur Speicherung der eingelesenen Zeitkonstanten; R2 behält seine ursprüngliche Verwendung als Zählregister (Bild 9-2). Die Befehle der inneren Schleife benötigen 19 Takte, und in der äußeren Schleife kommen 29 Takte hinzu. Damit ergibt sich entsprechend der Diskussion in Abschnitt 1.3.1 der Wert der Zeitkonstanten ZEITK = $(t - 2,9)/1,9 \approx 52630$. Das in das Register EAREG einzuschreibende Bitmuster ergibt sich aus der Umwandlung dieser Dezimalzahl in eine Dualzahl entsprechend dem in Abschnitt 1.1.4 skizzierten Verfahren zu

1100110110010110.

Lösung zu Aufgabe 1.7. Das in hexadezimaler Darstellung vorliegende Programm ist eine Modifikation des in der Lösung zu Aufgabe 1.6 entwickelten Programms. Anstatt den Wert der Zeitkonstanten aus der Ein-/Ausgabeeinheit unter der Adresse 32768 einzulesen, ist dieser Wert im Hauptspeicher unter der Adresse 19 vorgegeben (Bild 9-3).

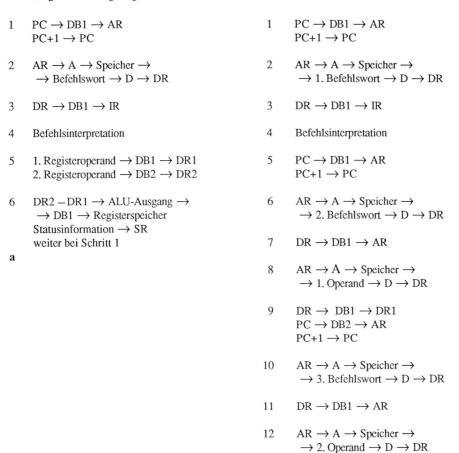

1   PC → DB1 → AR
    PC+1 → PC

2   AR → A → Speicher →
    → Befehlswort → D → DR

3   DR → DB1 → IR

4   Befehlsinterpretation

5   1. Registeroperand → DB1 → DR1
    2. Registeroperand → DB2 → DR2

6   DR2 − DR1 → ALU-Ausgang →
    → DB1 → Registerspeicher
    Statusinformation → SR
    weiter bei Schritt 1
a

1   PC → DB1 → AR
    PC+1 → PC

2   AR → A → Speicher →
    → 1. Befehlswort → D → DR

3   DR → DB1 → IR

4   Befehlsinterpretation

5   PC → DB1 → AR
    PC+1 → PC

6   AR → A → Speicher →
    → 2. Befehlswort → D → DR

7   DR → DB1 → AR

8   AR → A → Speicher →
    → 1. Operand → D → DR

9   DR → DB1 → DR1
    PC → DB2 → AR
    PC+1 → PC

10 AR → A → Speicher →
    → 3. Befehlswort → D → DR

11 DR → DB1 → AR

12 AR → A → Speicher →
    → 2. Operand → D → DR

13 DR → DB1 → DR2

14 DR2 − DR1 → ALU-Ausgang →
    → DB1 → DR
    Statusinformation → SR

15 AR → A → Speicher
    DR → D → Speicher
    weiter bei Schritt 1
b

Bild 9-1. Befehlszyklen für die Subtraktion, **a** als Register-Register-Befehl, **b** als Speicher-Speicher-Befehl (Abkürzungen siehe Bild 1-11).

Lösung zu Aufgabe 2.1. Der MOVE-Befehl liest den drittletzten Stackeintrag als Wortoperand und schreibt ihn als neuen Eintrag auf den Stack. Der Lesezugriff (registerindirekt mit Displacement) verändert den Stackpointer und den Stackinhalt nicht; beim Schreiben (registerindirekt mit Prädekrement) wird der Stackpointer um Zwei dekrementiert. - Eine variable Abstandsgröße läßt sich mittels indizierter Adressierung vorgeben; im folgenden mit R6 als Indexregister und unter Verzicht auf eine Skalierung.

```
MOVE.W  0(R7)(R6),-(R7)
```

```
*
* Impulsgeberprogramm

          ORG    0
EAREG     EQU    32768
          MOVE   NULL,R0
          MOVE   EINS,R1
          MOVE   EAREG,R3
          MOVE   R0,EAREG
MARKE1    MOVE   R3,R2        6 Takte
MARKE2    SUB    R1,R2        6   "
          CMP    R0,R2        6   "
          BNE    MARKE2       7   "
          MOVE   R1,EAREG     8   "
          MOVE   R0,EAREG     8   "
          JMP    MARKE1       7   "
*
NULL      DC     0
EINS      DC     1
          END
```

Bild 9-2. Modifiziertes Impulsgeberprogramm nach Bild 1-18 bzw. Bild 1-20.

```
Speicheradressen    Programm
       0            MOVE   20,R0
       2            MOVE   21,R1
       4            MOVE   19,R3
       6            MOVE   R0,32768
       8            MOVE   R3,R2
       9            SUB    R1,R2
      10            CMP    R0,R2
      11            BNE    9
      13            MOVE   R1,32768
      15            MOVE   R0,32768
      17            JMP    8
      19            52630
      20            0
      21            1
```

Bild 9-3. Disassemblierung der hexadezimalen Programmdarstellung in Aufgabe 1.7.

Lösung zu Aufgabe 2.2. Vor Ausführung der Addition wird die Zahl VALUE nach R1 geladen und dabei durch Kopieren ihres Vorzeichenbits in die höherwertigen Bitpositionen vom Byte- auf das Doppelwortformat erweitert (Sign-Extension).

```
MOVSX.B.L   VALUE,R1
ADD.L       R1,R0
```

Lösung zu Aufgabe 2.3. Die Wirkung der einzelnen, hier mit Nummern versehenen Befehle des Programmstücks wird durch das in Bild 9-4 wiedergegebene Schema illustriert, in das geeignete Dualzahlen eingetragen werden können.

Lösung zu Aufgabe 2.4. Wir schreiben zur Addition der BCD-Zahlen eine Programmschleife mit dem ADDP-Befehl. Vor der Schleife werden die Adressen der Strings auf die Positionen nach den niedrigstwertigen BCD-Ziffern gesetzt und das Carrybit des Statusregisters gelöscht. Innerhalb der Schleife werden die BCD-Ziffern mit der Prädekrement-Adressierung angesprochen.

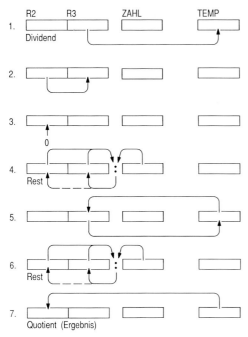

Bild 9-4. Schematische Darstellung der Wirkung des in Aufgabe 2.3 vorgegebenen Divisionsprogramms.

```
        ADD.L   R2,R0
        ADD.L   R2,R1
        CLRC
AGAIN   ADDP.B  -(R1),-(R0)
        DEC.L   R2
        BHI     AGAIN
        :
```

Lösung zu Aufgabe 2.5. Wir benutzen R1 als Zählregister und den Befehl ROR (rotate right), um die einzelnen Bits der Dualzahl ins Statusregister (Carrybit C) zu transportieren und mit dem Befehl ADDC (add with carry) aufzuaddieren.

```
        CLR.B   QSUM
        MOVE.B  #32,R1
LOOP    ROR.L   #1,R0
        ADDC.B  #0,QSUM
        DEC.B   R1
        BNE     LOOP
        :
```

Lösung zu Aufgabe 2.6. Es wird Bit 28 abgefragt und falls es gesetzt ist, Bit 0 durch Exklusiv-Oder mit 1 verknüpft. Wenn Bit 28 nicht gesetzt ist, müßte Bit 0 durch Exklusiv-Oder mit 0 verknüpft werden, was den Wert von Bit 0 nicht verändern würde, weshalb auf diese Operation verzichtet werden kann.

```
        BTST.L  #28,R4
        BEQ     SHIFT
        XOR.L   #$0001,R4
SHIFT   ROR.L   #1,R4
        :
```

Lösung zu Aufgabe 2.7. Wegen der Verwendung des BGT-Befehls für den Rücksprung wird das in R0 stehende Bitmuster nicht als Dualzahl sondern als 2-Komplement-Zahl aufgefaßt. Wenn diese vor Eintritt in die Schleife positiv ist (d.h. Inhalt von R0 als 8-stellige Dualzahl kleiner 128), so wartet der Prozessor in der Schleife, bis sie auf Null heruntergezählt ist. Wenn sie vor Eintritt in die Schleife negativ ist (d.h. Inhalt von R0 als 8-stellige Dualzahl größer oder gleich 128), so wird der Rücksprung nicht ausgeführt, und der Prozessor fährt ohne zu warten im Programm fort. Um den Wertebereich der Dualzahl für die Warteschleife voll ausnutzen zu können, ist anstelle des BGT-Befehls der Befehl BHI WARTE zu verwenden, da dieser für die Abfrage von Dualzahlen (unsigned binary numbers) vorgesehen ist.

Lösung zu Aufgabe 2.8. Die Wirkung des Stringbefehls wird erreicht, indem ein MOVE-Befehl innerhalb einer Programmschleife das jeweils umzusetzende Byte als Index für den Zugriff auf die Tabelle benutzt (Indexregister R4). Der Index wird zuvor durch Zero-Extension auf 32 Bits erweitert.

```
AGAIN   MOVZX.B.L   (R1)+,R4
        MOVE.B      0(R3)(R4),(R2)+
        DEC.L       R0
        BHI         AGAIN
        :
```

Lösung zu Aufgabe 2.9. Das Abfragen der Zugriffsberechtigung erfolgt in einer Warteschleife durch den TAS-Befehl, der den momentanen Semaphorzustand (Bit 7) auf das Bedingungsbit N überträgt und den Semaphor vorsorglich setzt. Das Verlassen der Schleife, d.h. das Eintreten in die Zugriffssequenz ist nur dann möglich, wenn der Semaphor zuvor von dem konkurrierenden Prozessor zurückgesetzt wurde, was durch den BMI-Befehl abgefragt wird. Das Zurücksetzen geschieht durch den CLR-Befehl am Ende einer Zugriffssequenz.

```
WAIT    TAS.B       SEMA
        BMI         WAIT
        :
        Zugriffssequenz
        :
        CLR.B       SEMA
        :
```

Lösung zu Aufgabe 3.1. Die Ausnahmeverarbeitung für den Fall der Division durch Null erfolgt durch das Programm

```
        ORG
ZDTRAP  MOVEQ.L     #$F,R2
        MOVEQ.L     #$F,R3
        RTE
        END
```

das entweder durch den Befehl (entsprechend 2.3.1)

```
        LEA     ZDTRAP,28
```

oder durch die Anweisungen (entsprechend 3.1.3)

```
        AORG    28
        DC.L    ZDTRAP
```

mit dem Unterbrechungssytem verknüpft wird. (Der bei MOVEQ.L angegebene Direktoperand $F wird bei der Befehlsausführung durch Sign-Extension auf 32 Bits erweitert.) Ohne Benutzung des Unterbrechungssytems muß - um die Wirkung zu erhalten - dem Divisionsprogramm aus Aufgabe 2.3 folgende Befehlsfolge vorangestellt werden.

```
        CMP.L      #0,ZAHL
        BNE        ANFANG        Sprung zum Anfang
        MOVEQ.L    #$F,R2
        MOVEQ.L    #$F,R3
        JMP        ENDE          Sprung zum Ende
        :                        des Divisionsprogramms
```

Lösung zu Aufgabe 3.2. Das Programm enthält als Ausgangspunkt für die Verzweigung einen JMP-Befehl mit indizierter Adressierung der Sprungtabelle. Die dabei auszuwertende Bedingungsgröße COND muß, um als Index wirken zu können, zunächst mit 6 multipliziert werden. Dies trägt dem Speicherplatzbedarf der Sprungbefehle in der Tabelle Rechnung, die aufgrund ihrer 32-Bit-Zieladressen Dreiwortbefehle sind. MOVZX.B.W lädt dazu den Wert von COND mit gleichzeitiger Erweiterung auf das Wortformat (Zero-Extension) nach R1; MULU.W liefert den Index im Doppelwortformat.

```
        MOVZX.B.W  COND,R1
        MULU.W     #6,R1
        LEA        SPRTAB,R0
        JMP        (R0)(R1)
SPRTAB  JMP        NULL
        JMP        EINS
        JMP        ZWEI
        JMP        DREI
        :
```

Lösung zu Aufgabe 3.3. Nachfolgend aufgeführt sind die beiden Makrodefinitionen, die beiden Aufrufe und die daraus resultierenden Makroexpansionen.

```
XPUSH   MACRO      /
        MOVE./0    /1,-(/2)
        ENDM

XPOP    MACRO      /
        MOVE./0    (/1)+,/2
        ENDM

        XPUSH.W    (R0),R5      →    MOVE.W    (R0),-(R5)

        XPOP.L     R7,MEMORY    →    MOVE.L    (R7)+,MEMORY
```

Lösung zu Aufgabe 3.4. Bild 9-5 zeigt die Makrodefinition EXT.

```
EXT     MACRO      /
        IFEQ       /0,W
        TEST.B     /1
        BPL        LBL1
        OR.W       #$FF00,/1
        BRA        LBL2
LBL1    AND.W      #$00FF,/1
LBL2    ENDC
        TEST.W     /1
        BPL        LBL3
        OR.L       #$FFFF0000,/1
        BRA        LBL4
LBL3    AND.L      #$0000FFFF,/1
LBL4    ENDC
        ENDM
```

Bild 9-5. Makrodefinition EXT zur Vorzeichenerweiterung eines Operanden von Byte- auf Wortformat oder von Wort- auf Doppelwortformat.

Lösung zu Aufgabe 3.5. Da der Mikroprozessor nicht mit Dezimalzahlen, sondern mit Dualzahlen rechnet, erfolgt die Umwandlung einer Dezimalzahl $x_3x_2x_1x_0$ in eine Dualzahl Z durch wiederholte Multiplikation und Addition (Bild 9-6a) und die Umwandlung einer Dualzahl Z in eine Dezimalzahl $x_4x_3x_2x_1x_0$ durch wiederholte Division mit Restbildung (Bild 9-6b; vgl. 1.1.4).

```
Z₃=x          DEZIN  DS.B    4          Der folgende Kommentar
Z₂=Z₃·10+x₂   DUAL   DS.W    1          bezieht sich auf den
Z₁=Z₂·10+x₁          :                  ersten Schleifendurchlauf
Z₀=Z₁·10+x₀          MOVE.B  #3,R3
                     LEA     DEZIN,R2
                     MOVE.B  (R2)+,R1   Z3=x3 als ASCII-Zeichen
                     AND.W   #$000F,R1  Z3=x3 als Dualzahl
              LOOP   MULU.W  #10,R1     Z2=Z3·10
                     MOVE.B  (R2)+,R0   R0=x2 als ASCII-Zeichen
                     AND.W   #$000F,R0  R0=x2 als Dualzahl
                     ADD.W   R0,R1      Z2:=Z2+x2
                     DEC.B   R3
                     BNE     LOOP
                     MOVE.W  R1,DUAL
a                    :
```

```
Z₀/10=Z₁ Rest x₀     DUAL    DS.W    1          Der folgende Kommen-
Z₁/10=Z₂ Rest x₁     DEZOUT  DS.B    5          tar bezieht sich auf
Z₂/10=Z₃ Rest x₂             :                  den ersten Schleifen-
Z₃/10=Z₄ Rest x₃             MOVE.B  #5,R3       durchlauf
Z₄/10=0  Rest x₄             LEA     DEZOUT+5,R2
                            MOVE.W  DUAL,R1
                     LOOP   AND.L   #$0000FFFF,R1
                            DIVU.W  #10,R1      Z1=Z0/10, x0 als Dualz.
                            SWAP    R1          x0 als ASCII-Zeichen
                            OR.B    #$30,R1
                            MOVE.B  R1,-(R2)
                            SWAP
                            DEC.B   R3
                            BNE     LOOP
b                           :
```

Bild 9-6. Zahlenumwandlung. **a** Dezimalzahl in Dualzahl, **b** Dualzahl in Dezimalzahl.

Lösung zu Aufgabe 3.6. Die Makrodefinitionen für die beiden Aufrufe ENTER <constant>, <reg.-list> und EXIT <reg.-list> lauten

```
ENTER   MACRO    /            EXIT   MACRO    /
        PUSH.L   FP                  POPMR.L  /1
        MOVE.L   SP,FP               MOVE.L   FP,SP
        SUB.L    /1,SP               POP.L    FP
        PUSMR.L  /2                  ENDM
        ENDM
```

Lösung zu Aufgabe 3.7. Für die Variable ANZ, die Stringbereiche QSTR und ZSTR sowie für die Umsetzungstabelle TAB wird mittels der DS-Anweisungen Speicherplatz reserviert, der vor Aufruf des Unterprogramms initialisiert wird (Bild 9-7). Die Parameterübergabe erfolgt entsprechend Beispiel 3.20 durch das Speichern der Adressen im Anschluß an den JSR-Befehl. Im Unterprogramm wird das Register R7 mit der auf dem Stack stehenden Rücksprungadresse geladen und zur Übernahme der

```
* Oberprogramm              * Unterprogramm
*                           *
ANZ    DS.B    1            MOVST   MOVE.L   (SP),R7
QSTR   DS.B    80                   MOVMR.L  (R7)+,R0-R3
ZSTR   DS.B    80           AGAIN   MOVZX.B.L (R1)+,R4
TAB    DS.B    256                  MOVE.B   0(R3)(R4),(R2)+
       :                            DEC.L    R0
       JSR     MOVST                BHI      AGAIN.
       DC.L    TAB                  MOVE.L   R7,(SP)
       DC.L    ZSTR                 RTS
       DC.L    QSTR
       DC.L    ANZ
       :
```

Bild 9-7. Darstellung der Funktion Move-string-and-Translate als Unterprogramm mit Parameterübergabe im Programmbereich des Oberprogramms.

Parameter verwendet. Die dabei hochgezählte Rücksprungadresse wird vor Ausführen des RTS-Befehls wieder auf den Stack zurückgeschrieben.

Lösung zu Aufgabe 3.8. Im Unterprogramm von Beispiel 3.20 müssen zur Erhaltung des Registerstatus von R7 die ersten beiden Befehle und die beiden Befehle vor dem RTS-Befehl wie folgt ersetzt werden:

```
VERGL   PUSMR.L   R0-R3/R7
        MOVE.L    20(SP),R7
        :
        :
        MOVE.L    R7,20(SP)
        POPMR.L   R0-R3/R7
        RTS
```

Lösung zu Aufgabe 4.1. Die Anfangs- und Endadressen der Bereiche sind

$0000, $7FFF   für den RAM-Bereich (32 Kbyte),
$8000, $8FFF   für den EPROM-Bereich (4 Kbyte),
$9000, $90FF   für den E/A_1-Bereich (256 Bytes),
$9100, $9107   für den E/A_2-Bereich (8 Bytes).

Die entsprechenden Adreßunterteilungen und die Werte der für die Bereichsanwahl signifikanten Adreßbits zeigt Bild 9-8a. Beim Verschieben der beiden Ein-/Ausgabebereiche an den Anfang des letzten 1K-Adreßbereichs ergeben sich deren Adreßfestlegungen entsprechend Bild 9-8b.

Lösung zu Aufgabe 4.2. Bild 9-9 zeigt die Signale und die Datenbusbelegungen für den Doppelworttransport bei Data-Misalignment (A1, A0 = 11) für die drei möglichen Port-Sizes (a) 32 Bits, (b) 16 Bits und (c) 8 Bits. Die als Datenbusbelegungen angegebenen Bytenummern sind mit Indizes B, W und L versehen, um zu zeigen, auf welche Weise die prozessorinterne Verschiebelogik den möglichen Port-Sizes Rechnung trägt.

Lösung zu Aufgabe 4.3. Bild 9-10 zeigt die Zustandsgraphen für den Lesezyklus, links für den Prozessor (vgl. Bild 4-14) und rechts für eine Speicherkarte (vgl. Bild 4-13). Für den Prozessor, der getaktet arbeitet, sind für die Zustandsübergänge die Pegelwechsel des Taktsignals CLK und $\overline{CLK}$ sowie das $\overline{DTACK}$-Signal maßgeblich. Für die Speicherkarte, die ungetaktet arbeitet, hängen die Zustandsübergänge von den Ereignissen $\overline{ASTROBE} = 0$, $\overline{SEL} = 0$, Delay und $\overline{DSTROBE} = 1$ ab.

Lösung zu Aufgabe 4.4. Bild 9-11 zeigt einen Ausschnitt aus Bild 4-20 für überlappende Speicherzugriffe, ergänzt um die Signalverläufe für einen Buszyklus 6, der dieselbe Speicherbank wie

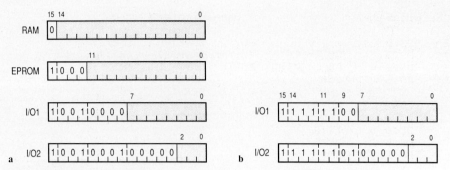

Bild 9-8. Codierte Speicheranwahl. **a** Adreßdarstellung für zwei Speicher- und zwei Ein-/Ausgabebereiche, **b** Adreßdarstellung nach Verschieben der beiden Ein-/Ausgabebereiche entsprechend Aufgabe 4.1.

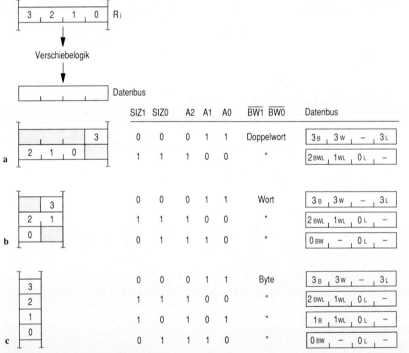

Bild 9-9. Doppelworttransport bei Data-Misalignment zwischen einem Prozessorregister und **a** einem 32-Bit-Port, **b** einem 16-Bit-Port, **c** einem 8-Bit-Port.

Buszyklus 5 adressiert. Die vom Interleave-Controller vorzeitig im Zyklus 5 angeforderte Adresse wird von ihm erst nach Abschluß dieses Zyklus für die Anwahl der Speicherbank ausgewertet, da er den momentanen Zugriff auf diese Bank noch nicht abgeschlossen hat. Dementsprechend verzögert er das Aktivieren des $\overline{\text{READY}}$-Signals um einen Takt, wodurch der Prozessor einen Wartezyklus einfügt. Er verzögert außerdem das Aktivieren des $\overline{\text{NARQ}}$-Signals um einen Takt, so daß der Prozessor die nächste Adresse überlappend mit dem Wartezyklus ausgibt. Je nachdem, ob diese Adresse einen Bankwechsel zur Folge hat oder nicht, folgt ein Buszyklus 7 entsprechend den Zyklen 4 und 5 oder entsprechend Zyklus 6.

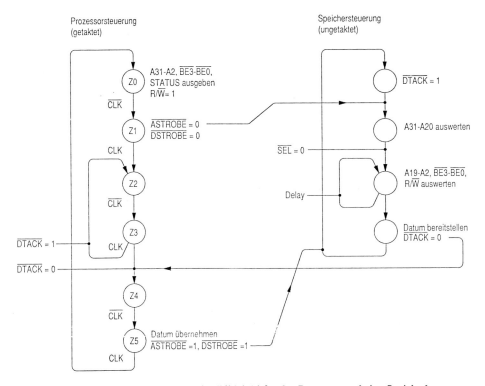

Bild 9-10. Zustandsgraphen des Lesezyklus Bild 4-14 für den Prozessor und eine Speicherkarte.

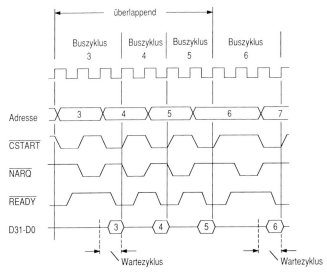

Bild 9-11. Lesezugriffe auf einen verschränkten Speicher bei überlappender Adressierung. Wiederholter Zugriff auf dieselbe Bank in den Buszyklen 5 und 6.

Lösung zu Aufgabe 4.5. Bild 9-12 zeigt das Zusammenwirken von DMA-Controller und Prozessor bei der Busarbitration. Der DMA-Controller gelangt aufgrund einer Übertragungsanforderung des zu bedienenden Interfaces aus dem Ruhezustand M0 in den Zustand M1, in dem das durch die bepfeilten Linien dargestellte Wechselspiel der Busarbitrationssignale beginnt. Die für den Übergang nach M1 angegebene zusätzliche Bedingung $\overline{BGT} = 1$ gewährleistet, daß der Prozessor nach einer Busfreigabe durch den DMA-Controller zunächst einen eigenen Buszyklus durchführen kann und danach für eine neue Arbitrierung bereit ist.

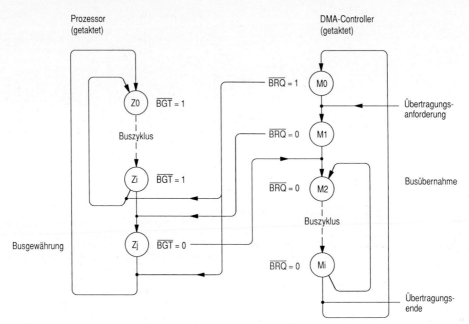

Bild 9-12. Zustandsgraphen des Buszuteilungszyklus Bild 4-22 für einen DMA-Controller und den Prozessor.

Lösung zu Aufgabe 4.6. Das folgende Schema zeigt die während des Priorisierungsvorgangs von den Busmastern ausgegebenen Bitmuster und die sich dabei auf dem Identifikationsbus einstellenden Signalwerte. Sie führen nach der Stabilisierung zu einer Buszuteilung an den Busmaster mit der Identifikationsnummer 10101. Unterstrichene 0-Bits kennzeichnen für den jeweils nächsten Schritt jene Buspositionen, ab denen die zugehörigen Busmaster nach rechts gesehen keine 1-Bits ausgeben dürfen.

Busmaster	0:	1<u>0</u>101	10000	1010<u>1</u>	10100	10101
"	1:	1<u>0</u>100	10000	1010<u>0</u>	10100	1010<u>0</u>
"	2:	1<u>0</u>011	10000	10<u>0</u>11	10<u>0</u>00	10<u>0</u>00
"	3:	1<u>0</u>000	10000	10000	10<u>0</u>00	10<u>0</u>00
"	4:	<u>0</u>1101	00000	00000	00000	00000
"	5:	<u>0</u>1100	00000	00000	00000	00000
Bussignale:		11111	10000	10111	10100	**10101**

Lösung zu Aufgabe 4.7. (a) Bild 9-13 zeigt die vervollständigte Schaltung nach Bild 4-40. Die Art und der Anschluß der Verknüpfungsglieder zur Verkettung der einzelnen Elemente in einer Daisy-

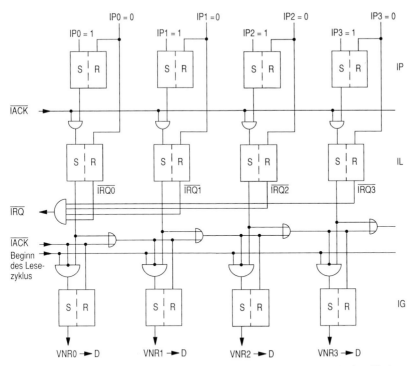

Bild 9-13. Vollständige Schaltung einer nichtunterbrechbaren Interrupt-Daisy-Chain.

Chain ergibt sich aus folgender Überlegung: In den Zuständen Z0 und Z1 entsprechend Bild 4-32 ist das Flipflop IL_i des Elementes i gelöscht, so daß das Verkettungssignal $\overline{IACK}$ weiterzuleiten ist; in den Zuständen Z2 und Z3 hingegen ist es gesetzt, so daß an das nächste Element der Inaktivpegel $\overline{IACK} = 1$ auszugeben ist. Dieses Durchschalten bzw. Deaktivieren bewerkstelligt ein ODER-Glied, das von IL_i gesteuert wird ($IL_i = 0$: $\overline{IACK}$-Ausgang = $\overline{IACK}$-Eingang; $IL_i = 1$: $\overline{IACK}$-Ausgang = 1). - Die $\overline{IRQ}$-Anschlüsse sind entsprechend Bild 4-31 durch verdrahtetes ODER für negative Logik, d.h. durch die UND-Funktion, zusammenzufassen.

(b) Wenn keine Interruptanmeldung vorliegt und auch alle anhängigen Anforderungen zurückgenommen worden sind, befindet sich das System im Ausgangszustand, d.h., sämtliche Flipflops des Systems sind gelöscht. Treten irgenwann Anforderungen in den Interruptquellen auf, so werden sie in den Flipflops IP gespeichert und - sofern sich der Prozessor nicht gerade im Acknowledge-Zyklus befindet - sofort von den Flipflops IL übernommen. Daraufhin wird das Anforderungssignal $\overline{IRQ} = 0$ erzeugt, und der Prozessor antwortet nach Abschluß seines Buszyklus mit $\overline{IACK} = 0$. Durch die Aktivierung dieses Quittungssignals wird erstens das Latchen weiterer in den Flipflops IP ankommenden Anforderungen blockiert und zweitens die Priorisierung aller in die Flipflops IL übernommenen und damit für die Priorisierung akzeptierten Anforderungen eingeleitet. Da keine neuen Anforderungen in den Priorisierungsvorgang aufgenommen werden, können die Signale der Prioritätenkette einschwingen. Nach Abschluß dieses Vorgangs, dessen Dauer von der Anzahl hintereinandergeschalteter Kettenglieder abhängt, wird das Grantbit IG derjenigen Interruptquelle gesetzt, deren Anforderung zu Beginn des $\overline{IACK}$-Zyklus die höchste Priorität hatte. In dem mit $\overline{IACK} = 0$ verbundenen Lesezyklus gibt diese Quelle dann ihre Vektornummer auf den Datenbus aus, womit sie sich gegenüber dem Prozessor zu erkennen gibt.

Lösung zu Aufgabe 5.1. (a) Die Anzahl der Cache-Frames ist 32. Die Unterteilungen der 24-Bit-Hauptspeicheradresse für die Anwahl der drei unterschiedlichen Cache-Arten sind in Bild 9-14 dargestellt.

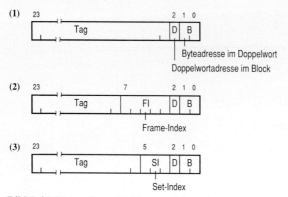

Bild 9-14. Unterteilung der Hauptspeicheradresse für die Anwahl dreier unterschiedlicher Caches gemäß Aufgabe 5.1a.

(b) Die Anzahl der jeweils benötigten Vergleicher und die Anzahl der von ihnen zu vergleichenden Bits (Tag-Feld der Adresse) sind

1. 32 Vergleicher zu je 21 Bits,
2. 1 Vergleicher zu 16 Bits,
3. 4 Vergleicher zu je 18 Bits.

(c) Für eine Blockersetzung werden folgende Frames in Betracht gezogen:

1. Frame 0 bis Frame 31,
2. nur der durch den Index angewählte Frame,
3. jeweils die vier Frames des durch das Tag angewählten Sets.

Lösung zu Aufgabe 5.2. Die zu den Adressen gehörenden Blocknummern sind in Reihenfolge 1, 31 und 33. Bezogen auf die drei Cache-Arten bestehen für den Ladevorgang folgende Zuordnungen von Blocknummern zu Cache-Frames:

1. Blöcke 1, 31 und 33 belegen Frames 0, 1 und 2;
2. Blöcke 1 und 31 belegen Frames 1 und 31,
   Block 33 überschreibt Block 1 in Frame 1;
3. Blöcke 1 und 33 belegen Frames 4 und 5 (erste beiden Frames in Set 1),
   Block 31 belegt Frame 28 (erster Frame in Set 7).

Lösung zu Aufgabe 5.3. (a) Die bereits vorhandenen 64 Blöcke belegen den Hauptspeicher bis zur Adresse $003FFF. Als Ladeadresse für das Segment wird die darauf folgende Blockanfangsadresse $004000 verwendet. (b) Die Position der realen Blocknummer im Registerspeicher der MMU ergibt sich aus der virtuellen Segmentnummer zu $02; ihr Wert ergibt sich aus der Ladeadresse zu $4000. (c) Die Byteanzahl des Segmentes ist $1812, d.h., es sind insgesamt 25 Blöcke ($00 bis $18), wovon der Block 25 nur teilweise belegt ist ($00 bis $11). Einzutragen ist somit der Wert 25.

Lösung zu Aufgabe 5.4. Die in Abschnitt 2.1.3 angegebene speicherindirekte Adressierung mit Nachindizierung hat folgende Berechnungsvorschrift zur Ermittlung der effektiven Adresse:

eA = [(Rn)+disp1]+disp2+(Xn)·scale.

Vermischt mit der Adreßabbildung durch die MMU ergeben sich folgende Schritte:

1. eA1 = (Rn)+disp1,

2. Speicherlesezugriff mit Adreßumsetzung für eA1,

3. eA2 = gelesene Adresse + disp2+(Xn)·scale,

4. Speicherzugriff mit Adreßumsetzung für eA2.

Man mache sich diese Schritte an einem Beispiel plausibel, bei dem der durch den Index überstrichene Bereich eine virtuelle Seitengrenze überschreitet und bei dem die Seiten im realen Speicher nichtzusammenhängend abgelegt sind.

Lösung zu Aufgabe 5.5. Den Decodierer für die Bereichsanwahl zeigt Bild 9-15.

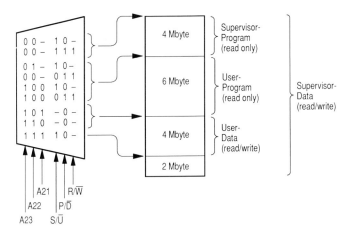

Bild 9-15. Programmierung eines Decodierers für die Anwahl von Speicherbereichen nach Bild 5-13.

Lösung zu Aufgabe 6.1. Die Bilder 9-16 und 9-17 zeigen die Flußdiagramme für die Eingabe (Fall a) und für die Ausgabe (Fall b). Die beiden Variablen X und Y in der vorgegeben Flußdiagrammdarstellung zeigen mit X = 1 den Zustand "Register leer" bzw. mit Y = 1 den Zustand "Register voll" an. Ihre Funktion wird durch die Signale ACKN und READY zusammen mit dem Statusbit SR7 wahrgenommen: im Fall a entsprechen sich Y : = 1 und READY = 0 →1 (bzw. SR7 : = 1) sowie X : = 1 und ACKN = 1; im Fall b entsprechen sich Y : = 1 und ACKN = 1 sowie X : = 1 und READY = 0 →1 (bzw. SR7 : = 1).

Die Rücknahme des READY-Signals erfolgt im Peripheriegerät implizit als Puls. Alternativ dazu könnte es auch explizit mit Eintreffen von ACKN = 1 zurückgesetzt werden. Das Rücksetzen des SR7-Flipflops erfolgt durch den Prozessor, in unserer Darstellung durch den Lese- bzw. Schreibzugriff auf das Datenregister (Ausführen eines MOVE-Befehls). Alternativ dazu könnte das Rücksetzen des Bits durch Beschreiben des Statusregisters vorgenommen werden. - Die Rücknahme des ACKN-Signals erfolgt entweder explizit mit dem Erscheinen des READY-Impulses (wie in den Bildern 9-16 und 9-17 angegeben) oder implizit durch den Intefaces-Baustein bei Auslegung des Signals als Puls.

Lösung zu Aufgabe 6.2. Die Initialisierung umfaßt das Laden der Datenrichtungsregister DDRA und DDRB, der Steuerregister CRA und CRB und im Fall b zusätzlich des Vektornummerregisters

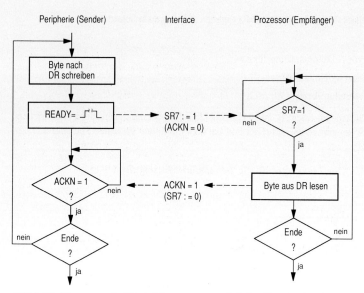

Bild 9-16. Steuerung des Nachrichtentransports bei der Eingabe (Peripherie/Interface/Prozessor).

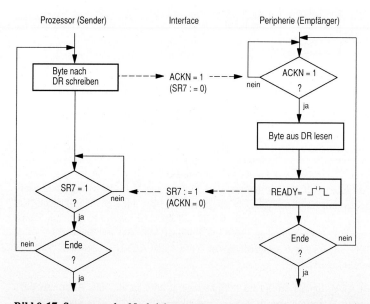

Bild 9-17. Steuerung des Nachrichtentransports bei der Ausgabe (Prozessor/Interface/Peripherie).

VNRA sowie der Vektortabelle mit der Startadresse der Interruptroutine (Bild 9-18). Außerdem wird das Synchronisationsbit HIN in jedem der beiden Statusregister SRA und SRB vorsorglich durch Beschreiben mit der Maske $80 gelöscht.

Lösung zu Aufgabe 6.3. In der Vorbereitungsphase wird zunächst das Modusregister geladen, womit der UART an die Vorgaben des peripheren Geräts, u.a. an dessen Datenformat angepaßt wird (Bild 9-19). Mit dem anschließenden Laden des Steuerregisters wird die Steuerinformation für die ak-

```
* Initialisierung              * Initialisierung
*                              *
        CLR.B   DDRA                   CLR.B   DDRA
        MOVE.B  #$1C,CRA               MOVE.B  #$80,SRA
        MOVE.B  #$80,SRA               MOVE.B  #$1E,CRA
*                                      MOVE.B  #64,VNRA
        MOVE.B  #$FF,DDRB              LEA      INOUT,64·4
        MOVE.B  #$3C,CRB       *
        MOVE.B  #$80,SRB               MOVE.B  #$FF,DDRB
             :                         MOVE.B  #$3C,CRB
* Byteübertragung                      MOVE.B  #$80,SRB
*                                           :
WAIT1   BTST.B  #7,SRA         * Byteübertragung
        BEQ     WAIT1          *
        MOVE.B  #$80,SRA       INOUT   MOVE.B  #$80,SRA
        MOVE.B  DRA,DRB                MOVE.B  DRA,DRB
WAIT2   BTST.B  #7,SRB         WAIT2   BTST.B  #7,SRB
        BEQ     WAIT2                  BEQ     WAIT2
        MOVE.B  #$80,SRB               MOVE.B  #$80,SRB
a            :                              :
                              b        RTE
```

Bild 9-18. Programme zur parallelen Datenübertragung gemäß Aufgabe 6.2.

```
* Vorbereitung
*
        MOVE.B  #$1D,MR        Modus vorgeben
        MOVE.B  #$C1,CR        Initialisieren, Reset
*
* Ausgeben des Strings
*
LOOP    CMP.B   #$04,(R0)      Ende des Strings?
        BEQ     END
        BTST.B  #6,SR          RDR voll?
        BEQ     OUT
        BTST.B  #0,SR
        BNE     ERROR          Fehlerbehandlung
        CMP.B   #$13,RDR       X-OFF?
        BNE     OUT
WAIT    BTST.B  #6,SR          RDR voll?
        BEQ     WAIT
        BTST.B  #0,SR
        BNE     ERROR          Fehlerbehandlung
        CMP.B   #$11,RDR       X-ON?
        BNE     WAIT
OUT     BTST.B  #7,SR          TDR leer?
        BEQ     OUT
        MOVE    (R0)+,TDR      Byte ausgeben
        JMP     LOOP
END     CLR.B   CR             UART inaktivieren
             :
```

Bild 9-19. Programm zur asynchron seriellen Datenübertragung gemäß Aufgabe 6.3.

tuelle Übertragung vorgegeben und der UART bezüglich der beiden Synchronisationsbits TDRE und
RDRF initialisiert (Reset). Die nachfolgende Befehlssequenz zeigt die Übertragung des Strings und
die X-ON-/X-OFF-Synchronisation. Hierbei ist zu beachten, daß die auf das Datenregister RDR an-
gewendeten CMP-Befehle einen Lesezugriff ausführen und damit das Synchronisationsbit RDRF
zurücksetzen. Nach Übertragung des letzten Bytes wird das Steuerregister gelöscht, wodurch der Sender und der Empfänger inaktiviert werden.

Lösung zu Aufgabe 6.4. Für die drei Fälle a bis c ergeben sich unter Zugrundelegung der in Beispiel 6.4 dargelegten Spezifikation folgende aufeinander abgestimmte Programme und Systemstruktu-
ren.

(a) Autovektor-Interrupt (Vektornummer 25) mit Polling (Bild 9-20).

```
          AORG     25·4
          DC.L     INOUT        Programmadr. an Adresse 100 laden
*
          ORG
           :
* Interruptprogramm
INOUT     BTST.B   #6,SR1       Polling
          BNE      IO1
          BTST.B   #6,SR2
          BNE      IO2
*
IO1       PUSH.L   R5           Vgl. Progr. INOUT aus Beispiel 6.4
          MOVE.L   BUFPTR1,R5
          MOVE.B   RDR1,(R5)
           :
          RTE
*
IO2       PUSH.L   R5
          MOVE.L   BUFPTR2,R5
          MOVE.B   RDR2,(R5)
           :                    Ggf. Interruptmaske im Prozessor-
           :                    statusregister zurücksetzen
          RTE
```

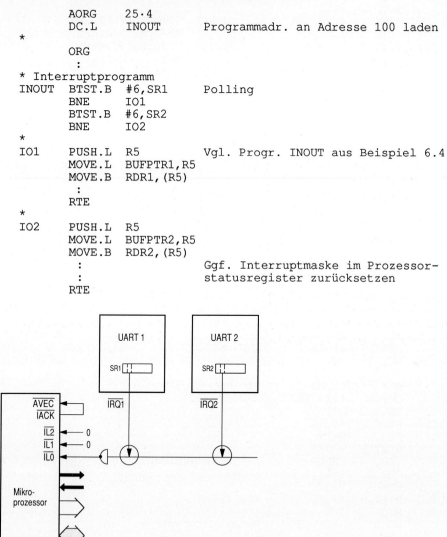

Bild 9-20. Ausschnitt aus einem Mikroprozessorsystem mit zwei asynchron seriellen Interface-
Bausteinen bei Interruptauswertung durch Polling.

(b) Vektor-Interrupts, z.B. Vektornummern 64 und 65 (Bild 9-21).

```
        AORG      64·4
        DC.L      IO1        Programmadressen
        DC.L      IO2        ab Adresse 256 laden
  *
        ORG
        :
        MOVE.B    #64,VNR1   Laden der Vektornummern
        MOVE.B    #65,VNR2
        :
* Interruptprogramme        Programme IO1 und IO2 wie bei (a)
  IO1     :
        RTE

  IO2     :
        RTE
```

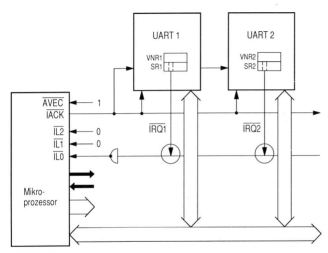

Bild 9-21. Ausschnitt aus einem Mikroprozessorsystem mit zwei asynchron seriellen Interface-Bausteinen bei Benutzung von Vektor-Interrupts bei nur einer Prioritätenebene.

(c) Autovektor-Interrupts (Vektornummern 25 und 26) ohne Polling (Bild 9-22).

```
        AORG      25·4
        DC.L      IO1        Programmadressen
        DC.L      IO2        ab Adresse 100 laden
  *
        ORG
        :
  * Interruptprogramme       Programme IO1 und IO2 wie bei (a)
  IO1     :
        RTE

  IO2     :
        RTE
```

In den Fällen a und b können sich die Interruptquellen gegenseitig nicht unterbrechen. Dies kann aufgehoben werden, indem die Interruptmaske im Statusregister des Prozessors zum Beispiel an der im

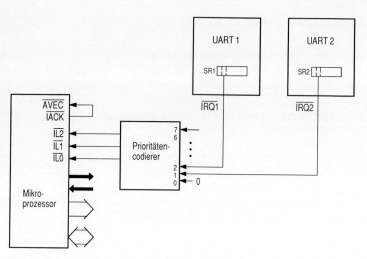

Bild 9-22. Ausschnitt aus einem Mikroprozessorsystem mit zwei asynchron seriellen Interface-Bausteinen bei Benutzung von Autovektor-Interrupts.

Fall a im Programmkommentar angegebenen Stelle durch MOVSR.W #$0100,SR auf 0 zurückgesetzt wird. (Achtung: der Supervisor-Modus muß dabei durch Setzen des S/$\overline{\text{U}}$-Bits beibehalten werden!)

Im Fall c kann die Interruptquelle 1 (Ebene 2) die Interruptroutine IO2 der Quelle 2 (Ebene 1) unterbrechen. Dies kann verhindert werden, indem die Maske im Prozessorstatusregister durch den Befehl MOVSR.W #$2100,SR am Anfang von IO2 auf 2 gesetzt wird.

Lösung zu Aufgabe 6.5. Beim Bit-Stuffing wird vom Sender nach jeweils fünf aufeinanderfolgenden Einsen ein 0-Bit in den Bitstrom eingefügt, sofern es sich nicht um die 1-Bits einer der Bitfolgen FLAG, IDLE oder ABORT handelt. Vom Empfänger wird der Bitstrom bereinigt, indem er diese 0-Bits wieder entfernt. Für unsere 0/1-Folge ergibt er sich demnach der bereinigte Bitstrom, unter Hervorhebung der Zeichengrenzen, zu

11110011 11110100 11101111 11110000 01111110 11111001 01111110.

Es handelt sich hierbei um die Nutzinformation "stop", gefolgt von zwei Blockprüfzeichen und einem Flag-Byte. Das erste Blockprüfzeichen hat zufälligerweise dieselbe Codierung wie das Flag-Byte. Da der Sender es jedoch mit einem eingeschobenen 0-Bit überträgt, kann es vom Empfänger nicht als Flag-Byte fehlinterpretiert werden.

Lösung zu Aufgabe 6.6. Die beiden Zustandsgraphen haben je zwei Zustände 0 und 1. (a) Bei der Erzeugung des Paritätsbit (Bild 9-23a) ergibt sich, ausgehend vom Initialisierungszustand 0, in den Schritten 2 bis 8 mit jedem 1-Bit ein Zustandswechsel, so daß bei einer geraden Anzahl von Einsen der Zustand 0 (P = 0) und bei einer ungeraden Anzahl der Zustand 1 (P = 1) erreicht wird. Die Zustandsübergänge werden aus der Senderdatenleitung TD abgeleitet, auf der dann im Schritt 9 das Paritätsbit ausgegeben wird. (b) Bei der Auswertung des Paritätsbits (Bild 9-23b) werden, ausgehend vom Initialisierungszustand 0, die Übergänge durch die 1-Bits der Empfängerdatenleitung RD in den Schritten 1 bis 9 ausgelöst. Bei einem Paritätsfehler, d.h. bei einer ungeraden Anzahl von Einsen im Datum einschließlich des Paritätsbits, zeigt der Graph den Fehlerzustand 1 an. - Für die Realisierung beider Funktionen bietet sich das T-Flipflop (T, toggle) an.

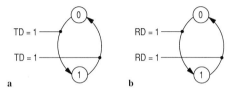

Bild 9-23. Zustandsgraphen für **a** die Erzeugung und **b** die Auswertung der geraden Querparität bei 7-Bit-ASCII-Zeichen.

Lösung zu Aufgabe 7.1. (a) Der MOVE-Befehl führt zwei Zyklen durch, und zwar einen Lese- und einen Schreibzyklus. Im Lesezyklus adressiert er den Speicher mit der in R0 stehenden Adresse, liest das Datum und speichert es prozessorintern zwischen. Im Schreibzyklus adressiert er das Datenregister DR des Interface-Bausteins und überträgt das Datum aus dem Prozessor in dieses.

(b) Beim DMA-Controller sind zwei unterschiedliche Übertragungsabläufe möglich. Bei der indirekten Übertragung (CR0 = 0) führt der DMAC wie bei (a) einen Lese- und danach einen Schreibzyklus durch, wobei er zunächst über sein Memory-Address-Register den Speicher und dann über sein Interface-Address-Register das Interface-Datenregister adressiert. Das Zwischenspeichern erfolgt controllerintern im Pufferregister PR. Bei der direkten Übertragung (CR0 = 1) führt er im Gegensatz zu (a) nur einen einzigen Buszyklus durch. Dabei werden der Speicher und das Interface-Datenregister gleichzeitig adressiert, und das Datum wird nicht zwischengespeichert. Da jedoch nur ein Adreßbus vorhanden ist und dieser zur Speicheradressierung benutzt wird, wird für die Interface-Adressierung ein Steuersignal ($\overline{\text{TRACK}}$) bereitgestellt, das von einer Interface-Ansteuerlogik für die Baustein- und Datenregisteranwahl ausgewertet wird.

Lösung zu Aufgabe 7.2. Der Programmausschnitt Bild 9-24 zeigt als erstes die zur Assemblierzeit durchgeführte Vorbereitung der Datenübertragung, bei der die Konstante $F0 im Supervisor-Programmbereich bereitgestellt wird. Als nächstes wird der DMA-Controller durch Laden seiner Steuerregister CR2 und CR1 gemäß der Aufgabenstellung initialisiert. Bevor jedoch der Controller durch Setzen seines START-Bits in CR1 aktiviert wird, wird seine Bereitschaft durch Abfragen des Status-

```
* Vorbereitung
*       ORG     $400000
KONST DC.B      $F0
*
* Initialisieren und Starten des DMA-Controllers
        MOVE.L  #$10000,MAR     Adresse des Speicherbereichs
        LEA     KONST,IAR       Adresse der Konstanten
        MOVE.L  #$1000,BCR      Byteanzahl
        MOVE.B  #$E5,CR2        Steuerbyte 2
WAIT  BTST.B    #5,SR           Controller bereit ?
        BNE     WAIT
        MOVE.B  #$21,CR1        Steuerbyte 1 (Starten des DMACs)
*
* Synchronisation mit Übertragungsende
SYNCH BTST.B    #6,SR           Fehler aufgetreten ?
        BNE     FEHLER
        BTST.B  #7,SR           Blockende ?
        BNE     CONTIN
        JMP     SYNCH
CONTIN MOVE.B   #$80,SR         Statusbit BE löschen
        :
```

Bild 9-24. Programm zur Speicher-zu-Speicher-Übertragung mittels eines DMA-Controllers.

bits B/$\overline{R}$ sichergestellt. Die Anforderungen zur Datenübertragung werden durch den internen Taktgenerator erzeugt (AREQ = 1). Interruptanforderungen werden blockiert (IRE = 0), so daß die Synchronisation mit dem Ende der Übertragung durch Abfragen des Fehlerstatusbits ERR und des Blockendebits BE erfolgen kann.

Lösung zu Aufgabe 7.3. Die folgende Befehlssequenz lädt den momentanen Kopfzeiger HEAD als Verkettungszeiger an das Ende des neuen Listenelementes und setzt HEAD gleich der Basisadresse dieses Elementes. Wird bis zu diesem Zeitpunkt der HEAD-Zeiger durch den anderen Prozeß verändert, was sich durch den CAS-Befehl überprüfen läßt, so wird der Vorgang in der LOOP-Schleife wiederholt. (Diese Anwendung für den CAS-Befehl wurde sinngemäß aus [1] übernommen.)

```
        MOVE.L   HEAD,R2        Kopfzeiger nach R2 laden
LOOP    MOVE.L   R2,(R0)(R1)    Kopfzeiger wird Verkettungszeiger
        MOVE.L   R0,R3          neuen Kopfzeiger nach R3 laden
        CAS.L    R2,R3,HEA      HEAD mit neuem Kopfzeiger laden
        BNE      LOOP           oder Vorgang wiederholen
        :
```

Lösung zu Aufgabe 7.4. (a) Für das prozessorgesteuerte Lesen eines Sektors sind folgende Schritte erforderlich:

1. Bereitschaft des Floppy-Disk-Controllers (FDC) sicherstellen. Dazu Statusbit "Busy" in einer Warteschleife abfragen.

2. Laden der Spurnummer T nach DR des FDC (TNR enthält die aktuelle Spurnummer).

3. Laden des Kommandos SEEK TRACK nach CR des FDC.

4. Kommandoende abwarten. Dazu entweder Kommandoende-Interrupt auswerten oder Statusbit "Busy" abfragen.

5. Auswerten des FDC-Fehlerstatus.

6. Laden der Sektornummer S nach SNR des FDC.

7. Laden des Kommandos SINGLE SECTOR READ nach CR des FDC.

8. Datenbereitstellung des FDC abwarten. Dazu entweder Data-Request-Interrupt auswerten oder Statusbit "Data Request" abfragen.

9. Datum durch einen MOVE.B-Befehl in den Speicher übertragen und ggf. eine Zählervariable zur Bestimmung des Endes der Sektorübertragung aktualisieren.

10. Schritte 8 und 9 in einer Programmschleife wiederholen, bis die Sektorübertragung abgeschlossen ist.

11. Übertragungsabschluß ermitteln, entweder durch Auswerten des Kommandoende-Interrupts, durch Abfragen des Statusbits "Busy" oder durch Abfragen der Zählervariablen.

12. Auswerten des FDC-Fehlerstatus.

(b) Bei Steuerung der Übertragung durch einen DMA-Controller (DMAC) ändert sich der Ablauf wie folgt:

Vor Schritt 7, d.h. bevor der FDC durch Laden des Kommandos SINGLE SECTOR READ aktiviert wird: Initialisieren des DMACs durch Laden von MAR mit der Zieladresse, von BCR mit der Byteanzahl und von CR2 und CR1 mit der Steuerinformation, dabei Interrupts blockieren und DMAC starten. DMAC wartet danach auf die erste Anforderung vom FDC, die durch Schritt 7 ausgelöst wird.

Schritte 8 bis 10 entfallen; Übertragungsanforderungen werden vom DMAC bearbeitet.

Nach Schritt 12: Auswerten des DMAC-Fehlerstatus und Löschen der Interruptbits in seinem Statusregister SR.

Lösung zu Aufgabe 7.5. Die Codiereinrichtung der Matrix (Bild 7-31b) zeigt im fünften Abfrageschritt das Erkennen einer betätigten Taste durch das Signal KEY an. Dieses Signal veranlaßt den

Keyboard-Controller, das momentane Codewort zur Ermittlung des Zeichencodes der Taste auszuwerten. Die Codewörter davor werden, da bei ihnen das KEY-Signal inaktiv ist, nicht ausgewertet.

KEY	Codewort
0	000 0000
0	001 0000
0	010 0000
0	011 0000
1	100 0101

Literatur

Kapitel 1

1. Alexandridis, N.A.: Microprocessor system design concepts. Rockville: Computer Science Press 1984

2. ANSI/IEEE 754 - 985: IEEE standard for binary floating-point arithmetic

3. Barron, D.W.: Assembler und Lader. München: Hanser 1970

4. Berger-Damiani, E.R.: Nachrichtentheorie - Zahlensysteme und Codierung, in Steinbuch, K.; Weber, W.: Taschenbuch der Informatik. Band 2, 3. Aufl. Berlin: Springer 1974

5. Czichos, H. (Hrsg.): Hütte - Die Grundlagen der Ingenieurwissenschaften. 29. Aufl. Berlin: Springer 1989

6. Hoffmann, R.: Rechenwerke und Mikroprogrammmierung. 2. Aufl. München: Oldenbourg 1983

7. Liebig, H.: Rechnerorganisation. Berlin: Springer 1976

8. Mackenzie, C.E.: Coded character sets, history and development. Reading: Addison-Wesley 1980

9. Mead, C.; Conway, L.: Introduction to VLSI systems. 2nd printing. Reading: Addison-Wesley 1980

10. Protopapas, D.A.: Microcomputer hardware design. Englewood Cliffs: Prentice-Hall 1988

11. Tietze, U.; Schenk, Ch.: Halbleiterschaltungstechnik. 6. Aufl. Berlin: Springer 1983

12. Waldschmidt, K.: Schaltungen der Datenverarbeitung. Stuttgart: Teubner 1980

Kapitel 2

1. iAPX 286 High performance microprocessor with memory management and protection, advance information. Intel 1983

2. MC68000 16-bit microprocessor user's manual. 3rd ed. Motorola 1982

3. MC68040 32-Bit microprocessor user's manual, preliminary. Motorola 1989

4. MC68040 Instruction set. Motorola 1989

5. Rechenberg, P.: Programmieren für Informatiker mit PL/I. Band 2. München: Oldenbourg 1974

6. Series 32000 microprocessors databook. National Semiconductor 1988

7. Tanenbaum, A.S.: Operating systems: Design and Implementation. Englewood Cliffs: Prentice-Hall 1987

Kapitel 3

1. DIN 66001: Informationsverarbeitung, Sinnbilder für Datenfluß- und Programmablaufpläne. Berlin: Beuth 1978

2. Knuth. D.E.: The art of computer programming. Vol.1. Reading: Addison-Wesley 1961

3. Nassi, I.; Shneidermann, B.: Flowchart techniques for structured programming. SIGPLAN Notices 8 (1973) H.8, 12-26

4. Schnupp, P.; Floyd, C.: Software, Programmentwicklung und Projektorganisation. 2. Aufl. Berlin: de Gryter 1979

5. Series 32000 programmer's reference manual. National Semiconductor 1987

Kapitel 4

1. Färber, G. (Hrsg.): Bussysteme - Parallele und serielle Bussysteme, lokale Netze. 2. Aufl. München: Oldenbourg 1987

2. Gumm, S.; Dreher, C.T.: Unraveling the intricacies of dynamic RAMs. EDN 34 (1989) H.7, 155-166

3. MC68030 32-bit microprocessor user's manual. Motorola 1987

4. Multibus II, Bus architecture specification handbook. Intel 1984

5. Series 32000 microprocessors databook. National Semiconductor 1988

6. VMEbus, Specification manual. revision C. Motorola 1985

7. Wawrzynek, R.: Tailor memory-system architecture for your chosen DRAM. EDN 34 (1989) H.8, 157-164

8. 80386 Hardware reference manual. Intel 1987

Kapitel 5

1. Components data book, 1983/84. Zilog 1983

2. Hwang, K.; Briggs, F.A.: Computer architecture and parallel processing. New York: McGraw-Hill 1984

3. i486^{TM} Microprocessor. Intel 1989

4. Liebig, H.: Rechnerorganisation. 2.Aufl. Berlin: Springer i. Vbr.

5. MC68000 16-bit microprocessor user's manual. 3rd ed. Motorola 1982

6. MC68030 32-bit microprocessor user's manual. Motorola 1987

7. MC68040 32-Bit microprocessor user's manual, preliminary. Motorola 1989

8. MC68451 memory management unit, advance information. Motorola 1981

9. Microcomputer components data book. Zilog 1980

10. Series 32000 microprocessors databook. National Semiconductor 1988

11. Van Loo, W.: Maximize performance by choosing best memory. Computer Design 26 (1987) H.14, 89-94

12. 80386 Hardware reference manual. Intel 1987

Kapitel 6

1. ANSI/IEEE 488 - 1978: Digital interface for programmable instrumentation

2. ANSI/IEEE 802.3a, b, c, e - 1985: Carrier sense multiple access with collision detection

3. ANSI/IEEE 802.4 - 1985: Token passing bus access method and physical layer specifications

4. ANSI/IEEE 802.5 - 1985: Token ring access method

5. Baum, D.: IEEE-802-Standard für lokale Netze. Informatik Spektrum 9 (1986) H.6, 361-362

6. Binary synchronous communications. 3rd ed. IBM systems reference library. 1970

7. Bocker, P.: ISDN: Das diensteintegrierende digitale Nachrichtennetz. Konzept, Verfahren, Systeme. 2. Aufl. Berlin: Springer 1987

8. Cushman, R.H.: Support chips give designers a performance edge. EDN 32 (1987) H.12, 131-160

9. Cushman, R.H.: Support chips are in transition from discretes to ASICs. EDN 33 (1988) H.12, 139-166

10. DIN 66020 Teil 1: Datenübertragung; Funktionelle Anforderungen an die Schnittstelle zwischen DEE und DÜE in Fernsprechnetzen. (Mai 1981)

11. Effelsberg, W.; Fleischmann, A.: Das ISO-Referenzmodell für offene System und seine sieben Schichten. Informatik Spektrum 9 (1986) H.5, 280-299

12. Färber, G. (Hrsg.): Bussysteme - Parallele und serielle Bussysteme, lokale Netze. 2. Aufl. München: Oldenbourg 1987

13. Folts, H. C.: McGraw-Hill's compilation of data communications standards. 2nd ed. New York: McGraw Hill 1982

14. Goldberger, A.: A designer's review of data communications. Coputer Design 20 (1981) H.5, 103-112

15. Goldberger, A.; Lau, S.Y.: Understand datacomm protocols by examining their structures. EDN 28 (1983) H.5, 109-118

16. Hartmann, J.: Die Centronics-Drucker-Schnittstelle. MICROEXTRA 6 (1982) H.2, 13-16

17. Hegenbarth, M.: Stand der Normumg im CCITT, Ebenen 2-6. GI-Fachtagung Kommunikation in verteilten Systemen. Berlin: Springer 1981

18. Hillebrand, F.: DATEX: Infrastruktur der Daten- und Textkommunikation. Heidelberg: Decker's 1981

19. Kauffels, F.-J.: Lokale Netze - Systeme für den Hochleistungs-Informationstransfer. 2. Aufl. Köln: Müller 1986

20. Kühn, P.J.: Diensteintegrierendes Digitalnetz (ISDN). Informatik Spektrum 9 (1986) H.2, 132-133

21. Pohm, A.V.; Agrawal, O.P.: High-speed memory systems. Reston: Reston Publishing Company 1983

22. Preuß, L.; Musa, H.: Computer-Schnittstellen. München: Hanser 1989

23. Rockrohr, Ch.: Wichtige Kriterien für lokale Netze. Neues von Rohde & Schwarz 109, 1985, 28-31

24. Spaniol, O.: Konzepte und Bewertungsmethoden für lokale Rechnernetze. Informatik Spektrum 5 (1982) H.3, 152-170

25. Tanenbaum, A.S.: Computer networks. 2nd ed. Englewood Cliffs: Prentice-Hall 1988

26.   Tanenbaum, A.S.: Network protocols. Computing Surveys 13 (1981) H.4

27.   Tietze, U.; Schenk, Ch.: Halbleiterschaltungstechnik. 6. Aufl. Berlin: Springer 1983

28.   Weissberger, A.J.: Orient your data-link protocols toward bits, though characters still count.
      Electronic Design 27 (1979) H.15, 86-92

Kapitel 7

1.   Cushman, R.H.: Support chips give designers a performance edge. EDN 32 (1987) H.12, 131-
      160

2.   Cushman, R.H.: Support chips are in transition from discretes to ASICs. EDN 33 (1988)
      H.12, 139-166

3.   Czichos, H. (Hrsg.): Hütte - Die Grundlagen der Ingenieurwissenschaften. 29. Aufl. Berlin:
      Springer 1989

4.   El-Ayat, K.A.: The Intel 8089: an integrated i/o processor. Computer 12 (1979) H.6, 67-78

5.   Encarnaçao, J.; Straßer, W.: Computer Graphics - Gerätetechnik, Programmierung und
      Anwendung graphischer Systeme. 2. Aufl. München: Oldenbourg 1986

6.   Forbes, M.; Kahn, J.: ESDI technology boosts disk-drive performance. EDN 30 (1985) H.7,
      209-214

7.   Grundy, K.P.: Streaming tape controller adopts SCSI interface. Electronic Design 32 (1984),
      179-186

8.   Hwang, K.; Briggs, F.A.: Computer architecture and parallel processing. New York: McGraw-
      Hill 1984

9.   Jackèl, D.: Computergrafische Sichtgeräte. Berlin: Springer i. Vbr.

10.   Klonick, J.: Design considerations: comparing ESDI and SCSI. Computer Design 26 (1987)
      H.17, 97-103

11.   Leibson, S.H.: Optical-disk drives target standard 5,25-in. sites. EDN 31 (1986) H.26, 42-50

12.   Lesea, A.; Zaks, R.: Microprocessor interfacing techniques. 3rd ed. Berkely: Sybex 1979

13.   Matick, R.E.: Impact of computer systems on computer architecture and system organization.
      IBM Systems Journal 25 (1986) H.3/4, 274-305

14.   Proebster, W.E.: Peripherie von Informationssystemen - Technologie und Anwendung. Berlin:
      Springer 1987

15.   Protopapas, D.A.: Microcomputer hardware design. Englewood Cliffs: Prentice-Hall 1988

16.   Reimann, B.; Wilde, M.: Peripherie denkt mit, SCSI - ein bidirektionales Bussystem. c't
      (1989) H.11, 136-144

17.   SAB 8086 Family user's manual. Siemens 1979

18.   SCSI Interface manual. Seagate 1988

19.   Senger, H.: Drucker für das Büro. it 31 (1989) H.3, 211-216

20.   Sonnberger, S.; Hibst, H.: Thermo-Magneto-Optische Speicherung. ITG-Fachbericht 102. vde
      1988, 37-51

21.   Travis, B.: Disk-drive-controller ICs provide board-level performance. EDN 29 (1984) H.25,
      42-58

22.   Winkler, K.: Magnetbandspeicher für die Datenverarbeitung. ITG-Fachbericht 102. vde 1988,
      27-36

Kapitel 8

1. MC68040 32-Bit microprocessor user's manual, preliminary. Motorola 1989
2. MC68040 Instruction set. Motorola 1989
3. MC68000 16-bit microprocessor user's manual. 3rd ed. Motorola 1982
4. MC68008 16-bit microprocessor with 8-bit data bus. advance information. Motorola 1983
5. MC68010 16-bit virtual memory microprocessor. advance information. Motorola 1982
6. MC68020 32-bit microprocessor user's manual. 3rd ed. Motorola 1989
7. MC68030 32-bit microprocessor user's manual. Motorola 1987
8. i486^{TM} Microprocessor. Intel 1989
9. i486^{TM} Microprocessor programmer's manual. Intel 1990
10. 80387 Programmer's reference manual. Intel 1987
11. SAB 8086 Family user's manual. Siemens 1979
12. iAPX 186 High integration 16-bit microprocessor. Intel 1983
13. iAPX 286 High performance microprocessor with memory management and protection, advance information. Intel 1983
14. 80386 Hardware reference manual. Intel 1987
15. 80386 Programmer's reference manual. Intel 1986
16. Series 32000 programmer's reference manual. National Semiconductor 1987
17. Series 32000 microprocessors databook. National Semiconductor 1988
18. NS32GX32 High-performance 32-bit embedded system processor. National Semiconductor 1989

Kapitel 9

1. MC68030 32-bit microprocessor user's manual. Motorola 1987

Sachverzeichnis

T. H. O'Dell

Die Kunst des Entwurfs elektronischer Schaltungen

Deutsche Bearbeitung von J. Krehnke und W. Mathis

1990. XII, 203 S. 106 Abb. Brosch. DM 39,-
ISBN 3-540-51671-9

Dieses Lehrbuch beschäftigt sich mit den praktischen Elementen des Entwurfs elektronischer Schaltungen. Es liefert dabei aber nicht bibliotheksartig eine Aufzählung der verschiedenen Schaltungen, sondern behandelt systematische, grundsätzliche Überlegungen, die zu einem gezielten Entwurf führen, der sich an den speziellen konkreten Anforderungen orientiert.

Acht Kapitel befassen sich mit Hoch- und Niederfrequenzverstärkern im Kleinsignalbetrieb, optoelektronischen und digitalen Schaltungen, Oszillatoren, translinearen Schaltungen und Leistungsverstärkern. Anhand dieser ausgewählten Schaltungsklassen wird der Entwurfsprozeß beispielhaft erläutert. Ausgehend von Prinzipien wird der Weg bis zur vollständigen Schaltung nachgezeichnet, wobei die Möglichkeiten der Kombination verschiedener Grundformen mit ihren Vor- und Nachteilen diskutiert werden. Das Buch wird somit zum Reisebegleiter auf dem Weg von den klassischen zu den modernen Schaltungstechniken der Elektronik.

13 detailliert beschriebene Versuchsschaltungen, die der Leser mit relativ einfachen Mitteln nachbauen kann, illustrieren den Text. Das Buch ist zum Selbststudium geeignet und wendet sich insbesondere an Studenten der Fachrichtungen Elektrotechnik, Physik und Informatik der Technischen Universitäten.

Springer-Verlag Berlin
Heidelberg New York London
Paris Tokyo Hong Kong

Springer

G. Ludyk

CAE von Dynamischen Systemen

Analyse, Simulation, Entwurf von Regelungssystemen

1990. XI, 335 S. 34 Abb. Brosch. DM 68,–
ISBN 3-540-51676-X

Inhaltsübersicht: Grundlagen der Computerarithmetik.
– Eigenwerte und Eigenvektoren. – Hochgenaue Lösung
von Gleichungssystemen. – Steuerbarkeit und Eigen-
wertzuweisung (Polvorgabe). – Beobachtbarkeit und
Zustandsrekonstruktion. – Singulärwertzerlegung und
Anwendungen. – Simulation Dynamischer Systeme. –
LJAPUNOV- und RICCATI-Gleichungen. – Frequenz-
kennlinien. – Anhang: Elemente der Intervallrechnung.
– Literaturverzeichnis. – Sachverzeichnis.

W. Giloi, H. Liebig

Logischer Entwurf digitaler Systeme

Hochschultext

2., überarb. Aufl. 1980. XII, 321 S. 183 Abb. Brosch.
DM 79,– ISBN 3-540-10091-1

Aus den Besprechungen: „Das ausgezeichnete Buch
von W. Giloi und H. Liebig wird voraussichtlich längere
Zeit als Standardwerk für die Informatikausbildung auf
dem Gebiet logischer Entwurf digitaler Systeme zu
empfehlen sein. Es ist beachtenswert, mit welcher
Konsequenz die Kapitel einheitlich und folgerichtig
aufgebaut sind. An der Darstellung ist zu erkennen, daß
das Buch von erfahrenen Hochschullehrern geschrieben
wurde. Das Bemühen um Anschaulichkeit und
Verständlichkeit sowie die zahlreichen Beispiele, die der
Praxis entnommen sind, unterstreichen das.“

*Zeitschrift für angewandte Mathematik
und Mechanik*

Springer-Verlag Berlin
Heidelberg New York London
Paris Tokyo Hong Kong

Springer